高等职业教育“十三五”规划教材

建筑结构(下)

(第2版)

主　编　姚　荣　朱平华
副主编　鞠琳波　崔海军
参　编　王新杰　何　霞　雍玉鲤
主　审　金伟良

北京理工大学出版社
BEIJING INSTITUTE OF TECHNOLOGY PRESS

内 容 提 要

本书依据建筑结构最新标准规范进行编写。全书共分4章，主要包括钢筋混凝土楼盖、钢筋混凝土单层厂房及多高层房屋、砌体结构和钢结构等内容。

本书内容系统、新颖、实用，可作为高职高专院校建筑工程技术、工程监理、工程管理等土建类专业的教材，也可供相关技术和管理人员自学和参考使用。

图书在版编目(CIP)数据

建筑结构．下/姚荣，朱平华主编．—2版．—北京：北京理工大学出版社，2018.6(2018.7重印)

ISBN 978－7－5682－5705－3

Ⅰ.①建… Ⅱ.①姚… ②朱… Ⅲ.①建筑结构－高等学校－教材 Ⅳ.①TU3

中国版本图书馆CIP数据核字(2018)第116709号

出版发行 / 北京理工大学出版社有限责任公司
社　　址 / 北京市海淀区中关村南大街5号
邮　　编 / 100081
电　　话 / (010)68914775(总编室)
(010)82562903(教材售后服务热线)
(010)68948351(其他图书服务热线)
网　　址 / http://www.bitpress.com.cn
经　　销 / 全国各地新华书店
印　　刷 / 北京紫瑞利印刷有限公司
开　　本 / 787毫米×1092毫米　1/16
印　　张 / 19
字　　数 / 462千字
版　　次 / 2018年6月第2版　2018年7月第2次印刷
定　　价 / 49.00元

责任编辑 / 钟　博
文案编辑 / 钟　博
责任校对 / 周瑞红
责任印制 / 边心超

第2版前言

随着建筑工程技术专业教学改革的深入进行及教学标准的发布实施，部分国家规范、行业标准的修订更新，高职高专院校“建筑结构”课程也有了新的教学要求。为更好地贯彻实施标准，适应教学改革、建筑结构发展的需要，保持教材内容的先进性，培养服务于建筑行业生产和管理第一线的高素质、高技能工程应用型人才，作者在原书的基础上广泛征求意见，并作了调研分析，根据高职教育理论与实践并重，本着“必需、够用”的原则对原版教材进行修订。

本书主要的修订内容如下：

(1) 精简了钢筋混凝土单层厂房排架结构和框架结构部分内容。

(2) 修改了混凝土结构所属的章节中与现行规范不一致和疏漏、错误的内容。

(3) 修改了单向板楼盖设计实例，同时考虑施工方便，将板的配筋改为更便于工程应用的分离式配筋。

(4) 砌体结构计算部分中，砌体强度设计值调整系数采用新规范，淘汰了一些低强度等级的块材，按现行规范修改了若干表格规定。

(5) 修改了少数课后习题中计算题的数值，使计算结果更符合工程实际。

本书按照最新颁布实施的建筑结构标准规范编写，在编写过程中，力求阐述清晰，便于自学。书中每章末尾均有本章小结，包含简答题、填空题、判断选择题与计算题共4种类型的思考题与习题，中间辅以若干例题。

本书由扬州市职业大学姚荣、常州大学朱平华担任主编，由无锡城市职业技术学院鞠琳波、扬州工业职业技术学院崔海军担任副主编，常州大学王新杰、扬州市职业大学何霞和雍玉鲤参与了本书部分章节的编写工作。具体编写分工为：姚荣编写第2、7、10章及4.1节，何霞编写第6章，雍玉鲤参与修订第8章和第10章，朱平华编写第1、3、8章及9.2～9.5节，王新杰编写第11章，鞠琳波编写5.4、9.1节，崔海军编写4.2～4.3节、5.1～5.3节，姚荣负责全书的修订工作。全书由浙江大学金伟良主审，并提出了宝贵建议，在此表示衷心的感谢。

由于编者水平有限，错误之处在所难免，欢迎读者批评指正。

编　者

第1版前言

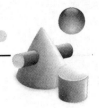

本书是为土木工程专业选修建筑工程课程群的本科生与专科生编写的教材，按2010年新规范编写，内容包括：绪论、钢筋与混凝土材料的物理力学性能、混凝土结构的设计方法、钢筋混凝土受弯构件、钢筋混凝土纵向受力构件、钢筋混凝土受扭构件、预应力混凝土构件、钢筋混凝土楼盖结构、钢筋混凝土单层工业厂房及多高层房屋、砌体结构和钢结构。

本书按照我国最新版《混凝土结构设计规范》（GB 50010—2010）编写。在编写过程中，力求阐述清晰，便于自学。书中每章末尾均有小结，包含简答题、填空题、判断选择题与计算题共4种类型的思考题与习题，中间辅以若干例题。

本书由常州大学朱平华（第1、3、8章，9.2～9.5节）、王新杰（第11章），扬州市职业大学姚荣（第2、7、10章，4.1节）、何霞（第6章），无锡城市职业技术学院鞠琳波（5.4、9.1节），扬州工业职业技术学院崔海军（4.2～4.3节、5.1～5.3节）编写；本书由朱平华、姚荣主编，由朱平华统稿。浙江大学金伟良教授审阅了全部书稿，并提出了宝贵建议，在此表示衷心的感谢。

由于编者水平有限，错误之处在所难免，欢迎批评指正。

编　者

目　录

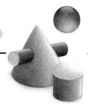

第8章 钢筋混凝土楼盖

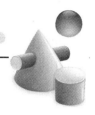

8.1 概　　述

钢筋混凝土楼盖作为建筑结构的重要组成部分，是由梁、板、柱(或无梁)组成的梁板结构体系，工业与民用建筑中的屋盖、楼盖、阳台、雨篷、楼梯等构件广泛采用楼盖结构形式。工程结构中梁板结构体系的结构构件极为常见，如板式基础、水池的顶板和底板、挡土墙、桥梁的桥面结构等。了解楼盖结构的选型，正确布置梁格，掌握结构的计算和构造，具有重要的工程意义。

楼盖介绍

8.1.1 单向板与双向板

现浇钢筋混凝土肋形楼盖由板、次梁、主梁组成(图8.1)。按板的受力特点，其可分为现浇单向板肋形楼盖和现浇双向板肋形楼盖。楼盖板为单向板的楼盖，称为单向板肋形楼盖；相应的，楼盖板为双向板的楼盖，称为双向板肋形楼盖。

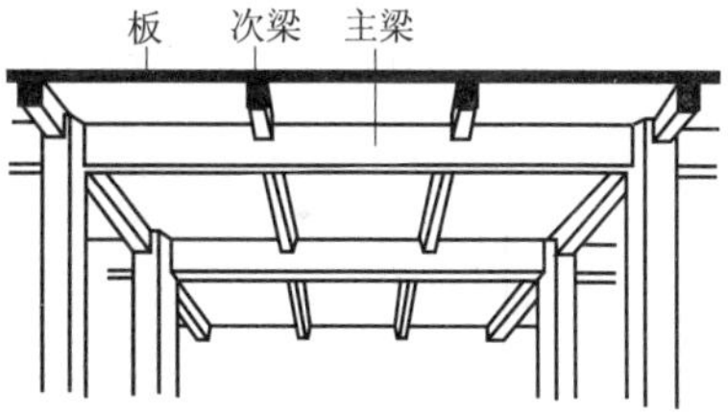

图8.1　肋形楼盖

现浇肋形楼盖中板的四边支承在次梁、主梁或砖墙上，当板的长边 l_2 与短边 l_1 之比较大时(图8.2)，荷载主要沿短边方向传递，而沿长边方向传递的荷载很少，可以忽略不计。板中的受力钢筋将沿短边方向布置，在垂直于短边方向只布置构造钢筋，这种板称为单向板，也叫作梁式板。当板的长边 l_2 与短边 l_1 之比不大时(图8.3)，板上荷载沿长、短边两个方向传递差别不大，板在两个方向的弯曲均不可忽略。板中的受力钢筋应沿长、短边两个方向布置，这种板称为双向板。实际工程中，通常将 $l_2/l_1 \geqslant 3$ 的板按单向板计算；将 $l_2/l_1 \leqslant 2$ 的板按双向板计算。而当 $2<l_2/l_1<3$ 时，宜按双向板计算；若按单向板计算，应沿长边方向布置足够数量的构造钢筋。

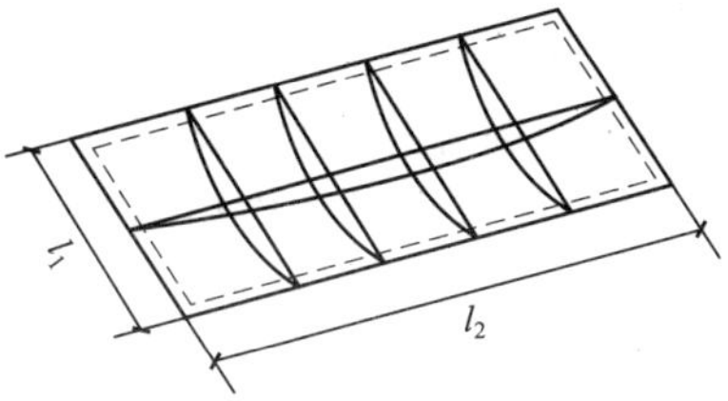

图8.2　单向板

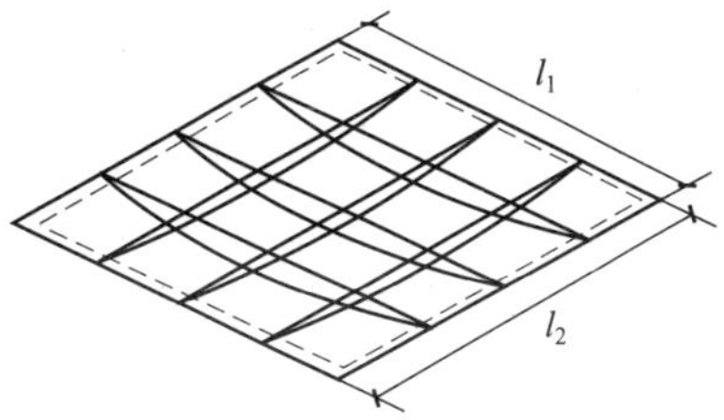

图8.3　双向板

应当注意的是，单边嵌固的悬臂板和两对边支承的板，无论其长、短边的尺寸关系如何，都只在一个方向受弯，故属于单向板。对于三边支承的板或相邻两边支承的板，则将沿两个方向受弯，属于双向板。

单向板肋形楼盖构造简单，施工方便，是整体式楼盖结构中最常见的形式。因板、次梁和主梁为整体现浇，所以，将板视为多跨超静定连续板，而将梁视为多跨超静定梁。其荷载的传递路线是：板→次梁→主梁→柱或墙。可见，板的支座为次梁，次梁的支座为主梁，主梁的支座为柱或墙。

双向板比单向板受力好，板的刚度大，板跨可达 5 m 以上。当跨度相同时，双向板较单向板薄。在双向板肋形楼盖中，荷载的传递路线是：板→支承梁→柱或墙，板的支座是支承梁，支承梁的支座是柱或墙。双向板的受力特点如下：

(1)双向板受荷后第一批裂缝出现在板底中部，然后逐渐沿 45°向板的四角扩展。当钢筋应力达到屈服点后，裂缝显著增大。板即将破坏时，板面四角产生环状裂缝。这种裂缝的出现，促使板底裂缝进一步开展，最后板破坏(图 8.4)。

(2)双向板在荷载的作用下，四角有翘曲的趋势，所以，板传给支承梁的压力，沿板的周边分布不均匀，在板的中部较大，在两端较小。

(3)尽管双向板的破坏裂缝并不平行于板边，但由于平行于板边的配筋其板底开裂荷载较大，而板破坏时的极限荷载又与对角线方向配筋相差不大，因此，为了施工方便，双向板常采用平行于四边的配筋方式。

(4)细而密的配筋较粗而疏的配筋有利，采用强度等级高的混凝土，较强度等级低的混凝土有利。

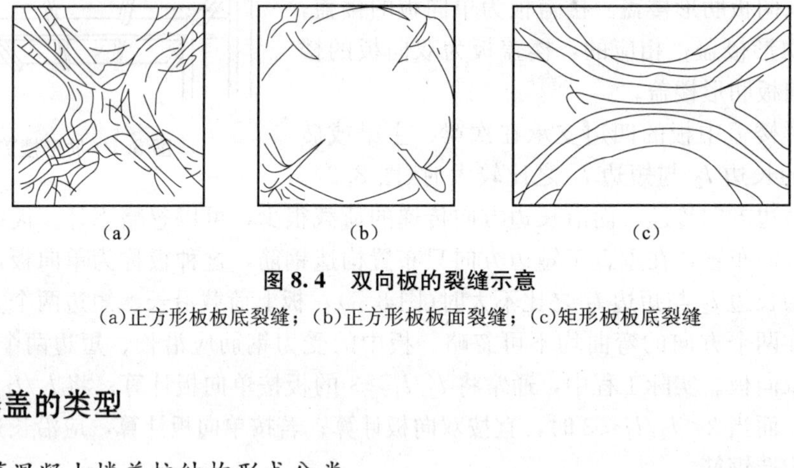

(a)　　(b)　　(c)

图 8.4　双向板的裂缝示意

(a)正方形板板底裂缝；(b)正方形板板面裂缝；(c)矩形板板底裂缝

8.1.2　楼盖的类型

1. 钢筋混凝土楼盖按结构形式分类

(1)肋梁楼盖。肋梁楼盖由相交的梁和板组成，如图 8.5(a)所示，它是楼盖中最常见的结构形式。这种结构的优点是构造简单、结构布置灵活、用钢量较低，其缺点是模板工程比较复杂。图 8.5(b)所示为梁板式筏形基础，实际可视之为倒置的肋梁楼盖。

(2)井式楼盖。井式楼盖的特点是两个方向的柱网及梁的截面尺寸均相同，而且正交，如图 8.6 所示。由于是两个方向共同受力，因而梁的截面高度较肋梁楼盖小，故适宜用于跨度较大且柱网呈方形布置的结构。

(3)密肋楼盖。密肋楼盖由密布的小梁(肋)和板组成，如图 8.7 所示。密肋楼盖由于梁肋的间距小，板厚也很小，梁高也较肋梁楼盖小，故结构的自重较轻。

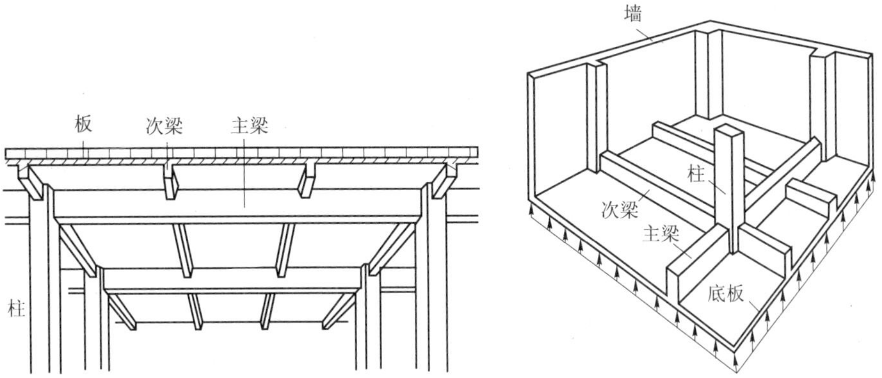

(a)　　(b)

图 8.5　梁板结构

(a)肋梁楼盖；(b)倒置肋梁楼盖——板式基础

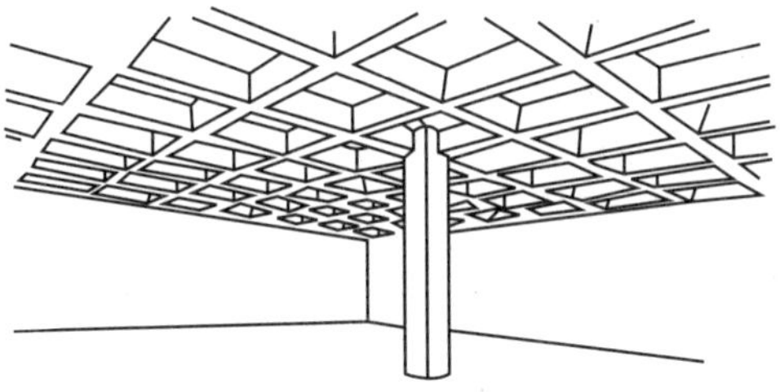

图 8.6　井式楼盖

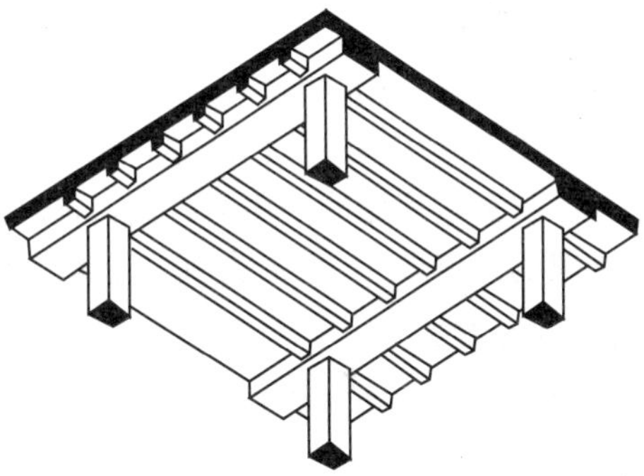

图 8.7　密肋楼盖

(4)无梁楼盖。无梁楼盖又称板柱楼盖。这种楼盖不设梁，而将板直接支撑在带有柱帽(或无柱帽)的柱上，如图 8.8 所示。无梁楼盖顶棚平整，通常用于书库、仓库、商场等工程中，也用于水池的顶板、底板和平板式筏形基础等处。

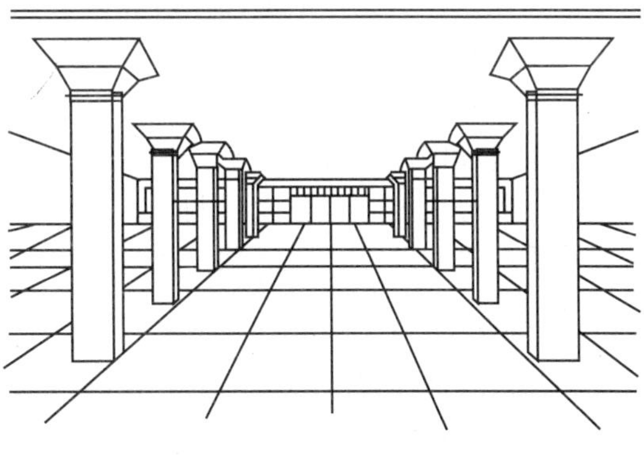

图 8.8　无梁楼盖

2. 钢筋混凝土楼盖按施工方法分类

(1)现浇整体式楼盖。现浇整体式楼盖的混凝土为现场浇筑，其优点是刚度大，整体性好，抗震、抗冲击性能好，防水性好，结构布置灵活；其缺点是模板用量大、现场作业量大、工期较长、施工受季节影响比较大。多层工业建筑的楼盖、楼面承受某些特殊设备荷载或有较复杂的孔洞时，常采用现浇整体式楼盖。随着商品混凝土、泵送混凝土以及工具式模板的广泛使用，整体式楼盖在多高层建筑中的应用也日益增多。

(2)装配式楼盖。装配式楼盖是由预制的梁板构件在现场装配而成的，具有施工速度快、省工、省材等优点，符合建筑工业化的要求。其缺点是结构的刚度和整体性不如现浇整体式楼盖，对抗震不利，因而不宜用于高层建筑，在有些抗震设防要求较高的地区它已被限制使用。

(3)装配整体式楼盖。装配整体式楼盖由预制板(梁)上现浇一叠合层而成为一个整体，最常见的做法是在板面做厚度为 40 mm 的配筋现浇层。其特点介于整体式结构和装配式结构之间，适用于荷载较大的多层工业厂房、高层民用建筑及有抗震设防要求的建筑。

装配整体式楼盖

8.2 单向板肋梁楼盖

8.2.1 结构平面布置

平面楼盖结构布置的主要任务是合理地确定柱网和梁格，它通常是在建筑设计初步方案提出的柱网和承重墙布置的基础上进行的。

1. 柱网布置

柱网布置应与梁格布置统一考虑。柱网尺寸(即梁的跨度)过大，将使梁的截面过大而增加材料用量和工程造价；反之，柱网尺寸过小，会使柱和基础的数量增多，也会使造价增加，并将影响房屋的使用。因此，柱网布置应综合考虑房屋的使用要求和梁的合理跨度。通常次梁的跨度取 4～6 m 为宜，主梁的跨度取 5～8 m 为宜。

2. 梁格布置

梁格布置除需确定梁的跨度外，还应考虑主梁、次梁的方向和次梁的间距，并与柱网布置相协调。

主梁可沿房屋横向布置，它与柱构成横向刚度较强的框架体系，但次梁平行于侧窗，使顶棚上形成次梁的阴影；主梁也可沿房屋纵向布置，以便于通风等管道通过，并且次梁垂直于侧窗使顶棚明亮，但横向刚度较差。次梁间距(即板的跨度)增大，可使次梁数量减少，但会增大板厚而增加整个楼盖的混凝土用量。在确定次梁间距时，应使板厚较小为宜，常用的次梁间距为 1.7～2.7 m。

在主梁跨度内以布置 2 根及 2 根以上次梁为宜，可使其弯矩变化较为平缓，有利于主梁的受力；若楼板上开有较大的洞口，必要时应沿洞口周围布置小梁；主梁和次梁应力求布置在承重的窗间墙上，避免搁置在门窗洞口上；否则，过梁应另行设计。

3. 柱网与梁格布置

在满足房屋使用要求的基础上，柱网与梁格的布置应力求简单、规整，以使结构受力合理、节约材料、降低造价。同时，板厚和梁的截面尺寸也应尽可能统一，以便于设计、施工及满足美观要求。

单向板肋梁楼盖结构平面布置方案主要有以下三种：

(1)主梁沿横向布置，次梁沿纵向布置[图 8.9(a)]。该方案的优点是主梁和柱可形成横向框架、横向抗侧移刚度大，各榀横向框架由纵向次梁相连，房屋整体性好。

(2)主梁沿纵向布置，次梁沿横向布置[图 8.9(b)]。这种布置适用于横向柱距比纵向柱距大得多的情况。它的优点是减小了主梁的截面高度，可增加室内净高。

(3)只布置次梁，不设置主梁[图 8.9(c)]。此方案适用于有中间走道的砌体墙承重混合结构房屋。

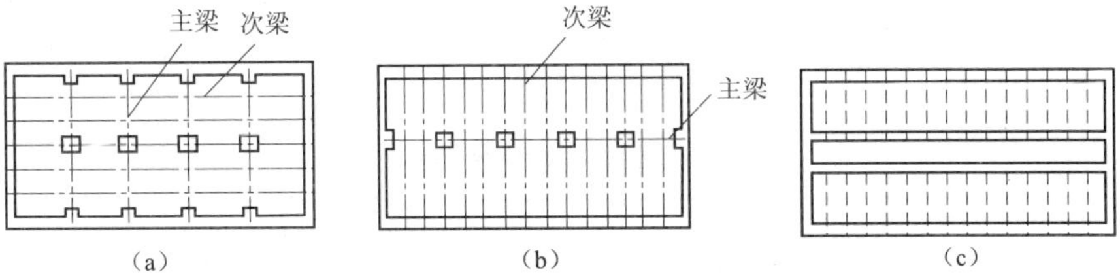

图 8.9 单向板肋梁楼盖结构布置

(a)主梁沿横向布置；(b)主梁沿纵向布置；(c)只设置次梁，不设置主梁

8.2.2 计算简图

单向板肋形楼盖的板、次梁、主梁和柱均整体浇筑在一起，形成一个复杂体系。但由于板的刚度很小，次梁的刚度又比主梁的刚度小很多，因此，可以认为板简单支承在次梁上，次梁简单支承在主梁上，将整个楼盖体系分解为板、次梁和主梁几类构件单独进行计算。作用在板面上的荷载传递路线为：荷载→板→次梁→主梁→柱或墙，板和主、次梁可视为多跨连续板(梁)，其计算简图应表示出梁(板)的跨数，计算跨度，支座的特点以及荷载的形式、位置及大小等。

1. 支座的特点

在肋梁楼盖中，当板或梁支承在砖墙(或砖柱)上时，由于其嵌固作用较小，可假定为铰支座，其嵌固的影响可在构造设计中加以考虑。

当板支承在次梁上，次梁支承在主梁上时，次梁对板、主梁对次梁都将有一定的嵌固作用。为简化计算，通常也假定为铰支座，由此引起的误差将在内力计算时加以调整。

当主梁支承在混凝土柱上时，其计算简图应根据梁、柱的抗弯刚度比确定：如果梁的抗弯刚度比柱的抗弯刚度大很多(通常认为主梁与柱的线刚度比大于 3～4)，则可将主梁视为铰支于柱上的连续梁进行计算；否则，应按框架梁设计。

2. 计算跨数

连续梁任何一个截面的内力值，与其跨数、各跨跨度、刚度以及荷载等因素有关。但对某一跨来说，相隔两跨以上的上述因素，对该跨内力的影响很小。因此，为了简化计算，对于跨数多于五跨的等跨度(或跨度相差不超过 10%)、等刚度、等荷载的连续梁(板)，可近似地按五跨计算。由图 8.10 可知，实际结构 1、2、3 跨的内力按五跨连续梁(板)计算简图采用，其余中间各跨(第 4 跨)内力按五跨连续梁(板)的第 3 跨采用。这种简化，在工程上已具有足够的精度，因而广为应用。

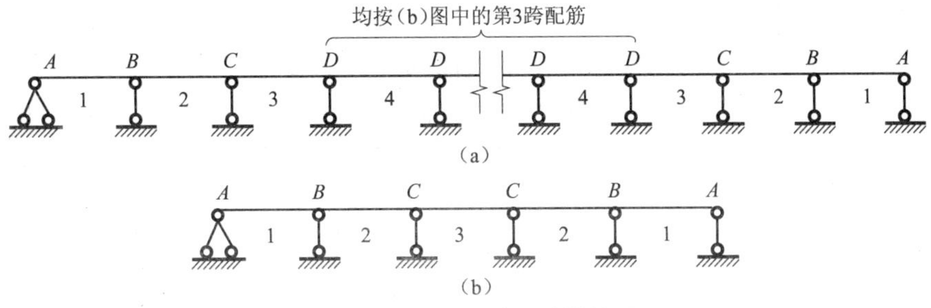

图 8.10 连续梁(板)计算简图

3. 计算跨度

梁、板的计算跨度是指在内力计算时所应采用的跨间长度，其值与支座反力分布有关，即与构件本身的刚度和支承条件有关。在设计中，梁、板的计算跨度 l_0 一般按表 8.1 的规定采用。

表 8.1　梁和板的计算跨度 l_0

<table>
<tr><th rowspan="2">跨数</th><th rowspan="2" colspan="2">支座情形</th><th colspan="2">计算跨度 l_0</th></tr>
<tr><th>板</th><th>梁</th></tr>
<tr><td rowspan="3">单跨</td><td colspan="2">两端简支</td><td>$l_0=l_n+h$</td><td rowspan="3">$l_0=l_n+a\leqslant 1.05l_n$</td></tr>
<tr><td colspan="2">一端简支，一端与梁整体连接</td><td>$l_0=l_n+h$</td></tr>
<tr><td colspan="2">两端与梁整体连接</td><td>$l_0=l_n$</td></tr>
<tr><td rowspan="5">多跨</td><td colspan="2">两端简支</td><td>当 $a\leqslant 0.1l_c$ 时，$l_0=l_c$
当 $a>0.1l_c$ 时，$l_0=1.1l_n$</td><td>当 $a\leqslant 0.05l_c$ 时，$l_0=l_c$
当 $a>0.05l_c$ 时，$l_0=1.05l_n$</td></tr>
<tr><td rowspan="2">一端嵌入墙内，另一端与梁整体连接</td><td>按塑性计算</td><td>$l_0=l_n+0.5h$</td><td>$l_0=l_n+0.5a$</td></tr>
<tr><td>按弹性计算</td><td>$l_0=l_n+(h+a')/2$</td><td>$l_0=l_n\leqslant 1.025l_n+0.5a$</td></tr>
<tr><td rowspan="2">两端均与梁整体连接</td><td>按塑性计算</td><td>$l_0=l_n$</td><td>$l_0=l_n$</td></tr>
<tr><td>按弹性计算</td><td>$l_0=l_n$</td><td>$l_0=l_n$</td></tr>
<tr><td colspan="5">注：l_n—支座间净距；l_c—支座中心间的距离；h—板的厚度；a—边支座宽度；a'—中间支座宽度；l_0—计算跨度。对于连续板，当一端搁置在墙上，另一端与梁整体连接时，l_0 取 $\left(l_n+\frac{h}{2}\right)$ 与 $\left(l_n+\frac{a}{2}\right)$ 中的较小值。</td></tr>
</table>

4. 荷载取值

楼盖上的荷载有恒荷载和活荷载两种。恒荷载一般为均布荷载，它主要包括结构自重、各构造层自重、永久设备自重等；活荷载的分布通常是不规则的，一般均折合成等效均布荷载计算，主要包括楼面活荷载(如使用人群、家具及一般设备的重力)、屋面活荷载和雪荷载等。

楼盖恒荷载的标准值按结构实际构造情况通过计算确定，楼盖活荷载的标准值按《建筑结构荷载规范》(GB 50009—2012)确定。在设计民用房屋楼盖时，应考虑楼面活荷载的折减问题，因为当梁的负荷面积较大时，全部满载的可能性较小，故应对活荷载标准值按规范进行折减。其折减系数依据房屋类别和楼面梁的负荷范围，取 0.55～1.0 不等。

当楼面板承受均布荷载时，通常取宽度为 1 m 的板带进行计算，如图 8.11(a)所示。在确定板传递给次梁的荷载和次梁传递给主梁的荷载时，一般均忽略结构的连续性而按简单支承进行计算。所以，对次梁取相邻板跨中线所分割出来的面积作为它的受荷面积；次梁所承受荷载为次梁自重及其受荷面积上板传来的荷载；主梁承受主梁自重以及由次梁传来的几种荷载，但由于主梁自重与次梁传来的荷载相比较小，故为了简化计算，一般可将主梁的均布自重荷载折算为若干集中荷载一并计算。板、次梁、主梁的计算简图如图 8.11(b)～(d)所示。

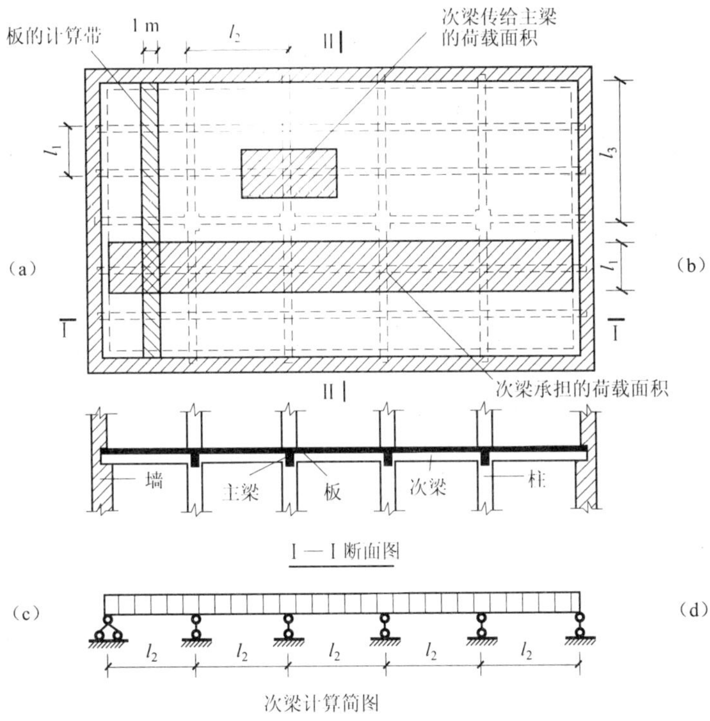

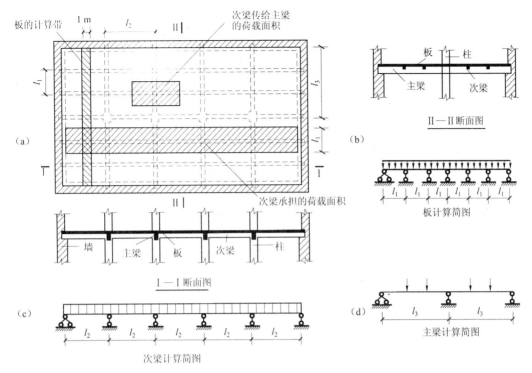

图 8.11　单向板肋梁楼盖计算简图

如前所述，在计算梁（板）的内力时，假设梁（板）的支座为铰接，这对于等跨连续梁（板）当活荷载沿各跨均为满布时是可行的。因为，此时梁（板）在中间支座发生的转角很小，按简支计算与实际情况相差甚微。但是，当活荷载 q 隔跨布置时情况则不同。现以图 8.12 所示支承在次梁上的连续板为例予以说明。当按铰支座计算时，板绕支座的转角 θ 值较大［图 8.12(a)］。而实际上，由于板与次梁整体现浇在一起，当板受荷载弯曲，在支座发生转动时，将带动次梁（支座）一同转动。同时，次梁因具有一定的抗扭刚度且两端受主梁的约束，将阻止板的自由转动，最终只能产生两者变形协调的约束转角 θ'，如图 8.12(b)所示。其值小于前述自由转角 θ，转角减小使板的跨中弯矩有所降低，而支座负弯矩则相应地有所增加，但不会超过两相邻跨布满活荷载时的支座负弯矩。类似的情况也会发生在次梁与主梁及主梁与柱之间。这种由于支承构件的抗扭刚度，使被支承构件跨中弯矩有所减小的有利影响，在设计中，一般通过采用增大恒荷载和减小活荷载的办法来考虑，即将恒荷载和活荷载分别调整为 g' 和 q'［图 8.12(c)］。

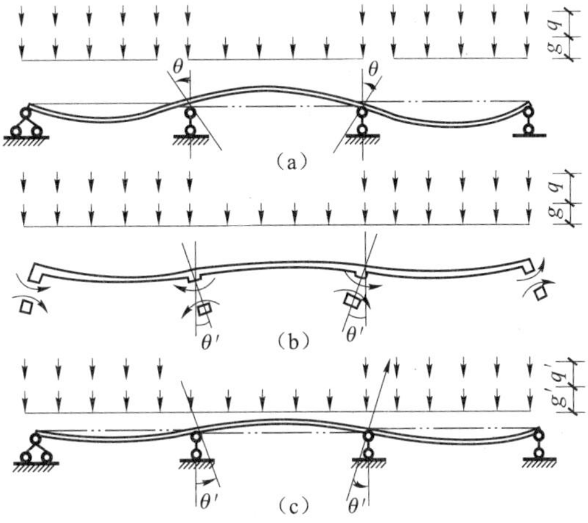

图 8.12　连续梁（板）的折算荷载

对于板：

$$g' = g + \frac{q}{2},\ q' = \frac{q}{2} \tag{8-1}$$

对于次梁：

$$g'=g+\frac{q}{4},\ q'=\frac{3q}{4} \tag{8-2}$$

式中 g'、q'——调整后的折算恒荷载、活荷载设计值；

g、q——实际的恒荷载、活荷载设计值。

对于主梁，因转动影响很小，一般不予考虑。

当梁(板)搁置在砌体或钢结构上时，对荷载不作调整。

8.2.3 连续梁(板)按弹性理论的内力计算

钢筋混凝土连续梁(板)的内力按弹性理论方法计算，是假定梁(板)为理想弹性体系，因而，其内力计算可按结构力学中的方法进行。

钢筋混凝土连续梁(板)所受恒荷载是保持不变的，而活荷载在各跨的分布则是变化的。由于结构设计必须使构件在各种可能的荷载布置下都能安全、可靠的使用，所以，在计算内力时，应研究活荷载如何布置，将使梁(板)内各截面可能产生的内力绝对值最大，即要考虑荷载的最不利布置和结构的内力包络图。

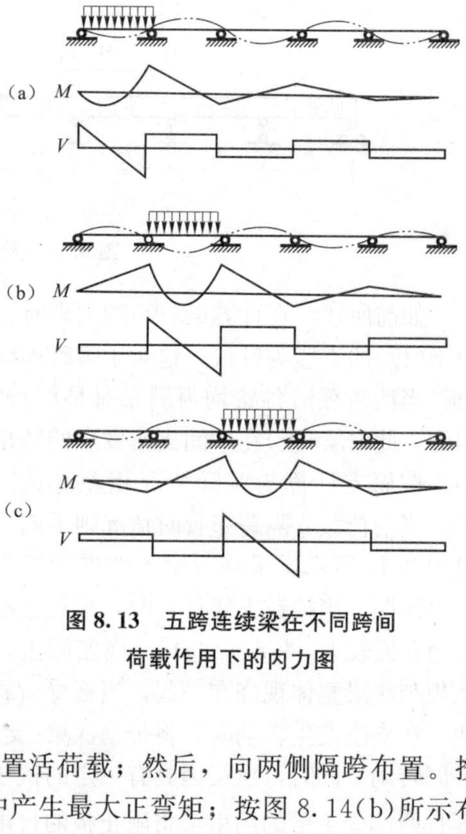

图 8.13 五跨连续梁在不同跨间荷载作用下的内力图

1. 活荷载的最不利布置

对于单跨梁，显然是当全部恒载和活荷载同时作用时将产生最大的内力。但对于多跨连续梁某一指定截面，往往并不是所有荷载同时布满梁上各跨时引起的内力为最大。图 8.13 给出了一个五跨连续梁当活荷载单跨布置时的弯矩图和剪力图。从图中可以看出其内力图的变化规律：当活荷载作用在某跨时，该跨跨中为正弯矩，邻跨跨中则为负弯矩，然后正负弯矩相间。研究各弯矩图变化规律和不同组合后的结果，可以确定截面活荷载最不利布置的原则为：

(1)求某跨跨中的最大正弯矩时，应在该跨布置活荷载；然后，向两侧隔跨布置。按图 8.14(a)所示布置活荷载，将使 1、3、5 跨跨中产生最大正弯矩；按图 8.14(b)所示布置活荷载，将使 2、4 跨跨中产生最大正弯矩。

(2)求某跨跨中最大负弯矩时，该跨不布置活荷载，而在其左右邻跨布置；然后，向两侧隔跨布置。按图 8.14(a)所示布置活荷载，将使 2、4 跨跨中产生最大负弯矩；按图 8.14(b)所示布置活荷载，将使 1、3、5 跨跨中产生最大负弯矩。

(3)求某支座截面最大负弯矩时，应在该支座相邻两跨布置活荷载；然后，向两侧隔跨布置。按图 8.14(c)所示布置活荷载，将产生 B 支座截面最大负弯矩；按图 8.14(d)所示布置活荷载，将产生 C 支座截面最大负弯矩。

(4)求某支座截面最大剪力时，其活荷载布置与求该截面最大负弯矩时的布置相同，如

图 8.14(c)和图 8.14(d)所示。

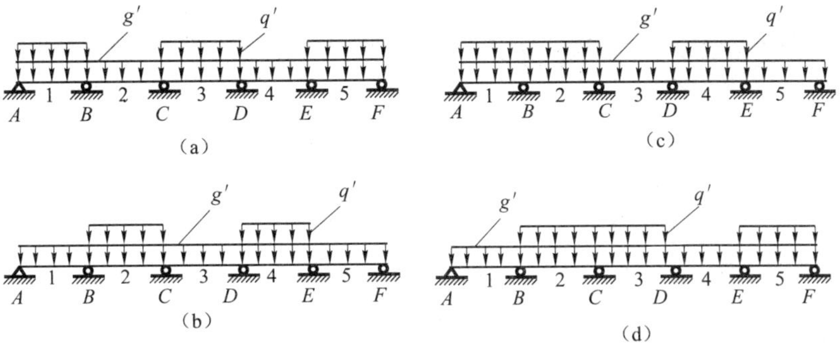

图 8.14　五跨连续梁最不利荷载组合

(a)恒+活 1+活 3+活 5(产生 $M_{1\max}$、$M_{3\max}$、$M_{5\max}$、$M_{2\min}$、$M_{4\min}$)；

(b)恒+活 1+活 2+活 4(产生 $M_{2\max}$、$M_{4\max}$、$M_{1\min}$、$M_{3\min}$、$M_{5\min}$)；

(c)恒+活 1+活 2+活 4(产生 $M_{B\max}$、$V_{B左\max}$、$V_{B右\max}$)；

(d)恒+活 2+活 3+活 5(产生 $M_{C\max}$、$V_{C左\max}$、$V_{C右\max}$)

梁上的恒荷载应按实际情况布置。

活荷载布置确定后，即可按结构力学的方法进行连续梁(板)的内力计算。

2. 内力计算

明确活荷载的不利布置后，即可按结构力学中所述的方法求出弯矩和剪力。为了减轻计算工作量，已将等跨连续梁(板)在各种不同布置荷载作用下的内力系数，制成计算表格，详见附表 11。设计时可直接从表中查得内力系数后，按下式计算各截面的弯矩和剪力值，作为截面设计的依据。

在均布荷载作用下

$$M=表中系数\times ql^2 \tag{8-3}$$

$$V=表中系数\times ql \tag{8-4}$$

在集中荷载作用下

$$M=表中系数\times Pl \tag{8-5}$$

$$V=表中系数\times P \tag{8-6}$$

式中　q——均布荷载设计值(kN/m)；

P——集中荷载设计值(kN)。

当连续板(梁)的各跨跨度不相等但相差不超过 10%时，仍可近似地按等跨内力系数表进行计算。但当求支座负弯矩时，计算跨度应取相邻两跨的平均值(或取其中较大值)；而求跨中弯矩时，则取相应跨的计算跨度。

3. 内力包络图

根据各种最不利荷载组合，按一般结构力学方法或利用前述表格进行计算，即可求出各种荷载组合作用下的内力图(弯矩图和剪力图)，把它们叠画在同一坐标图上，其外包线所形成的图形即为内力包络图，它表示连续梁(板)在各种荷载最不利布置下各截面可能产生的最大内力值。图 8.15 所示为五跨连续梁的弯矩包络图和剪力包络图，它是确定连续梁纵筋、弯起钢筋、箍筋的布置和绘制配筋图的依据。

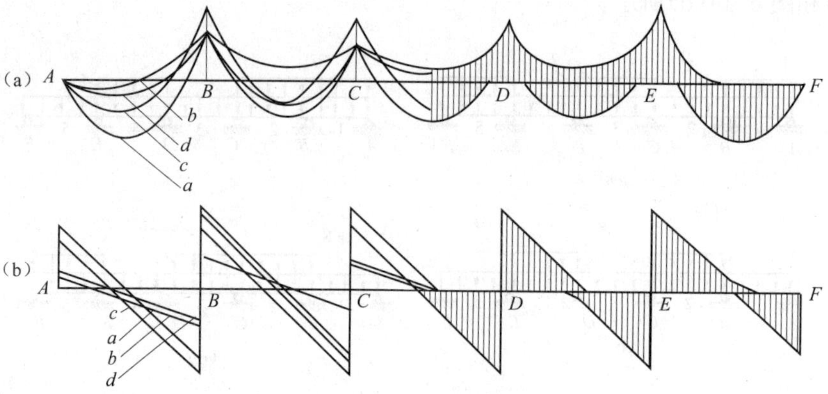

图 8.15　五跨连续梁均布荷载内力包络图

(a)弯矩包络图；(b)剪力包络图

4. 支座截面内力的计算

在按弹性理论计算连续梁的内力时，其计算跨度取支座中心线间的距离，即按计算简图求得的支座截面内力为支座中心线的最大内力。若梁与支座非整体连接或支撑宽度很小时，计算简图与实际情况基本相符。然而，对于整体连接的支座，中心处梁的截面高度将会由于支撑梁(柱)的存在而明显增大。实践证明，该截面的内力虽为最大，但其并非为最危险截面，破坏都出现在支撑梁(柱)的边缘处(图 8.16)。因此，可取支座边缘截面作为计算控制截面，其弯矩和剪力的计算值，可近似地按下式求得：

$$M_b = M - V_0\frac{b}{2} \tag{8-7}$$

$$V_b = V - (g+q)\frac{b}{2} \tag{8-8}$$

式中　M、V——支座中心线处截面的弯矩和剪力；

V_0——按简支梁计算的支座剪力；

g、q——均布恒荷载和活荷载；

b——支座宽度。

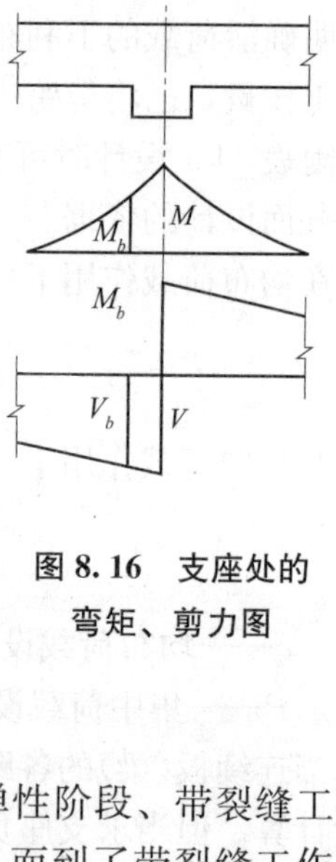

图 8.16　支座处的弯矩、剪力图

8.2.4　连续梁(板)按塑性理论的内力计算

如前所述，钢筋混凝土梁(板)正截面受弯经历了三个阶段：弹性阶段、带裂缝工作阶段和破坏阶段。在弹性阶段，应力沿截面高度的分布近似为直线，而到了带裂缝工作阶段和破坏阶段，材料表现出明显的塑性性能。截面在按受弯承载力计算时，已考虑了这一因素，但是当按弹性理论计算连续梁板时，却忽视了钢筋混凝土材料的构件在工作中存在着这种非弹性性质，假定结构的刚度不随荷载的大小而改变。而实际上结构中某截面发生塑性变形后，其内力和变形与不变刚度的弹性体系分析的结果是不一致的，因为在结构中产生了内力重分布现象。

钢筋混凝土结构的内力重分布现象在裂缝出现前即已产生，但不明显；在裂缝出现后内力重分布程度不断扩大，而受拉钢筋屈服后的塑性变形则使内力重分布现象进一步加剧。

在进行钢筋混凝土连续梁(板)设计时，如果按照上述弹性理论的活荷载最不利布置所求得内力包络图来选择截面及配筋，认为构件任一截面上的内力达到极限承载力时，整个构件即达到承载力极限状态，这对静定结构是基本符合的。但对于具有一定塑性性能的超静定结构来说，构件的任一截面达到极限承载力时并不会导致整个结构的破坏，因此，按弹性理论方法计算求得的内力，不能正确反映结构的实际破坏内力。

为解决上述问题，充分考虑钢筋混凝土构件的塑性性能，挖掘结构潜在的承载力，达到节省材料和改善配筋的目的，提出了按塑性内力重分布的计算方法。理论及试验表明，钢筋混凝土连续梁(板)内塑性铰的形成，是结构破坏阶段塑性内力重分布的主要原因。

1. 塑性铰的概念

如图 8.17 所示的钢筋混凝土简支梁，在集中荷载 P 作用下，跨中截面内力从加荷至破坏经历了三个阶段。当进入第Ⅲ阶段时，受拉钢筋开始屈服[图 8.17(f)中的 B 点]并产生塑性流动，混凝土垂直裂缝迅速发展，受压区高度不断缩小，截面绕中和轴转动，最后其受压区混凝土边缘压应变达到 ε_{cu} 而被压碎(C 点)，致使构件破坏。从该图中截面的弯矩与曲率关系曲线[图 8.17(f)]可以看出，自钢筋开始屈服至构件破坏(BC 段)，其 M-φ 曲线变化平缓，说明在截面所承受的弯矩仅有微小增长的情况下，曲率激增，也即截面相对转角急剧增大[图 8.17(e)]，也就是说，构件在塑性变形集中产生的区域[图 8.17(a)中 ab 段，相应于图 8.17(b)中 $M>M_y$ 的部分]，犹如形成了一个能够转动的"铰"，一般称之为塑性铰，如图 8.17(d)所示。

与力学中的理想铰相比，塑性铰具有下列特点：

(1)理想铰不能承受弯矩，而塑性铰则能承受基本不变的弯矩；

(2)理想铰集中于一点，而塑性铰则有一定的长度区段；

(3)理想铰可以沿任意方向转动，而塑性铰只能沿弯矩作用的方向，绕不断上升的中和轴发生单向转动。

塑性铰是构件塑性变形发展的结果。塑性铰出现后，使静定结构简支梁形成三铰在一条直线上的破坏结构，标志着构件进入破坏状态，如图 8.17(d)所示。

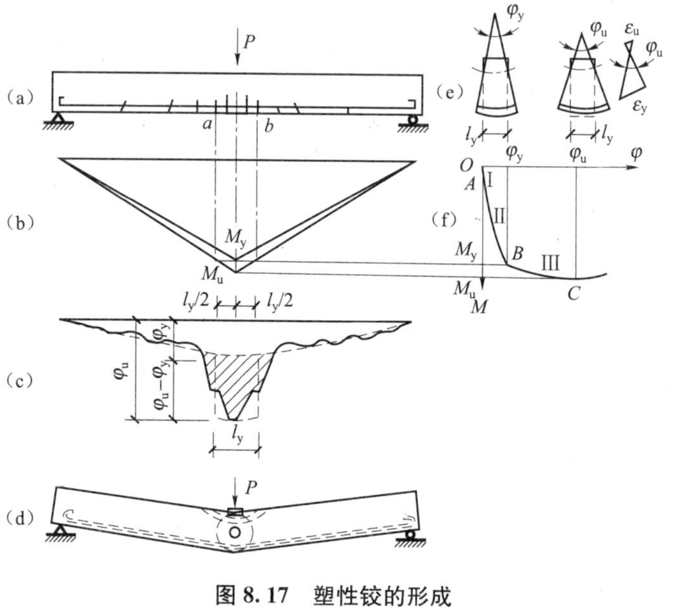

图 8.17 塑性铰的形成

2. 超静定结构的塑性内力重分布

显然，对于静定结构，任一截面出现塑性铰后，即可使其形成几何可变体系而丧失承载力。但对于超静定结构，由于存在多余约束，构件某截面出现塑性铰，并不能使其立即成为几何可变体系，构件仍能继续承受增加的荷载，直到其他截面也出现塑性铰，使结构成为几何可变体系，才丧失承载力。其破坏过程是：在一个截面出现塑性铰，随着荷载的增加，塑性铰陆续出现(每出现一个塑性铰，相当于超静定结构减少一次约束)，直到最后一个塑性铰出现，整个结构形成几何可变体系，结构达到极限承载力。在形成破坏结构的过程中，结构的内力分布和塑性铰出现前的弹性分布规律完全不同。在塑性铰出现后的加载过程中，结构的内力经历了一个重新分布的过程，这个过程称为塑性内力重分布。

现以图 8.18 所示的各跨内作用有两个集中荷载 P 的两跨连续梁为例，将这一过程作如下说明。

连续梁在承载过程中实际的内力状态为：在加载初期混凝土开裂前，整个处于第Ⅰ阶段，接近弹性体工作；随着荷载的增加，梁进入第Ⅱ阶段工作，在弯矩最大的中间支座处受拉区混凝土出现裂缝，刚度降低，使其弯矩增长减慢，而跨中弯矩增长加快；当继续加载至跨中混凝土出现裂缝时，跨中截面刚度降低，弯矩增长减慢，而支座弯矩增长较快。以上这一变化过程是由于混凝土裂缝引起各截面刚度相对的变化导致梁的内力重分布，但在钢筋尚未屈服前，其刚度变化不显著，因而，内力重分布幅度很小。随着荷载的增加，截面 B 受拉钢筋屈服，进入第Ⅲ阶段工作，形成塑性铰，发生塑性转动并产生明显的内力重分布。

当按弹性理论计算，集中荷载为 P 时，中间支座 B 截面的负弯矩 $M_B=-0.33Pl$，跨中最大正弯矩 $M_1=0.22Pl$，如图 8.18(b)所示。

在设计时，若连续梁按图 8.18(b)所示的弯矩值进行配筋，其中间支座截面的受拉钢筋配筋量为 A_s，则跨中截面受拉钢筋配筋量相应地应为 $\frac{2}{3}A_s$，设计结果可满足其承载力的要求。但在实际设计时，跨中截面应当考虑活荷载的最不利布置而按内力包络图跨中截面 $M_{1\max}$ 来计算所需的受拉钢筋面积，则其配筋量势必要大于 $\frac{2}{3}A_s$ 值。经计算，若其所配的受拉钢筋为如图 8.18(a)所示的 A_s 值，则跨中及支座两个截面所能承担的极限弯矩均为 $M_u=0.33Pl$，P 即按弹性理论计算时该两跨连续梁所能承受的最大集中荷载。

实际上，连续梁在荷载 P 作用下，当 $M_B=M_u=0.33Pl$ 时，结构仅仅是在支座 B 截面发生“屈服”，形成塑性铰，跨中截面实际产生的 M 值小于 M_u 值，结构并未丧失承载力，仍能继续承载。但在支座截面，当荷载继续增加超过弹性极限时，支座截面所承受的 M_{Bu} 值将不再增加，而跨中截面弯矩 M_1 值可继续增加，直至达到 $M_1=M_u=0.33Pl$ 的极限值时，跨中截面也形成塑性铰，整个结构变成几何可变体系而达到了极限承载力。其相应弯矩的增量为 ΔM，$\Delta M=0.33Pl-0.22Pl=0.11Pl$。此时，对产生 ΔM 的相应荷载 ΔP 可按下列方法求得：将支座 B 视作一个铰，即整个结构由两跨连续梁变成两个简支梁一样工作，因 $\Delta M=\frac{P}{3}\times\frac{l}{3}=0.11Pl$，由图 8.18(c)可求出相应的荷载增量为 $\Delta P=\frac{P}{3}$。

因此，该两跨连续梁所能承受的极限荷载应为 $P+\frac{P}{3}=\frac{4}{3}P$，比按弹性理论计算的承载力 P 有所提高。该两跨连续梁的最后弯矩如图 8.18(d)所示。

若按图 8.18(e)所示方案配筋，则该两跨连续梁的最后弯矩图如图 8.18(f)所示。由此可见，支座和跨中弯矩的幅值可以人为地予以调整，这种控制截面的弯矩可以互相调整的计算方法称为“弯矩调幅法”。

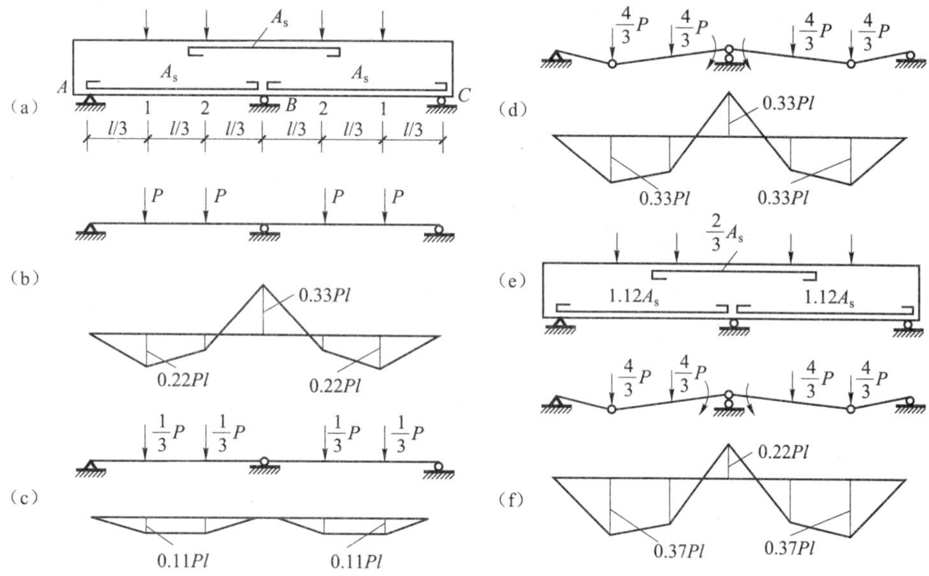

图 8.18　两跨连续梁在荷载 P 作用下的弯矩图

由上述可见，塑性内力重分布需考虑以下因素：

(1)塑性铰应具有足够的转动能力。为使内力得以完全重分布，应保证结构加载后各截面中能先后出现足够数目的塑性铰，最后形成破坏机构。若最初形成的塑性铰转动能力不足，在其塑性铰尚未全部形成前，已因某些受压区截面混凝土过早被压坏而导致构件破坏，就不能达到完全内力重分布的目的。

(2)结构构件应具有足够的斜截面承载能力。在国内外的试验研究表明：支座出现塑性铰后，连续梁的受剪承载力比不出现塑性铰的梁低。加载过程中，连续梁首先在支座和跨内出现垂直裂缝，随后在中间支座两侧出现斜裂缝。一些破坏前支座已形成塑性铰的梁，在中间支座两侧的剪跨段，纵筋和混凝土的粘结有明显破坏，有的甚至还出现沿纵筋的劈裂裂缝。构件的剪跨比越小，这种现象越明显。因此，为了保证连续梁内力重分布能充分发展，结构构件必须要有足够的受剪承载能力。

(3)满足正常使用条件。如果最初出现的塑性铰转动幅度过大，塑性铰附近截面的裂缝就可能开展过宽，结构的挠度过大，不能满足正常使用的要求。因此，在考虑塑性内力重分布时，应对塑性铰的允许转动量予以控制，即控制内力重分布的幅度。一般要求，在正常使用阶段不应出现塑性铰。

3. 塑性内力重分布的计算方法

钢筋混凝土连续梁(板)考虑塑性内力重分布的计算时，目前工程中应用较多的是弯矩调幅法，即在弹性理论的弯矩包络图基础上，对构件中选定的某些支座截面较大的弯矩值，按内力重分布的原理加以调整；然后，按调整后的内力进行配筋计算。对于均布荷载作用下等跨连续梁(板)考虑塑性内力重分布的弯矩和剪力可按下式计算：

板和次梁的跨中及支座弯矩：

$$M=\alpha(g+q)l_0^2 \tag{8-9}$$

次梁支座的剪力：

$$V=\beta(g+q)l_n \tag{8-10}$$

式中　g、q——作用在梁(板)上的均布恒荷载、活荷载设计值；

l_0——计算跨度；

l_n——净跨度；

α——考虑塑性内力重分布的弯矩计算系数，按表 8.2 选用；

β——考虑塑性内力重分布的剪力计算系数，按表 8.3 选用。

表 8.2　连续梁和连续单向板的考虑塑性内力重分布的弯矩计算系数 α

<table>
<tr><th colspan="2" rowspan="3">支承情况</th><th colspan="6">截面位置</th></tr>
<tr><th>端支座</th><th>边跨跨中</th><th>离端第二支座</th><th>离端第二跨跨中</th><th>中间支座</th><th>中间跨跨中</th></tr>
<tr><th>A</th><th>Ⅰ</th><th>B</th><th>Ⅱ</th><th>C</th><th>Ⅲ</th></tr>
<tr><td colspan="2">梁(板)搁置在墙上</td><td>0</td><td>$\frac{1}{11}$</td><td rowspan="4">二跨连续：$-\frac{1}{10}$
三跨及以上连续：$-\frac{1}{11}$</td><td rowspan="4">$\frac{1}{16}$</td><td rowspan="4">$-\frac{1}{14}$</td><td rowspan="4">$\frac{1}{16}$</td></tr>
<tr><td>板</td><td rowspan="2">与梁整浇连接</td><td>$-\frac{1}{16}$</td><td rowspan="2">$\frac{1}{14}$</td></tr>
<tr><td>梁</td><td>$-\frac{1}{24}$</td></tr>
<tr><td colspan="2">梁与柱整浇连接</td><td>$-\frac{1}{16}$</td><td>$\frac{1}{14}$</td></tr>
</table>

表 8.3　连续梁和连续单向板的考虑塑性内力重分布的剪力计算系数 β

<table>
<tr><th rowspan="3">支承情况</th><th colspan="5">截面位置</th></tr>
<tr><th rowspan="2">端支座内侧 A_{in}</th><th colspan="2">离端第二支座</th><th colspan="2">中间支座</th></tr>
<tr><th>外侧 B_{ex}</th><th>内侧 B_{in}</th><th>外侧 C_{ex}</th><th>内侧 C_{in}</th></tr>
<tr><td>搁置在墙上</td><td>0.45</td><td>0.60</td><td rowspan="2">0.55</td><td rowspan="2">0.55</td><td rowspan="2">0.55</td></tr>
<tr><td>与梁(柱)整体连接</td><td>0.50</td><td>0.55</td></tr>
</table>

4. 考虑塑性内力重分布计算的一般原则

根据理论分析及试验结果，连续梁(板)按塑性内力重分布计算应遵循以下原则：

(1)通过控制支座和跨中截面的配筋率可以控制连续梁(板)中塑性铰出现的顺序和位置，控制调幅的大小和方向。为了保证塑性铰具有足够的转动能力，避免受压区混凝土“过早”被压坏，以实现完全的内力重分布，必须控制受力钢筋用量，即应满足 $\xi \leqslant 0.35$ 的限制条件要求；同时，钢筋宜采用塑性较好的 HPB300 级、HRB400 级钢筋，混凝土强度等级宜为 C20～C45。

(2)连续梁(板)的弯矩调幅幅度不宜过大，应控制在弹性理论计算弯矩的 20%以内。

(3)由于连续梁(板)出现塑性铰后，是按简支梁工作的，因此，每跨调整后的两端支座

弯矩的平均值加上跨中弯矩的绝对值之和应不小于相应的简支梁跨中弯矩，即

$$M_0=\frac{(|M_B|+|M_C|)}{2}+M_1 \tag{8-11}$$

式中 M_B、M_C——分别为调整后支座截面的弯矩；

M_1——调整后跨中截面的弯矩；

M_0——该跨按简支梁计算的跨中截面弯矩。

(4)调整后的所有支座和跨中的弯矩的绝对值，对承受均布荷载的梁均应满足下式要求：

$$|M|\geqslant\frac{1}{24}(g+q)l_0^2 \tag{8-12}$$

5. 按塑性内力重分布计算的适用范围

按塑性内力重分布计算超静定结构虽然可以节约钢材，但在使用阶段钢筋应力较高，构件裂缝和挠度均较大。通常，对于在使用阶段不允许开裂的结构、处于重要部位而又要求可靠度较高的结构(如肋梁楼盖中的主梁)、受动力和疲劳荷载作用的结构及处于有腐蚀环境中的结构，不能采用塑性理论计算方法，而应按弹性理论方法进行设计。

8.2.5 单向板肋梁楼盖的截面设计与构造

1. 板的计算和构造要求

(1)板的计算要点。板的内力可按塑性理论方法计算；在求得单向板的内力后，可根据正截面抗弯承载力计算，确定各跨跨中及各支座截面的配筋；板在一般情况下均能满足斜截面受剪承载力要求，设计时可不进行受剪承载力计算；连续板跨中由于正弯矩作用引起截面下部开裂，支座由于负弯矩作用引起截面上部开裂，这就使板的实际轴线成拱形(图 8.19)。如果板的四周存在有足够刚度的梁，即板的支座不能自由移动时，则作用于板上的一部分荷载将通过拱的作用直接传给边梁，而使板的最终弯矩降低。考虑到这一有利作用，可对周边与梁整体连接的单向板中间跨跨中截面及中间支座截面的计算弯矩折减 20%。但对于边跨的跨中截面及第二支座截面，由于边梁侧向刚度不大(或无边梁)，难以提供足够的水平推力，因此，其计算弯矩不予降低。

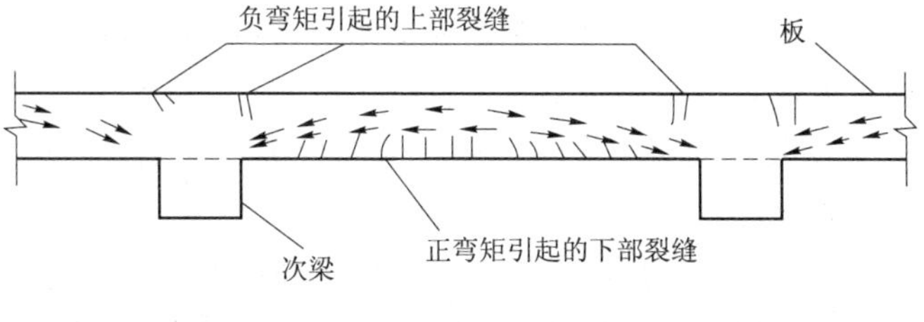

图 8.19 钢筋混凝土连续板的拱作用

(2)板的构造要求。单向板的构造要求主要为板的尺寸和配筋两方面。

1)板的跨度一般在梁格布置时已确定。因板的厚度直接关系到混凝土的用量和配筋，故在取用时，除应满足建筑功能的要求外，主要还应考虑板的跨度及其所受的荷载。从刚度要求出发，根据设计经验，单向板的最小厚度不应小于跨度的 1/40(连续板)、1/30(简支板)及 1/10(悬臂板)。同时，单向板的最小厚度还不应小于表 8.4 规定的数值。板的配筋率

一般为0.3%～0.8%。

表 8.4　现浇钢筋混凝土板的最小厚度

板的类别		最小厚度/mm
单向板	屋面板	60
	民用建筑楼板	60
	工业建筑楼板	70
	行车道下的楼板	80
双向板		80
密肋楼盖	面板	50
	肋高	250
悬臂板(根部)	悬臂长度不大于 500 mm	60
	悬臂长度 1 200 mm	80
无梁楼板		150
现浇空心楼盖		200

2)在现浇钢筋混凝土单向板的钢筋，分受力钢筋和构造钢筋两种。布设时应分别满足以下要求。

①单向板中的受力钢筋应沿板的短跨方向在截面受拉一侧布置，其截面面积由计算确定。板中受力钢筋一般采用HPB300级钢筋，在一般厚度的板中，钢筋的常用直径为ϕ6、ϕ8、ϕ10、ϕ12等。对于支座处钢筋，为便于施工，其直径一般不小于ϕ8。对于绑扎钢筋，当板厚 $h \leqslant 150$ mm时，间距不宜大于200 mm；当板厚 $h > 150$ mm时，间距不宜大于 $1.5h$，且不宜大于250 mm。简支板或连续板下部纵向受力钢筋伸入支座的锚固长度不应小于 $5d$(d 为下部纵向受力钢筋直径)。当连续板内温度、收缩应力较大时，伸入支座的锚固长度宜适当增加。

连续板受力钢筋的配筋方式有弯起式和分离式两种。前者是将跨中正弯矩钢筋在支座附近弯起一部分以承受支座负弯矩，如图8.20(a)所示。这种配筋方式锚固较好，并可节省钢筋，但施工复杂；后者是将跨中正弯矩钢筋和支座负弯矩钢筋分别设置，如图8.20(b)所示。这种方式配筋施工方便，但钢筋用量较大且锚固较差，故不宜用于承受动荷载的板中。当板厚 $h \leqslant 120$ mm，且所受动荷载不大时，也可采用分离式配筋。跨中正弯矩钢筋采用分离式配筋时，宜全部伸入支座，支座负弯矩钢筋向跨内的延伸长度应满足覆盖负弯矩图和钢筋锚固的要求；当采用弯起式配筋时，可先按跨中正弯矩确定其钢筋直径和间距；然后，在支座附近将跨中钢筋按需要弯起1/2(隔一弯一)以承受负弯矩，但最多不超过2/3(隔一弯二)。如弯起钢筋的截面面积不够，可另加直钢筋。弯起钢筋弯起的角度一般采用30°；当板厚 $h > 120$ mm时，宜采用45°。

②在单向板中除了按计算配置受力钢筋外，通常还按要求设置以下四种构造钢筋：

分布钢筋：垂直于板的受力钢筋方向，并在受力钢筋内侧按构造要求配置。其作用除固定受力钢筋位置外，主要承受混凝土收缩和温度变化所产生的应力，控制温度裂缝的开展；同时，还可将局部板面荷载更均匀地传给受力钢筋，并承受在计算中未计但实际存在

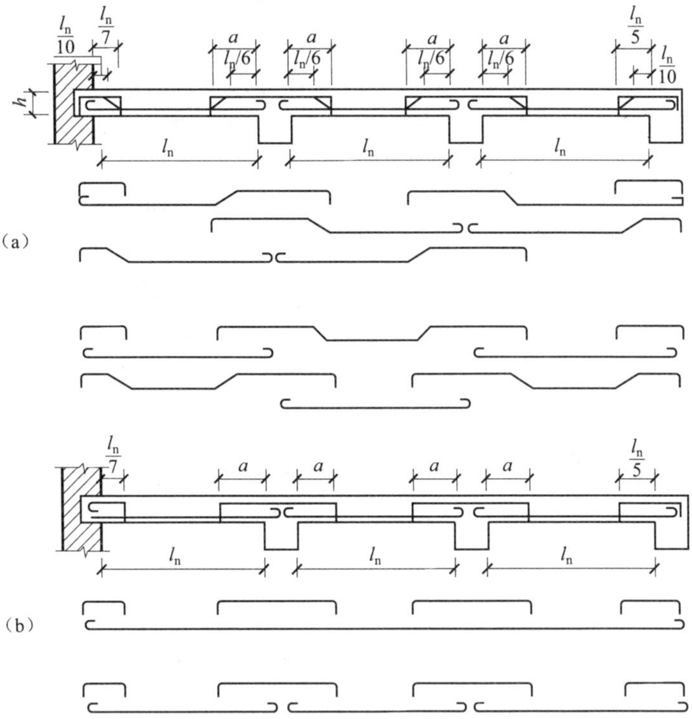

图 8.20　单向板的配筋方式

(a)弯起式配筋；(b)分离式配筋

注：当 $q \leqslant 3g$ 时，$a=l_n/4$；当 $q>3g$ 时，$a=l_n/3$。其中，q 为均布活荷载设计值；g 为均布恒荷载设计值；l_n 为板的计算跨度

的长跨方向的弯矩。分布钢筋的截面面积应不小于受力钢筋的 15%，并且不宜小于板面截面面积的 0.15%。分布钢筋间距不宜大于 250 mm(当集中荷载较大时，间距不宜大于 200 mm)，直径不宜小于 6 mm；在受力钢筋的弯折处，也应设置分布钢筋。

与主梁垂直的上部构造钢筋：单向板上荷载将主要沿短边方向传到次梁，此时，板的受力钢筋与主梁平行，由于板将产生一定大于与主梁方向垂直的负弯矩，为承受这一弯矩和防止产生过宽的裂缝，应配置与主梁垂直的上部构造钢筋，如图 8.21 所示。其数量不宜少于板中受力钢筋的 1/3，且不少于每米 5ϕ8，伸出主梁边缘的长度不宜小于 $l_0/4$。

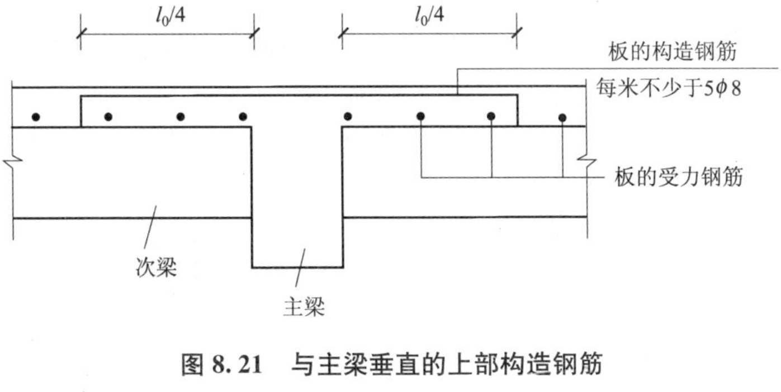

图 8.21　与主梁垂直的上部构造钢筋

嵌固在墙内或钢筋混凝土梁整体连接的板端上部构造钢筋：嵌固在承重砖墙内的单向板，计算时按简支考虑，但实际上由于墙的约束有部分嵌固作用，而将产生局部负弯矩，

因此，对嵌固在承重砖墙内的现浇板，在板的上部应设置与板垂直的不少于每米 5ϕ8 的构造钢筋，其伸出墙边的长度不宜小于 $l_0/7$(l_0 为板短跨计算跨度)；当现浇板的周边与混凝土梁或混凝土墙整体连接时，也应在板边上部设置与其垂直的构造钢筋，其数量不宜小于相应方向跨中纵筋截面面积的 1/3；其伸出梁边或墙边的长度不宜小于 $l_0/5$；在双向板中不宜小于 $l_0/4$。

板脚构造钢筋：对两边均嵌固在墙内的板角部分，当受到墙体约束时，也将产生负弯矩，在板顶引起圆弧形裂缝，因此，应在板的上部双向配置构造钢筋，以承受负弯矩和防止裂缝的扩展，其数量不宜小于该方向跨中受力钢筋的 1/3，其由墙边伸出到板内的长度不宜小于 $l_0/4$(图 8.22)。

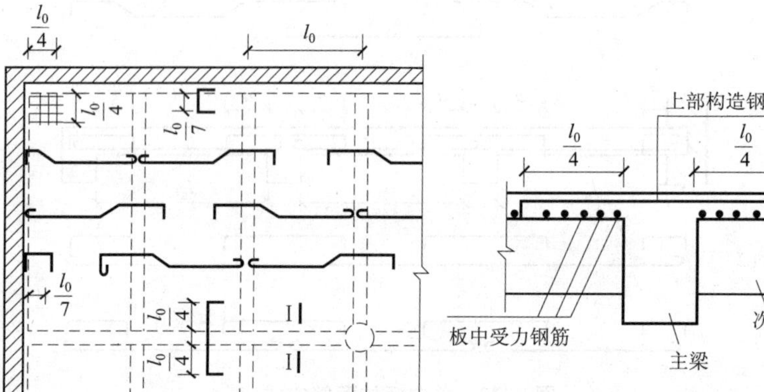

图 8.22　板的构造钢筋

在温度、收缩应力较大的现浇板区域内，钢筋间距宜取为 150～200 mm，并应在板的未配筋表面布置温度收缩钢筋。板的上、下表面沿纵、横两个方向的配筋率均不宜小于 0.1%。温度收缩钢筋可利用原有钢筋贯通布置，也可另行设置构造钢筋网，并与原有钢筋按受拉钢筋的要求搭接，或在周边构件中锚固。

2. 次梁的计算和构造要求

(1)次梁的计算要点。连续次梁在进行正截面承载力计算时，由于板与次梁整体连接，板可作为梁的翼缘参加工作。在跨中正弯矩作用区段，板处在次梁的受压区，次梁应按 T 形截面计算，其翼缘计算宽度 b_f'可按有关规定确定。在支座附近(或跨中)的负弯矩作用区段，由于板处在次梁的受拉区，此时，次梁应按矩形截面计算。

次梁的跨度一般为 4～6 m，梁高为跨度的 1/18～1/12，梁宽为梁高的 1/3～1/2。纵向配筋的配筋率为 0.6%～1.5%。

次梁的内力可按塑性理论方法计算。

(2)次梁的配筋构造要求。次梁的钢筋组成及其布置可参考图 8.23。次梁伸入墙内的长度一般应不小于 240 mm。

当次梁相邻跨度相差不超过 20%，且均布活荷载与恒荷载设计值之比 $q/g \leqslant 3$ 时，其纵向受力钢筋的弯起和切断可按图 8.24 进行；否则，应按弯矩包络图确定。

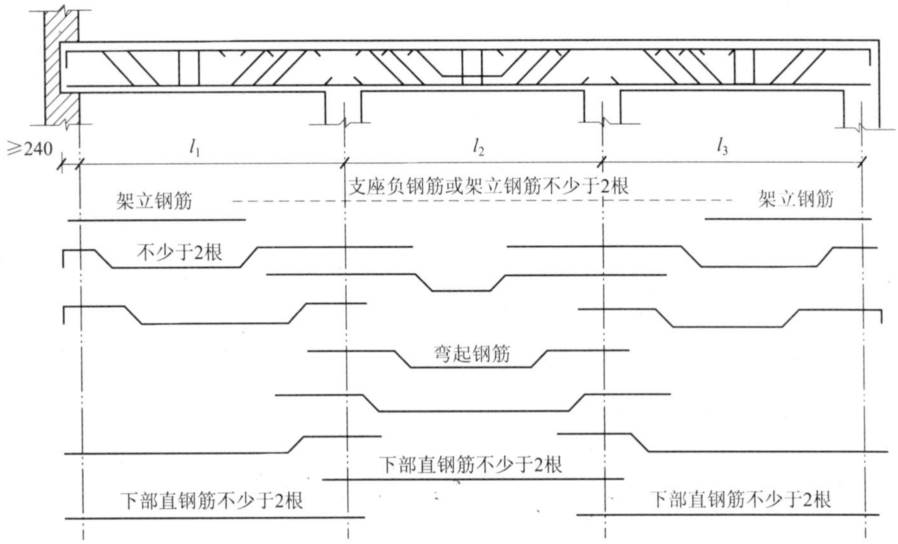

图 8.23　次梁的钢筋组成及其布置

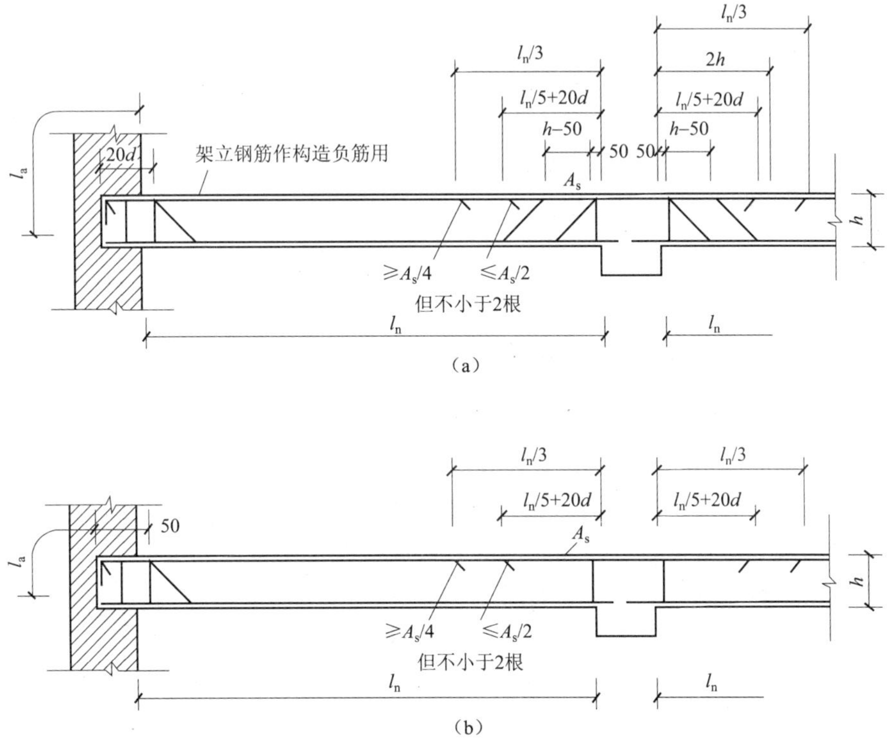

图 8.24　次梁配筋的构造要求

3. 主梁的计算和构造要求

(1)主梁的计算要点。主梁的正截面抗弯承载力计算与次梁相同，通常跨中按 T 形截面计算，支座按矩形截面计算。当跨中出现负弯矩时，跨中也应按矩形截面计算。

主梁的跨度一般在 5～8 m 为宜，常取梁高为跨度的 1/15～1/10，梁宽为梁高的 1/3～1/2。

主梁除承受自重和直接作用在主梁上的荷载外，主要是承受次梁传来的集中荷载。为计算方便，可将主梁的自重等效简化成若干集中荷载，并作用于次梁位置处。

由于在主梁支座处，次梁与主梁负弯矩钢筋相互交叉重叠，而主梁负筋位于次梁和板的负筋之下(图 8.25)，故截面有效高度在支座处有所减小。其具体取值为(对一类环境)：当受力钢筋单排布置时，$h_0=h-(60\sim70)$mm；当钢筋双排布置时，$h_0=h-(80\sim90)$mm。

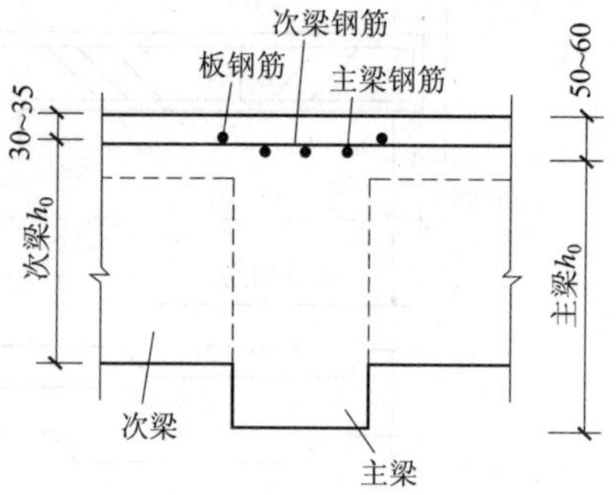

图 8.25　主梁支座处截面的有效高度

主梁的内力通常按弹性理论方法计算，不考虑塑性内力重分布。

(2)主梁的构造要求。主梁钢筋的组成及布置可参考图 8.26，主梁伸入墙内的长度一般应不小于 370 mm。

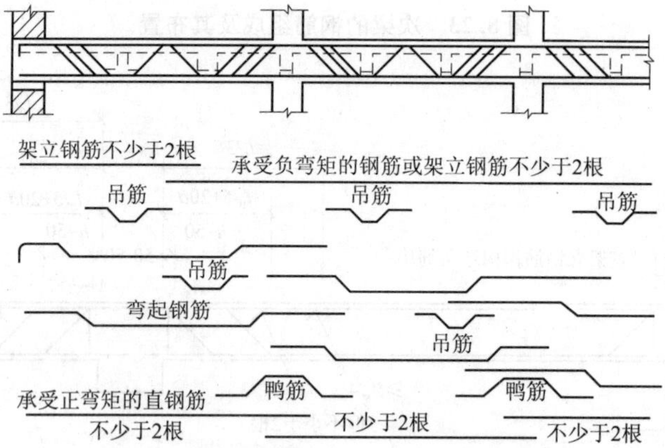

图 8.26　主梁钢筋的组成及布置

对于主梁及其他不等跨次梁，其纵向受力钢筋的弯起与切断，应在弯矩包络图上作材料图，确定纵向钢筋的切断和弯起位置，并应满足有关构造要求。

在次梁与主梁相交处，次梁顶部在负弯矩作用下将产生裂缝，如图 8.27(a)所示。因此，次梁传来的集中荷载将通过其受压区的剪切面传至主梁截面高度的中、下部，使其下部混凝土可能产生斜裂缝而引起局部破坏。为此，需设置附加的横向钢筋(吊筋或箍筋)，以使次梁传来的集中力传至主梁上部的承压区。附加横向钢筋宜采用箍筋，并应布置在长度为 s 的范围内，此处 $s=2h_1+3b$，如图 8.27(b)所示；当采用吊筋时，其弯起段应伸至梁上边缘，且末端水平段长度在受拉区不应小于 $20d$，受压区不应小于 $10d$(d 为弯起钢筋的直径)。

附加横向钢筋所需总截面面积应符合下列规定：

$$A_{sv}\geqslant\frac{P}{f_{yv}\sin\alpha} \tag{8-13}$$

式中　A_{sv}——附加横向钢筋总截面面积；

P——作用在梁下部或梁截面高度范围内的集中荷载设计值；

α——附加横向钢筋与梁轴线的夹角。

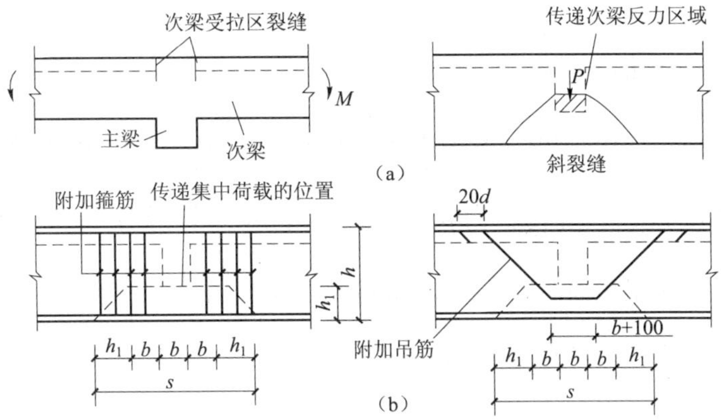

图 8.27　附加横向钢筋的布置

(a)次梁和主梁相交处的裂缝状态；

(b)承受集中荷载处附加横向钢筋的布置

8.2.6　单向板肋梁楼盖设计例题

1. 设计资料

某设计基准期为 50 年的多层工业建筑楼盖，采用整体式钢筋混凝土结构，柱截面拟定为 300 mm×300 mm，柱高为 4.5 m，楼盖梁格布置如图 8.28 所示。

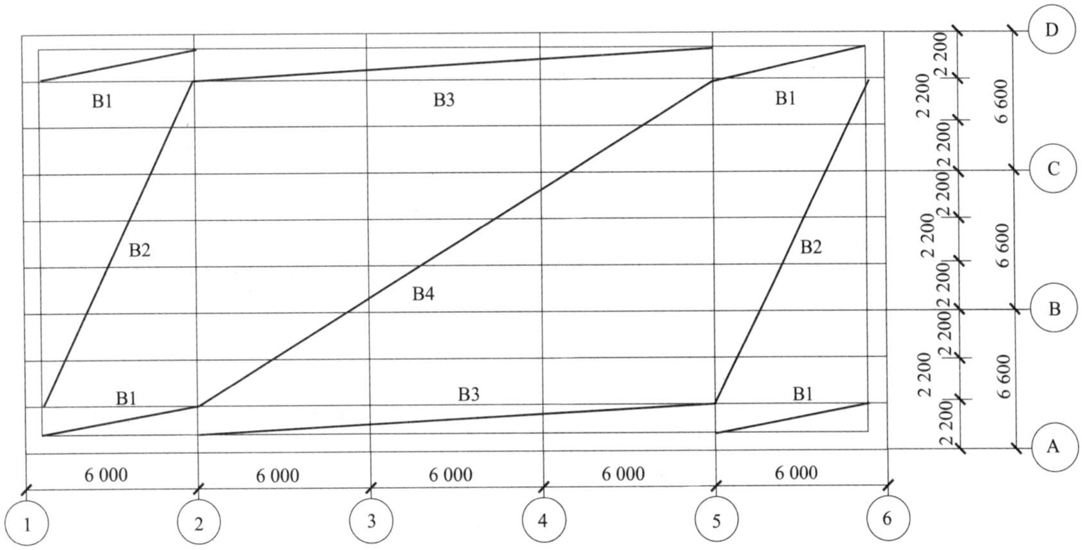

图 8.28　楼盖结构平面布置图

(1)楼面构造层做法：水泥砂浆面层厚度为 20 mm，混合砂浆顶棚抹灰厚度为 20 mm。

(2)楼面活荷载：标准值为 6 N/mm^2。

(3)恒载分项系数为 1.2；活荷载分项系数为 1.3(因楼面活荷载标准值大于 4 N/mm^2)。

(4)材料选用：①混凝土：梁采用 C30(f_c=14.3 N/mm^2，f_t=1.43 N/mm^2)，板采用 C25(f_c=11.9 N/mm^2，f_t=1.27 N/mm^2)；②钢筋混凝土梁中受力纵筋采用 HRB400 级(f_y=360 N/mm^2)，其余采用 HPB300 级(f_y=270 N/mm^2)。

2. 板的计算

板按考虑塑性内力重分布方法计算。

板厚 $h \geqslant \frac{l}{30} = \frac{2\,200}{30} = 73(\text{mm})$，对工业建筑楼盖，要求 $h \geqslant 70$ mm，故取其厚 $h = 80$ mm。

次梁截面高度应满足 $h = \left(\frac{1}{18} \sim \frac{1}{12}\right)l = \left(\frac{1}{18} \sim \frac{1}{12}\right) \times 6\,000 = 334 \sim 500(\text{mm})$，考虑到楼面活荷载比较大，故取次梁截面高度 $h = 450$ mm。梁宽 $b = \left(\frac{1}{3} \sim \frac{1}{2}\right)h = 150 \sim 225(\text{mm})$，取 $b = 200$ mm。板的尺寸及支承情况，如图 8.29(a)所示。

(1)荷载计算：

20 mm 厚水泥砂浆面层	$0.02 \times 20 = 0.4(\text{kN/m}^2)$
80 厚钢筋混凝土现浇板	$0.08 \times 25 = 2.0(\text{kN/m}^2)$
20 mm 厚混合砂浆顶棚抹灰	$0.02 \times 17 = 0.34(\text{kN/m}^2)$
恒荷载标准值	$g_k = 2.74(\text{kN/m}^2)$
恒荷载设计值	$g = 1.2 \times 2.74 = 3.29(\text{kN/m}^2)$
活荷载设计值	$q = 1.3 \times 6.0 = 7.8(\text{kN/m}^2)$
合计	$g + q = 11.09(\text{kN/m}^2)$

(2)计算简图与板的计算跨度：

边跨

$$l_n = 2.2 - 0.12 - \frac{0.2}{2} = 1.98(\text{m})$$

$$l_0 = l_n + \frac{a}{2} = 1.98 + \frac{0.12}{2} = 2.04(\text{m})$$

因 $l_n + \frac{h}{2} = 1.98 + \frac{0.08}{2} = 2.02(\text{m}) < 2.04$ m，故取 $l_0 = 2.02(\text{m})$。

中间跨

$$l_0 = l_n = 2.2 - 0.2 = 2.0(\text{m})$$

跨度差 $\frac{2.02 - 2.0}{2.0} = 1\% < 10\%$，可按等跨连续板计算内力。取 1 m 宽板带作为计算单元，计算简图如图 8.29(b)所示。

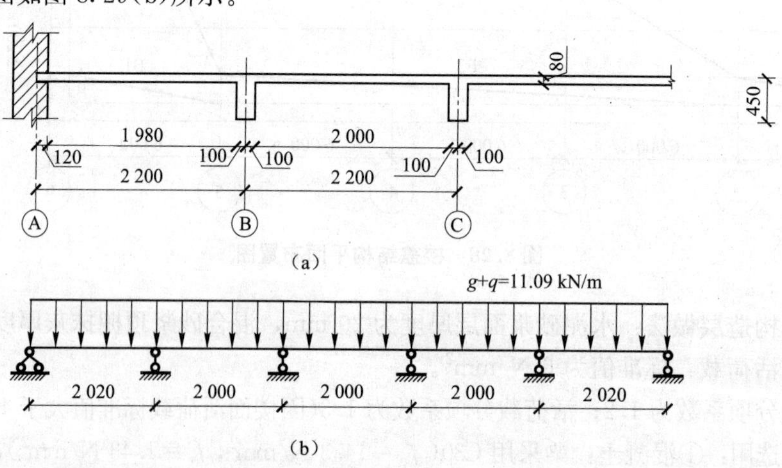

图 8.29　板的构造和计算简图

(a)构造；(b)计算简图

(3)弯矩设计值，连续板各截面弯矩计算。

计算结果见表 8.5。

(4)承载力计算，$b=1\ 000$ mm，$h=80$ mm，$h_0=80-20=60$(mm)。钢筋采用 HPB300 级($f_y=270$ N/mm^2)，混凝土采用 C25($f_c=11.9$ N/mm^2)，$a_1=1.0$。各截面配筋见表 8.6。

表 8.5 连续板各截面弯矩计算

截　面	边跨跨中	离端第二支座	离端第二跨跨中	中间支座
弯矩计算系数 a	$\frac{1}{11}$	$-\frac{1}{11}$	$\frac{1}{16}$	$-\frac{1}{14}$
$M=a(g+q)l_0^2$ /(kN·m)	$\frac{1}{11}\times11.09\times2.02^2=4.11$	$-\frac{1}{11}\times11.09\times2.02^2=-4.11$	$\frac{1}{16}\times11.09\times2.00^2=2.77$	$-\frac{1}{14}\times11.09\times2.00^2=-3.17$

表 8.6 板的配筋计算

板带部位	边区板带(①~②、⑤~⑥轴线间)				中间区板带(②~⑤轴线间)			
板带部位截面	边跨跨中	离端第二支座	离端第二跨跨中中间跨跨中	中间支座	边跨跨中	离端第二支座	离端第二跨跨中中间跨跨中	中间支座
M/(kN·m)	4.11	−4.11	2.77	−3.17	4.11	−4.11	$2.77\times0.8=2.22$	$-3.17\times0.8=-2.54$
$a_s=\frac{M}{a_1 f_c b h_0^2}$	0.080	0.080	0.054	0.062	0.080	0.080	0.043	0.049
γ_s	0.958	0.958	0.972	0.968	0.958	0.958	0.978	0.975
$A_s=\frac{M}{f_y\gamma_s h_0}$/mm^2	265	265	176	202	265	265	140	161
选配钢筋	Φ8@200	Φ8@200	Φ8@200	Φ8@200	Φ8@200	Φ8@200	Φ8@200	Φ8@200
实配钢筋面积/mm^2	251	251	251	251	251	25	251	251

注：中间区板带(②~⑤轴线间)，其各内区格板的四周与梁整体连接，故中间跨跨中和中间支座考虑板的内拱作用，其计算弯矩折减 20%。

板的配筋如图 8.30 所示。

3. 次梁计算

次梁按考虑塑性内力重分布方法计算。

主梁截面高度 $h=\left(\frac{1}{15}\sim\frac{1}{10}\right)l=\left(\frac{1}{15}\sim\frac{1}{10}\right)\times6\ 600=440\sim660$(mm)，取主梁截面高度 $h=650$ mm。梁宽 $b=\left(\frac{1}{3}\sim\frac{1}{2}\right)h=217\sim325$(mm)，取 $b=250$ mm。次梁的尺寸及支承情况，如图 8.31(a)所示。

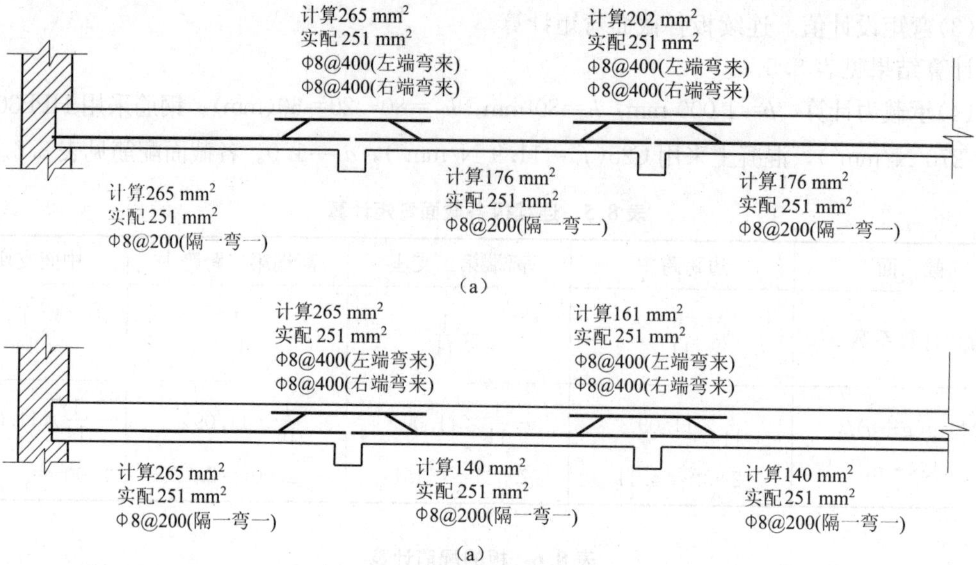

图 8.30　板的配筋

(a)边区板带；(b)中间区板带

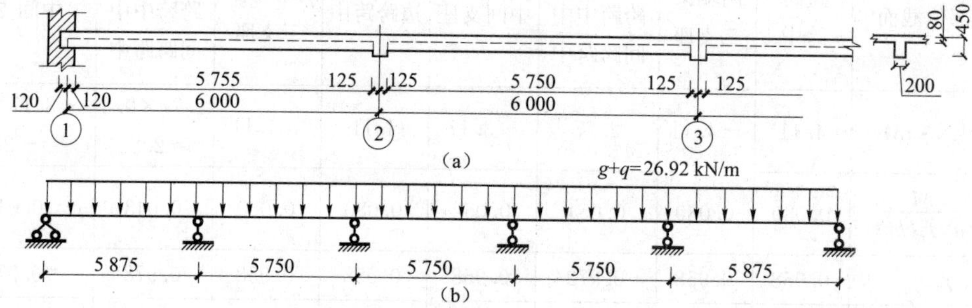

图 8.31　次梁的构造和计算简图

(a)构造；(b)计算简图

(1)荷载：

恒荷载设计值：

板传来恒荷载　　$3.29\times2.2=7.24(\mathrm{kN/m})$

次梁自重　　$1.2\times25\times0.2\times(0.45-0.08)=2.22(\mathrm{kN/m})$

梁侧抹灰　　$1.2\times17\times0.02\times(0.45-0.08)\times2=0.30(\mathrm{kN/m})$

合计　　$g=9.76\ \mathrm{kN/m}$

活荷载设计值，由板传来　　$q=7.8\times2.2=17.16(\mathrm{kN/m})$

总计　　$g+q=26.92(\mathrm{kN/m})$

(2)计算简图，次梁的计算跨度：

边跨　　$l_n=6.0-0.12-\dfrac{0.25}{2}=5.755(\mathrm{m})$

$l_0=l_n+\dfrac{a}{2}=5.755+\dfrac{0.24}{2}=5.875(\mathrm{m})<1.025l_n=5.899\ \mathrm{m}$，取 $l_0=5.875\ \mathrm{m}$。

中间跨　　$l_0=l_n=6.0-0.25=5.75(\mathrm{m})$

跨度差$\frac{5.875-5.75}{5.75}=2.2\%<10\%$，可按等跨连续梁进行内力计算，其计算简图如图 8.31(b)所示。

(3)弯矩设计值和剪力设计值，次梁各截面弯矩、剪力设计值见表 8.7、表 8.8。

表 8.7 次梁各截面弯矩计算

截　面	边跨跨中	离端第二支座	离端第二跨跨中、中间跨跨中	中间支座
弯矩计算系数 a	$\frac{1}{11}$	$-\frac{1}{11}$	$\frac{1}{16}$	$-\frac{1}{14}$
$M=a(g+q)l_0^2$/kN·m	$\frac{1}{11}\times26.92\times5.875^2=84.47$	$-\frac{1}{11}\times26.92\times5.875^2=-84.47$	$\frac{1}{16}\times26.92\times5.750^2=55.63$	$-\frac{1}{14}\times26.92\times5.750^2=-63.58$

表 8.8 次梁各截面剪力计算

截　面	端支座右侧	离端第二支座左侧	离端第二支座右侧	中间支座左侧、右侧
剪力计算系数 β	0.45	0.6	0.55	0.55
$V=\beta(g+q)l_n$/kN	$0.45\times26.92\times5.755=69.72$	$0.6\times26.92\times5.755=92.96$	$0.55\times26.92\times5.750=85.14$	85.14

(4)承载力计算，次梁正截面受弯承载力计算时，支座截面按矩形截面计算，跨中截面按 T 形截面计算，其翼缘计算宽度为：

$$边跨\ b_f'=\frac{1}{3}l_0=\frac{1}{3}\times5\ 875=1\ 958(\text{mm})<b+s_0=200+2\ 000=2\ 200(\text{mm})$$

$$离端第二跨、中间跨\ b_f'=\frac{1}{3}l_0=\frac{1}{3}\times5\ 750=1\ 916(\text{mm})$$

梁高 $h=450$ mm，翼缘厚度 $h_f'=80$ mm。除离端第二支座纵向钢筋按两排布置[$h_0=450-65=385$(mm)]外，其余截面均按一排纵筋考虑，$h_0=450-40=410$(mm)。纵向钢筋采用 HRB400 级($f_y=360$ N/mm^2)，箍筋采用 HPB300 级($f_y=270$ N/mm^2)，混凝土采用 C30($f_c=14.3$ N/mm^2，$f_t=1.43$ N/mm^2)，$a_1=1.0$。经判断各跨中截面均属于第一类 T 形截面。

次梁正截面及斜截面承载力计算，分别见表 8.9、表 8.10。

表 8.9 次梁正截面承载力计算

截　面	边跨跨中	离端第二支座	离端第二跨跨中、中间跨跨中	中间支座
M/(kN·m)	84.47	−84.47	55.63	−63.58
$a_s=\frac{M}{a_1 f_c b h_0^2}$	$\frac{84.47\times10^6}{1.0\times14.3\times1\ 958\times410^2}=0.018$	$\frac{84.47\times10^6}{1.0\times14.3\times200\times385^2}=0.199$	$\frac{55.63\times10^6}{1.0\times14.3\times1\ 916\times410^2}=0.012$	$\frac{63.58\times10^6}{1.0\times14.3\times200\times410^2}=0.132$
ξ	0.018	0.224	0.012	0.142

续表

截　面	边跨跨中	离端第二支座	离端第二跨跨中、中间跨跨中	中间支座
γ_s	0.991	0.888	0.994	0.929
$A_s=\dfrac{M}{f_y\gamma_s h_0}$/mm²	$\dfrac{84.47\times10^6}{360\times0.991\times410}$ =577	$\dfrac{84.47\times10^6}{360\times0.888\times385}$ =686	$\dfrac{55.63\times10^6}{360\times0.994\times410}$ =379	$\dfrac{63.58\times10^6}{360\times0.929\times410}$ =464
选配钢筋	2⏀16+1⏀14	2⏀14+2⏀16	2⏀12+1⏀14	2⏀10+2⏀14
实配钢筋面积/mm²	556	710	380	465

表 8.10　次梁斜截面承载力计算

截　面	端支座右侧	离端第二支座左侧	离端第二支座右侧	中间支座左侧、右侧
V/kN	69.72	92.96	85.14	85.14
$0.25\beta_c f_c bh_0$/kN	$293.2>V$	$275.3>V$	$275.3>V$	$293.2>V$
$0.7f_t bh_0$/kN	$82.1>V$	$77.1<V$	$77.1<V$	$82.1<V$
选用箍筋	双肢 ϕ8	双肢 ϕ8	双肢 ϕ8	双肢 ϕ8
$A_{sv}=nA_{sv1}$/mm²	101	101	101	101
$s=\dfrac{f_{yv}A_{sv}h_0}{V-0.7f_t bh_0}$/mm	按构造配箍	$\dfrac{270\times101\times385}{92\ 960-77\ 100}$ =662	$\dfrac{270\times101\times385}{85\ 140-77\ 100}$ =1 306	$\dfrac{270\times101\times385}{85\ 140-82\ 100}$ =3 454
实配箍筋间距/mm	200	200	200	200

次梁的配筋如图 8.32 所示。

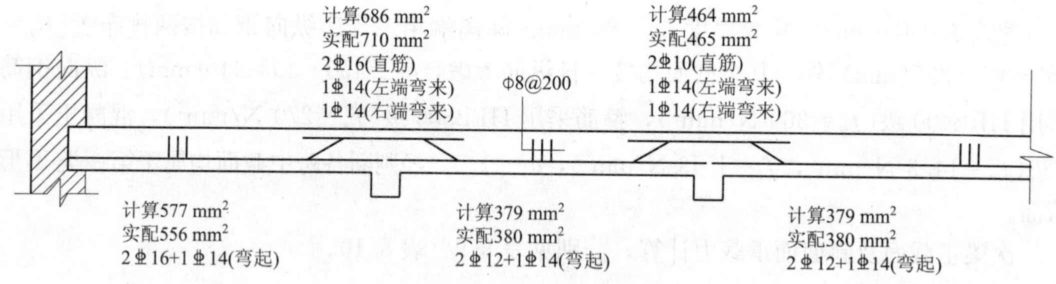

图 8.32　次梁的配筋

4. 主梁计算

主梁按弹性理论方法计算

(1)截面尺寸及支座简化。由于$\left(\dfrac{EI}{l}\right)_{梁}\Big/\left(\dfrac{EI}{l}\right)_{柱}=\left(\dfrac{E\times250\times650^3}{12\times6\ 600}\right)\Big/\left(\dfrac{E\times300\times300^3}{12\times4\ 500}\right)=5.78>3$，故可将主梁视为铰支于柱上的连续梁进行计算；两端支承于砖墙上也可视为铰支。主梁的尺寸及计算简图如图 8.33 所示。

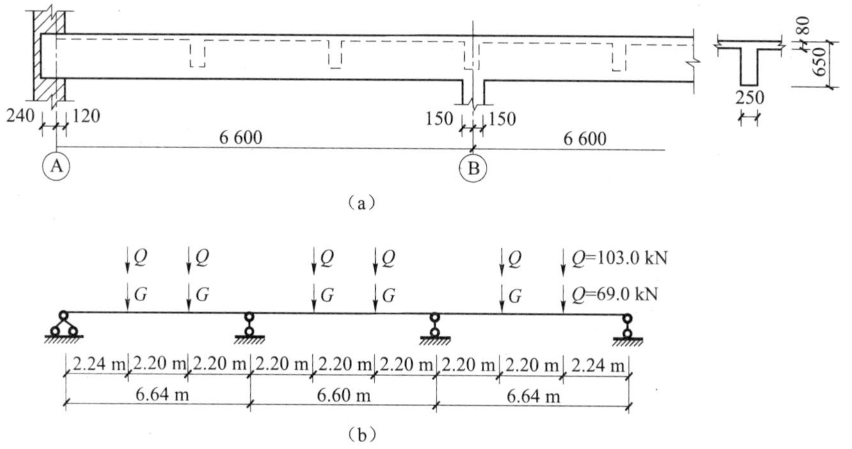

图 8.33　主梁的构造和计算简图

(a)构造；(b)计算简图

(2)荷载。

恒荷载设计值：

次梁传来恒荷载	$9.76\times6.0=58.56(\text{kN})$
主梁自重(折算为集中荷载)	$1.2\times25\times0.25\times(0.65-0.08)\times2.2=9.4(\text{kN})$
梁侧抹灰(折算为集中荷载)	$1.2\times17\times0.02\times(0.65-0.08)\times2\times2.2=1.02(\text{kN})$
合计	$G=69.0\ \text{kN}$
活荷载设计值由次梁传来	$Q=17.16\times6.0=103.0(\text{kN})$
总计	$G+Q=172.0\ \text{kN}$

(3)主梁计算跨度的确定。边跨 $l_n=6.6-0.12-\dfrac{0.3}{2}=6.33(\text{m})$

$$l_0=l_n+\frac{a}{2}+\frac{b}{2}=6.33+\frac{0.36}{2}+\frac{0.3}{2}=6.66(\text{m})>1.025l_n+\frac{b}{2}=1.025\times6.33+\frac{0.3}{2}$$

$$=6.64(\text{m})$$

取　$l_0=6.64\ \text{m}$

中间跨　$l_n=6.60-0.3=6.30(\text{m})$

$l_0=l_n+b=6.30+0.3=6.60(\text{m})$

平均跨度　$\dfrac{6.64+6.60}{2}=6.62(\text{m})$(计算支座弯矩用)

跨度差$\dfrac{6.64-6.60}{6.60}=0.61\%<10\%$，可按等跨连续梁计算内力，则主梁的计算简图如图 8.33(b)所示。

(4)弯矩设计值。主梁在不同荷载作用下的内力计算可采用等跨连续梁的内力系数表进行，其弯矩和剪力设计值的具体计算见表 8.11、表 8.12。

表 8.11　主梁各截面弯矩计算

序号	荷载简图及弯矩图	边跨跨中 $\dfrac{K}{M_1}$	中间支座 $\dfrac{K}{M_B(M_C)}$	中间跨跨中 $\dfrac{K}{M_2}$
①	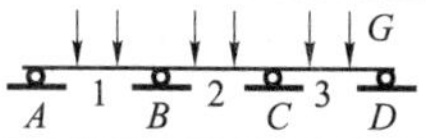	$\dfrac{0.244}{111.79}$	$\dfrac{-0.267}{-121.96}$	$\dfrac{0.067}{30.51}$

续表

序号	荷载简图及弯矩图	边跨跨中 $\frac{K}{M_1}$	中间支座 $\frac{K}{M_B(M_C)}$	中间跨跨中 $\frac{K}{M_2}$
②	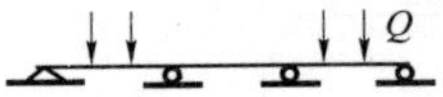	$\frac{0.289}{197.65}$	$\frac{-0.133}{-90.69}$	$\frac{0.133}{90.69}$
③	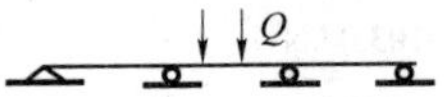	$\approx\frac{1}{3}M_B=-30.23$	$\frac{-0.133}{90.69}$	$\frac{0.200}{135.96}$
④	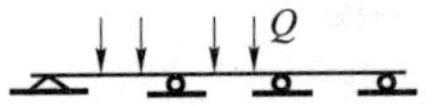	$\frac{0.229}{156.62}$	$\frac{-0.311(-0.089)}{-212.06(-60.69)}$	$\frac{0.170}{115.57}$
最不利内力组合	①+②	309.44	−212.65	−60.18
	①+③	81.56	−212.65	166.47
	①+④	268.1	−334.0(−182.65)	146.08

表 8.12　主梁各截面剪力计算

序号	荷载简图及弯矩图	端支座	中间支座	
		$\frac{K}{V_A^r}$	$\frac{K}{V_B^l(V_C^l)}$	$\frac{K}{V_B^r(V_C^r)}$
①	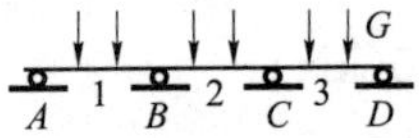	$\frac{0.733}{50.58}$	$\frac{-1.267(-1.000)}{-87.42(-69.0)}$	$\frac{1.000(1.267)}{69.0(87.42)}$
②	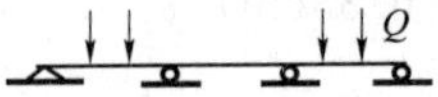	$\frac{0.866}{89.2}$	$\frac{-1.134}{116.8}$	0
④		$\frac{0.689}{70.97}$	$\frac{-1.311(-0.778)}{-135.03(-80.13)}$	$\frac{1.222(0.089)}{125.87(9.17)}$
最不利内力组合	①+②	139.78	−204.22	69.0
	①+④	121.55	−222.45(−149.13)	194.87(96.59)
注：式中，K 为剪力系数。				

将以上最不利组合下的弯矩图和剪力图分别叠画在同一坐标图上，即可得到主梁的弯矩包络图及剪力包络图(图 8.34)。

(5)承载力计算。主梁正截面受弯承载力计算时，支座截面按矩形截面计算[因支座弯矩较大，取 $h_0=650-80=570$(mm)]，跨中截面按 T 形截面计算[$h'_f=80$ mm，$h_0=650-40=610$(mm)]，其翼缘计算宽度为 $b'_f=\frac{1}{3}l_0=\frac{1}{3}\times 6\ 600=2\ 200(\text{mm})<b+s_0=6\ 000(\text{mm})$。

纵向钢筋采用 HRB400 级($f_y=360$ N/mm^2)，箍筋采用 HPB300 级($f_y=270$ N/mm^2)，混凝土采用 C30($f_c=14.3$ N/mm^2，$f_t=1.43$ N/mm^2)，$a_1=1.0$。经判别，各跨中截面均属于第一类 T 形截面。主梁的正截面及斜截面承载力计算分别见表 8.13、表 8.14。

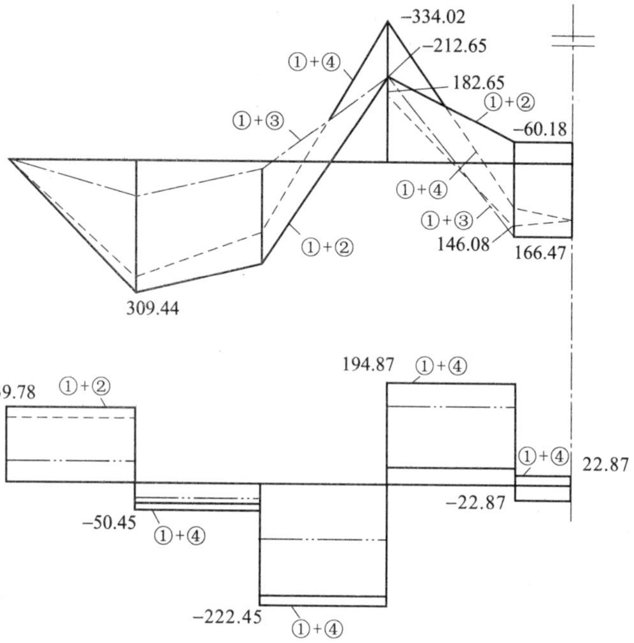

图 8.34　主梁的弯矩包络图及剪力包络图

表 8.13　主梁正截面承载力计算

截　面	边跨跨中	中间支座	中间跨跨中	
M/(kN·m)	309.44	−344.02	166.47	−60.18
$V_0\frac{b}{2}$ /(kN·m)		$(69+103)\times\frac{0.3}{2}$ $=25.8$		
$M-V_0\frac{b}{2}$ /(kN·m)		318.22		
$a_s=\frac{M}{a_1 f_c b h_0^2}$	$\frac{309.44\times10^6}{1.0\times14.3\times2\ 200\times610^2}$ $=0.026$	$\frac{318.22\times10^6}{1.0\times14.3\times250\times570^2}$ $=0.274$	$\frac{166.47\times10^6}{1.0\times14.3\times2\ 200\times610^2}$ $=0.014$	$\frac{60.18\times10^6}{1.0\times14.3\times250\times590^2}$ $=0.048$
ξ	0.026	0.328	0.014	0.049
γ_s	0.987	0.836	0.993	0.975
$A_s=\frac{M}{f_y\gamma_s h_0}$/mm²	$\frac{309.44\times10^6}{360\times0.987\times610}$ $=1\ 428$	$\frac{318.22\times10^6}{360\times0.836\times570}$ $=1\ 855$	$\frac{166.47\times10^6}{360\times0.993\times610}$ $=763$	$\frac{60.18\times10^6}{360\times0.975\times590}$ $=291$
选配钢筋	3⌀25	2⌀22+1⌀18+1⌀25	3⌀18	2⌀14
实配钢筋 /mm²	1 478	1 871	763	308

表 8.14　主梁斜截面承载力计算

截　面	支座 A	支座 B^l(左)	支座 B^r(右)
V/kN	139.78	222.45	194.87
$0.25\beta_c f_c b h_0$/kN	545.19>V	509.44>V	509.44>V
$0.7 f_t b h_0$/kN	152.65>V	142.64<V	142.64<V
选用箍筋	双肢 φ8	双肢 φ8	双肢 φ8
$A_{sv}=nA_{sv1}$/mm²	101	101	101
$s=\dfrac{f_{yv}A_{sv}h_0}{V-0.7f_t b h_0}$/mm		195	298
实配箍筋间距/mm	250	250	250
$V_{cs}=0.7f_t b h_0+f_{yv}\dfrac{A_{sv}}{s}h_0$/kN		$142.64+270\times\dfrac{101}{250}\times570\times10^{-3}=204.82$	$142.64+270\times\dfrac{101}{250}\times570\times10^{-3}=204.82$
$A_{sb}=\dfrac{V-V_{cs}}{0.8f_y\sin\alpha}$/mm²		$\dfrac{222\ 450-204\ 820}{0.8\times360\times\sin45°}=86$	$\dfrac{194\ 870-204\ 820}{0.8\times360\times\sin45°}<0$
选配弯起钢筋		1Φ25	1Φ18
实配弯起钢筋面积/mm²		490.9	254.5

注：弯起钢筋的弯起角度为 45°。

(6)主梁吊筋计算。由次梁传至主梁的全部集中荷载

$$G+Q=58.56+103.0=161.56(\text{kN})$$

吊筋采用 HRB400 级钢筋，弯起角度为 45°，则：

$$A_s=\frac{G+Q}{2f_y\sin a}=\frac{161.56\times10^3}{2\times360\times\sin45°}=317.3(\text{mm}^2)$$

选配 2Φ16(402 mm²)，主梁的配筋如图 8.35 所示。

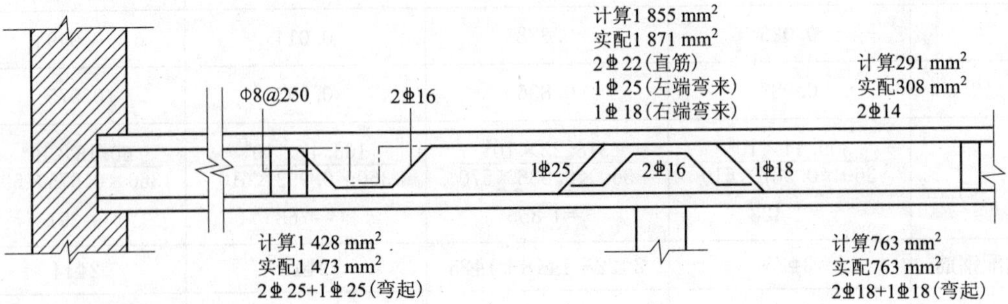

图 8.35　主梁的配筋

5. 梁板结构施工图

板、次梁配筋图和主梁配筋及材料图，如图 8.36、图 8.37、图 8.38 所示。

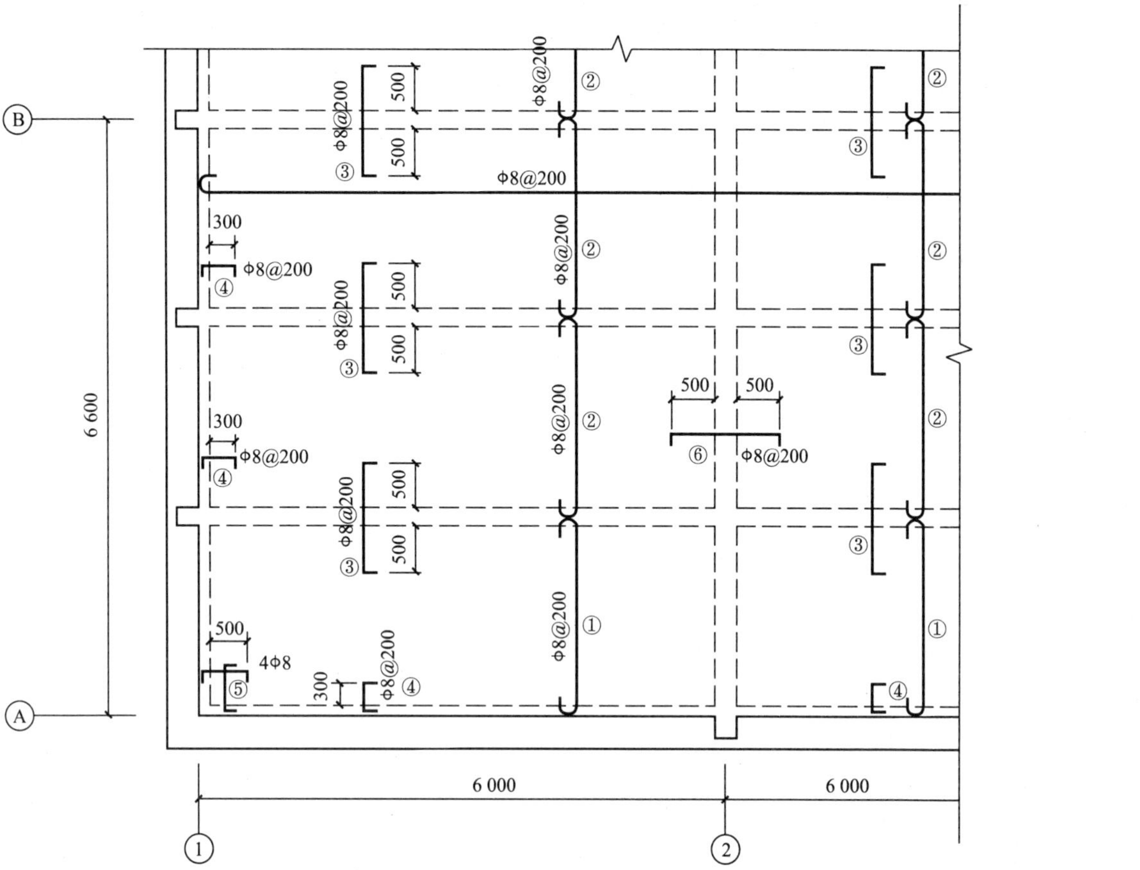

图 8.36　板的配筋图(1∶50)

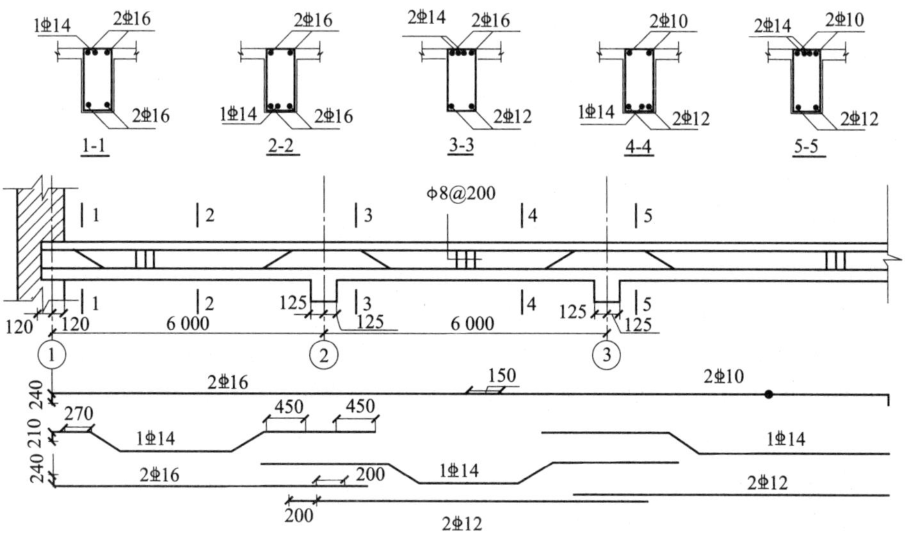

图 8.37　次梁配筋图

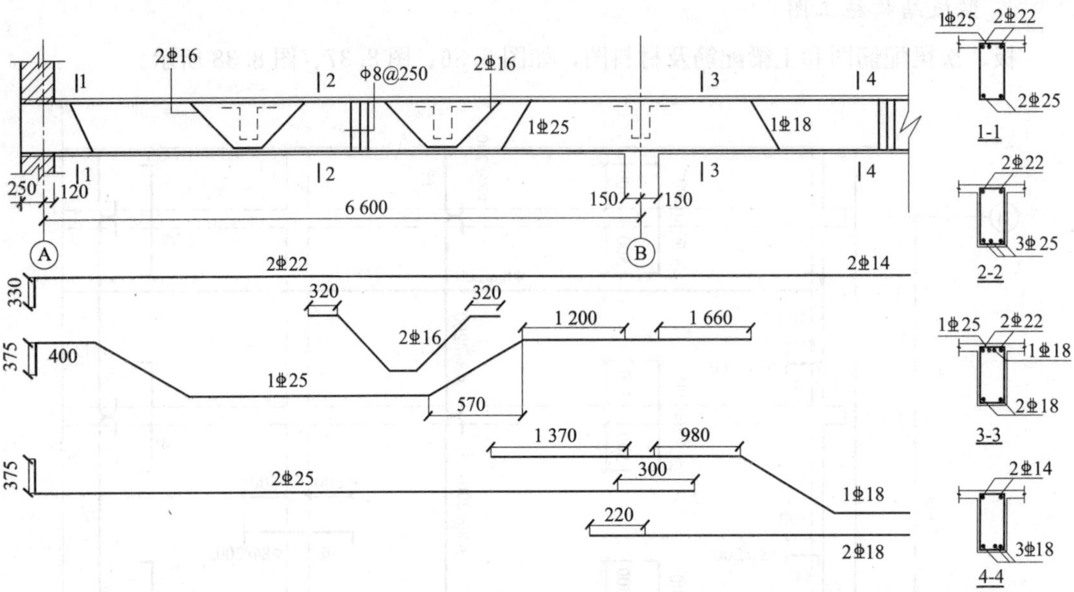

图 8.38 主梁配筋图

8.3 双向板肋梁楼盖

在肋梁楼盖中，如果梁格布置使各区格板的长边与短边之比 $l_2/l_1 \leqslant 2$，应按双向板肋设计；当 $2<l_2/l_1<3$ 时，宜按双向板设计。

双向板肋梁楼盖受力性能较好，可以跨越较大跨度，梁格的布置可使顶棚整齐、美观，常用于民用及公共建筑房屋跨度较大的房屋以及门厅等处。当梁格尺寸及使用荷载较大时，双向板肋梁楼盖比单向板肋梁楼盖经济，所以，也常用于工业建筑楼盖中。

8.3.1 双向板的受力特点

双向板的受力特征不同于单向板，它在两个方向的横截面上都作用有弯矩和剪力。另外，其还有扭矩；而单向板则只是在一个方向上作用有弯矩和剪力，在另一个方向上基本不传递荷载。双向板中因有扭矩的存在，受力后使板的四周有上翘的趋势。受到墙的约束后，使板的跨中弯矩减少，而显得刚度较大，因此，双向板的受力性能比单向板优越。双向板的受力情况较为复杂，其内敛的分布取决于双向板四边的支承条件(简支、嵌固、自由等)、几何条件(板边长的比值)以及作用于板上荷载的性质(集中力、均布荷载)等因素。

试验研究表明：在承受均布荷载作用的四边简支正方形板中，随着荷载的增加，第一批裂缝首先出现在板底中央，随后沿对角线 45°向四角扩展，如图 8.39(a)所示。在接近破坏时，在板的顶面四角附近出现了垂直于对角线方向的圆弧形裂缝，如图 8.39(b)所示，它促使板底对角线方向裂缝进一步扩展，最终由于跨中钢筋屈服导致板的破坏。

在承受均布荷载的四边简支矩形板中，第一批裂缝出现在板底中央且平行于长边方向，如图 8.39(c)所示；当荷载继续增加时，这些裂缝逐渐延伸，并沿 45°方向向四周扩展；然后，板顶四角也出现圆弧形裂缝，如图 8.39(d)所示；最后导致板的破坏。

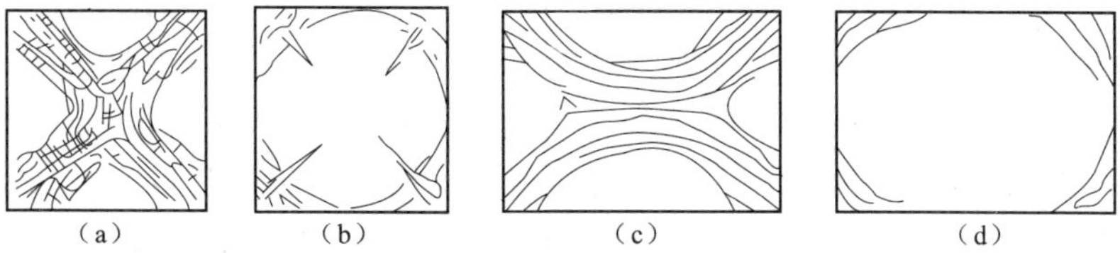

图 8.39　双向板的破坏裂缝

8.3.2　双向板按弹性理论的内力计算

与单向板的一样，双向板在荷载作用下的内力分析也有弹性理论和塑性理论两种方法。

1. 单跨双向板的计算

双向板按弹性理论方法计算属于弹性理论小挠度薄板的弯曲问题，由于这种方法需考虑边界条件，内力分析比较复杂，为了便于工程设计计算，可采用简化的计算方法，通常是直接应用根据弹性理论编制的计算用表(见附表 12)进行内力计算。在该附表中，按边界条件选列了 6 种计算简图，如图 8.40 所示。对于图 8.40 的 6 种计算简图，附表 12 分别给出了在均布荷载作用下的跨内弯矩和支座弯矩系数，故板的计算可按下式进行：

$$M=\text{表中弯矩系数}\times(g+q)l^2 \tag{8-14}$$

式中　M——跨内或支座弯矩设计值；

g、q——均布恒荷载和活荷载设计值；

l——取用 l_x 和 l_y 中较小者。

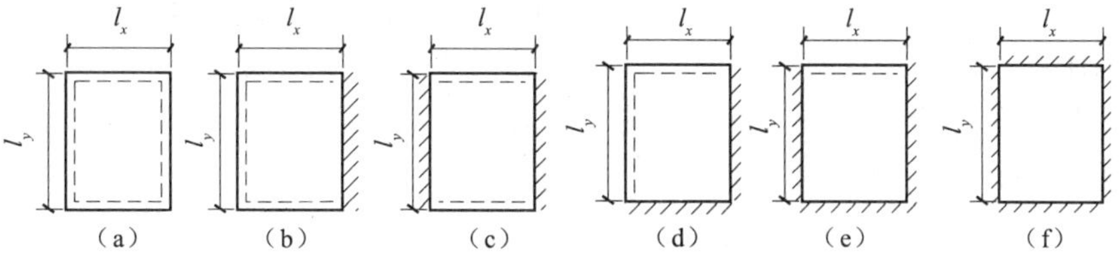

图 8.40　双向板的计算简图

(a)四边简支；(b)一边固定、三边简支；(c)两对边固定、两对边简支；(d)两邻边固定、两邻边简支；(e)三边固定、一边简支；(f)四边固定

需要说明的是，附表 12 中的系数是根据材料的泊松比 $\upsilon=0$ 制定的。对于跨内弯矩，尚需考虑横向变形的影响。当 $\upsilon\neq0$ 时，则应按下式进行折算：

$$M_x^{(\upsilon)}=M_x+\upsilon M_y \tag{8-15}$$

$$M_y^{(\upsilon)}=M_y+\upsilon M_x \tag{8-16}$$

式中　$M_x^{(\upsilon)}$、$M_y^{(\upsilon)}$——l_x 和 l_y 方向考虑 υ 影响的跨内弯矩设计值；

M_x、M_y——l_x 和 l_y 方向 $\upsilon=0$ 时的跨内弯矩设计值；

υ——泊松比，对钢筋混凝土可取 $\upsilon=0.2$。

2. 多跨连续板的计算

多跨连续板内力的精确计算更为复杂，在设计中一般采用实用的简化计算方法，即通过对双向板上活荷载的最不利布置以及支承情况等的合理简化，将多跨连续板转化为单跨双向板进行计算。该方法假定其支承梁抗弯刚度很大，梁的竖向变形可忽略不计且不受扭。

同时规定，当在同一方向的相邻最大与最小跨度之差小于20%时，可按下述方法计算。

(1)跨中最大正弯矩。在计算多跨连续双向板某跨跨中的最大弯矩时，与多跨连续单向板类似，也需要考虑活荷载的最不利布置。其活荷载的布置方式如图8.41(a)所示，即当求某区格板跨中最大弯矩时，应在该区格布置活荷载；然后，在其左右、前后分别隔跨布置活荷载(棋盘式布置)。此时，在活荷载作用的区格内，将产生跨中最大弯矩。

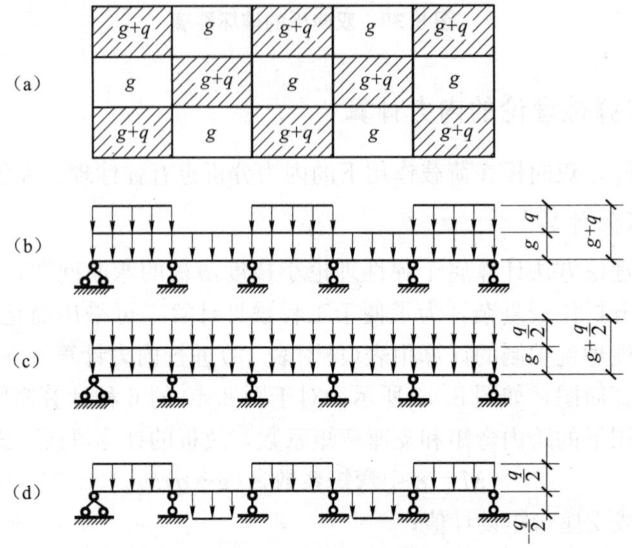

图8.41　双向板活荷载的最不利布置

在图8.41(a)所示的荷载作用下，任一区格板的边界条件为既非完全固定又非理想简支的情况。为了能利用单跨双向板的内力计算系数表来计算连续双向板，可以采用下列近似方法：把棋盘式布置的荷载分解为各跨满布的对称荷载和各跨向上向下相间作用的反对称荷载，如图8.41(c)、(d)所示。此时

对称荷载　$$g'=g+\frac{q}{2} \tag{8-17}$$

反对称荷载　$$q'=\pm\frac{q}{2} \tag{8-18}$$

在对称荷载$g'=g+\frac{q}{2}$作用下，所有中间支座两侧荷载相同，则支座的转动变形很小，若忽略远跨荷载的影响，可以近似地认为支座截面处转角为零，这样就可将所有中间支座均视为固定支座，从而所有中间区格板均可视为四边固定双向板；对于其他的边、角区格板，根据其外边界条件按实际情况确定，可分为三边固定、一边简支和两边固定、两边简支以及四边固定等。这样，根据各区格板的四边支承情况，即可分别求出在对称荷载$g'=g+\frac{q}{2}$作用下的跨中弯矩。

在反对称荷载$q'=\pm\frac{q}{2}$作用下，在中间支座处相邻区格板的转角方向是一致的，大小基本相同，即相互没有约束影响。若忽略梁的扭转作用，则可近似地认为支座截面弯矩为零，即可将所有中间支座均视为简支支座。因而，在反对称荷载$q'=\pm\frac{q}{2}$作用下，各区格

板的跨中弯矩可按单跨四边简支双向板来计算。

最后，将各区格板在上述两种荷载作用下的跨中弯矩相叠加，即得到各区格板的跨中最大弯矩。

(2)支座最大负弯矩。考虑到隔跨活荷载对计算跨弯矩的影响很小，可近似认为恒荷载和活荷载皆满布在连续双向板所有区格时支座产生最大负弯矩。此时，可按前述在对称荷载作用下的原则，即各中间支座均视为固定，各周边支座根据其外边边界条件按实际情况确定，利用附表 14 求得各区格板中各固定边的支座弯矩。对某些中间支座，若由相邻两个区格板求得的同一支座弯矩不相等，则可近似地取其平均值作为该支座最大负弯矩。

8.3.3 双向板按塑性铰线法的内力计算

当楼面承受较大均布荷载后，四边支承的双向板首先在板底出现平行于长边的裂缝。随着荷载的增加，裂缝逐渐延伸，与板边大致呈 45°，向四角发展。当短跨跨度截面受力钢筋屈服后，裂缝宽度明显增大，形成塑性铰，这些截面所承受的弯矩不再增加。荷载继续增加，板内产生内力重分布，其他裂缝处截面的钢筋达到屈服，板底主裂缝线明显地将整块板划分为四个板块，如图 8.42 所示。对于四周与梁浇筑的双向板，由于四周约束的存在而产生负弯矩，在板顶出现沿支承边的裂缝。随着荷载的增加，沿支承边的板截面也陆续出现塑性铰。

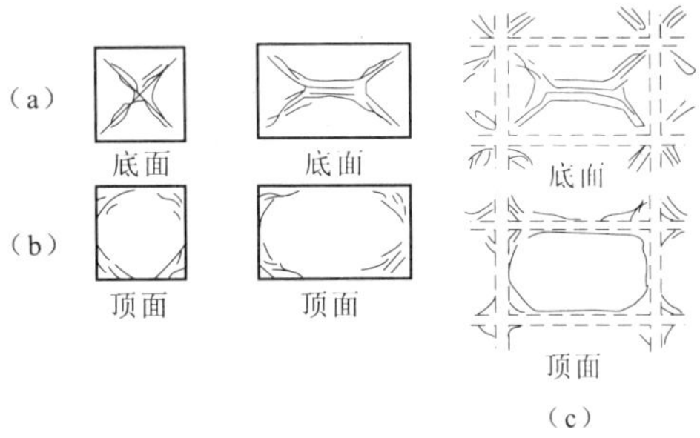

图 8.42　双向板破坏时裂缝分布

将板上连续出现的塑性铰连在一起而形成的连线，称为塑性铰线，也称屈服线。正弯矩引起正塑性铰线，负弯矩引起负塑性铰线。塑性铰线的基本性能与塑性铰相同。板内塑性铰线的分布与板的形状、边界条件、荷载形式以及板内配筋等因素有关。

当板内出现足够多的塑性铰线后，板就会成为几何可变体系而破坏，此时板所能承受的荷载为板的极限荷载。

对结构的极限承载能力进行分析时，需要满足三个条件，即极限条件、机动条件和平衡条件。当三个条件都能够满足时，结构分析得到的解就是结构的真实极限荷载。但对于复杂的结构，一般很难同时满足三个条件，通常采用近似的求解方法，使其至少满足两个条件。满足机动条件和平衡条件的解称为上限解，上限解求得的荷载值大于真实解，使用的方法通常为机动方法和极限平衡方法；满足极限条件和平衡条件的解称为下限解，下限解求得的荷载值小于真实解，使用的方法通常为板条法。

8.3.4 双向板的构造

1. 截面设计

(1)双向板的厚度。双向板的厚度一般不应小于 80 mm，也不宜大于 160 mm，且应满足表 8.4 的规定。双向板一般可不做变形和裂缝验算，因此，要求双向板应具有足够的刚度。对于简支情况的板，其板厚 $h \geqslant l_0/40$；对于连续板，$h \geqslant l_0/50$（l_0 为板短跨方向上的计算跨度）。

(2)板的截面有效高度。由于双向板跨中弯矩，短板方向比长跨方向大，因此，短板方向的受力钢筋应放在长跨方向受力钢筋的外侧，以充分利用板的有效高度。如对一类环境，短板方向，板的截面有效高度 $h_0=h-20$ mm；长跨方向，$h_0=h-30$ mm。

在截面配筋计算时，可取截面内力臂系数 $\gamma_s=(0.90\sim0.95)$。

(3)弯矩折减。对于周边与梁整体连接的双向板，由于在两个方向受到支承构件的变形约束，整体板内存在着顶作用，使板内弯矩大为减小。鉴于这一有利因素，对四边与梁整体连接的双向板，其计算弯矩可根据下列情况予以折减：

1)中间区格的跨中截面及中间支座减少 20%。

2)边区格的跨中截面及从楼板边缘算起的第二支座截面，当 $l_b/l<1.5$ 时，减少 20%；当 $1.5\leqslant l_b/l\leqslant2.0$ 时，减少 10%（l 为垂直于板边缘方向的计算跨度，l_b 为沿板边缘方向的计算跨度，如图 8.43 所示）。

3)角区格不折减。

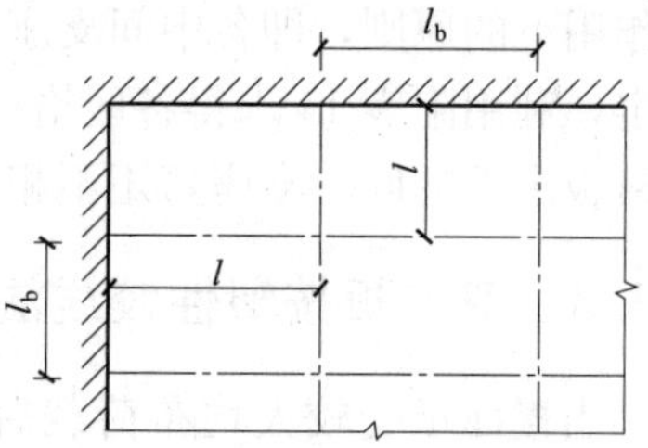

图 8.43　双向板的计算跨度

2. *构造要求*

双向板宜采用 HRB400、HRB500、HRBF400、HRBF500 级钢筋，也可采用 HPB300、RRB400 级钢筋，其配筋方式类似于单向板，也分为弯起式配筋和分离式配筋两种，如图 8.44 所示。为方便施工，实际工程中多采用分离式配筋。

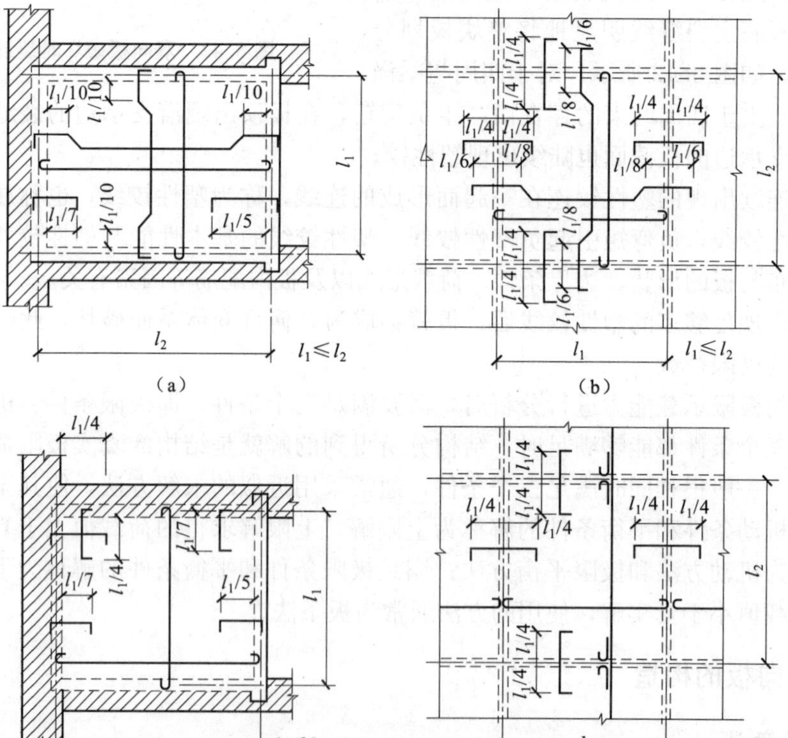

图 8.44　连续双向板的配筋方式

(a)单块板弯起式配筋；(b)连续板弯起式配筋；

(c)单块板分离式配筋；(d)连续板分离式配筋

按弹性理论计算时，板底钢筋数量是根据跨中最大弯矩求得的，而跨中弯矩沿板宽向两边逐渐减小，故配筋也可逐渐减少。考虑到施工方便，可按图 8.45 所示将板在两个方向各划分成三个板带，边缘板带的宽度为较小跨度的 1/4，其余为中间板带。在中间板带内按跨中最大弯矩配筋，而两边板带配筋为其相应中间板带的一半；连续板的支座负弯矩钢筋，是按各支座的最大负弯矩分别求得，故应沿全支座均匀布置而不在边缘板带内减少。但在任何情况下，每米宽度内的钢筋都不得少于 3 根。

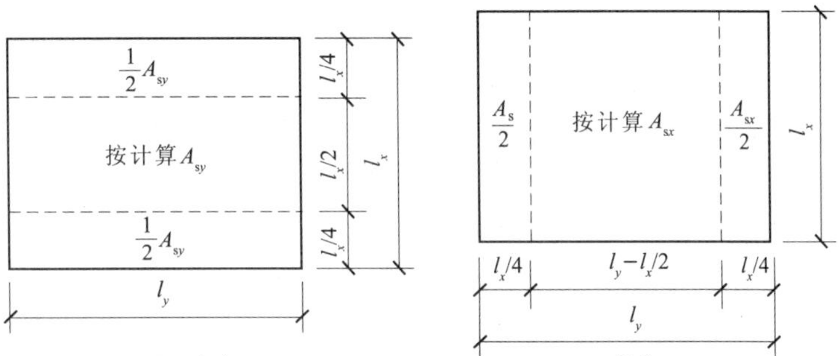

（a）　　　　（b）

图 8.45　双向板配筋时板带的划分

8.3.5　双向板支承梁

作用在双向板上的荷载是由两个方向传到四边的支承梁上的。通常采用如图 8.46(a) 所示的近似方法(45°线法)，将板上的荷载就近传递到四周梁上。这样，长边的梁上由板传的荷载呈梯形分布；短边梁上的荷载则呈三角形分布。先将梯形和三角形荷载折算成等效均布荷载 q'，如图 8.46(b)所示，利用前述的方法求出最不利情况下的各支座弯矩，再根据所得的支座弯矩和梁上的实际荷载，利用静力平衡关系，分别求出跨中弯矩和支座剪力。

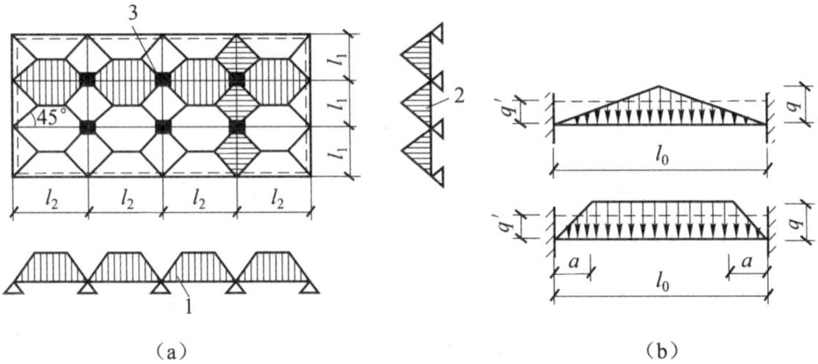

（a）　　　　（b）

图 8.46　双向板支承梁的荷载分布及荷载折算

(a)双向板传给支承的荷载；(b)荷载的折算

1—次梁；2—主梁；3—柱

梁的截面设计和构造要求等均与支承单向板的梁相同。

三角形荷载：$q'=\dfrac{5}{8}q$；

梯形荷载：$q'=(1-2a^2+a^3)q$（其中，$a=a/l_0$）。

8.3.6 双向板设计例题

1. 设计资料

某工业厂房楼盖采用双向板肋梁楼盖，支承梁截面尺寸为 200 mm×500 mm，楼盖梁格布置如图 8.47 所示。试按弹性理论计算各区格弯矩，并进行截面配筋计算。

(1)楼面构造做法：20 mm 厚水泥砂浆面层，100 mm 厚现浇钢筋混凝土板，15 mm 厚混合砂浆顶棚抹灰。

(2)楼面活荷载：标准值 $q_k=5\ kN/m^2$。

(3)恒载分项系数为 1.2；活荷载分项系数为 1.3(因楼面活荷载标准值大于 4 kN/m^2)。

(4)材料选用。

1)混凝土：采用 C30($f_c=14.3\ N/mm^2$)。

2)钢筋：板的配筋采用 HPB300 级($f_y=270\ N/mm^2$)。

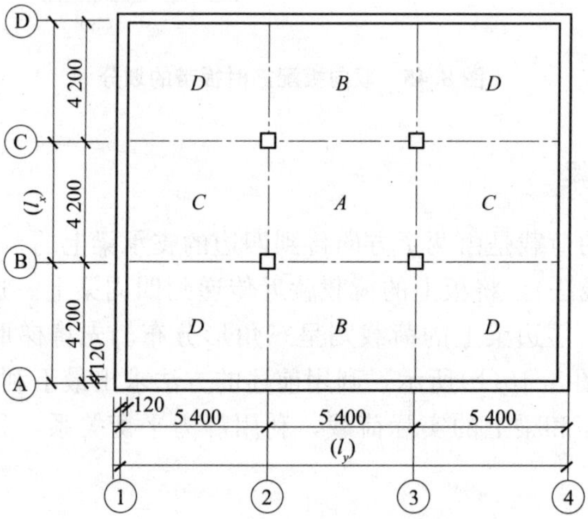

图 8.47 楼盖结构平面布置图

2. 荷载计算

20 mm 厚水泥砂浆面层	$0.02\times20=0.4(kN/m^2)$
100 mm 厚钢筋混凝土现浇板	$0.10\times25=2.5(kN/m^2)$
15 mm 厚混合砂浆顶棚抹灰	$0.015\times17=0.26(kN/m^2)$
恒荷载标准值	$g_k=3.16\ kN/m^2$
恒荷载设计值	$g=1.2\times3.16=3.8(kN/m^2)$
活荷载设计值	$q=1.3\times5.0=6.5(kN/m^2)$
总计	$g+q=10.3(kN/m^2)$

3. 计算跨度

根据板的支承条件和几何尺寸，将楼盖分为 A、B、C、D 等区格，如图 8.47 所示。板的计算跨度为：内跨，$l_0=l_c$(l_c 为轴线间的距离)；边跨，$l_0=l_c-120+100/2$。各区格的计算跨度见表 8.15。

表 8.15　各区格板的弯矩计算

区格			A	B
l_x/l_y			4.2/5.4=0.78	4.13/5.4=0.77
跨内	计算简图		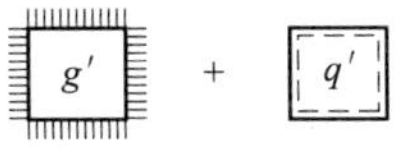	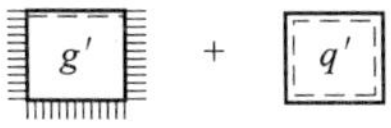
跨内	$\upsilon=0$	M_x/(kN·m)	(0.028 1×7.05+0.058 5×3.25)×4.2²=6.85	(0.033 7×7.05+0.059 6×3.25)×4.13²=7.36
跨内	$\upsilon=0$	M_y/(kN·m)	(0.013 8×7.05+0.032 7×3.25)×4.2²=3.59	(0.021 8×7.05+0.032 4×3.25)×4.13²=4.42
跨内	$\upsilon=0.2$	$M_x^{(\upsilon)}$/(kN·m)	6.85+0.2×3.59=7.57	7.36+0.2×4.42=8.24
跨内	$\upsilon=0.2$	$M_y^{(\upsilon)}$/(kN·m)	3.59+0.2×6.85=4.96	4.42+0.2×7.36=5.89
支座	计算简图		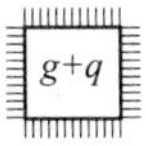	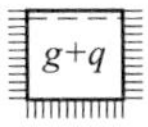
支座	M'_x/(kN·m)		0.067 9×10.3×4.2²=12.34	0.081 1×10.3×4.13²=14.25
支座	M'_y/(kN·m)		0.056 1×10.3×4.2²=10.19	0.072 0×10.3×4.13²=12.65
区格			C	D
l_x/l_y			4.2/5.4=0.78	4.13/5.4=0.77
跨内	计算简图		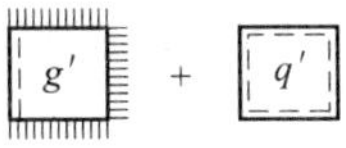	
跨内	$\upsilon=0$	M_x/(kN·m)	(0.031 8×7.05+0.057 3×3.25)×4.2²=7.24	(0.037 5×7.05+0.058 5×3.25)×4.13²=7.75
跨内	$\upsilon=0$	M_y/(kN·m)	(0.014 5×7.05=0.033 1×3.25)×4.2²=3.70	(0.021 3×7.05+0.032 7×3.25)×4.13²=4.37
跨内	$\upsilon=0.2$	$M_x^{(\upsilon)}$/(kN·m)	7.24+0.2×3.70=7.98	7.75+0.2×4.37=8.62
跨内	$\upsilon=0.2$	$M_y^{(\upsilon)}$/(kN·m)	3.70+0.2×7.24=5.15	4.37+0.2×7.75=5.92
支座	计算简图		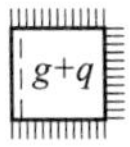	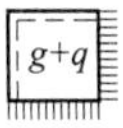
支座	M'_x/(kN·m)		0.072 8×10.3×4.2²=13.23	0.090 5×10.3×4.13²=15.90
支座	M'_y/(kN·m)		0.057 0×10.3×4.2²=10.36	0.075 3×10.3×4.13²=13.23

4. 按弹性理论计算弯矩

在求各区格板跨内最大正弯矩时，按 g'满布及活荷载棋盘式布置计算，取荷载：

$$g'=g+\frac{q}{2}=3.8+\frac{6.5}{2}=7.05(\text{kN/m}^2)$$

$$q'=\frac{q}{2}=\frac{6.5}{2}=3.25(\text{kN/m}^2)$$

在求各中间支座最大负弯矩时，按恒载及活荷载均满布计算，取荷载：

$$g+q=10.3\ \text{kN/m}^2$$

各区格的弯矩计算结果列于表 8.15。

由该表可见，板间支座弯矩是不平衡的，实际应用时可近似取相邻两区格板支座弯矩的平均值，即：

$A-B$ 支座　$M_x=\frac{1}{2}\times(-12.34-14.25)=-13.30(\text{kN}\cdot\text{m})$

$A-C$ 支座　$M_x=\frac{1}{2}\times(-10.19-10.36)=-10.28(\text{kN}\cdot\text{m})$

$B-D$ 支座　$M_x=\frac{1}{2}\times(-12.65-13.23)=-12.94(\text{kN}\cdot\text{m})$

$C-D$ 支座　$M_x=\frac{1}{2}\times(-13.23-15.90)=-14.57(\text{kN}\cdot\text{m})$

5. 配筋计算

各区格板跨中及支座截面弯矩既已求得(考虑 A 区格板四周与梁整体连接，乘以折减系数 0.8)，即可近似按 $A_s=\frac{M}{0.95f_yh_0}$ 进行截面配筋计算。取截面有效高度：

$$h_{0x}=h-20=100-20=80(\text{mm})；h_{0y}=h-30=100-30=70(\text{mm})$$

截面配筋计算结果及实际配筋列于表 8.16。

表 8.16　双向板配筋计算

截　面			M/kN·m	h_0/mm	A_s/mm²	选配钢筋	实配钢筋面积/mm²
跨中	A 区格	l_x 方向	7.57×0.8=6.06	80	267	Φ6/8@150	262
		l_y 方向	4.96×0.8=3.97	70	221	Φ6@125	226
	B 区格	l_x 方向	8.24	80	402	Φ8@125	402
		l_y 方向	5.89	70	328	Φ6/8@120	327
	C 区格	l_x 方向	7.98	80	389	Φ8@125	402
		l_y 方向	5.15	70	287	Φ6@100	283
	D 区格	l_x 方向	8.62	80	420	Φ8@120	419
		l_y 方向	5.92	70	330	Φ8@150	335
支座	$A-B$		13.30	80	648	Φ10@120	654
	$A-C$		10.28	80	501	Φ8@100	503
	$B-D$		12.94	80	631	Φ8@80	629
	$C-D$		14.57	80	710	Φ10@110	714

6. 配筋图(略)

8.4 楼　　梯

楼梯是多、高层建筑的重要组成部分，通过它来实现房屋的竖向交通。楼梯按施工方法可分为整体现浇式楼梯和预制装配式楼梯两类；按结构形式和受力特点可分为梁式楼梯[图 8.48(a)]、板式楼梯[图 8.48(b)]、螺旋楼梯[图 8.48(c)]、折板旋挑式楼梯[图 8.48(d)]等结构形式。

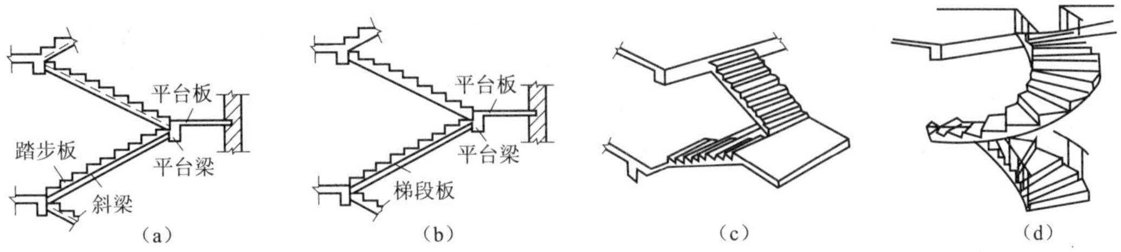

图 8.48　楼梯类型

8.4.1　板式楼梯

板式楼梯是由一块斜放的板和平台梁组成。板端支承在平台梁上，荷载传递途径为：荷载作用于楼梯的踏步板，由踏步板直接传递给平台梁。

板式楼梯的优点是下表面平整，外观轻巧，施工简便；其缺点是斜板较厚。当承受的荷载或跨度较小时，选用板式楼梯较为合适，其一般应用于住宅等建筑。

板式楼梯的计算如下：

1. 梯段板的计算

梯段斜板计算时，一般取 1 m 斜向板带作为结构及荷载计算单元。梯段斜板支承于平台梁上，在进行内力分析时，通常将板带简化为斜向板简支板。承受荷载为梯段板自重及活荷载。考虑到平台梁对梯段板两端的嵌固作用，计算时，跨中弯矩可近似取$\frac{1}{10}ql^2$。

梯段斜板按矩形截面计算，截面计算高度取垂直斜板的最小高度。

2. 平台梁的计算

板式楼梯中的平台梁承受梯段板和平台板传来的均布荷载，计算按承受均布荷载的简支梁计算内力，配筋计算按倒 L 形截面计算，截面翼缘仅考虑平台板，不考虑梯段斜板参加工作。

3. 构造要求

板式楼梯踏步板的厚度不应小于$\left(\frac{1}{25}+\frac{1}{30}\right)l$（$l$ 为板的跨度），一般取 $d=100\sim120$ mm。

踏步板内受力钢筋要求除计算确定外，每级踏步范围内需配置一根 Φ8 钢筋作为分布筋。考虑到支座连接处的整体性，为防止板面出现裂缝，应在斜板上部布置适量的钢筋。

8.4.2　梁式楼梯

梁式楼梯由踏步板、斜梁、平台板和平台梁等组成。踏步板支承在斜梁上，斜梁再支承在平台梁上。荷载传递途径为：荷载作用于楼梯的踏步板，由踏步板传递给斜梁，再由斜梁传递给平台梁。

梁式楼梯的优点是传力路径明确，可承受较大荷载，跨度较大；其缺点是施工复杂。梁式楼梯广泛应用于办公楼、教学楼等建筑。

1. 踏步板的计算

梁式楼梯的踏步板可视为四边固定支承的斜放单向板，短向边支承在梯段的斜梁上，长向边支承在平台梁上。

计算单元的选取：取一个踏步板为计算单元，其截面形式为梯形。为简化计算，将其高度转化为矩形，折算高度为：$h=\frac{c}{2}+\frac{d}{\cos\alpha}$，其中，$c$ 为踏步高度，d 为楼梯板厚。这样，踏步板可按截面宽度为 b、高度为 h 的矩形板，进行内力与配筋计算。

2. 斜梁的计算

斜梁的两端支承在平台梁上，一般按简支梁计算。作用在斜梁上的荷载为踏步板传来的均布荷载，其中恒荷载按倾斜方向计算，活荷载按水平投影方向计算。通常，也将荷载恒载换算成水平投影长度方向的均布荷载。

斜梁是斜向搁置的受弯构件。在外荷载的作用下，斜梁上将产生弯矩、剪力和轴力。其中，竖向荷载与斜梁垂直的分量使梁产生弯矩和剪力，与斜梁平行的分量使梁产生轴力。轴向力对梁的影响最小，通常可忽略不计。

若传递到斜梁上的竖向荷载为 q，斜梁长度为 l_1，斜梁的水平投影长度为 l，斜梁的倾角为 α，则与斜梁垂直作用的均布荷载为 $ql\cos\alpha/l_1$，斜梁的跨中最大正弯矩为：

$$M_{\max}=\frac{1}{8}\left(\frac{ql\cos\alpha}{l_1}\right)l_1^2=\frac{1}{8}ql^2 \tag{8-19}$$

支座剪力分别为：

$$V=\frac{1}{2}\left(\frac{ql\cos\alpha}{l_1}\right)l_1=\frac{1}{2}ql\cos\alpha \tag{8-20}$$

如图 8.49 所示，可见斜梁的跨中弯矩为按水平简支梁计算所取得的弯矩，但其支座剪力为按水平简支梁计算所得的剪力乘以 $\cos\alpha$。

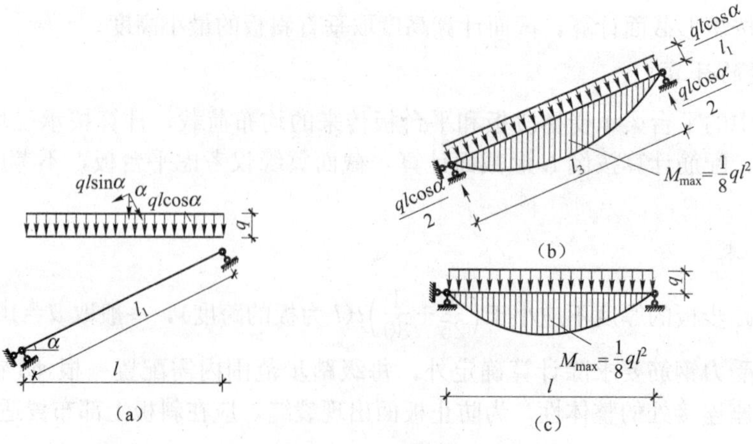

图 8.49　斜梁的弯矩剪力

斜梁的截面计算高度应按垂直于斜梁纵轴线的最小梁高取用，按倒 L 形截面计算配筋。

3. 平台板和平台梁的计算

平台板一般为支承在平台梁及外墙上或钢筋混凝土过梁上，承受均布荷载的单向板。当平台板一端与平台梁整体连接，另一端支承在砖墙上时，跨中计算弯矩可近似取$\frac{1}{8}ql^2$；当平台板外端与过梁整体连接时，考虑到平台梁和过梁对板的嵌固作用，跨中计算弯矩可近似取$\frac{1}{10}ql^2$。

平台梁承受平台板传来的均布荷载以及上、下楼梯斜梁传来的集中荷载，一般按简支梁计算内力，按受弯构件计算配筋。

4. 构造要求

梁式楼梯踏步板的厚度一般取$d=30\sim40$ mm，梯段梁与平台梁的高度应满足不需要进行变形验算的简支梁允许高跨比的要求，梯段梁应取$h\geqslant\frac{1}{20}l$，平台梁应取$h\geqslant\frac{1}{12}l$（l为梯段梁水平投影计算跨度或平台梁的计算跨度）。

踏步板内受力钢筋要求除计算确定外，每级踏步范围内不少于 2 根 Φ6 钢筋，且沿梯段方向布置 Φ6@300 的分布钢筋。

8.5 雨篷设计

雨篷是指设置在建筑物外墙出入口上方，用以挡雨并有一定装饰作用的水平构件。按结构形式不同，雨篷分为板式和梁板式两种。一般雨篷的外挑长度大于 1.5 m 时，需设计成有悬挑边梁的梁板式雨篷；当雨篷的外挑长度在 1.5 m 以内时，则常设计成板式雨篷。板式雨篷一般由雨篷板和雨篷梁组成，如图 8.50 所示。雨篷梁既是雨篷板的支承，又兼有门窗的过梁作用。雨篷的设计，除了具有与一般的梁板结构相同的内容外，还应进行抗倾覆验算。下面简要介绍其设计及构造要点。

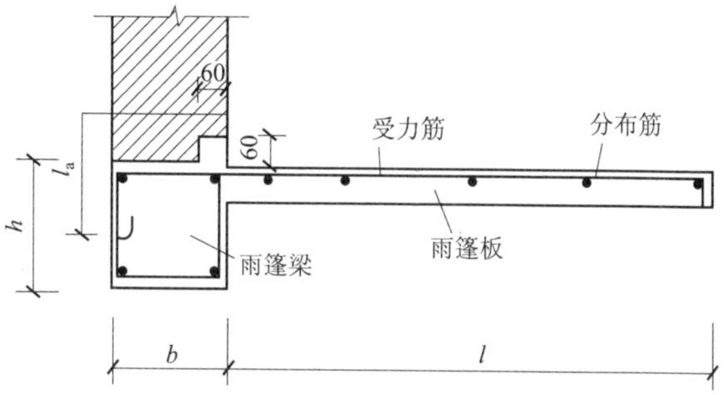

图 8.50 板式雨篷的构造

1. 雨篷板的设计

当雨篷板无边梁时，雨篷板是悬挑板，按照受弯构件进行设计。一般雨篷板的挑出长度为 0.6～1.2 m 或更长，视建筑设计要求而定。现浇雨篷板多做成变厚度的，一般根部板厚约为 1/10 挑出长度，且不小于 70 mm（悬挑长度≤500 mm）和 80 mm（悬挑长度>500 mm），板端不小于 60 mm。

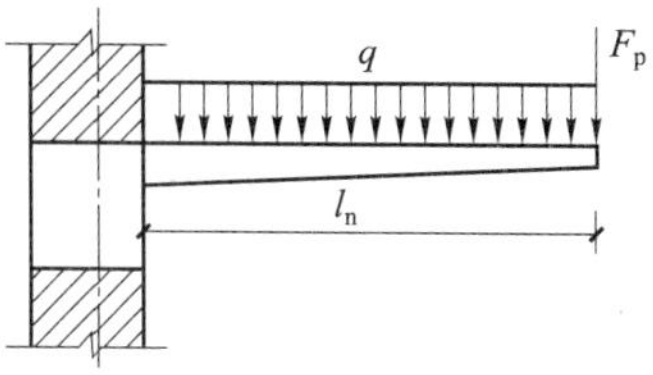

图 8.51 雨篷板受力图

雨篷板承受的荷载除永久荷载和均布荷载外，还应考虑施工荷载或检修的集中荷载（沿板宽每隔 1.0 m 考虑一个 1.0 kN 的集中荷载），它作用于板的端部，雨篷板的受力情况如图 8.51 所示。

梁式雨篷的雨篷板不是悬挑板，也不变厚度。其设计计算与一般梁板结构中的板相同，其配筋与普通板相同。

2. 雨篷梁的设计

雨篷梁除承受作用在板上的均布荷载和集中荷载外，还承受雨篷梁上砌体传来的荷载。雨篷梁在自重、梁上砌体重力等荷载作用下产生弯矩和剪力；在雨篷板传来的荷载作用下不仅产生弯矩和剪力，还将产生力矩。因而，雨篷梁是弯、剪、扭复合受力构件。

雨篷梁的宽度一般取与墙厚相同，梁的高度应按承载力确定。梁两端伸进砌体的长度，应考虑雨篷的抗倾覆因素。

3. 雨篷抗倾覆验算

如图 8.52 所示，雨篷为悬挑结构，因而雨篷板上的荷载将绕图中 O 点产生倾覆力矩 $M_{倾}$，而抗倾覆力矩 $M_{抗}$ 则由梁自重以及墙重的合力 G_r 产生。雨篷的抗倾覆验算要求：

$$M_{倾} \leqslant M_{抗} \tag{8-21}$$

式中 $M_{抗}$——雨篷抗倾覆力矩设计值，取荷载分项系数为 0.8，则抗倾覆力矩设计值可按下式计算 $M_{抗}=0.8G_r(l_2-x_0)$；

G_r——雨篷的抗倾覆荷载，可取图 8.52 所示雨篷梁尾端上部 45°扩散角范围(其水平长度为 $l_3=l_n/2$)内的墙体恒荷载标准值；

l_2——G_r 距墙边的 $l_2=l_1/2$(l_1 为雨篷梁上墙体的厚度)；

x_0——倾覆点 O 到墙外边缘的距离，$x_0=0.13l_1$。

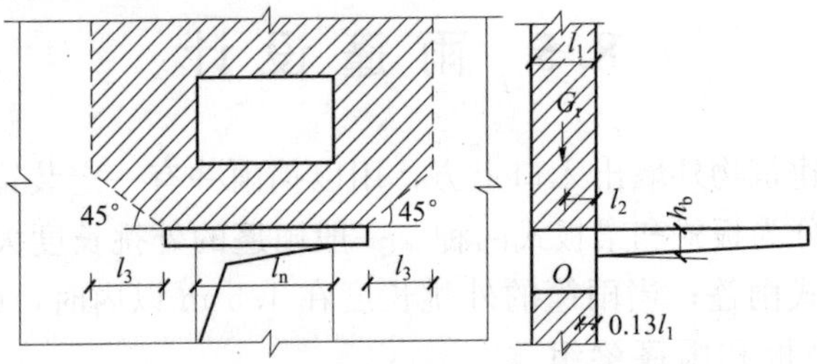

图 8.52　雨篷抗倾覆验算受力图

若上式不能满足，则应采取加固措施。如适当增加雨篷梁的支承长度，以增加压在梁上的恒荷载值，或增强雨篷梁与周围结构的连接等。图 8.53 所示为一悬臂板式雨篷的配筋图。

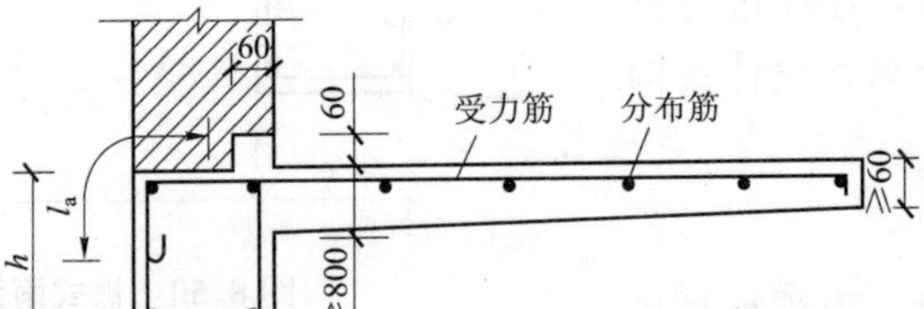

图 8.53　悬臂板式雨篷配筋图

思考题与习题

一、思考题

8.1　钢筋混凝土梁板结构设计的一般步骤是怎样的？

8.2　钢筋混凝土楼盖结构有哪几种类型？说明它们各自的受力特点和适用范围。

8.3　在现浇梁板结构中，单向板和双向板如何划分？

8.4　现浇单向板肋形楼盖中的板、次梁和主梁的计算简图如何确定？为什么主梁通常用弹性理论计算，而不采用塑性理论计算？

8.5　现浇单向板肋形楼盖中的板、次梁和主梁，当其内力按弹性理论计算时，如何确定其计算简图？当按塑性理论计算时，其计算简图又如何确定？如何绘制主梁的弯矩包络图？

8.6　什么是"塑性铰"？混凝土结构中的"塑性铰"与力学中的"理想铰"有何异同？

8.7　什么是"塑性内力重分布"？"塑性铰"与"塑性内力重分布"有何关系？

8.8　什么是"弯矩调幅"？连续梁进行"弯矩调幅"时，要考虑哪些因素？

8.9　考虑塑性内力重分布计算钢筋混凝土连续梁时，为什么要限制截面受压区高度？

8.10　什么是内力包络图？为什么要作内力包络图？

8.11　在主、次梁交接处，为什么要在主梁中设置吊筋或附加箍筋？如何确定横向附加钢筋（吊筋或附加箍筋）的截面面积？

8.12　利用单区格双向板弹性弯矩系数计算多区格双向板跨中最大正弯矩和支座最大负弯矩时，采用了一些什么假定？

8.13　钢筋混凝土现浇肋梁楼盖板、次梁和主梁的配筋计算和构造各有哪些要点？

8.14　常用楼梯有哪几种类型？它们的优、缺点及适用范围有何不同？如何确定楼梯各组成构件的计算简图？

8.15　雨篷板和雨篷梁有哪些计算要点和构造要求？

二、填空题

8.16　确定连续梁最不利活载位置，欲求某跨跨中最大正弯矩时，除应在________布置活载外，两边应________布置活载。

8.17　确定连续梁最不利活载位置，当欲求某支座截面最大负弯矩时，除应在该支座________布置活载外，然后向两边________布置活载。

8.18　肋形楼盖中的四边支承板，当 $l_2/l_1 \geqslant 2$ 时，按________设计；当 $l_2/l_1 < 2$ 时，按________设计。

8.19　单向板肋梁楼盖荷载的传递途径为：楼面（屋面）荷载→________→________→________→基础→地基。

8.20　在钢筋混凝土单向板设计中，板的短跨方向按________配置钢筋，长跨方向按________配置钢筋。

8.21　多跨连续梁板的内力计算方法有________和________两种方法。

8.22　常用的现浇楼梯有________楼梯和________楼梯两种。

8.23　对于跨度相差小于________的现浇钢筋混凝土连续梁、板，可按等跨连续梁进行内力计算。

8.24　双向板上荷载向两个方向传递，长边支承梁承受的荷载为________分布；短边支承梁承受的荷载为________分布。

8.25　按弹性理论对单向板肋梁楼盖进行计算时，板的折算恒载为________。

8.26　对结构的极限承载力进行分析时，需要满足三个条件，即________、________和________。当三个条件都能够满足时，结构分析得到的解就是结构的真实极限荷载。

8.27　在计算钢筋混凝土单向板肋梁楼盖中次梁在其支座处的配筋时，次梁的控制截面位置应取在支座________，这是因为________。

8.28　钢筋混凝土超静定结构内力重分布有两个过程，第一过程由于________引起，第二过程由于________引起。

8.29　按弹性理论计算连续梁、板的内力时，计算跨度一般取________之间的距离。按塑性理论计算时，计算跨度一般取________。

8.30　在现浇单向板肋梁楼盖中，单向板的长跨方向应放置分布钢筋，分布钢筋的主要作用是：承担在长向实际存在的一些________、抵抗由于温度变化或混凝土收缩引起的________、将板上作用的集中荷载分布到较大面积上，使更多的受力筋参与工作、固定________位置。

三、选择题

8.31　在计算钢筋混凝土肋梁楼盖连续次梁内力时，为考虑主梁对次梁的转动约束，用折算荷载代替实际计算荷载，其做法是(　　)。

A. 减小恒载，减小活载　　B. 增大恒载，减小活载

C. 减小恒载，增大活载　　D. 增大恒载，增大活载

8.32　现浇钢筋混凝土单向板肋梁楼盖的主、次梁相交处，在主梁中设置附加横向钢筋的目的是(　　)。

A. 承担剪力　　B. 防止主梁发生受弯破坏

C. 防止主梁产生过大的挠度　　D. 防止主梁由于斜裂缝引起的局部破坏

8.33　对周边与梁整体连接的单向板，计算弯矩可以折减20%的截面是(　　)。

A. 中间板带中间跨跨中截面　　B. 边跨跨中截面

C. 第二支座截面　　D. 所有支座截面

8.34　板内分布钢筋不仅可使主筋定位，分担局部荷载，还可(　　)。

A. 承担负弯矩　　B. 承受收缩和温度应力

C. 减少裂缝宽度　　D. 增加主筋与混凝土的粘结

8.35　五跨等跨连续梁，现求第三跨跨中最大弯矩，活荷载应布置在(　　)跨。

A. 1，2，3　　B. 1，2，4　　C. 2，4，5　　D. 1，3，5

8.36　五跨等跨连续梁，现求最左端B支座最大剪力，活荷载应布置在(　　)跨。

A. 1，2，4　　B. 2，3，4

C. 1，2，3　　D. 1，3，5

8.37　按单向板进行设计(　　)。

A. 600 mm×3 300 mm 的预制空心楼板

B. 长短边之比小于2的四边固定板

C. 长短边之比等于1.5，两短边嵌固，两长边简支板

D. 长短边相等的四边简支板

8.38　对于两跨连续梁，下述表述正确的是(　　)。

A. 活荷载两跨满布时，各跨跨中正弯矩最大

B. 活荷载两跨满布时，各跨跨中负弯矩最大

C. 活荷载单跨布置时，中间支座处负弯矩最大

D. 活荷载单跨布置时，另一跨跨中负弯矩最大

8.39 多跨连续梁(板)按弹性理论计算，为求得某跨跨中最大负弯矩，活荷载应布置在(　　)。

A. 该跨，然后隔跨布置　　B. 该跨及相邻跨

C. 所有跨　　D. 该跨左右相邻各跨，然后隔跨布置

8.40 超静定结构考虑塑性内力重分布计算时，必须满足(　　)。

A. 变形连续条件

B. 静力平衡条件

C. 采用热处理钢筋的限制

D. 拉区混凝土的应力小于等于混凝土轴心抗拉强度

8.41 在确定梁的纵筋弯起点时，要求抵抗弯矩图不得切入设计弯矩图以内，即应包在设计弯矩图的外面，这是为了保证梁的(　　)。

A. 正截面受弯承载力　　B. 斜截面受剪承载力

C. 受拉钢筋的锚固　　D. 箍筋的强度被充分利用

8.42 在结构的极限承载能力分析中，正确的叙述是(　　)。

A. 同时满足极限条件、变形连续条件和平衡条件的解答才是结构的真实极限荷载

B. 仅满足极限条件和平衡条件的解答是结构极限荷载的下限解

C. 仅满足变形连续条件和平衡条件的解答是结构极限荷载的上限解

D. 仅满足极限条件和机动条件的解答是结构极限荷载的上限解

8.43 按弯矩调幅法进行连续梁、板截面的承载能力极限状态计算时，应遵循下述规定(　　)。

A. 受力钢筋宜采用Ⅰ、Ⅱ级或Ⅲ级热轧钢筋

B. 截面的弯矩调幅系数宜超过0.25

C. 弯矩调整后的截面受压区相对计算高度一般应超过0.35，但不应超过0.80

D. 按弯矩调幅法计算的连续梁、板，可适当放宽裂缝宽度的要求

8.44 钢筋混凝土连续梁的中间支座处，当配置好足够的箍筋后，若配置的弯起钢筋不能满足要求时，应增设(　　)来抵抗剪力。

A. 纵筋　　B. 鸭筋　　C. 浮筋　　D. 架立钢筋

8.45 承受均布荷载的钢筋混凝土五跨连续梁(等跨)，在一般情况下，由于塑性内力重分布的结果，而使(　　)。

A. 跨中弯矩减少，支座弯矩增加　　B. 跨中弯矩增大，支座弯矩减小

C. 支座弯矩和跨中弯矩都增加　　D. 支座弯矩和跨中弯矩都减小

8.46 按弹性方法计算现浇单向肋梁楼盖时，对板和次梁采用折算荷载来进行计算，这是因为考虑到(　　)。

A. 在板的长跨方向能传递一部分荷载

B. 塑性内力重分布的影响

C. 支座转动的弹性约束将减少活荷载布置对跨中弯矩的不利影响

D. 在跨中形成了塑性铰

8.47 求连续梁跨中最小弯矩时，可变荷载(活载)的布置应该是(　　)。

A. 本跨布置活载，然后隔跨布置活载

B. 本跨不布置活载，相邻两跨布置活载，然后隔跨布置活载

C. 本跨及相邻两跨布置活载，然后隔跨布置活载

D. 各跨均布置活载

8.48　连续梁(板)塑性设计应遵循的原则之一是(　　)。

A. 必须采用折算荷载　　B. 不考虑活荷载的不利位置

C. 限制截面受压区相对高度　　D. 必须对恒载予以折减

8.49　整浇楼盖的次梁搁置在钢梁上时，(　　)。

A. 板和次梁均可采用折算荷载　　B. 仅板可以采用折算荷载

C. 仅次梁可以用折算荷载　　D. 两者均不可用折算荷载

8.50　雨篷梁支座截面承载力计算时，应考虑(　　)。

A. 弯、扭相关　　B. 剪、弯、扭相关

C. 弯、剪相关　　D. 弯、压、剪相关

四、计算题

8.51　某钢筋混凝土连续梁(图 8.54)，截面尺寸 $b \times h = 300\ \text{mm} \times 500\ \text{mm}$。承受恒载标准值 $G_k = 20\ \text{kN}$(荷载分项系数为 1.2)，集中活载标准值 $Q_k = 40\ \text{kN}$(荷载分项系数为 1.4)。混凝土强度等级为 C25，钢筋采用 HRB400 级。试按弹性理论计算内力，绘出此梁的弯矩包络图和剪力包络图，并对其进行截面配筋计算。

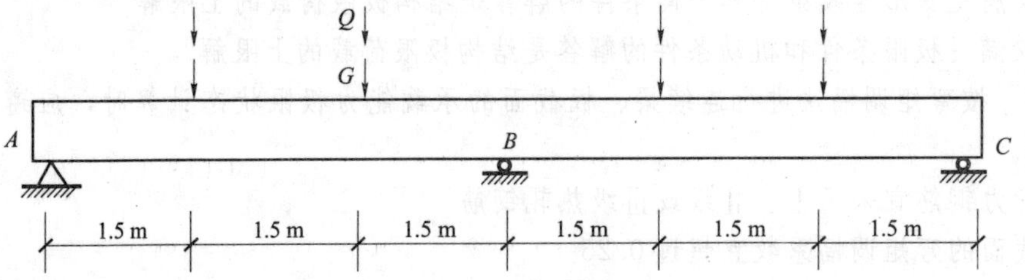

图 8.54　【题 8.51】图

8.52　某现浇钢筋混凝土肋梁楼盖次梁(图 8.55)，截面尺寸 $b \times h = 200\ \text{mm} \times 400\ \text{mm}$。承受均布恒荷载标准值 $g_k = 8.0\ \text{kN/m}$(荷载分项系数为 1.2)，活荷载标准值 $q_k = 10.0\ \text{kN/m}$(荷载分项系数为 1.3)。混凝土强度等级为 C25，钢筋采用 HRB400 级。试按塑性理论计算内力，并对其进行截面配筋计算。

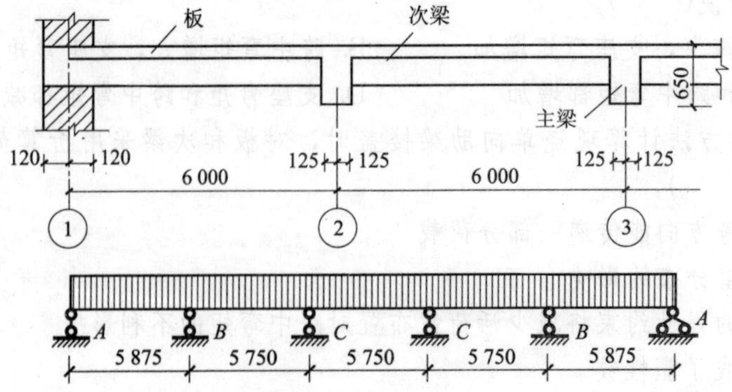

图 8.55　【题 8.52】图

第 9 章　钢筋混凝土单层厂房及多高层房屋

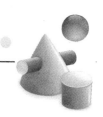

9.1　钢筋混凝土单层厂房

单层厂房比较容易组织生产工艺流程和车间内部运输，地面能够放置较重的机器设备和产品。同时，装配式的单层厂房有利于定型设计，构配件的标准化、通用化，生产工业化，施工机械化。因此，单层厂房主要用于重工业生产厂房中的炼钢、铸造、金工车间，轻工业生产厂房中的纺织车间等工业建筑中。

单层厂房的承重结构类型主要有排架结构和门式刚架结构两种形式。

排架结构由屋架（或屋面梁）、柱和基础组成，柱与屋架（或屋面梁）铰接而与基础刚接。根据生产工艺和使用要求的不同，排架结构可以做成等高[图 9.1(a)、(b)]、不等高[图 9.1(c)]等形式。该结构传力明确，构造简单，施工比较方便。

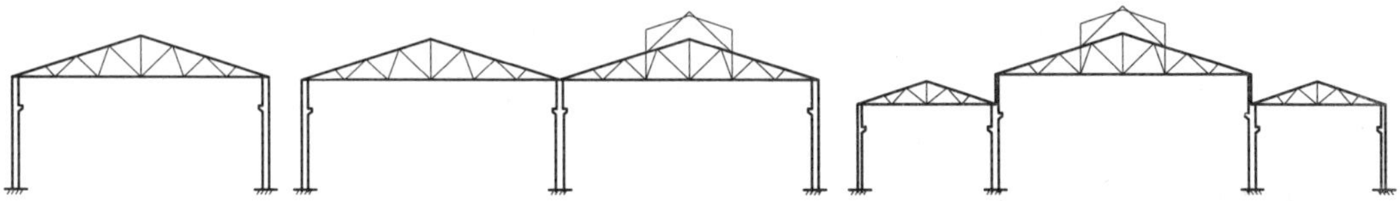

(a)　　(b)　　(c)

图 9.1　排架结构类型

(a)、(b)等高；(c)不等高

门式刚架是一种梁柱合一的钢筋混凝土结构，梁与柱为刚接，柱与基础通常为铰接。当顶节点为铰接时，称为三铰门式刚架[图 9.2(a)]。当顶节点为刚接时，称为两铰门式刚架[图 9.2(b)]。门式刚架可做成单跨或多跨结构[图 9.2(c)]。门式刚架一般仅用于吊车起重量≤100 kN、跨度≤18 m 的厂房。

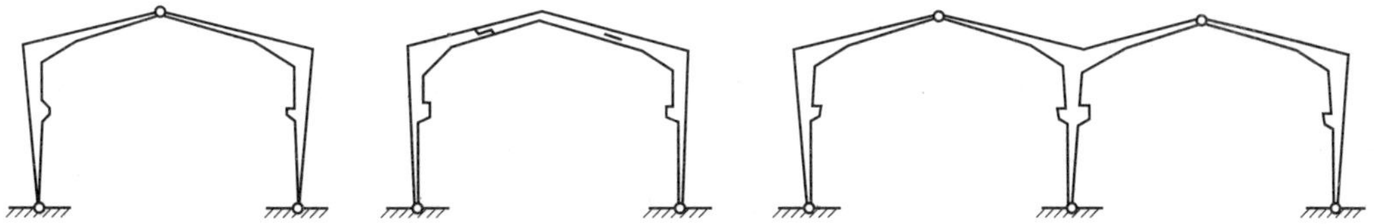

(a)　　(b)　　(c)

图 9.2　门式刚架结构类型

本节主要介绍单层厂房装配式钢筋混凝土排架结构。

9.1.1 单层厂房的结构组成和结构布置

1. 结构组成

单层厂房通常由屋盖结构、横向平面排架、纵向平面排架和围护结构四部分组成(图 9.3)。

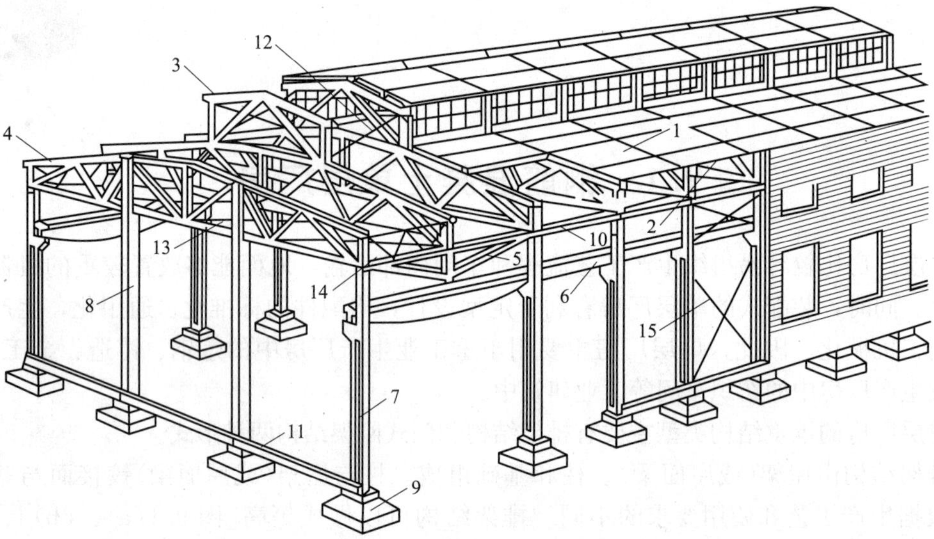

图 9.3 单层厂房结构组成

1—屋面板；2—天沟板；3—天窗架；4—屋架；5—托架；6—吊车梁；7—排架柱；
8—抗风柱；9—基础；10—连系梁；11—基础梁；12—天窗架垂直支撑；
13—屋架下弦横向水平支撑；14—屋架端部垂直支撑；15—柱间支撑

(1)屋盖结构。屋盖结构由屋面板(包括天沟板)、屋架或屋面梁(包括屋盖支撑)组成，有时还设有天窗架(包括天窗架支撑)及托架。

屋盖结构分为有檩体系和无檩体系两种。有檩体系由小型屋面板(或瓦材)、檩条和屋架(或屋面梁)组成；无檩体系由大型屋面板、屋面梁或屋架组成。

在屋盖结构中，屋面板承受作用在屋面上的活荷载、雪荷载、自重等，屋架(或屋面梁)承受屋面板传来的荷载，并把荷载传至排架柱，因此，屋盖结构具有承重和围护双重作用。天窗架及其支撑为设置供采光和通风用的天窗；设置托架为了满足工艺流程的抽柱需要。

(2)横向平面排架。横向平面排架(图 9.4)由屋架(或屋面梁)、横向柱列和基础组成，是厂房的基本承重结构。横向平面排架承受竖向荷载(包括结构自重、屋面活荷载、吊车竖向荷载等)及横向水平荷载(包括横向风荷载、吊车横向水平荷载和横向水平地震荷载等)，并将荷载递给基础和地基。

(3)纵向平面排架。纵向平面排架由纵向柱列及基础、连系梁、吊车梁和柱间支撑等组成，如图 9.5 所示。其作用是保证厂房结构的纵向稳定性和刚度，并承受纵向水平荷载，如纵向风荷载、吊车纵向水平荷载、纵向水平地震作用及温度应力等。

(4)围护结构。围护结构一般由纵墙、横墙(山墙)、连系梁、抗风柱(有时还设有抗风梁或桁架)、基础梁等构件组成，主要承受自重和作用在墙面上的风荷载等。

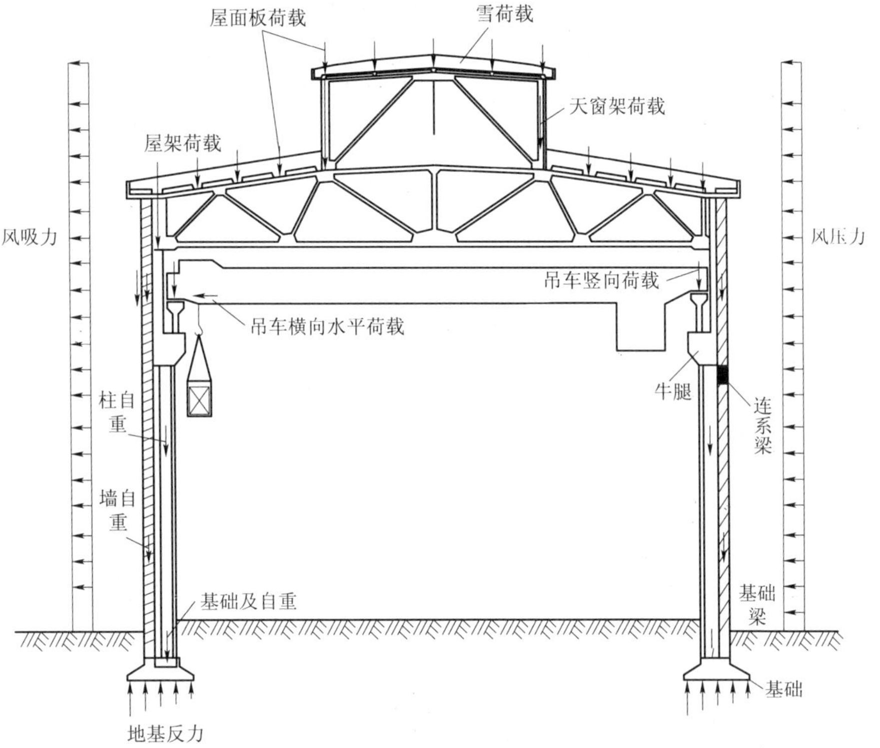

图 9.4　横向平面排架

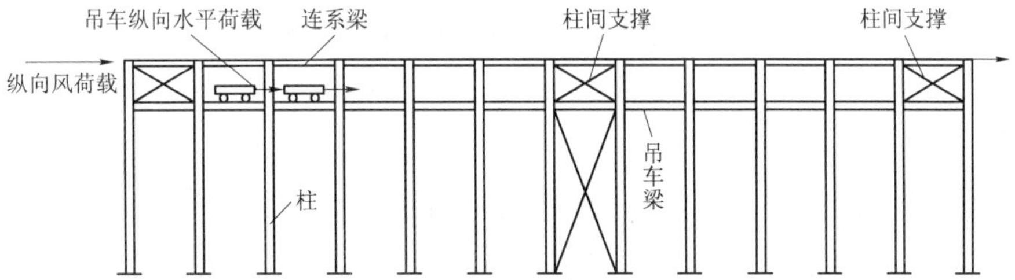

图 9.5　纵向平面排架

在单层厂房结构中，横向平面排架承受主要的荷载，且跨度大、柱列数少，因此，需要通过设计来满足强度和刚度要求。纵向排架承受的荷载较小，而且一般厂房沿纵向柱子较多。当在柱间设置柱间支撑时，纵向排架的刚度大，内力小，一般不作计算，仅需采取一定的构造措施。

若厂房纵向柱列数少于 7 根，或在地震设防地区需考虑地震作用时，则需对纵向平面排架进行计算。

2. 结构布置

单层工业厂房的结构布置主要包括：柱网布置；变形缝的设置；支撑系统的布置；抗风柱的布置；圈梁、连系梁、过梁及基础梁的布置等。

(1)柱网布置。单层厂房承重柱的纵向和横向定位轴线在平面上形成的网格，称为柱网。

柱网布置的一般原则是：符合生产工艺和正常使用的要求；建筑和结构方案经济合理；

施工方法上具有先进性；符合厂房建筑统一化基本规则；适应生产发展和技术革新的要求。

厂房柱网的尺寸应符合模数要求(图 9.6)。当厂房跨度≤18 m时，应采用 3 m 的倍数；当厂房跨度>18 m时，应采用 6 m 的倍数。厂房的柱距应采用 6 m 或 6 m 的倍数。当工艺布置和技术经济有明显的优越性时，也可采用 21 m、27 m、33 m 的跨度和 9 m 柱距或其他柱距。目前，工业厂房中大多数采用的是 6 m 柱距。

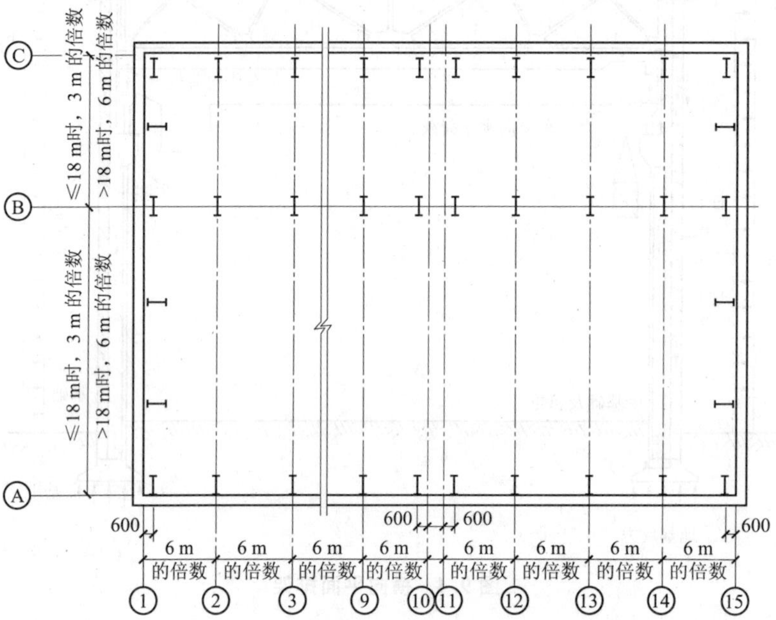

图 9.6　单层厂房柱纵、横向定位轴线

(2)变形缝设置。变形缝包括伸缩缝、沉降缝和防震缝三种。

1)伸缩缝。为了减小厂房结构的温度应力，可设置伸缩缝将厂房结构分成若干温度区段。伸缩缝可从基础顶面开始，将两个温度区段的上部结构分开，并留出一定宽度的缝隙。温度区段的形状应尽量简单，并应使伸缩缝的数量最少。温度区段的长度(伸缩缝之间的距离)，取决于结构类型和屋盖的形式以及温度变化的情况等因素。《混凝土结构设计规范(2015 年版)》(GB/T 50010—2010)规定，装配式钢筋混凝土排架结构的伸缩缝最大间距，在室内或土中时为 100 m，在露天时为 70 m。当厂房的伸缩缝间距超过规定的允许值时，应验算温度应力。

横向伸缩缝的一般做法是双排柱、双榀屋架式[图 9.7(a)]；纵向伸缩缝一般采用滚轴式[图 9.7(b)]。

2)沉降缝。在单层厂房中，一般很少采用沉降缝。如需设置沉降缝，则沉降缝应将建筑物从基础至屋顶全部分开。

3)防震缝。防震缝是减轻震害的措施之一。当厂房的平面、立面布置复杂，结构高度或刚度相差很大，以及在厂房侧有贴建的附属(如生活间、变电所、锅炉间等)时，应设置防震缝将其分成对称规则的单元。

在厂房纵横跨交接处、大柱网厂房或不设柱间支撑的厂房，防震缝的宽度可采用 100～150 mm，其他情况可采用 50～90 mm。地震地区的厂房，其伸缩缝和沉降缝均应符合防震缝的要求。

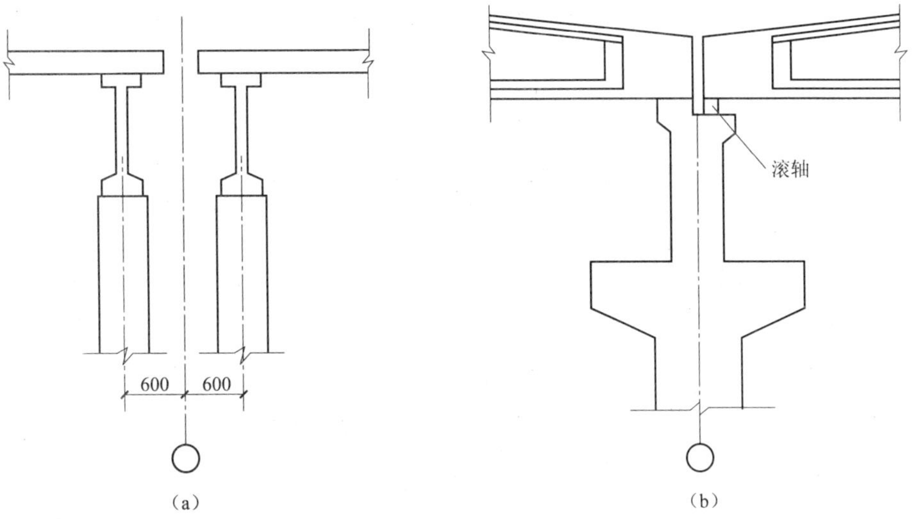

图 9.7　单层厂房伸缩缝

(a)横向伸缩缝；(b)纵向伸缩缝

(3)支撑布置。支撑是连系主要结构构件，保证厂房整体刚度的重要组成部分，在抗震设计中尤为重要。当支撑布置不当时，不仅会影响厂房的正常使用，而且可能使主要承重构件破坏或失稳，甚至可能造成厂房的整体倒塌。支撑可分为屋盖支撑和柱间支撑。

1)屋盖支撑。屋盖支撑系统包括屋架上弦横向水平支撑、屋架下弦水平支撑、垂直支撑及水平系杆、天窗支撑等。

①屋架上弦横向水平支撑。屋架上弦横向水平支撑的作用是：保证屋架上弦(或屋面梁上翼缘)平面外的侧向稳定性，增强屋盖的整体刚度；同时，将抗风柱传来的纵向水平风荷载或纵向地震作用传至纵向排架柱顶和柱间支撑。

当屋盖为无檩体系，大型屋面板连接可靠(屋面板与屋架上弦或屋面梁上翼缘之间至少有三点焊接，板肋间的空隙用 C15 或 C20 细石混凝土灌实)且无天窗时，可不设置上弦横向水平支撑。当屋盖为有檩体系，或大型屋面板不能满足上述刚性构造要求或有天窗时，均应在伸缩缝区段两端第一或第二柱间设置上弦横向水平支撑(图 9.8)；当有天窗时，还应沿屋脊设置一道通长的钢筋混凝土受压水平系杆。

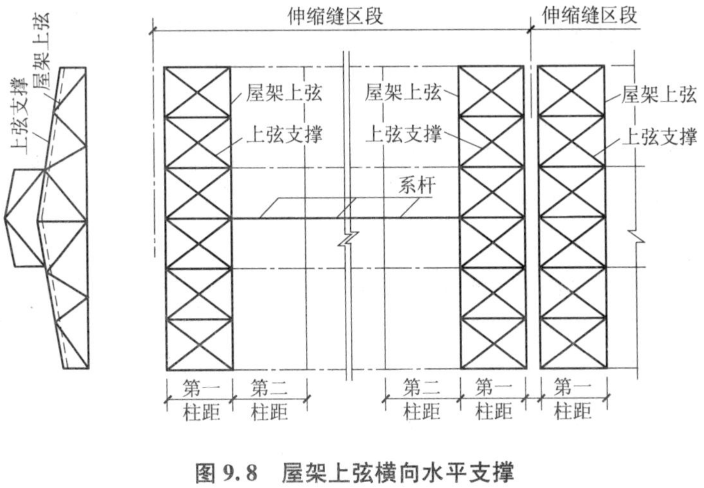

图 9.8　屋架上弦横向水平支撑

②屋架下弦水平支撑。屋架下弦水平支撑包括下弦横向水平支撑和下弦纵向水平支撑(图 9.9)。

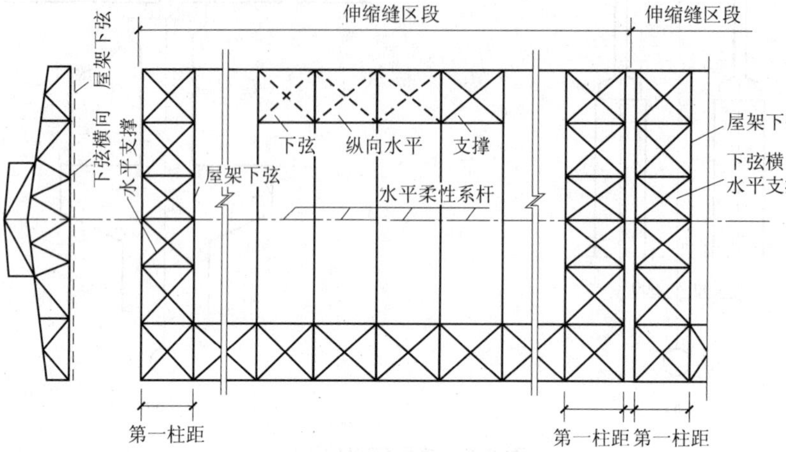

图 9.9　屋架下弦水平支撑

屋架下弦横向水平支撑的作用是：其作为屋盖垂直支撑的支点，同时将作用在屋架下弦的纵向水平荷载(风荷载、地震作用或有悬挂吊车时的启动、制动荷载)传递到纵向排架柱，保证屋架下弦的侧向稳定。设置原则：当屋架下弦设有悬挂吊车；或山墙抗风柱与屋架下弦连接；或厂房吊车起重量大，震动荷载大时，均应设置屋架下弦横向水平支撑。

屋架下弦纵向水平支撑的作用是：其设置在屋架下弦的端部节间，并与下弦横向水平支撑组成封闭的支撑体系，以提高厂房的空间刚度，增强厂房的整体性，保证横向水平力沿纵向分布。其设置原则是：当厂房柱距为 6 m，且属于下列情况之一：厂房内设有 5 t或 5 t以上的悬臂吊车；厂房内设有较大振动设备；厂房内设有硬钩吊车；厂房内设有普通桥式吊车，吊车吨位大于 10 t时，跨间内设有托架；厂房排架分析考虑空间作用，需设置屋架间纵向水平支撑。

③屋盖垂直支撑及水平系杆。屋盖垂直支撑是布置在相邻两榀屋架(或屋面梁)之间的竖向支撑(图 9.10)。设置屋盖支撑和水平系杆的目的是：保证屋架在安装和使用阶段的侧向稳定，增强厂房的整体刚度。设置在第一柱间的下弦受压水平系杆，除能改善屋架下弦的侧向稳定外，当山墙抗风柱与屋架下弦连接时，还可起到支承抗风柱、传递山墙风荷载的作用，因此，垂直支撑应与下弦横向水平支撑布置在同一柱间。

当厂房跨度 $L \leqslant 18$ m，且无天窗时，可不设置垂直支撑和水平系杆；当 18 m$<L\leqslant$ 30 m时，应在屋架中部布置一道垂直支撑；当 $L>30$ m时，在屋架跨度 1、3 左右布置两道垂直支撑，并在下弦设置通长水平系杆。当屋架端部高度$>$1.2 m时，还应在屋架两端各设置一道。

④天窗支撑。天窗支撑包括天窗上弦横向水平支撑和天窗垂直支撑。前者的作用是传递天窗端壁所受的风荷载和保证天窗架上弦的侧向稳定。当屋盖为有檩体系或虽为无檩体系，但屋面板的连接不能起整体作用时，应在天窗端部的第一柱距内设置上弦水平支撑。后者的作用是保证天窗架的整体稳定。天窗垂直支撑应设置在天窗架两端的第一柱间，垂直支撑应尽可能与屋架上弦水平支撑布置在同一柱距间(图 9.11)。

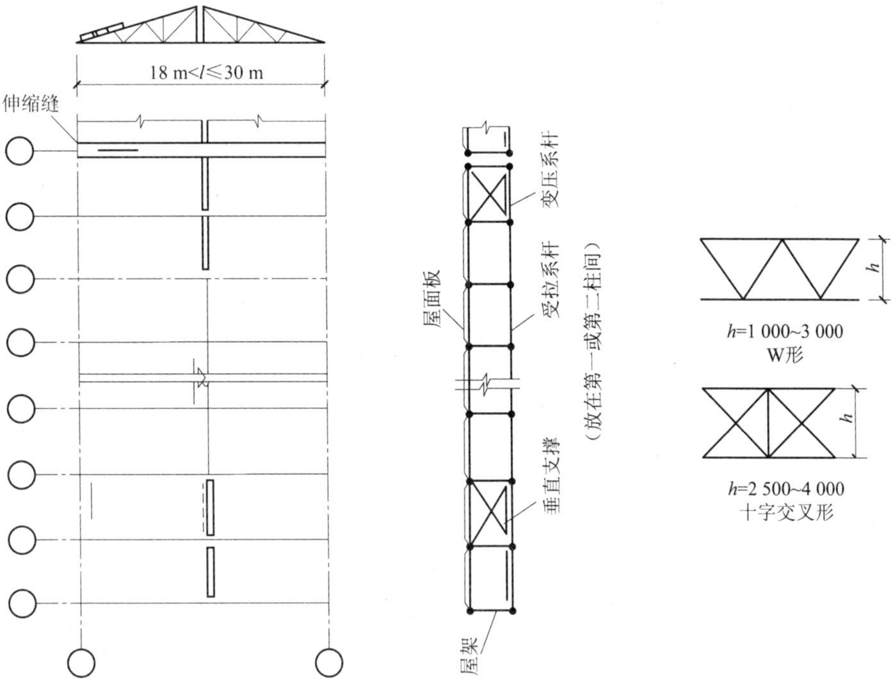

图 9.10　垂直支撑和水平系杆

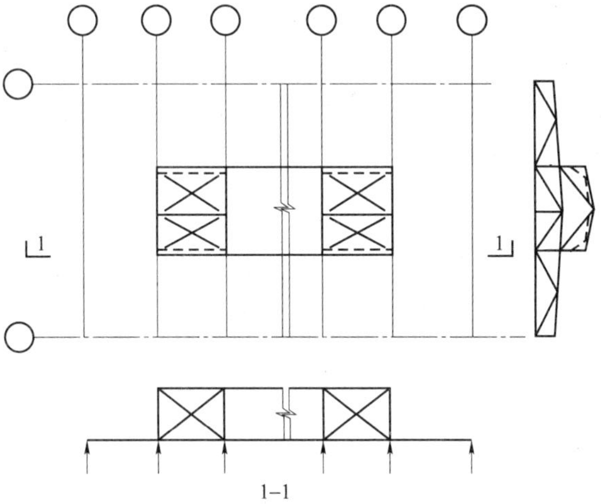

图 9.11　天窗架支撑

2)柱间支撑。柱间支撑分为上柱柱间支撑和下柱柱间支撑两种。

位于吊车梁上部的支撑称为上柱柱间支撑，它设置在伸缩缝区段两端与屋架间横向水平支撑相对应的柱间以及伸缩缝区段中间或临近中间的柱间，并在柱顶设置通长的刚性系杆以传递水平力。位于吊车梁下部的支撑称为下柱柱间支撑，它设置在伸缩缝区段中部与上柱柱间支撑相对应的位置，这主要是使厂房在温度变化或混凝土收缩时，可以向两端自由伸缩，以减少温度应力和收缩应力。

下列情况之一者，均应设置柱间支撑：

①厂房跨度 $L\geqslant18$ m 或 $H\geqslant8$ m；

②设有起重量≥10 t 的 A1～A5 工作制吊车或设有 A1～A5 工作制吊车；

③设有起重量悬臂式吊车或≥3 t的悬挂吊车；

④露天吊车栈桥的柱列；

⑤纵向柱列的总柱数少于7根。

柱间支撑一般由35°～55°交叉钢杆件组成[图9.12(a)]。当柱间需要通行、放置设备或柱距较大时，也可用门架式支撑[图9.12(b)]。杆件截面尺寸应进行承载力和稳定性验算。

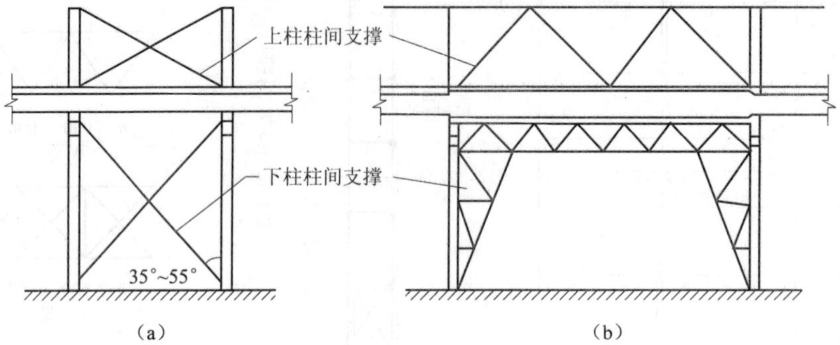

图9.12 柱间支撑

(a)交叉钢杆式；(b)门架式

(4)抗风柱的布置。单层厂房的端墙(山墙)，受风面积较大，一般设置抗风柱将山墙分成几个区格，使墙面受到的风荷载。一部分直接传递给纵向柱列；另一部分则经抗风柱上端，通过屋盖结构传递给纵向柱列和经抗风柱下端传递给基础。

当厂房高度和跨度均不大(如柱顶标高8 m以下，跨度为9～12 m)时，可采用砖壁柱作为抗风柱；当高度和跨度较大时，一般采用钢筋混凝土抗风柱。钢筋混凝土抗风柱一般设置在山墙内侧，并用钢筋与山墙拉结。当厂房高度很大时，为减少抗风柱的截面尺寸，可加设水平抗风梁或桁架，作为抗风柱的中间支点。

抗风柱一般与基础刚接，与屋架上弦铰接。抗风柱与屋架连接必须满足两个要求：一是在水平方向必须与屋架有可靠的连接，以保证有效地传递风荷载；二是在竖向应允许两者之间有一定相对位移的可能性，以防止厂房与抗风柱沉降不均匀时产生的不利影响。抗风柱与屋架一般采用竖向可移动、水平方向又有较大刚度的弹簧板连接[图9.13(a)]；如果厂房沉降较大时，则采用通长圆孔的螺栓连接[图9.13(b)]。

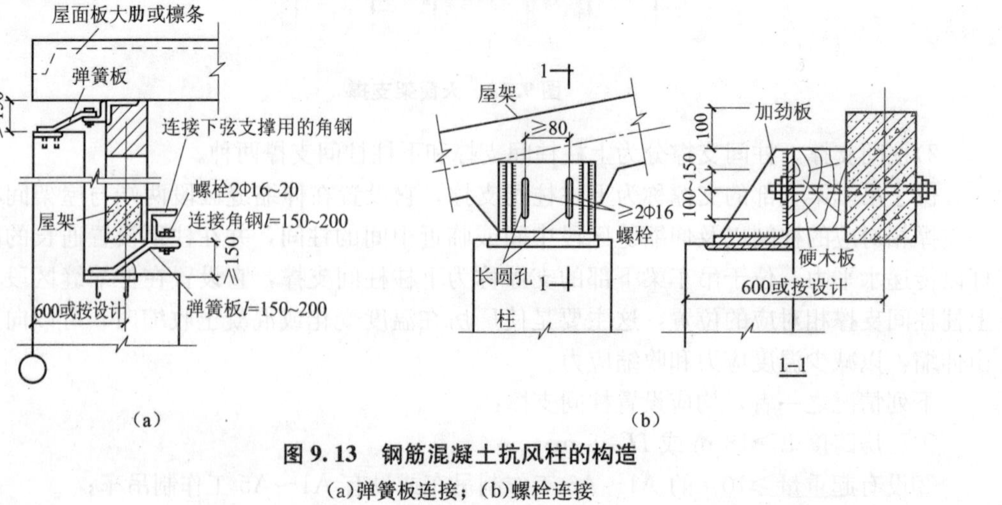

图9.13 钢筋混凝土抗风柱的构造

(a)弹簧板连接；(b)螺栓连接

钢筋混凝土抗风柱间距一般为 6 m。其上柱宜采用矩形截面，截面尺寸不小于 350 mm×350 mm，下柱宜采用矩形或 I 形截面。

抗风柱主要承受山墙风荷载，一般情况下可忽略其自重，按受弯构件计算，并应考虑正、反两个方向的弯矩。当抗风柱还承受承重墙梁、墙板及平台板传来的竖向荷载时，应按偏心受压构件计算。

(5)圈梁和基础梁的布置。当用砖砌体作为厂房围护墙体时，一般要设置圈梁和基础梁。

1)圈梁。圈梁的作用是将墙体同厂房柱箍在一起，以加强厂房的整体刚度，防止由于地基的不均匀沉降或较大的振动荷载对厂房引起不利的影响。圈梁设在墙内，并与柱用钢筋拉结。圈梁不承受墙体的重量。

圈梁的布置与墙体高度、对厂房的刚度要求及地基情况有关。一般单层厂房可参照下列原则布置：

①对无桥式吊车的厂房，当砖墙厚度 $h \leqslant 240$ mm，檐口标高为 5～8 m 时，应在檐口附近布置一道圈梁；当檐口标高大于 8 m 时，宜适当增设圈梁。

②对无桥式吊车的厂房，当砌块或石砌墙体厚≤240 mm 时，檐口标高为 4～5 m 时，应设置一道圈梁；檐口标高大于 5 m 时，宜适当增设圈梁。

③对有桥式吊车或较大振动设备的单层工业房屋，除在檐口或窗顶标高处设置圈梁外，还应当在吊车梁标高处或其他适当位置增设圈梁。

圈梁应连续设置在墙体的同一平面上，并尽可能沿整个建筑平面物形成封闭状。当圈梁被门窗洞口切断时，应在洞口上部墙体内设置一道附加圈梁(过梁)，其截面尺寸不应小于被切断的圈梁，两者的搭接长度应符合规范要求。

2)基础梁。当厂房采用钢筋混凝土柱承重时，通常用基础梁来承受围护墙体的重量，并把它传给柱基础，而不另作墙基础。基础梁两端支承在柱基础的杯口上；当柱基础埋置较深时，则通过混凝土垫块支承在杯口上(图 9.14)。基础梁底面与下面土的表面之间应预留 100 mm 的空隙，使基础梁可与柱基础一起沉降。当基础下有冻胀土时，应在梁下铺设一层砂、碎石或矿渣等松散材料，并留有 50～150 mm 的空隙，以防止土冻结膨胀时将梁顶裂。

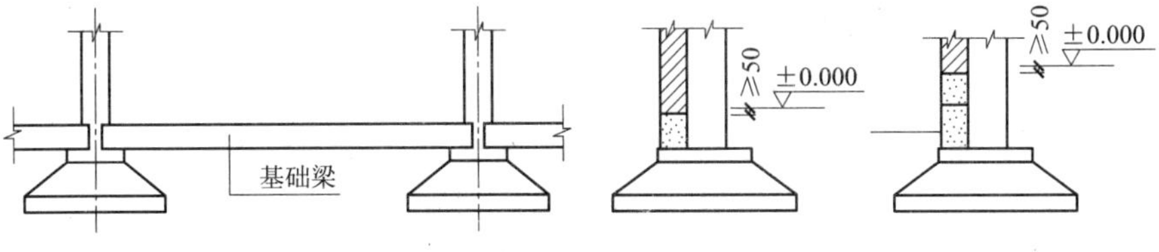

图 9.14　基础梁

9.1.2　排架计算

虽然单层厂房结构是一空间结构体系，但为了简化计算，一般可简化为平面结构计算，即假定横向平面排架和纵向平面排架均单独工作，而忽略各个平面排架之间的相互作用。

纵向平面排架的柱较多，且通常设置柱间支撑，其水平刚度较大，每根柱子所承受的荷载不大，一般不必计算。因此，本节主要讨论横向平面排架的计算。

1. 计算简图

(1)计算单元。作用于厂房上的屋面荷载、雪荷载、风荷载等沿纵向都是均匀分布的，而厂房的柱距一般是相等的。在计算时，可通过相邻纵向柱距的中线，截取一个典型区段，这个典型区段称为计算单元(图 9.15 阴影部分)。作用于计算单元范围内的荷载，则全部由该单元的横向平面排架承担。由于吊车荷载是通过吊车梁传给排架柱，因此，不能按计算单元考虑。

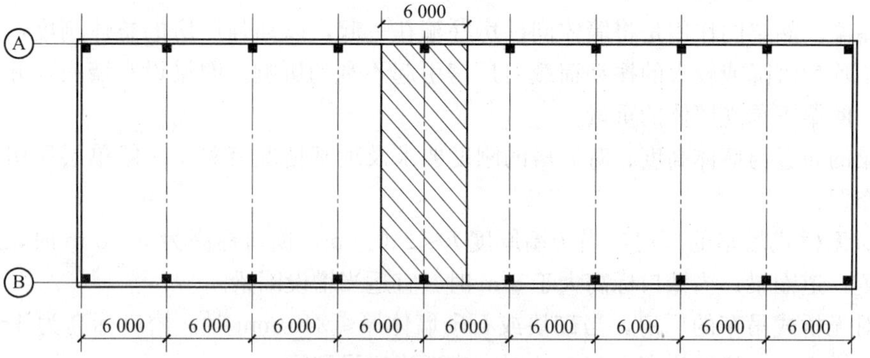

图 9.15　排架计算单元

(2)基本假定。为了简化计算，在确定排架计算简图时可采用以下基本假定：

1)屋架(或屋面梁)与柱顶为铰接。横梁在柱顶通过预埋钢板焊接连接或用螺栓连接在一起。这种连接只能传递竖向轴力和水平剪力，不能传递弯矩。

2)排架柱下端固接于基础顶面。当排架柱下端插入基础杯口有足够的深度，并用高等级的细石混凝土和基础浇捣连成整体，而地基的变形又受到控制，基础的转动很小，故可假定为固接。

3)横梁(屋架或屋面梁)的轴向刚度很大，因此，其轴向变形可忽略不计。横梁两侧柱顶水平位移相等。

(3)计算简图(图 9.16)。其中：H_u 为上柱的计算高度，从牛腿顶面至柱顶(即屋架下弦)；H_l 为下柱的计算高度，从基础顶面至牛腿顶面；H 为柱全高。

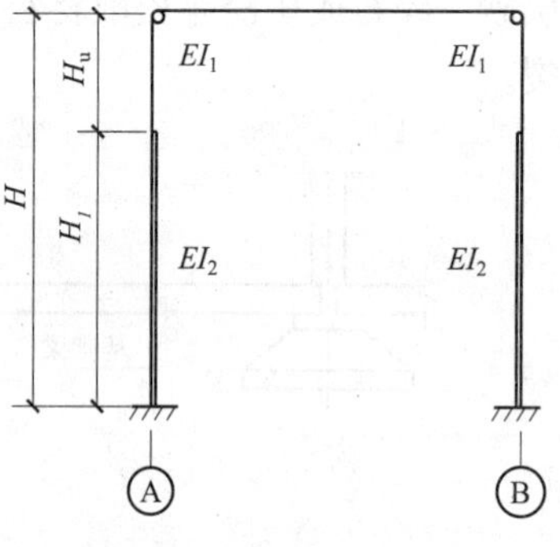

图 9.16　排架计算简图

2. 荷载计算

(1)永久荷载。永久荷载一般包括屋盖、吊车梁和柱的自重，以及支承于柱上的围护结构的自重等，其值可根据结构构件的设计尺寸与材料单位体积的自重计算确定；若为标准构件，其自重可直接由标准图集上查得。对常用材料和构件的自重可查。

1)屋盖自重 G_1。屋盖自重包括各构造层、屋面板、天沟板、屋架(或屋面梁)、天窗架及支撑等的重量，可根据屋面构造详图、屋面标准构件图及《建筑结构荷载规范》(GB 50009—2012)(以下简称《荷载规范》)进行计算。当采用屋架时，G_1 的作用线通过屋架上、下弦中心线的交点，一般距厂房纵向定位轴线 150 mm(图 9.17)。当采用屋面梁时，G_1 的作用线通过梁端支撑垫板的中心线。G_1 对上柱截面中心线一般有偏心距 e_1，对下柱截面中心线的

偏心距为 e_1+e_2（e_2 为上下柱截面中心线的距离）。G_1 对柱顶截面有力矩 $M_1=G_1e_1$，对下柱变截面处有力矩 $M_1'=G_1e_2$。

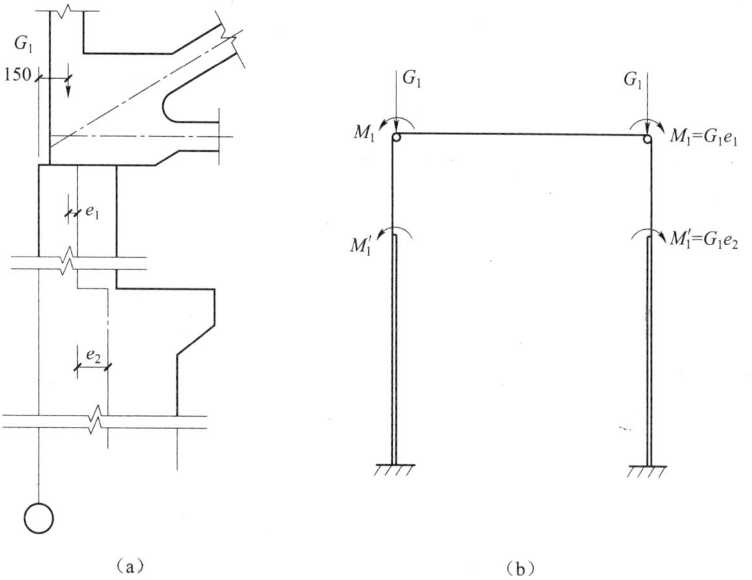

图 9.17　屋盖自重的作用位置及计算简图

2）柱自重 G_2、G_3。上柱自重 G_2、下柱自重（包括牛腿）G_3 分别按各自的截面尺寸和高度计算。G_2 沿上柱中心线作用于上柱底部截面，对下柱截面中心线有偏心距 e_2，G_2 对下柱变截面处有力矩 $M_2'=G_2e_2$，G_3 沿下柱中心线作用于柱底部截面[图 9.18(a)、(b)]。

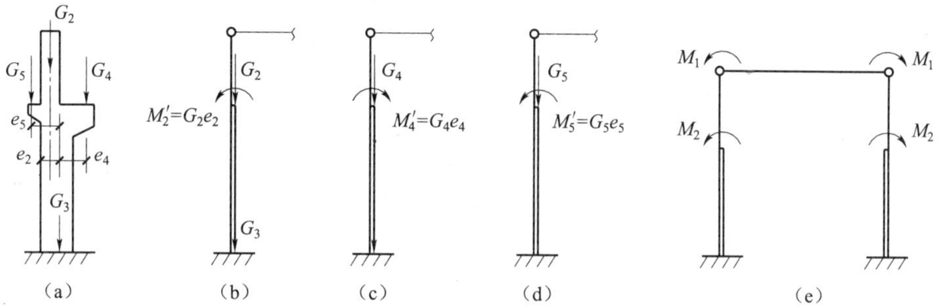

图 9.18　G_2、G_3、G_4、G_5 作用位置及永久荷载作用下排架计算简图

3）吊车梁及轨道连接等自重 G_4。可按吊车梁及轨道连接构造的标准图集采用，沿吊车梁的中心线作用于牛腿顶面，对下柱截面中心线有偏心距 e_4，G_4 对下柱变截面处有力矩 $M_4'=G_4e_4$[图 9.18(c)]。

4）支承于柱牛腿上承墙梁传来的围护结构自重 G_5。根据围护结构的构造和《荷载规范》规定的材料重量计算，沿承墙梁的中心线作用于柱牛腿顶面，对下柱截面中心线有偏心距 e_5，G_5 对下柱变截面处有力矩 $M_5'=G_5e_5$[图 9.18(d)]。

永久荷载作用下的排架结构的计算简图（图 9.18e），其中：$M_1=G_1e_1$；$M_2=M_1'+M_2'-M_4'+M_5'$

(2)屋面活荷载。屋面活荷载包括屋面积灰荷载、雪荷载及屋面均布活荷载，均按屋面水平投影面积计算。屋面活荷载 Q_1 的计算范围、作用形式及位置同屋盖自重 G_1(图 9.19)。

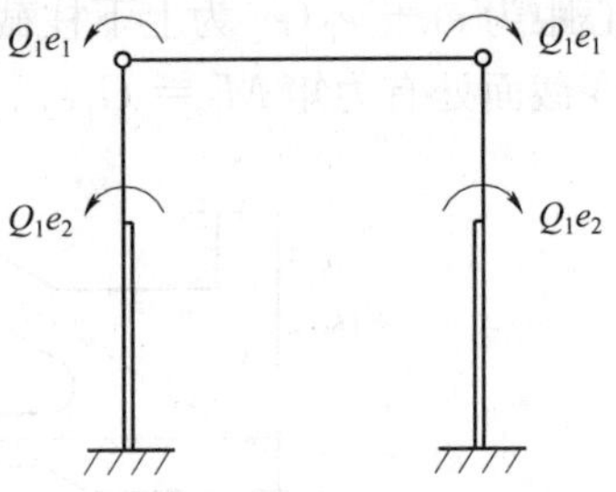

图 9.19　屋面活荷载作用下的计算简图

1)屋面均布荷载。

屋面均布荷载按《荷载规范》采用；当施工荷载较大时，应按实际情况考虑。

2)屋面雪荷载。屋面水平投影上的雪荷载标准值 S_k 按下式计算：

$$S_k = \mu_r S_0 \tag{9-1}$$

式中　S_0——基本雪压(kN/m²)，由《荷载规范》基本雪压分布图查得；

μ_r——屋面积雪分布系数，根据屋面形式由《荷载规范》查得。

3)屋面积灰荷载。对于生产过程中有大量排灰的厂房及其相邻建筑，应考虑屋面积灰荷载，按《荷载规范》的规定取值。

屋面均布活荷载不与雪荷载同时考虑，仅取两者中的较大值。积灰荷载应与雪荷载或屋面均布活荷载两者中较大值同时考虑。

(3)吊车荷载。吊车按其主要承重结构的形式分为单梁式和桥式两种，单层工业厂房常采用桥式吊车(图 9.20)。吊车按吊钩的种类，分为软钩和硬钩两种，一般厂房采用具有吊索的软钩吊车。按吊车的动力来源，又分为手动和电动两种，目前多采用电动吊车。

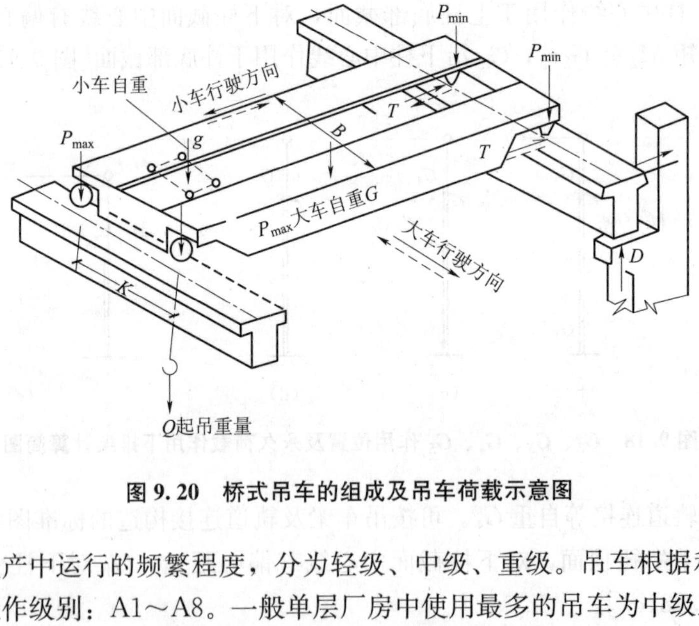

图 9.20　桥式吊车的组成及吊车荷载示意图

吊车按在生产中运行的频繁程度，分为轻级、中级、重级。吊车根据利用等级和载荷状态分为 8 个工作级别：A1～A8。一般单层厂房中使用最多的吊车为中级工作制吊车，相应工作级别为 A4、A5。

桥式吊车作用在横向排架上的吊车荷载有吊车竖向荷载 D_{max} 和 D_{min}、吊车横向水平荷载 T_{max}。

1)吊车竖向荷载 D_{max} 和 D_{min}。吊车竖向荷载是指吊车满载运行时，经吊车梁传给排架柱的竖向移动荷载。

当小车吊有额定最大起重量 Q 的物件，行驶至大车一端的极限位置时，则该端大车的每个轮压达到最大轮压标准值 P_{max}，而另一端大车的各个轮压即为最小轮压标准值 P_{min}。

P_{max} 和 P_{min} 可根据所选用的吊车型号、规格由产品样本中查得。对常用的四轮吊车，也可按下式计算，即：

$$P_{min}=\frac{G+g+Q}{2}-P_{max} \tag{9-2}$$

式中 G——吊车的大车重；

g——吊车的小车重；

Q——吊车的额定最大起重量。

由 P_{max} 与 P_{min} 同时在两侧排架上产生的吊车最大竖向荷载标准值 D_{max} 和最小竖向荷载标准值 D_{min}，可根据吊车的最不利布置和吊车梁的支座反力影响线计算确定(图 9.21)。

如果单跨厂房中设有相同的两台吊车，则 D_{max} 和 D_{min} 可按下式计算，即

$$D_{max}=P_{max}\sum y_i \tag{9-3}$$

$$D_{min}=P_{min}\sum y_i \tag{9-4}$$

式中 $\sum y_i$——吊车最不利布置时，各轮子下影响线竖向坐标值之和，可根据吊车的宽度 B 和轮距 K 确定。

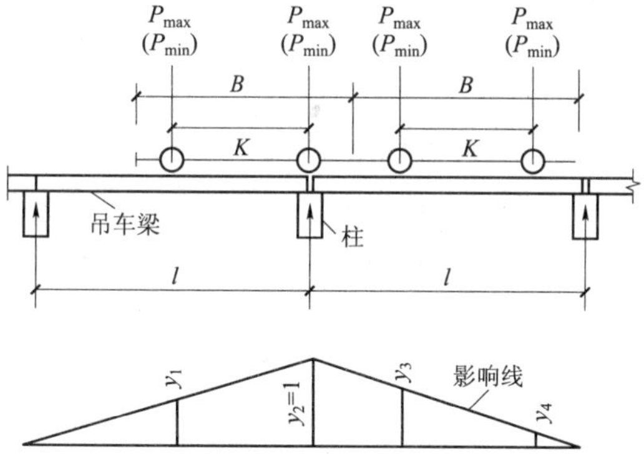

图 9.21 吊车轮子的最不利位置和吊车梁的支座反力影响线

当厂房内设有多台吊车时，《荷载规范》规定：多台吊车的竖向荷载，对一层吊车的单跨厂房的每个排架，参与组合的吊车台数不宜多于 2 台；对一层吊车的多跨厂房的每个排架，不宜多于 4 台(每跨不多于 2 台)。

吊车竖向荷载 D_{max}、D_{min} 沿吊车梁的中心线作用在牛腿顶面，对下柱截面形心线的偏心距为 e_4，相应的力矩为 $D_{max}e_4$、$D_{min}e_4$。排架结构在吊车竖向荷载作用下的计算简图(图 9.22)。

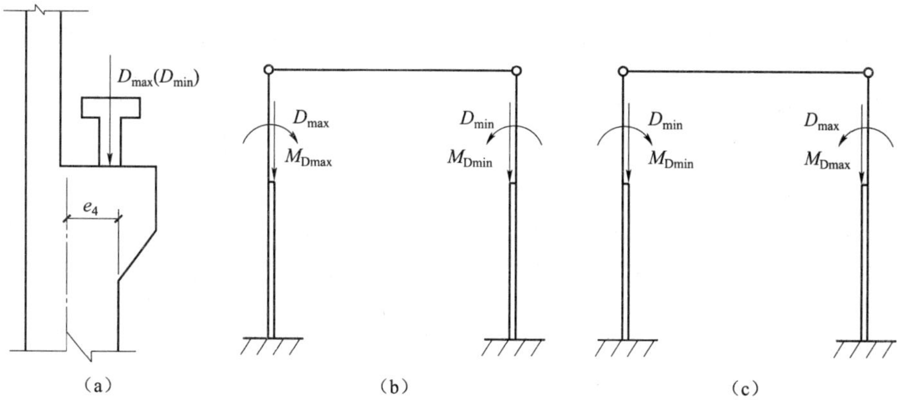

图 9.22 吊车竖向荷载作用下的计算简图

2)吊车横向水平荷载 T_{max}。桥式吊车在使用过程中，位于大车轨道上的小车吊有额定最大起重量 Q 的物件在启动或制动时，将产生横向水平惯性力。此惯性力通过大车及其下轨道传给两侧的吊车梁，再经吊车梁与柱间的连接钢板传至排架柱(图 9.23)。在排架计算中，由此惯性力引起的荷载称为吊车横向水平荷载。

吊车横向水平荷载沿吊车梁顶面作用于排架柱上，且同时作用于两侧排架柱上。

吊车横向水平荷载标准值按《荷载规范》规定，可取横行小车重量 g 与额定最大起重量 Q 之和的百分数，并允许近似地平均分配给大车的各个轮子。

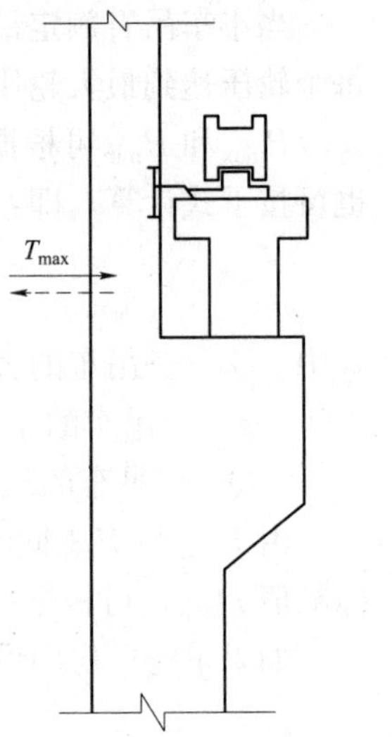

图 9.23　吊车梁与上柱连接

对常用的四轮吊车，每个大车轮引起的横向水平荷载为：

$$T=(g+Q)/4 \tag{9-5}$$

式中　α——横向制动系数。对软钩吊车：当 $Q\leqslant 10$ t 时，$\alpha=12\%$；当 $Q=16\sim50$ t 时，$\alpha=10\%$；当 $Q\geqslant 75$ t 时，$\alpha=8\%$。对硬钩吊车：$\alpha=20\%$。

吊车的最大横向水平荷载标准值 T_{max}，可利用计算吊车竖向荷载 D_{max} 的方法求得(图 9.24)，即：

$$T_{max}=T_k\sum y_i \tag{9-6}$$

当计算吊车横向水平荷载引起的排架结构内力时，《荷载规范》规定：对单跨或多跨厂房的每个排架，参与组合的吊车台数不应多于 2 台。考虑小车往返运行，在两个方向都有可能启动或制动，故排架结构受到的吊车横向水平荷载方向也随着改变。其计算简图如图 9.25 所示。

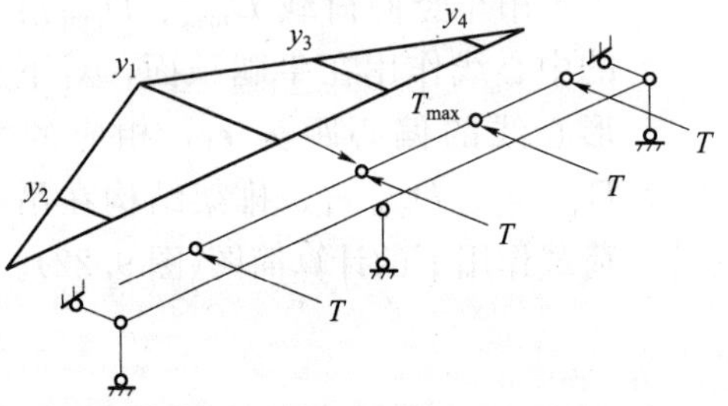

图 9.24　T 作用吊车梁的支座反力影响线

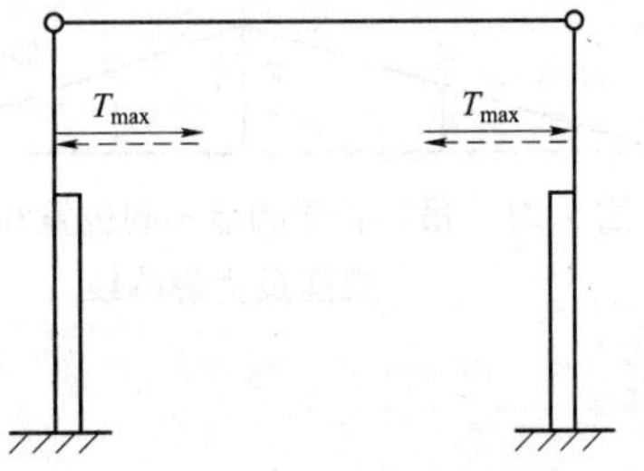

图 9.25　T_{max} 作用下的计算简图

3)多台吊车的荷载折减系数 ζ。在排架计算中，考虑到多台吊车同时满载，且小车又同时处于最不利位置的概率很小。故对多台吊车的竖向荷载标准值和水平荷载标准值，应乘以折减系数 ζ。多台车的荷载折减系数可见表 9.1。

表 9.1　多台吊车的荷载折减系数 ζ

参与组合的吊车台数	吊车工作级别	
	A1～A5	A6～A8
2	0.9	0.95
3	0.85	0.90
4	0.80	0.85

(4)风荷载。

1)《荷载规范》规定，垂直于建筑物表面上的风荷载标准值 w_k(kN/m^2)按下式计算：

$$w_k = \beta_z \mu_s \mu_z w_0 \tag{9-7}$$

式中 w_0——基本风压值，与建筑物所在地区、所处环境有关，按《荷载规范》附录给出的50年一遇的风压采用，但不得小于0.3 kN/m^2；

β_z——高度 z 处的风振系数，对于自振周期大于0.25 s的工程结构以及高度大于30 m，且高宽比大于1.5的房屋结构，应考虑风振的影响；单层厂房一般不予考虑，取 $\beta_z=1.0$；

μ_s——风荷载体型系数，主要与建筑物的体型有关，由《荷载规范》查得，其中"+"号表示压力、"−"表示吸力；

μ_z——风压高度系数，主要与离地面或海平面的高度及地面粗糙度有关，离地面或海平面越高则风压越大，其值可从《荷载规范》中查得。

2)单层厂房横向排架承担的风荷载按计算单元考虑。

按式(9-5)算得的标准风压沿高度是变化的，为了简化计算，假定按厂房高度为定值的不变荷载计算。

①柱顶以下的风荷载按均布荷载计算。

$$q=\mu_s \mu_z w_0 B \tag{9-8}$$

式中 μ_z——按柱顶标高取用；

B——计算单元宽度。

②柱顶以上的风荷载按作用于柱顶的水平集中力 F_w 计算。

水平集中力包括柱顶以上的屋架(或屋面梁)高度内墙体迎风面、背风面的风荷载和屋面风荷载的水平分力(有天窗时，还包括天窗的迎风面、背风面的风荷载)。

$$F_w=\sum wB\Delta H=\sum(\mu_{s左}+\mu_{s右})\mu_z w_0 B\Delta H \tag{9-9}$$

式中 μ_z——屋盖结构某段的风压高度变化系数，可按该段的最大标高(或平均标高)取值，按柱顶标高取用；

ΔH——柱顶以上屋盖结构某段的垂直高度。

风荷载的方向是变化的，因此，设计时要考虑风从左边吹来和风从右边吹来两种受力情况。风荷载作用下排架的计算简图如图9.26所示。

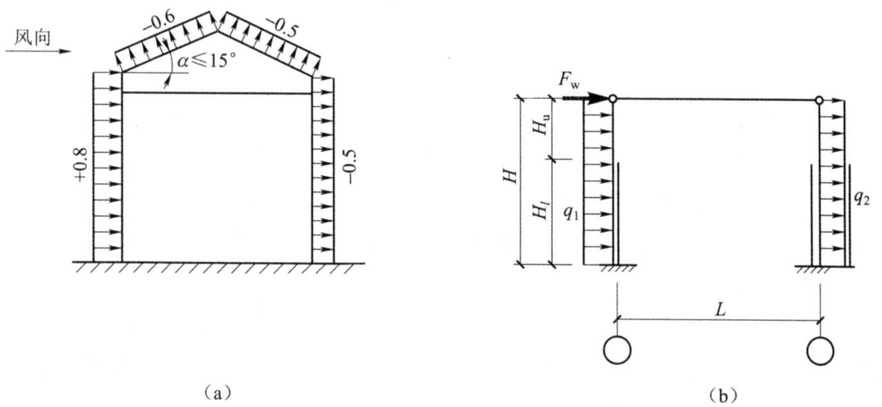

图9.26 风荷载体型系数及计算简图

3. 等高排架内力计算——剪力分配法

(1)排架柱的抗剪刚度。由结构力学知识，当单位水平力作用于某单阶悬臂柱顶时[图 9.27(a)]，柱顶的水平位移为 δ：

$$\delta=\frac{H^3}{3EI_2}\left[1+\lambda^3\left(\frac{1}{n}-1\right)\right]=\frac{H^3}{EI_2C_0} \tag{9-10}$$

式中，$\lambda=\dfrac{H_u}{H}$；$n=\dfrac{I_1}{I_2}$；$C_0=\dfrac{3}{1+\lambda^3\left(\dfrac{1}{n}-1\right)}$，$C_0$ 也可查附图 9.1。

H_u 为上柱高度；H 为柱总高度；I_1 为上柱的截面惯性矩；I_2 为下柱的截面惯性矩

要使柱顶产生单位水平位移，则需在柱顶施加的水平力应为$\dfrac{1}{\delta_i}$[图 9.27(b)]。所以，$\dfrac{1}{\delta_i}$反映了柱抵抗侧移的能力，一般称它为柱的“抗剪刚度”或“抗侧移刚度”。

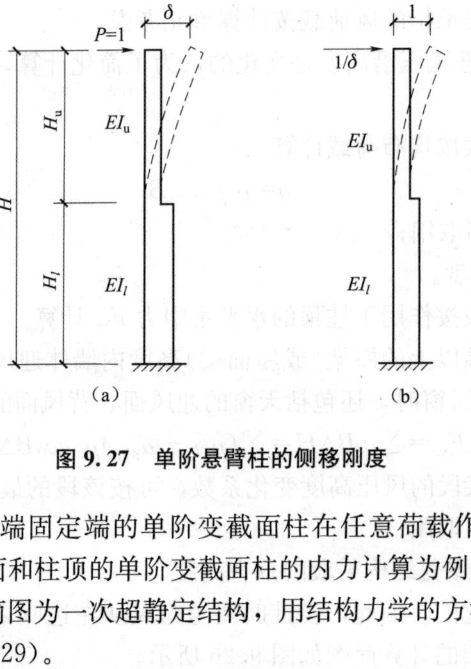

图 9.27　单阶悬臂柱的侧移刚度

(2)柱顶不动铰支座下端固定端的单阶变截面柱在任意荷载作用下的内力计算——力法。以弯矩作用于牛腿顶面和柱顶的单阶变截面柱的内力计算为例(图 9.28)。

图中所示结构的计算简图为一次超静定结构，用结构力学的方法可求得在 M_1 和 M_2 分别作用下的柱顶反力(图 9.29)。

$$\left.\begin{aligned}R_1&=C_1\frac{M_1}{H}\\R_2&=C_2\frac{M_2}{H}\end{aligned}\right\} \tag{9-11}$$

式中　C_1——柱顶力矩 M_1 作用下的柱顶反力系数，可由附图 9.1 查得；

C_2——牛腿顶面力矩 M_2 作用下的柱顶反力系数，可由附图 9.1 查得。

单阶变截面柱在各种荷载作用下的柱顶反力系数，可查阅有关设计手册或本书附图 9.1。

等高排架在恒荷载以及屋面活荷载作用下，一般属于结构对称、荷载对称的情况，因此，可按柱顶为无侧移的不动铰支排架计算内力。由于排架中横梁的假定刚性连杆，所以可以按单阶变截面柱，柱顶有不动铰支座的情况进行内力分析(图 9.30)。

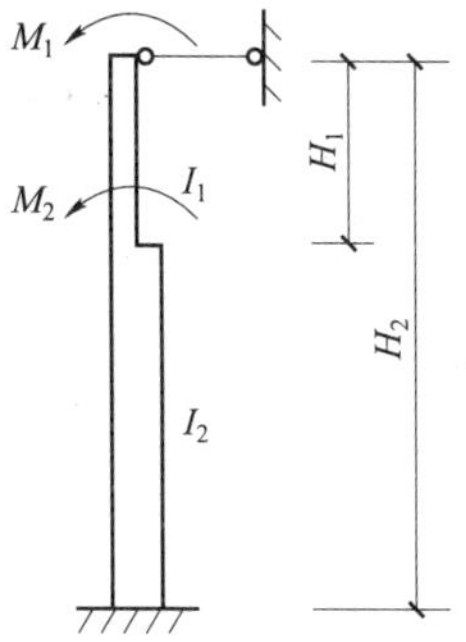

图 9.28　M_1、M_2 作用下的计算简图

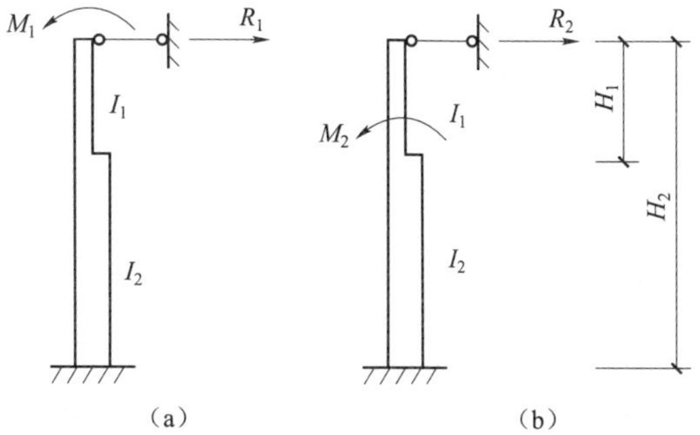

图 9.29　M_1、M_2 作用下的内力计算

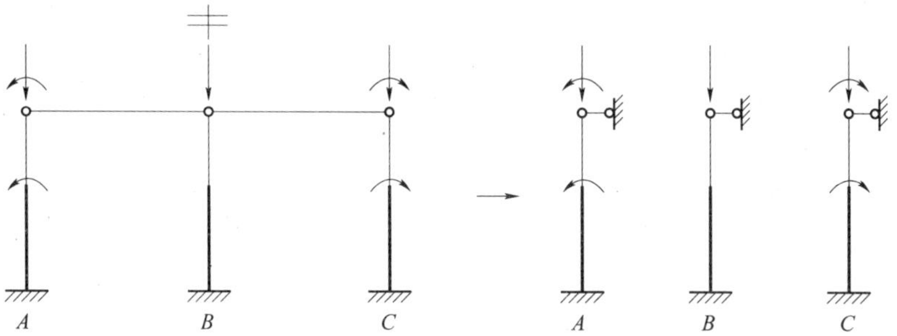

图 9.30　对称排架、对称荷载作用下的内力计算

(3)等高排架在柱顶水平集中力作用下的内力计算方法。以等高排架在柱顶水平力 F 作用下的受力分析为例(图 9.31)。

按基本假定，该排架受力后各柱柱顶水平侧移相等，即：

$$\Delta_1=\Delta_2=\cdots=\Delta_i=\cdots=\Delta_n \qquad (9\text{-}12)$$

取柱顶以上部分为隔离体，由内力、外力平衡可得方程：

$$F=V_1+V_2+\cdots V_i+\cdots+V_n=\sum_{i=1}^{n}V_i \qquad (9\text{-}13)$$

设任一柱 i 的抗剪刚度为$\frac{1}{\delta_i}$，则该柱所承担的柱顶剪力 V_i 为：

$$V_i=\frac{1}{\delta_i}\Delta_i=\frac{1}{\delta_i}\Delta \qquad (9\text{-}14)$$

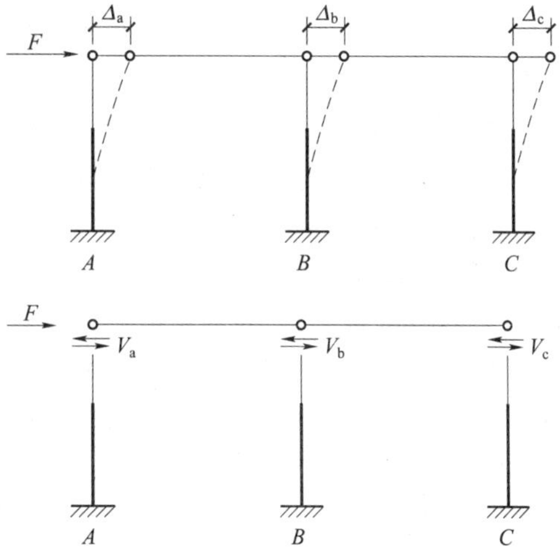

图 9.31　等高排架在柱顶集中力作用下的变形与内力计算

将式(9-14)代入式(9-13)中，可得：

$$F=\sum_{i=1}^{n}\frac{1}{\delta_i}\Delta=\Delta\sum_{i=1}^{n}\frac{1}{\delta_i} \qquad (9\text{-}15)$$

$$\Delta=\frac{1}{\sum_{i=1}^{n}\frac{1}{\delta_i}}F \qquad (9\text{-}16)$$

将式(9-16)代入式(9-14)，可得：

$$V_i = \frac{\frac{1}{\delta_i}}{\sum_{i=1}^{n} \frac{1}{\delta_i}} F = \eta_i F \tag{9-17}$$

式中　η_i ——第 i 根柱的剪力分配系数，$\eta_i = \frac{\frac{1}{\delta_i}}{\sum_{i=1}^{n} \frac{1}{\delta_i}}$。

由式(9-17)可知，当排架结构柱顶作用有水平集中力 F 时，各柱的柱顶剪力按其抗剪刚度与各柱抗剪刚度总和的比例关系进行分配，故称剪力分配法。

(4) 等高排架在任意荷载作用下的内力计算方法——力法和剪力分配法综合运用。以弯矩 M 作用于等高排架为例(图 9.32)。

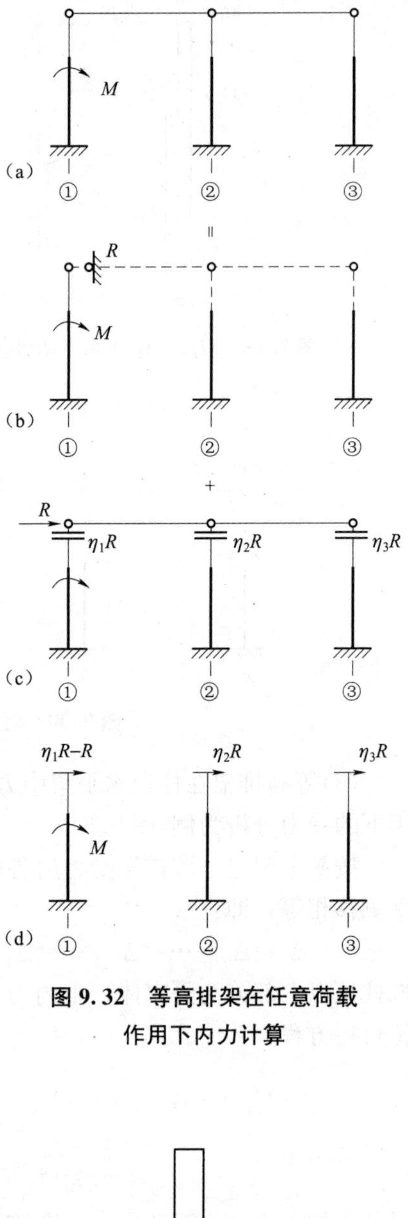

图 9.32　等高排架在任意荷载作用下内力计算

计算过程的步骤如下：

先在排架柱顶附加不动铰支座，并求出不动铰支座反力 R 及排架内力。任意荷载作用下的不动铰支座反力 R，利用附表求得。

去掉不动铰支座，并将 R 以反方向作用于排架柱顶，利用剪力分配法求出各柱的柱顶剪力。

将两种情况下的内力叠加，即得原排架结构的内力。

1)控制截面。为便于施工，阶形柱各段的截面配筋，根据各段柱产生最危险内力的截面(即控制截面)进行计算。

上柱：最大轴力和弯矩通常发生在上柱的底截面(Ⅰ－Ⅰ)，此截面即为上柱的控制截面。

下柱：在吊车竖向荷载作用下，牛腿顶面处截面(Ⅱ－Ⅱ)的弯矩最大；在风荷载和吊车横向水平荷载作用下，柱底截面(Ⅲ－Ⅲ)的弯矩最大；故常取这两个截面为下柱的控制截面。下柱一般按两个截面上较大内力配筋。下柱截面的内力也是设计柱基础的依据，故必须对其进行内力组合(图 9.33)。

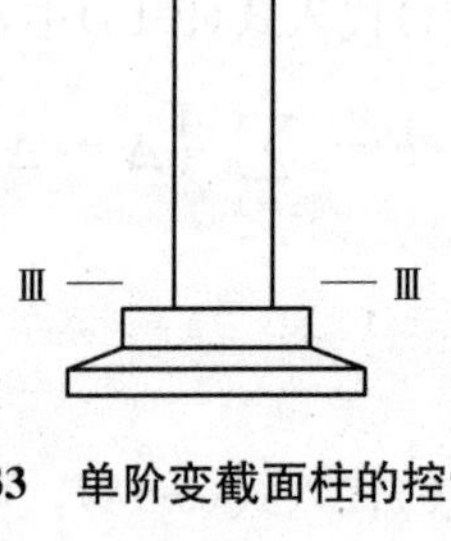

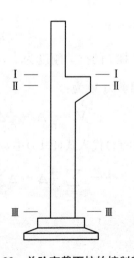

图 9.33　单阶变截面柱的控制截面

2)荷载组合。对于一般排架结构，荷载效应的基本组合可采用简化原则，参见本教材式(3-7)与式(3-9)。

3)内力组合。单层工业厂房排架柱为偏心受压构件，为便于施工，一般采用对称配筋。由偏心受压正截面的 M_u-N_u 相关曲线可知：对于大偏心受压截面，当 M 不变，N 越小，或 N 不变，M 越大，则配筋量越多；对于小偏心受压截面，当 M 不变，N 越大，或当 N 不变，M 越大，则配筋量越多。因此，对于矩形、I形截面排架柱，为了求得其能承受的最不利内力的最大配筋，一般应考虑以下四种内力组合：

①$+M_{max}$与相应的 N、V；　　②$-M_{max}$与相应的 N、V；

③N_{max}与相应的$|M|$、V；　　④N_{min}与相应的$|M|$、V。

柱对称配筋及基础对称时，第①②种组合可合并为一种，即$|M|_{max}$与相应的 N、V。

一般情况，上述四组内力组合已能够满足工程设计要求。某些情况下，也可能存在其他更不利的内力组。比如：N 比 N_{max}略小，而对应的$|M|$却大很多，所以截面配筋量可能会增多，此时也应考虑对其进行组合。

4)组合时注意事项。

①恒荷载参与任何一种组合；

②吊车竖向荷载 D_{max}作用于 A 柱和 D_{min}作用于 A 柱，只能选其中之一参与组合；

③吊车水平荷载 T_{max}作用方向，向左与向右只能选其中一种参与组合；

④有吊车竖向荷载 D_{max}(D_{min})应同时考虑吊车水平荷载 T_{max}作用的可能；

⑤风荷载向左与向右作用只能选其中一种参与组合；

⑥组合 N_{max}或 N_{min}时，凡轴向力 N 为 0，而弯矩 M 不为 0 的荷载项，只要有可能，也应参与组合。

9.1.3　排架柱的设计

1. 截面设计、构造

(1)柱的选型。柱是单层厂房中的主要承重构件与结构构件，常用的单层厂房排架柱的截面形式有单肢柱(矩形、I 形)和双肢柱两类见表 9.2、表 9.3。

1)矩形柱：矩形柱外形简单，施工方便，但不能充分发挥全部混凝土的作用，材料用量多、自重大，仅用于一般小型厂房或上柱。

2)I 形柱：I 形柱比矩形柱受力合理，因其省去了受力较小部分混凝土而形成薄腹，这对柱的承载能力和刚度的影响很小。I 形柱的制作也不复杂，自重却较矩形柱轻，故广泛用于各类中型厂房。

3)双肢柱：双肢柱是将 I 形柱的腹板挖空而形成的，用料更省，其双肢主要承担轴力，腹杆受剪，平腹杆双肢柱的制作较为简单；斜腹杆双肢柱具有桁架的受力特点，其承载能力较大，适用于重型厂房。

表 9.2　排架柱的类型

单肢柱	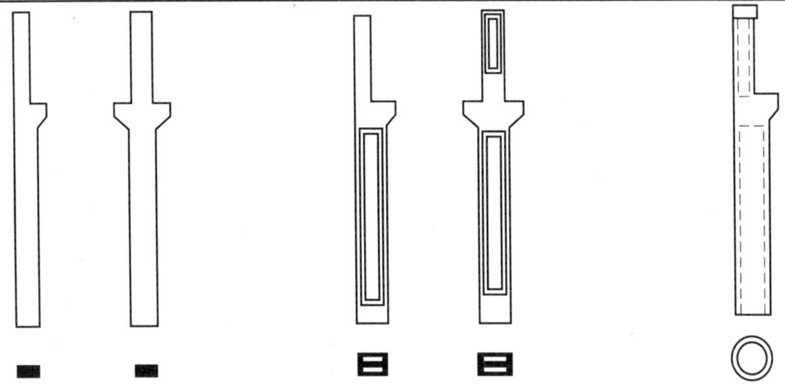 (a)矩形柱　　(b)I 形柱　　(c)单肢管柱

续表

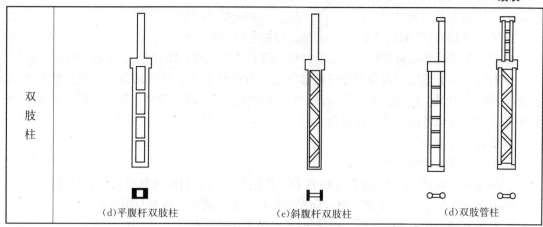

双肢柱	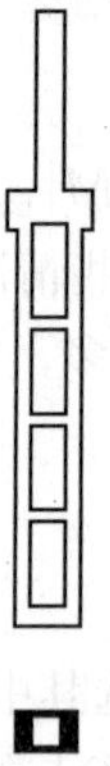 (d)平腹杆双肢柱 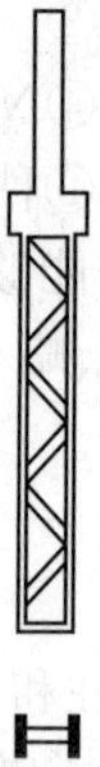 (e)斜腹杆双肢柱 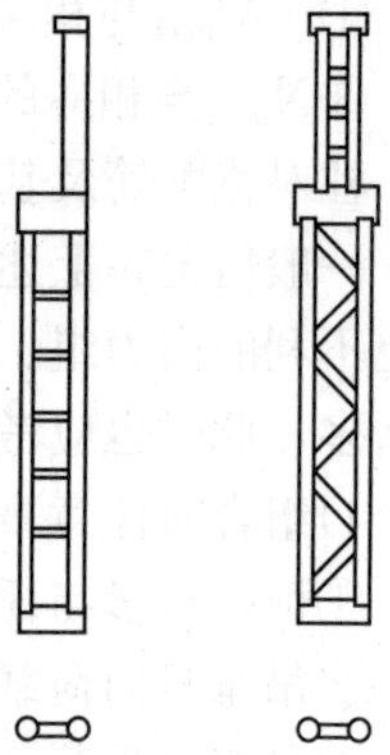 (d)双肢管柱

表 9.3 常用柱的截面形式选用参照表

序号	柱截面高度 h/mm	宜采用柱的截面形式	序号	柱截面高度 h/mm	宜采用柱的截面形式
1	≤500	矩形截面柱	4	1 300～1 500	I 形截面柱或双肢柱
2	600～800	矩形或 I 形截面柱	5	>1 600	双肢柱
3	900～1 200	I 形截面柱			
注：设防烈度为 8 度和 9 度时，宜采用斜腹杆双肢柱。					

(2)截面尺寸。确定柱截面的高度和宽度时，不仅应使其满足结构承载力的要求，同时还应保证柱具有足够的刚度，以免产生过大的变形。表 9.4 给出了 6 m 单跨和多跨厂房最小柱截面尺寸的限值。一般情况下，当矩形、I 形柱的截面尺寸满足该限值时，柱的刚度可得到保证，厂房的侧移可满足规范的要求。

表 9.4 6 m 柱距单层厂房矩形、I 形截面柱截面尺寸限值

柱的类型	b	h		
		$Q \leqslant 100$ kN	100 kN $< Q \leqslant 300$ kN	300 kN $< Q \leqslant 500$ kN
有吊车厂房下柱	$\geqslant H_l/22$	$\geqslant H_l/14$	$\geqslant H_l/12$	$\geqslant H_l/10$
露天吊车柱	$\geqslant H_l/25$	$\geqslant H_l/10$	$\geqslant H_l/8$	$\geqslant H_l/7$
单跨无吊车厂房柱	$\geqslant H/30$	$\geqslant 1.5H/25$		
多跨无吊车厂房柱	$\geqslant H/30$	$\geqslant H_l/20$		
仅承受风载与自重的山墙抗风柱	$\geqslant H_b/40$	$\geqslant H_l/25$		
同时承受由连系梁传来山墙重的山墙抗风柱	$\geqslant H_b/30$	$\geqslant H_l/25$		

注：H_l——下柱高度(算至基础顶面)；
H——柱全高(算至基础顶面)；
H_b——山墙抗风柱从基础顶面至柱平面外(宽度)方向支撑点的高度。

表 9.5 是根据设计经验总结出的单层厂房柱常用的截面形式及尺寸，可供设计时参考。

表 9.5　6 m 柱距中级工作制吊车单层厂房柱截面尺寸参考

吊车起重量/kN	轨顶标高/m	边柱		中柱	
		上柱	下柱	上柱	下柱
≤50	6～8	□ 400×400	I 400×600	□ 400×400	I 400×600×100
100	8	□ 400×400	I 400×700×100	□ 400×600	I 400×800×150
	10	□ 400×400	I 400×800×150	□ 400×600	I 400×800×150
150～200	8	□ 400×400	I 400×800×150	□ 400×600	I 400×800×150
	10	□ 400×400	I 400×900×150	□ 400×600	I 400×1 000×150
	12	□ 500×400	I 500×1 000×200	□ 500×600	I 500×1 200×200
300	8	□ 400×400	I 400×1 000×150	□ 400×600	I 400×1 000×150
	10	□ 400×500	I 400×1 000×150	□ 500×600	I 500×1 200×200
	12	□ 500×500	I 500×1 000×200	□ 500×600	I 500×1 200×200
	14	□ 600×500	I 600×1 200×200	□ 600×600	I 600×1 200×200
500	10	□ 500×500	I 500×1 200×200	□ 500×700	双 500×1 600×300
	12	□ 500×600	I 500×1 400×200	□ 500×700	双 500×1 600×300
	14	□ 600×600	I 600×1 400×200	□ 600×700	双 600×1 800×300

(3)截面设计。矩形和 I 形是典型的偏心受压构件。根据排架计算求得的控制截面上的最不利内力后，按偏心受压构件进行设计(详见第 5 章)。

在截面设计时，刚性屋盖的单层厂房柱和露天吊车柱、栈桥柱的计算长度 l_0 按表 9.6 采用。

表 9.6　刚性屋盖单层房屋排架柱、露天吊车柱和栈桥柱的计算长度 l_0

项次	柱的类别		排架方向	垂直排架方向	
				有柱间支撑	无柱间支撑
1	无吊车厂房柱	单跨	$1.5H$	$1.0H$	$1.2H$
		两跨及多跨	$1.25H$	$1.0H$	$1.2H$
2	有吊车厂房柱	上柱	$2.0H_u$	$1.25H_u$	$1.5H_u$
		下柱	$1.0H_l$	$0.8H_l$	$1.0H_l$
3	露天吊车栈桥柱		$2.0H_l$	$1.0H_l$	—

注：1. 表中，H 为从基础顶面算起的柱子全高；
H_l 为从基础顶面至装配式吊车梁底面或现浇式吊车梁顶面的柱子下部高度；
H_u 为从装配式吊车梁底面或从现浇式吊车梁顶面算起的柱子上部高度。
2. 表中，有吊车房屋排架柱的计算长度，当计算中不考虑吊车荷载时，可按无吊车房屋柱的计算长度采用，但上柱的计算长度仍可按有吊车房屋采用。
3. 表中，有吊车房屋排架柱的上柱在排架方向的计算长度，仅适用于 $H_u/H_l \geq 0.3$ 的情况；当 $H_u/H_l < 0.3$ 时，计算长度宜采用 $2.5H_u$。

2. 柱的施工阶段的验算

单层厂房柱一般均为预制柱，在施工阶段的验算一般是指对吊装过程中的验算。

吊装采用平吊或翻身吊。当柱中钢筋能满足运输、吊装时的承载力和裂缝的要求时，宜采用平吊，以简化施工。但当平吊需较多地增加柱中配筋时，则应考虑改用翻身起吊，以减少用钢量。

柱的吊点一般都设在牛腿的下边缘处。考虑起吊时的动力作用，柱的自重须乘以动力系数 1.5。当平吊时，施工较方便，但此时截面的受力方向与使用阶段相垂直，即为柱平面外方向，截面有效高度大为减小，验算中只考虑截面四角的纵筋和部分构造纵筋参与其工作。对于I形截面，此时腹板作用甚微，可以忽略，宜简化为宽度为 $2h_f$、高度为 b_f 的矩形截面梁进行验算。此时，只考虑两翼缘最外边缘各一排钢筋作为受力筋 A_s 和 A'_s。当采用翻身起吊时，截面的受力方向与使用阶段一致，因而承载力和裂缝均能满足要求，一般不必进行验算。

构件施工阶段的承载力按双筋受弯构件进行验算。柱在施工阶段的弯矩图及控制截面如图 9.34 所示。本项验算属于施工阶段的强度验算，故结构的重要性系数应降低一级考虑。

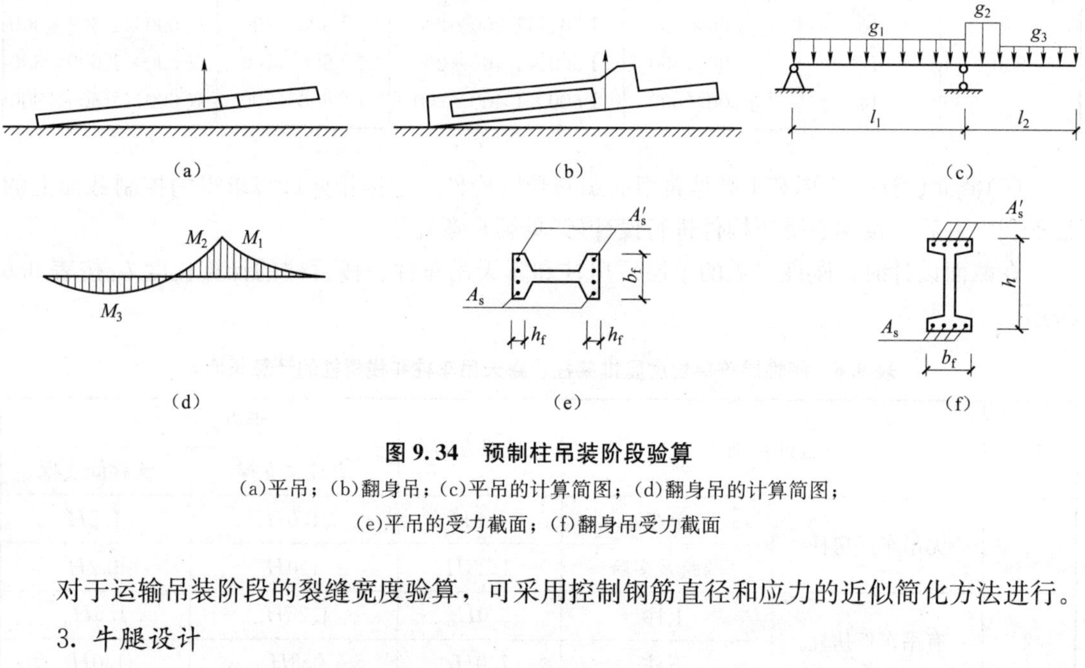

图 9.34　预制柱吊装阶段验算

(a)平吊；(b)翻身吊；(c)平吊的计算简图；(d)翻身吊的计算简图；

(e)平吊的受力截面；(f)翻身吊受力截面

对于运输吊装阶段的裂缝宽度验算，可采用控制钢筋直径和应力的近似简化方法进行。

3. 牛腿设计

牛腿是排架柱极为重要的组成部分，它支承屋架(屋面梁)、吊车梁、连系梁等构件，负荷大，且应力状态复杂，因此，在设计中应给予足够重视。

按照牛腿上承受的竖向力作用点至牛腿根部的水平距离 a 与牛腿有效高度 h_0 的比值不同，分为两种情况：当 $a/h_0 \leqslant 1.0$ 时，为短牛腿(图 9.35)；当 $a/h_0 > 1.0$ 时，为长牛腿。后者受力特点与悬臂梁相似，可按悬臂梁进行抗弯设计和抗剪设计。

下面主要介绍短牛腿的设计方法。

(1)牛腿的破坏形态。牛腿的加载试验表明，在混凝土开裂前，牛腿的应力状态处于弹性阶段；其主要拉应力迹线集中分布在牛腿顶部，方向基本与牛腿的表面平行，而且分布也比较均匀。主压应力迹线则主要集中在从加载点 b 到牛腿下部转角点 a 的连线附近(图 9.36)。

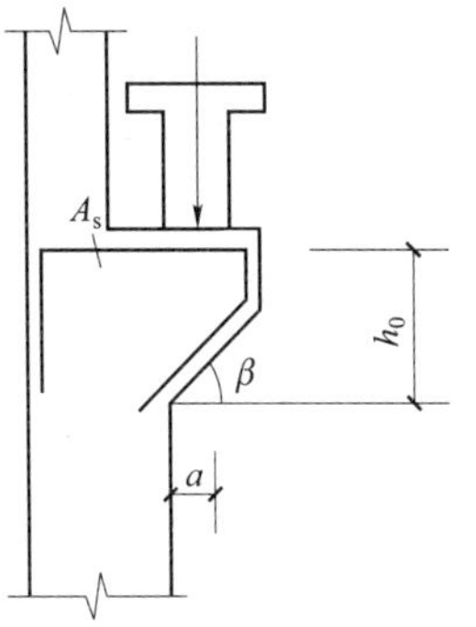

图 9.35　牛腿的种类

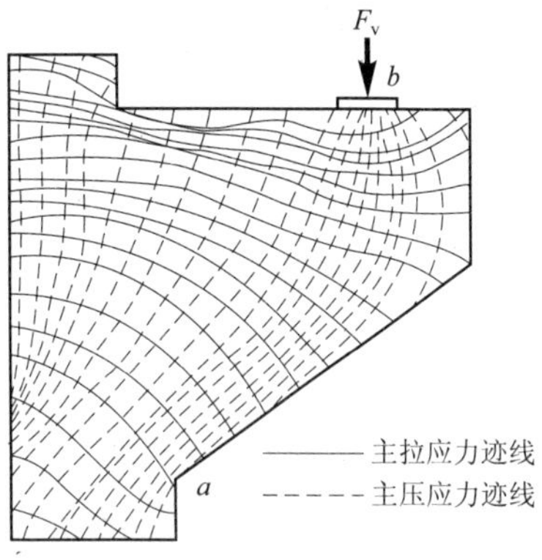

图 9.36　牛腿弹性阶段的主应力迹线

当竖向荷载加到破坏荷载的 20%～40%时，在上柱根部与牛腿交界处出现自上而下的竖向裂缝①，但它一般很细，对牛腿的受力性能影响不大；当荷载继续加大到破坏荷载的 40%～60%时，在加载板内侧附近产生第一条斜裂缝②，其方向大致与主压应力迹线平行；继续加载，牛腿将发生破坏。随 a/h_0 值的不同，牛腿主要有以下几种破坏形态：

1)弯压破坏：当 $a/h_0>0.75$ 或纵向钢筋配置较少时，随着荷载增加，斜裂缝②不断向受压区延伸；同时，纵向钢筋拉应力不断增加，直至屈服；然后，受压区混凝土被压碎而破坏[图 9.37(a)]。

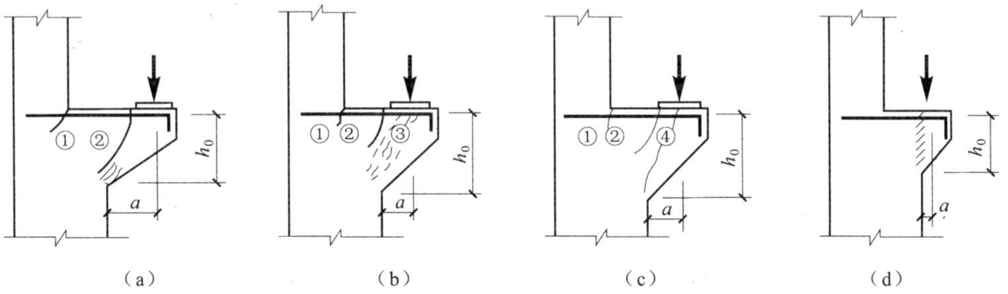

图 9.37　牛腿的破坏形态

(a)弯压破坏；(b)、(c)斜压破坏；(d)剪切破坏

2)斜压破坏：当 $a/h_0=0.1\sim0.75$ 时，随着荷载增加，斜裂缝②外侧会出现许多短而细的斜裂缝③，这些斜裂缝逐渐贯通，直至混凝土剥落而破坏[图 9.37(b)]。另外的情况是在斜裂缝②出现后，并不出现裂缝③，而是在加载板下，突然出现一条通长斜裂缝④而破坏[图 9.37(c)]。

3)剪切破坏：当 $a/h_0<0.1$ 时，在牛腿与柱边交接面上，会形成一系列大体平行的短斜裂缝而破坏[图 9.37(d)]。

4)局部承压破坏：当加载板过小或混凝土强度过低时，由于很大的局部压应力而导致加载板下混凝土局部压碎破坏。

(2)牛腿的设计。

1)牛腿尺寸的确定(图 9.38)。

①牛腿的宽度与柱宽相同。

②牛腿的高度 h，一般以控制其使用阶段不出现或仅出现细微斜裂缝为准。按照现行规范的规定，牛腿的截面尺寸应符合下列裂缝控制要求：

$$F_{vk} \leqslant \beta\left(1-0.5\frac{F_{hk}}{F_{vk}}\right)\frac{f_{tk}bh_0}{0.5+\dfrac{a}{h_0}} \tag{9-18}$$

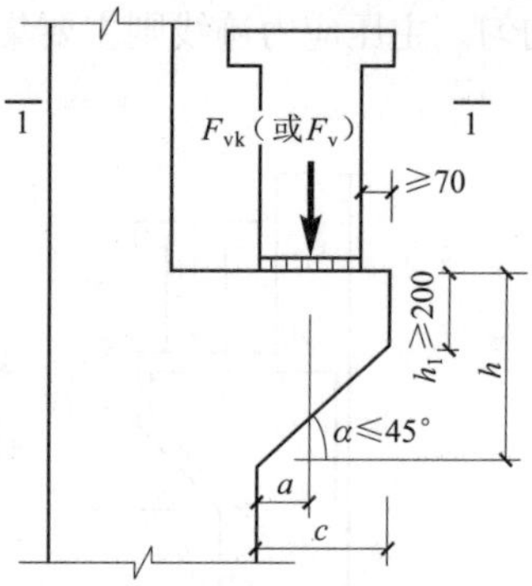

图 9.38 牛腿几何尺寸确定

式中 F_{vk}——作用于牛腿顶部按荷载效应标准组合计算的竖向力值；

F_{hk}——作用于牛腿顶部按荷载效应标准组合计算的水平拉力值；

β——裂缝控制系数，对支承吊车梁的牛腿，取 0.65；对其他牛腿，取 0.8；

a——竖向力作用点至下柱边缘的水平距离，此时应考虑安装偏差 20 mm；当考虑安装偏差后的竖向力作用点位于下柱截面以内时，取 $a=0$；

h_0——牛腿与下柱交接处的垂直截面有效高度，取 $h_0=h_1-a_s+c\cdot\tan\alpha$，$\alpha$ 为牛腿底面的倾斜角，当 $\alpha>45°$时，取 $\alpha=45°$；c 为下柱边缘到牛腿外边缘的水平长度；

b——牛腿宽度。

③牛腿的外缘高度 h_1 不应小于 $h/3$，且不应小于 200 mm。

④牛腿挑出下柱边缘的长度 c 应使吊车梁至牛腿外缘的距离 c_l 不小于 70 mm，以保证牛腿顶部的局部承压承载力。

⑤牛腿的底面倾角 α 一般不超过 45°。当时 $c\leqslant 100$ mm，可取 $\alpha=0$，即取牛腿底面为水平面。

⑥为防止牛腿发生局部受压破坏，在牛腿顶部的局部受压面上，由竖向力 F_{vk} 引起的局部压应力不应超过 $0.75f_c$，即

$$\frac{F_{vk}}{A}\leqslant 0.75f_c \tag{9-19}$$

式中 A—— 牛腿支承面上的局部受压面积。

若不满足公式(9-19)的要求，应采取加大承压面积、提高混凝土强度等级或设置钢筋网等有效措施。

2)牛腿的承载力计算与配筋构造。

①计算简图。由牛腿的应力状态和破坏特征可知，牛腿在即将破坏时的工作状态非常接近于一个三角形桁架(图 9.39)，其水平拉杆由纵向受拉钢筋组成，斜压杆由竖向力作用点与牛腿根部之间的混凝土组成。斜压杆的承载力(即牛腿斜截面的抗剪承载力)主要取决于混凝土的强度等级，与水平箍筋和弯起钢筋没有直接关系。按照现行规范的规定：只要牛腿中按构造要求配置一定数量的箍筋和弯起钢筋，斜截面承载力即可保证。因此，牛腿的配筋计算主要是对牛腿顶面的纵向受拉钢筋(包括承受竖

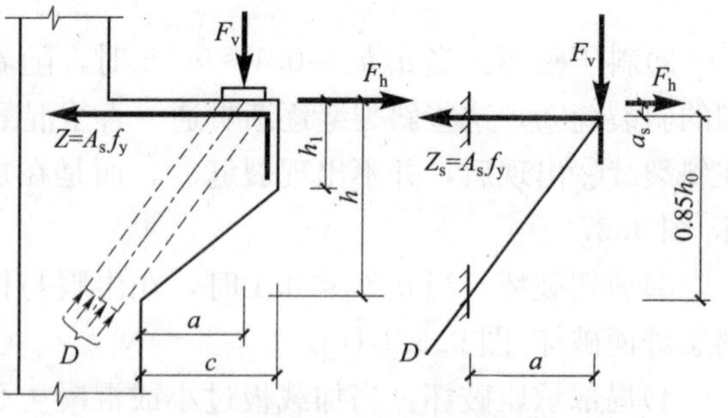

图 9.39 牛腿计算简图

向力所需的受拉钢筋截面面积和承受水平拉力所需的锚筋截面面积）的计算。

②纵向受力钢筋的计算与构造。如图 9.39 所示，对斜压杆底部取矩，根据力矩平衡条件可得：

$$A_s=\frac{F_v a}{0.85f_y h_0}+1.2\frac{F_h}{f_y} \tag{9-20}$$

式中 F_v—— 作用在牛腿顶部的竖向力设计值；

F_h——作用在牛腿顶部的水平拉力设计值；

a——竖向力 F_v 作用点至下柱边缘的水平距离，当 $a<0.3h_0$ 时，取 $a=0.3h_0$。

牛腿纵向受力钢筋的截面面积除按上式计算配筋外，还应满足下列构造要求：

沿牛腿顶部配置的纵向受力钢筋宜采用 HRB400 级或 HRB500 级钢筋。

承受竖向力所需的纵向受力钢筋的配筋率，按牛腿有效面积计算不应小于 0.20%或 $0.45f_t/f_y$，也不宜大于 0.6%，钢筋数量不宜少于 4 根，直径不宜小于 12 mm。

承受水平拉力的水平锚筋应焊在柱牛腿顶面外端的预埋件上，而且不少于 2 根，直径不应小于 12 mm。

由于牛腿顶部边缘拉应力沿长度方向均匀分布，故纵向钢筋不得兼作弯起钢筋，宜沿牛腿外边缘向下伸入下柱内 150 mm 后截断。纵向受力钢筋伸入上柱的锚固长度，与梁的上部钢筋在框架节点中的锚固相同。

当牛腿设于上柱柱顶时，宜将牛腿对边的柱外侧纵向受力钢筋沿柱顶水平弯入牛腿，作为牛腿纵向受拉钢筋使用。当牛腿顶面纵向受拉钢筋与牛腿对边的柱外侧纵向钢筋分开配置时，牛腿顶面纵向受拉钢筋应弯入柱外侧，并应符合有关钢筋搭接的规定。

③箍筋。牛腿中应设置水平箍筋。箍筋的直径宜为 6～12 mm，间距宜为 100～150 mm，且在上部 $2h_0/3$ 范围内的水平箍筋总截面面积，不宜小于承受竖向力的受拉钢筋截面面积的 1/2。

④弯起钢筋。当牛腿的剪跨比 $a/h_0 \geqslant 0.3$ 时，宜设置弯起钢筋。弯起钢筋宜采用 HRB400 级或 HRB500 级钢筋，并宜使其与集中荷载作用点到牛腿斜边下端点连线的交点位于牛腿上部 $l/6 \sim l/2$ 的范围内，l 为该连线的长度(图 9.40)。其截面面积不宜小于承受竖向力的受拉钢筋截面面积的 1/2，且不宜少于 2 根直径 12 mm 的钢筋。

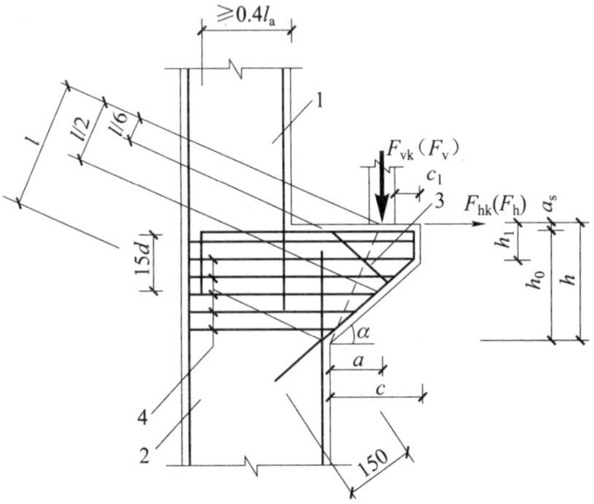

图 9.40　牛腿的配筋构造

1—上柱；2—下柱；3—弯起钢筋；4—水平箍筋

9.1.4　单层厂房主要构件选型

1. 标准结构构件选型

单层铰接排架结构厂房中各类结构构件，除排架柱及基础外，都已统一标准化，制定了标准图集。设计时，可根据厂房的跨度、高度及吊车起重量等具体情况，并考虑当地材料供应、施工条件及技术经济指标等因素，合理选用标准构件。

(1)屋面板。单层厂房常用屋面板的形式较多。设计时，可根据所需屋面板的形式、尺寸、承载力等，在相应标准图集中选取。

(2)屋架与屋面梁。常用的钢筋混凝土、预应力混凝土屋面梁和屋架的形式见表 9.7。设计和施工时，可按标准图的要求选用和制作。

表 9.7　钢筋混凝土桁架式屋架类型

序号	构件名称	形　　式	跨度/m	特点及适用条件
1	钢筋混凝土 组合式屋架	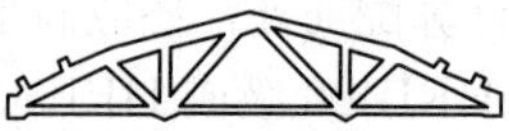	12～18	上弦及受压腹杆为钢筋混凝土构件，下弦及受拉腹杆为角钢，自重较轻，刚度较差 适用于中、轻型厂房 屋面坡度为 1/4
2	钢筋混凝土 三角形屋架		9～15	自重较大，屋架上设檩条或挂瓦板 适用于跨度不大的中、轻型厂房 屋面坡度为 1/2～1/3
3	钢筋混凝土 折线形屋架 (卷材防水屋面)	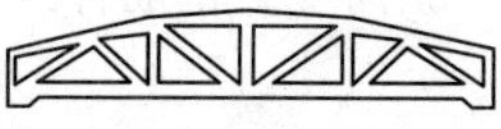	15～24	外形较合理，屋面坡度合适 适用于卷材防水屋面的中型厂房 屋面坡度为 1/5～1/15
4	预应力混凝土 折线形屋架 (卷材防水屋面)	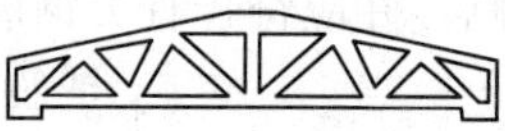	15～30	外形较合理，屋面坡度合适，自重较轻 适用于卷材防水屋面的中、重型厂房 屋面坡度为 1/5～1/15
5	预应力混凝土 折线形屋架 (非卷材防水屋面)		18～24	外形较合理，屋面坡度合适，自重较轻 适用于非卷材防水屋面的中型厂房 屋面坡度为 1/4
6	预应力混凝土 梯形屋架		18～30	自重较大，刚度好 适用于卷材防水的重型、高温及采用井式或横向天窗的厂房 屋面坡度为 1/10～1/12
7	预应力混凝土 空腹屋架	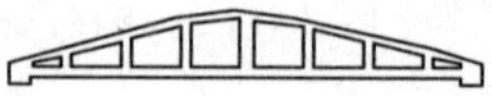	15～36	无斜腹杆，构造简单 适用于采用横向天窗或井式天窗的厂房

注：屋架跨度的模数为 3 m。

(3)托架。托架形式有三角形和折线形两种。12 m 跨度预应力混凝土托架形式如图 9.41 所示。

(4)吊车梁。吊车梁是有吊车单层厂房的主要承重构件，它直接承受吊车传来的动力荷载。所以，其除应满足一般梁的强度、抗裂度、刚度等要求外，还需满足疲劳强度的要求。

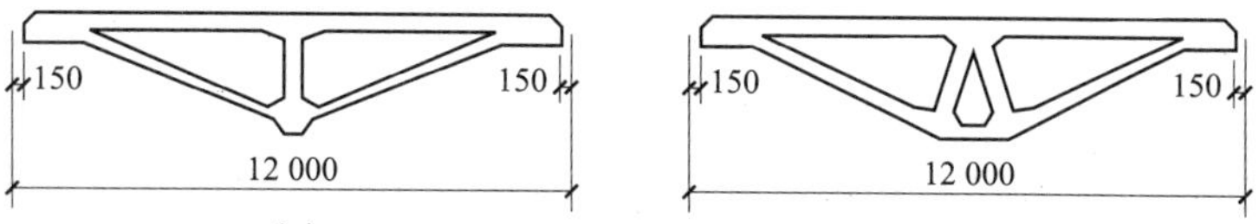

图 9.41　托架类型

(a)三角形托架；(b)折线形托架

2. 基础选型

柱下基础类型的选择，主要取决于上部结构荷载的性质、大小以及工程地质条件。

单层厂房柱下独立基础是最常用的形式。这种基础分为阶梯形和锥形两种[图 9.42(a)、(b)]。由于基础与预制柱的连接部分做成杯口，故又称为杯形基础。

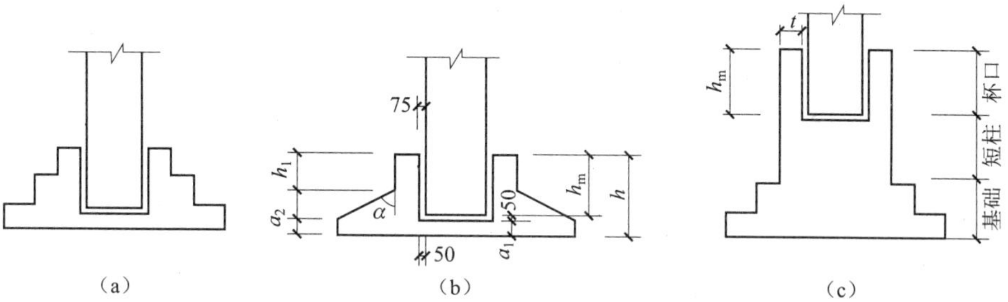

图 9.42　柱下杯形基础

(a)阶梯形基础；(b)锥形基础；(c)高杯口基础

当柱下基础与设备基础或地坑冲突，以及地质条件差等原因需要深埋时，为了不使预制柱过长，而且能与其他柱长一致，可做成高杯口基础[图 9.42(c)]。

伸缩缝两侧双柱下的基础，则需要在构造上做成双杯口基础，甚至四杯口基础。

在上部结构荷载大，地质条件差，对地基不均匀沉降要求严格控制的厂房中，可在独立基础下采用桩基础。

9.2　框 架 结 构

9.2.1　框架结构的类型与结构布置

1. 框架结构的类型

框架结构按施工方法，可分为全现浇式框架、全装配式框架、装配整体式框架和半现浇式框架四种形式。

(1)全现浇式框架。全现浇式框架的全部构件均在现场浇筑。这种形式的优点是：整体性及抗震性能好，预埋铁件少，较其他形式的框架节省钢材，建筑平面布置较灵活等；其缺点是模板消耗量大，现场湿作业多，施工周期长，在寒冷地区冬期施工因素等。对使用要求较高、功能复杂或处于地震高烈度区域的框架房屋，宜采用全现浇框架。

(2)全装配式框架。将梁、板、柱全部预制，然后在现场进行装配、焊接而成的框架，称为全装配式框架。

全装配式框架的构件可采用先进的生产工艺在工厂进行大批量的生产，在现场以先进的组织管理方式进行机械化装配，因而构件质量容易保证，并可节约大量模板，改善施工条件，加快施工进度，但其结构整体性差、节点预埋件多、总用钢量较全现浇框架多、施工需要大型运输和吊装机械，在地震区不宜采用。

(3)装配整体式框架。装配整体式框架是将预制梁、柱和板在现场安装就位后，再在构件连接处现浇混凝土使之成为整体。

与全装配式框架相比，装配整体式框架的优点是：保证了节点的刚性，提高了框架的整体性，省去了大部门的预埋铁件，节点用钢量减少，故应用较广泛。其缺点是增加了现场浇筑混凝土量。

(4)半现浇框架。这种框架是将房屋结构中的梁、板和柱部分现浇，部分预制装配而形成的。常见的做法有两种：一种是梁、柱现浇，板预制；另一种是柱现浇，梁、板预制。

半现浇框架的施工方法比全现浇式框架简单，而整体受力性能比全装配式框架优越。梁、柱现浇，节点构造简单，整体性好；而楼板预制，又比全现浇式框架节约模板，省去了现场支撑的麻烦。因此，半现浇框架是目前采用较多的框架形式之一。

2. 框架的结构布置

(1)承重框架布置方案。在框架体系中，主要承受楼面和屋面荷载的梁称为框架梁，另一方向的梁称为连系梁。框架梁和柱组成主要承重框架，连系梁和柱组成非主要承重框架。若采用双向板，则双向框架都是承重框架。承重框架有以下三种布置方案：

1)横向布置方案。框架梁沿房屋横向布置，连系梁和楼(屋)面板沿纵向布置，如图 9.43 所示。由于房屋纵向刚度较富余，而横向刚度较弱，采用这种布置方案有利于增加房屋的横向刚度，提高抵抗水平作用的能力，因此，在实际工程中应用较多；其缺点是由于主梁截面尺寸较大，当房屋需要较大空间时，其净空间较小。

2)纵向布置方案。框架梁沿房屋纵向布置，楼板和连系梁沿横向布置，如图 9.44 所示。其房间布置灵活，采光和通风好，利于提高楼层净高，需要设置集中通风系统的厂房常采用这种方案。但因其横向刚度较差，在民用建筑中一般采用较少。

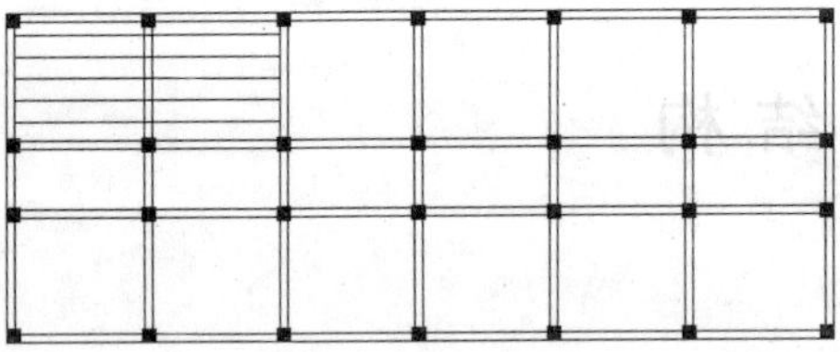

图 9.43　横向布置方案

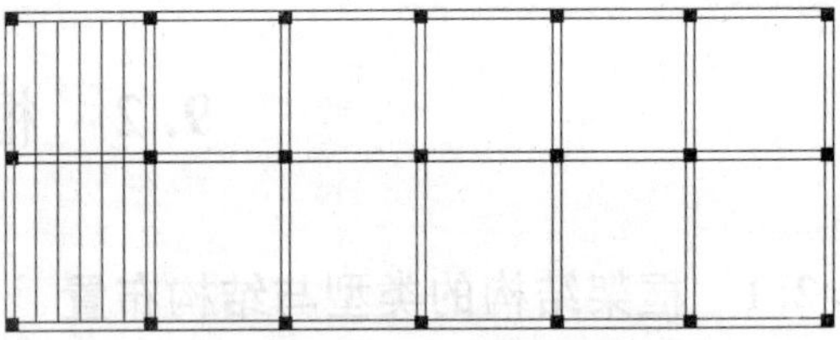

图 9.44　纵向布置方案

3)纵、横向布置方案。沿房屋的纵向和横向都布置承重框架，如图 9.45 所示。采用这种布置方案，可使两个方向都获得较大的刚度，因此，柱网尺寸为正方形或接近正方形，地震区的多层框架房屋以及由于工艺要求需双向承重的厂房常用这种方案。

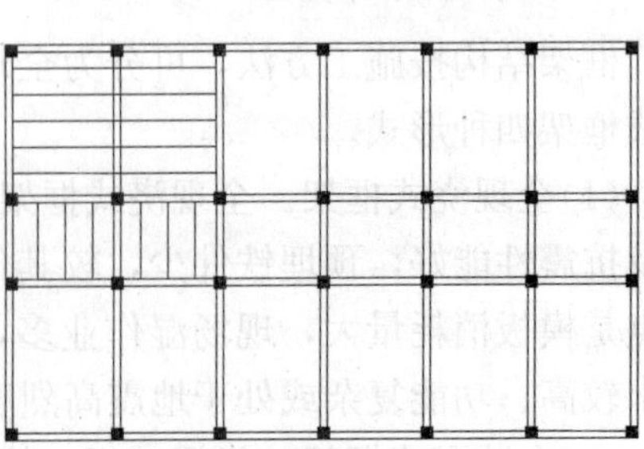

图 9.45　纵横向布置方案

(2)柱网布置和层高。框架结构房屋的柱网和层高，应根据生产工艺、使用要求、建筑材料、施工条件等因素综合考虑，并应力求简单、规则，有利于装配化、定型化和工业化。柱网尺寸，即平面框架的跨度(进深)及其间距(开间)。

民用建筑的柱网尺寸和层高因房屋用途不同而变化较大，但一般按 300 mm 晋级。常用跨度是 4.8 m、5.4 m、6 m、6.6 m 等，常用柱距为 3.9 m、4.5 m、4.8 m、6.1 m、6.4 m、6.7 m、7 m。采用内廊式时，走廊跨度一般为 2.4 m、2.7 m、3 m。常用层高为 3.0 m、3.3 m、3.6 m、3.9 m、4.2 m。

工业建筑典型的柱网布置形式有内廊式、等跨式、对称不等跨式等，如图 9.46 所示。采用内廊式布置时，常用跨度(房间进深)为 6 m、6.6 m、6.9 m，走廊宽度常用 2.4 m、2.7 m、3 m，开间方向柱距为 3.6～8 m。等跨式柱网的跨度常用 6 m、7.5 m、9 m、12 m，柱距一般为 6 m。对称不等跨柱网一般用于建筑平面宽度较大的厂房，常用柱网尺寸有(5.8 m+6.2 m+6.2 m+5.8 m)×6.0 m、(8.0 m+12.0 m+8.0 m)×6.0 m、(7.5 m+7.5 m+12.0 m+7.5 m+7.5 m)×6.0 m 等。

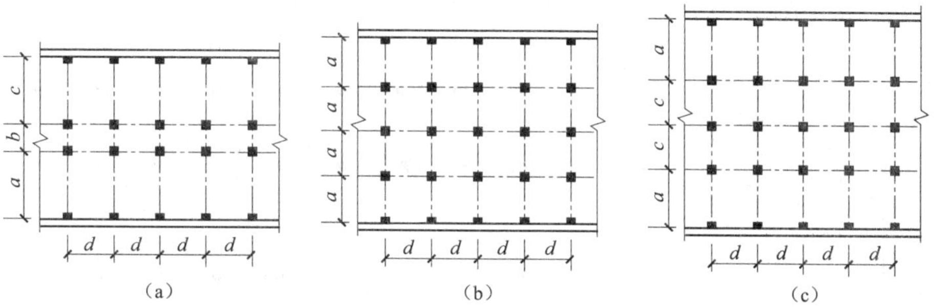

图 9.46　框架结构柱网布置

(a)内廊式；(b)等跨式；(c)对称不等跨式

工业建筑底层往往有较大设备和产品，甚至有起重运输设备，故底层层高一般较大。底层常用层高为 4.2 m、4.5 m、4.8 m、5.4 m、6.0 m、7.2 m、8.4 m，楼层常用层高为 3.9 m、4.2 m、4.5 m、4.8 m、5.6 m、6.0 m、7.2 m 等。

(3)变形缝。变形缝包括伸缩缝、沉降缝和防震缝。

钢筋混凝土框架结构伸缩缝的最大间距，见表 9.8。

表 9.8　钢筋混凝土框架结构伸缩缝的最大间距　　m

结　构　类　型	室内或土中	露　　天
装配式框架	75	50
装配整体式、现浇式框架	55	35

钢筋混凝土框架结构的沉降缝一般设置在地基土层压缩性有显著差异，或房屋高度或荷载有较大变化等处。

当建筑平面过长、高度或刚度相差过大以及各结构单元的地基条件有较大差异时，钢筋混凝土框架结构应考虑设置防震缝，其最小宽度应符合下列要求：

1)当高度不超过 15 m 时，可采用 70 mm；当高度超过 15 m 时，6 度每增加 5 m、7 度每增加 4 m、8 度每增加 3 m、9 度每增加 2 m，宜加宽 20 mm。

2)防震缝两侧结构类型不同时，宜按需要较宽防震缝的结构类型和较低房屋的高度确定缝宽。

设置变形缝对构造、施工、造价及结构整体性和空间刚度都不利，基础防水也不易处理。因此，实际工程中常通过采用合理的结构方案、可靠的构造措施和施工措施(如设置后浇带)，减少或避免设缝。在需要同时设置一种以上变形缝时，应合并设置。

9.2.2 框架结构的近似计算

框架结构是由纵向、横向框架组成的空间受力体系，如图 9.47(a)所示。结构分析时，有按空间结构分析和简化成平面结构分析两种方法。目前，多用电算进行框架的内力分析，有很多通用程序可供选择，程序多采用空间杆系分析模型，能直接求出结构的变形、内力，以及各截面的配筋。但是，在初步设计阶段或设计层数不多且规则的框架时，常采用近似计算方法分析框架的内力。另外，近似的手算方法虽然计算精度不如电算，但概念明确，可判断电算结果的合理性。本节将重点介绍框架结构的近似手算方法，包括竖向荷载作用下的分层法，水平荷载作用下的反弯点法和改进反弯点法(D 值法)。

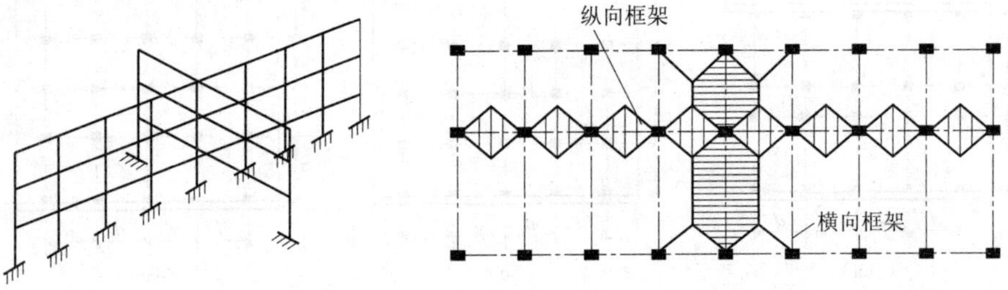

(a) (b)

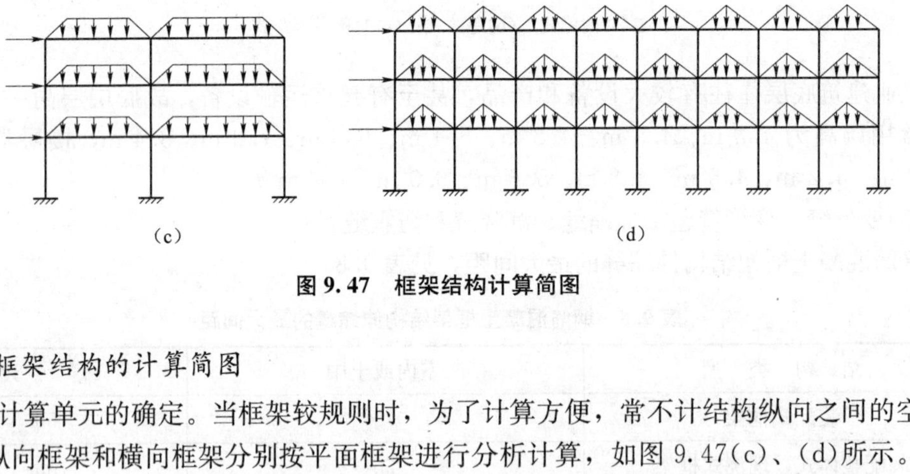

(c) (d)

图 9.47 框架结构计算简图

1. 框架结构的计算简图

(1)计算单元的确定。当框架较规则时，为了计算方便，常不计结构纵向之间的空间联系，将纵向框架和横向框架分别按平面框架进行分析计算，如图 9.47(c)、(d)所示。当建筑横向榀框架较多时，如果横向框架的间距相同，作用于各横向框架上的荷载相同，框架的抗侧刚度相同，则各榀横向框架的内力与变形相近，结构设计时可取中间有代表性的一榀横向框架进行分析。取出的平面框架所承受的竖向荷载与楼盖结构的布置方案有关。当采用现浇楼盖时，楼面分布荷载一般可按角平分线传至相应两侧的梁上(传荷方式同现浇双向板楼盖)；同时，须承受如图 9.47(b)所示阴影宽度范围内的竖向荷载和水平荷载，水平荷载一般可简化成作用于楼层节点的集中力，如图 9.47(c)所示。

(2)节点的简化。框架节点可根据其实际施工方案和构造措施，简化为刚接、铰接或半铰接。

在现浇框架结构中，梁、柱的纵向钢筋都将穿过节点或锚入节点区，节点可视为刚接节点，如图 9.48 所示。

装配式框架结构则是在梁底和柱适当部位预埋钢板，安装就位后再焊接。由于钢板自身平面外的刚度很小，难以保证结构受力后梁、柱间没有相对转动，相应节点一般视为铰接节点或半铰接节点，如图 9.49 所示。

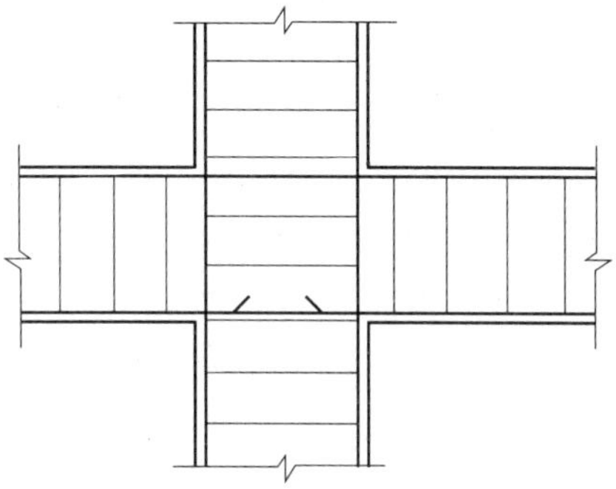

图 9.48　现浇框架的刚性节点

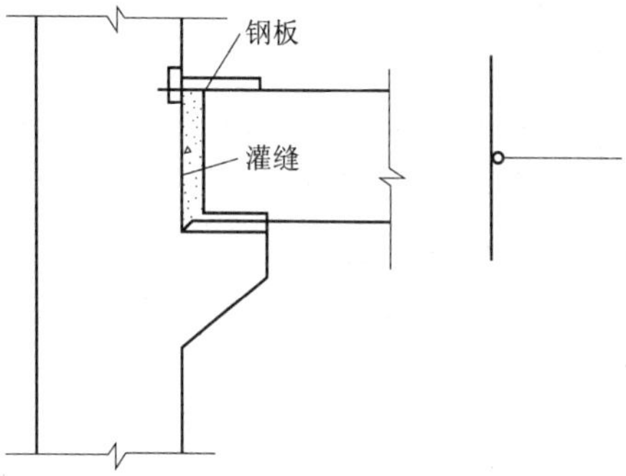

图 9.49　装配式框架的铰节点

在装配整体式框架结构中，梁(柱)中的钢筋在节点处或为焊接或为搭接，并现场浇筑节点部分的混凝土。节点左、右梁端均可有效地传递弯矩，因此，可认为是刚接节点。然而，这种节点的刚性不如现浇式框架好，节点处梁端的实际负弯矩要小于按刚性节点假定所得到的计算值。

框架柱与基础的连接，可分为固定支座和铰支座。当为现浇钢筋混凝土柱时，一般设计成固定支座；当为预制柱杯形基础时，则应视构造措施不同，分别视为固定支座或铰支座。

(3) 跨度与层高的确定。在结构计算简图中，杆件用其轴线来表示。框架梁的跨度一般取顶层柱轴线之间的距离；当上、下层柱截面尺寸有变化时，一般以最小截面的形心线来确定，即取顶层柱中心线的间距。框架的层高，即框架柱的长度可取相应的建筑层高，即取本层楼面至上层楼面的高度，但底层的层高则应取基础顶面到二层楼板顶面之间的距离。

(4)梁柱截面尺寸。多层框架的梁、柱截面常采用矩形或方形，其截面尺寸可近似预估如下：

梁高 $h=\left(\frac{1}{8}\sim\frac{1}{12}\right)l$，$l$ 为梁的计算跨度；梁宽 $b=\left(\frac{1}{2}\sim\frac{1}{3}\right)h$，且不小于 250 mm。

柱高 $h=\left(\frac{1}{8}\sim\frac{1}{14}\right)H$，$H$ 为层高，且不宜小于 400 mm；柱宽 $b=\left(1\sim\frac{2}{3}\right)h$，且不宜小于 350 mm。柱也可将估算的设计轴力，乘以 1.2～1.4 的放大系数，按轴心受压柱验算或预估柱截面。

柱设计轴力可按下式预估：$N=(10\sim14)nA$。其中，A 为柱负荷面积(m^2)，n 为柱负荷层数，10～14 为框架结构平均设计荷载(kN/m^2)，活荷载大、隔墙多者取大值。

(5) 构件截面抗弯刚度的计算。在计算框架截面二次矩 I 时，应考虑楼板的影响。在框架梁两端节点附近，梁承受负弯矩，顶部的楼板受拉，故其影响较小；而在框架梁的跨中，梁承受正弯矩，楼板处于受压区形成 T 形截面梁，故其对梁截面弯曲刚度的影响较大。在设计计算中，一般仍假定梁的截面二次矩沿梁长不变。

对现浇楼盖，中框架梁取 $I=2I_0$，边框架梁取 $I=1.5I_0$；对装配整体式楼盖，中框架梁取 $I=1.5I_0$，边框架梁取 $I=1.2I_0$；这里，I_0 为不考虑楼板影响时矩形截面梁的截面二次矩。对装配式楼盖，则按梁的实际截面计算 I_0。

(6)荷载计算。作用于框架结构上的荷载有竖向荷载和水平荷载两种。竖向荷载包括建筑结构自重及楼(屋)面活荷载，一般为分布荷载，有时也以集中荷载的形式出现。水平荷载包括风荷载和水平地震作用，一般均简化成作用于框架梁、柱节点处的水平集中力。

1)楼(屋)面活荷载。楼(屋)面荷载的计算与梁板结构基本相同。考虑到作用于多层、高层建筑中的楼(屋)面活荷载与《荷载规范》所给的标准值，可以同时满足于所有楼(屋)面上的可能性很小，所以，在结构设计时可将楼(屋)面活荷载予以折减。其中，对以住宅、宿舍、旅馆、办公楼、医院病房、托儿所、幼儿园的楼面梁，当其负荷面积大于 25 m^2 时，折减系数为 0.9；对于墙、柱、基础，则需根据计算截面以上的层数取不同的折减系数，按表 9.9 选取。

2)风荷载。承重结构的风荷载按式(9-5)计算。

表 9.9　活荷载按楼层数的折减系数

墙、柱、基础计算截面以上层数	1	2～3	4～5	6～8	9～20	>20
计算截面以上各楼层活荷载总和的折减系数	1.00 (0.9)	0.85	0.70	0.65	0.60	0.55
注：当楼面梁的从属面积超过 25 m^2 时，采用括号内系数。						

框架结构的风荷载一般由框架负荷范围内的墙面向柱集中为线荷载，因风压高度变化系数不同，应沿高度分层计算各层柱上因风压引起的线荷载。风压高度变化系数按各层柱顶高程选取，层间风压按倒梯形荷载计算。为简化计算，可将每层节点上下各半层的线荷载向节点集中为水平力，顶层节点集中力应取顶层上半层层高加上屋顶女儿墙的风荷载。

3)水平地震作用。当多层框架结构高度不超过 40 m，且质量和刚度沿高度分布比较均匀时，可采用底部剪力法计算水平地震作用。

2. 竖向荷载作用下的分层法

多层多跨框架在竖向荷载作用下的侧移不大，可近似认为侧移为零，这时可采用弯矩分配法进行计算。框架结构在竖向荷载作用下的近似内力计算可采用更为简便的分层法。

分层法假定：在进行竖向荷载作用下的内力分析时，作用在某一层框架梁上的竖向荷载只对本层梁以及与之相连的柱产生弯矩和剪力，而忽略对其他楼层的框架梁和隔层的框架柱产生弯矩和剪力。

按照叠加原理，多层多跨框架在多层竖向荷载同时作用下的内力，可以看成是各层竖向荷载单独作用下的内力的叠加，如图 9.50 所示。根据上述假定，当各层梁上单独作用竖向荷载时，仅在图 9.50(a)所示结构的实线部分构件中产生内力。因此，框架结构在竖向荷载作用下，可按图 9.50(b)所示各个开口刚架单元分别进行计算。实际上，各个开口刚架的上、下端除底层柱的下端外，并非如图 9.50 所示的固定端，柱端均有转角产生，处于铰支与固定支承之间的弹性约束状态。为了改善由此引起的误差，在按图 9.50(b)所示的计算简图进行计算时，应作以下修正：除底层外，其他各层柱的线刚度均要乘以 0.9 的折减系数；

除底层外，其他各层柱的弯矩传递系数取为 1/3。

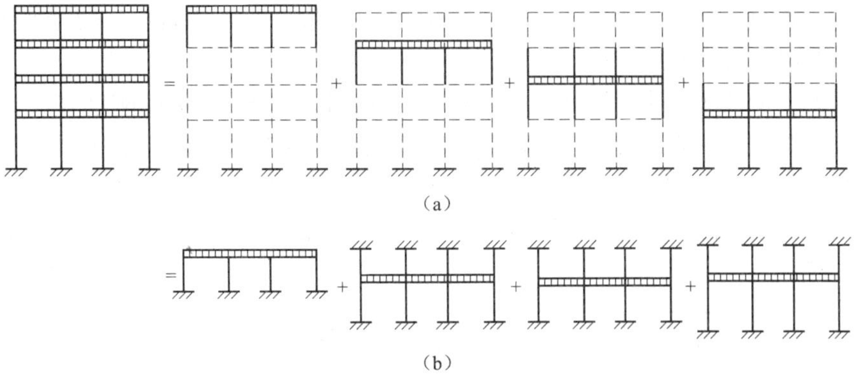

图 9.50　分层法计算简图

在求得各开口刚架的内力以后，原框架结构中柱的内力，为相邻两个开口刚架中间层柱的内力叠加。而分层计算所取得的各层梁的内力，即为原框架结构中相应层梁的内力。用分层法计算所得的框架节点处的弯矩会出现不平衡。为提高精度，可对不平衡弯矩较大的节点，特别是边节点不平衡弯矩，再作一次分配(无须往远端传递)。

在用分层法计算时，可只在各层进行最不利活荷载布置。为简化计，当楼面活荷载产生的内力远小于恒载和水平力产生的内力时，可在各跨同时满布活载，计算所得的支座弯矩为考虑活载不利布置的支座弯矩，而跨中弯矩乘以 1.10～1.20 的放大系数，以考虑活荷载不利布置的影响。

3. 水平荷载作用下的反弯点法

风荷载或地震作用对框架结构的水平作用，一般可简化为作用于框架节点的等效水平力。框架结构在节点水平力作用下的弯矩图如图 9.51 所示，各杆的弯矩图都呈直线形，并且一般都有一个反弯点。

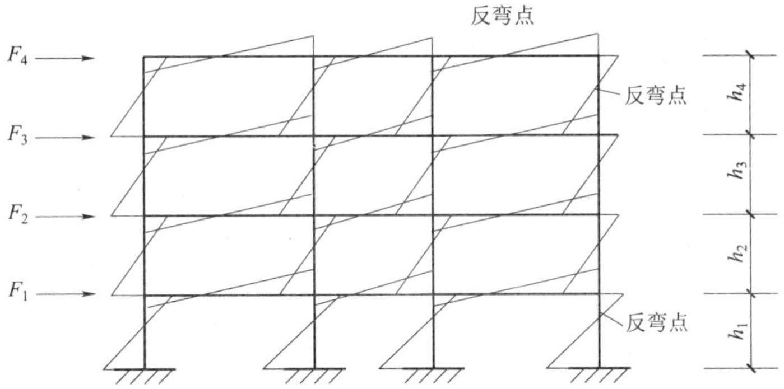

图 9.51　框架结构在节点水平力作用下的弯矩图

在实际计算中，可忽略梁的轴向变形，故同层各节点的侧向位移相同，同层各柱的层间位移也相同。

在图 9.51 中，如能确定各柱内的剪力及反弯点的位置，便可求得各柱的柱端弯矩，并进而由节点平衡条件求得梁端弯矩及整个框架结构的其他内力。反弯点法正是基于这一设想，并且通过以下假定来实现的：

假定 1：各柱上下端都不发生角位移，即认为梁柱线刚度比无限大。

假定 2：除底层以外，各柱的上、下端节点转角均相同，即底层柱的反弯点在距基础 2/3 层高处；其余各层框架柱的反弯点位于层高的中点。

对于层数较少且楼面荷载较大的框架结构，柱的刚度较小，梁的刚度较大，假定 1 与实际情况较为符合。一般认为，当梁柱的线刚度比超过 3 时，由假定 1 所引起的误差能够满足工程设计的精度要求。设框架结构共有 n 层，每层内有 m 根柱，如图 9.52(a)所示。将框架沿第 j 层各柱的反弯点处切开，以剪力和轴力代替，如图 9.52(b)所示。则水平力的平衡条件，有：

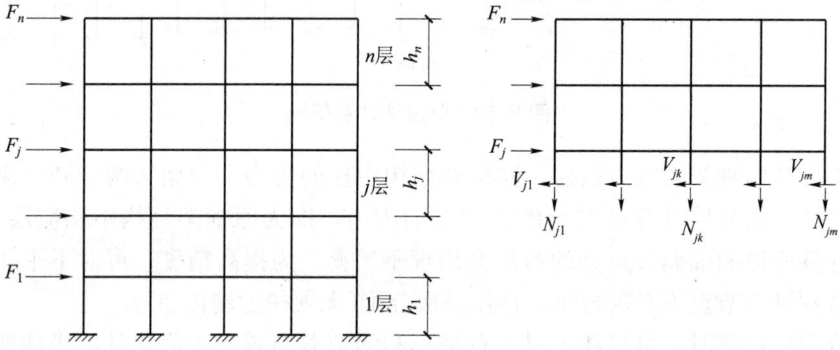

图 9.52　反弯点法推导

$$V_j = \sum_{i=j}^{n} F_i \tag{9-21}$$

$$V_j = V_{j1} + \cdots + V_{jk} + \cdots + V_{jm} = \sum_{k=1}^{m} V_{jk} \tag{9-22}$$

式中　F_i——作用在楼层 i 的水平力；

V_j——水平力 F 在第 j 层所产生的层间剪力；

V_{jk}——第 j 层 k 柱所承受的剪力；

m——第 j 层内的柱子数；

n——楼层数。

设楼层的层间侧向位移为 Δ_j，由假定 1 知，各柱的两端只有水平位移而无转角，则有：

$$V_{jk} = \frac{12 i_{jk}}{h_j^2} \Delta_j \tag{9-23}$$

式中　i_{jk}——为第 j 层 k 柱的线刚度；

h_j——第 j 层柱子高度；

$\frac{12i}{h^2}$——两端固定柱的侧移刚度，它表示要使柱上、下端产生单位相对侧向位移时，需要在柱顶施加的水平力。

将式(9-23)代入(9-22)，由于忽略梁的轴向变形，第 j 层的各柱具有相同的层间侧向位移 Δ_j，因此，有：

$$\Delta_j = \frac{i_{jk}}{\sum_{k=1}^{m} \frac{12 i_{jk}}{h_j^2}}$$

将上式代入式(9-23)，得 j 楼层中任一柱 k 在层间剪力 V_j 中分配到的剪力：

$$V_{jk}=\frac{i_{jk}}{\sum_{k=1}^{m} i_{jk}}V_j \tag{9-24}$$

求得各柱所承受的剪力 V_{jk} 以后，由假定 2 便可求得各柱的杆端弯矩，对于底层柱，有：

$$M_{\mathrm{c}jk}^{\mathrm{u}}=V_{jk}\frac{h_1}{3} \tag{9-25a}$$

$$M_{\mathrm{c}jk}^{\mathrm{l}}=V_{jk}\frac{2h_1}{3} \tag{9-25b}$$

对于上部各层柱，有：

$$M_{\mathrm{c}jk}^{\mathrm{u}}=M_{\mathrm{c}jk}^{\mathrm{l}}=V_{jk}\frac{h_j}{2} \tag{9-26}$$

式(9-25a)、式(9-25b)、式(9-26)中的下标 c 表示柱，j、k 表示第 j 层第 k 号柱，上标 u、l 分别表示柱的上端和下端。

求得柱端弯矩后，由节点弯矩平衡条件，如图 9.53 所示，即可求得梁端弯矩：

$$M_{\mathrm{b}l}=\frac{i_{\mathrm{b}l}}{i_{\mathrm{b}l}+i_{\mathrm{br}}}(M_{cu}+M_{cl}) \tag{9-27a}$$

$$M_{\mathrm{br}}=\frac{i_{\mathrm{br}}}{i_{\mathrm{b}l}+i_{\mathrm{br}}}(M_{cu}+M_{cl}) \tag{9-27b}$$

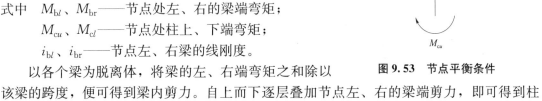

式中 $M_{\mathrm{b}l}$、M_{br}——节点处左、右的梁端弯矩；

M_{cu}、M_{cl}——节点处柱上、下端弯矩；

$i_{\mathrm{b}l}$、i_{br}——节点左、右梁的线刚度。

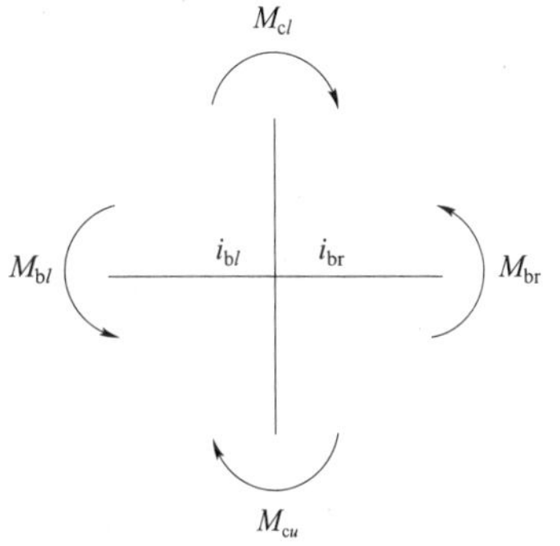

图 9.53　节点平衡条件

以各个梁为脱离体，将梁的左、右端弯矩之和除以该梁的跨度，便可得到梁内剪力。自上而下逐层叠加节点左、右的梁端剪力，即可得到柱在水平荷载作用下的轴力。

4. 水平荷载作用下的 D 值法

反弯点法假定梁柱线刚度比无穷大，其次又假定柱的反弯点高度为一定值，使反弯点法的应用受到限制。柱的侧移刚度不仅与柱的线刚度和层高有关，还取决于柱上下端的约束情况。另外，柱的反弯点高度也与梁、柱线刚度比、上下层横梁的线刚度比、上下层层高的变化等因素有关。D 值法是在反弯点法的基础上，考虑上述影响因素，对反弯点法的柱侧移刚度和反弯点高度进行修正，故又称改进反弯点法。该方法中，柱的侧移刚度以 D 表示，因而得名。

D 值法除对柱的侧移刚度与反弯点高度进行修正外，其余均与反弯点法相同，计算步骤如下：

(1)计算各层柱的侧移刚度，修正后的柱侧移刚度 D 可表示为：

$$D_{jk}=a\,\frac{12i_{jk}}{h_j^2} \tag{9-28}$$

式中 i_{jk}——为第 j 层第 k 柱的线刚度；

h_j——第 j 层柱子高度；

a——节点转动影响系数，由梁、柱线刚度，按表 9.10 取用。

表 9.10　节点转动影响系数 a

层	边　柱	中　柱	α
一般层	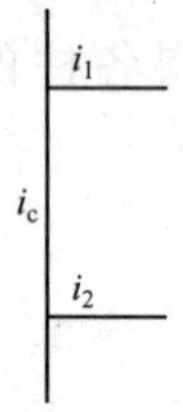 $\overline{K}=\frac{i_1+i_2}{2i_c}$	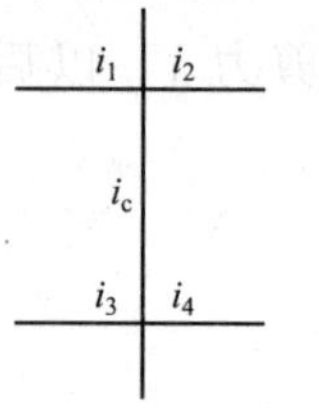 $\overline{K}=\frac{i_1+i_2+i_3+i_4}{2i_e}$	$a=\frac{\overline{K}}{2+\overline{K}}$
底层	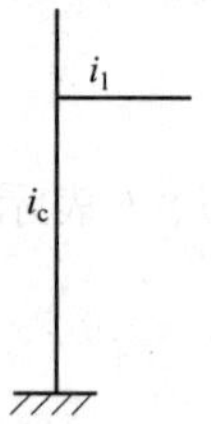 $\overline{K}=\frac{i_1}{i_c}$	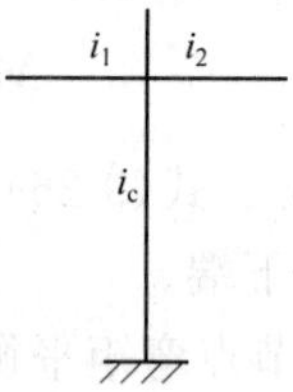 $\overline{K}=\frac{i_1+i_2}{i_c}$	$a=\frac{0.5+\overline{K}}{2+\overline{K}}$

(2)计算各柱所分配的剪力 V_{jk}。

$$V_{jk}=\frac{D_{jk}}{\sum_{k=1}^{m}D_{jk}}V_j \tag{9-29}$$

式中　V_{jk}——第 j 层第 k 柱所分配的剪力；

V_j——第 j 层楼层剪力；

D_{jk}——第 j 层第 k 柱的侧移刚度；

$\sum_{k=1}^{m}D_{jk}$——第 j 层所有各柱的侧移刚度之和。

(3)确定反弯点高度 yh。

$$yh=(y_0+y_1+y_2+y_3)h \tag{9-30}$$

式中　y_0——标准反弯点高度比，由框架总层数、该柱所在层数及梁柱平均线刚度比 K 确定(见附表 14.1)；

y_1——某层上、下梁线刚度不同时对 y_0 的修正值(见附表 14.2)，按以下方式确定；当 $i_1+i_2<i_3+i_4$ 时，令：

$$a_1=\frac{i_1+i_2}{i_3+i_4} \tag{9-31}$$

此时，反弯点上移，故 y_1 取正值，如图 9.54(a)所示。当 $i_1+i_2>i_3+i_4$ 时，令：

$$a_1=\frac{i_3+i_4}{i_1+i_2} \tag{9-32}$$

此时，反弯点下移，故 y_1 取负值，如图 9.54(b)所示，对于首层不考虑 y_1 值；

y_2——上层层高(h_u)与本层高度(h)不同时(图 9.55)对 y_0 的修正值，可根据 $a_2=\frac{h_u}{h}$ 和

K 由附表 14.3 查得；

y_3——下层层高(h_l)与本层高度(h)不同时(图 9.55)对 y_0 的修正值，可根据 $a_2=\dfrac{h_l}{h}$ 和 K 由附表 14.3 查得。

(4)计算柱端弯矩，如图 9.56 所示，柱端弯矩可由柱剪力 V_{ij} 和反弯点高度 yh，按下式求得：

柱上端弯矩 $$M_{cjk}^{u}=V_{ij}\times(1-y)h \tag{9-33a}$$

柱下端弯矩 $$M_{cjk}^{l}=V_{ij}\times yh \tag{9-33b}$$

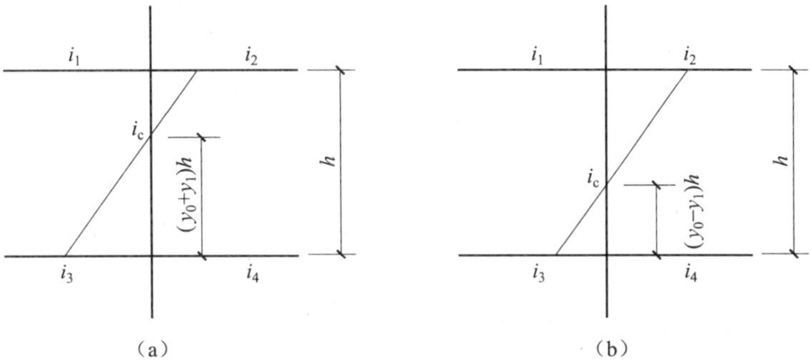

图 9.54　上下层梁线刚度比不同时反弯点高度比修正

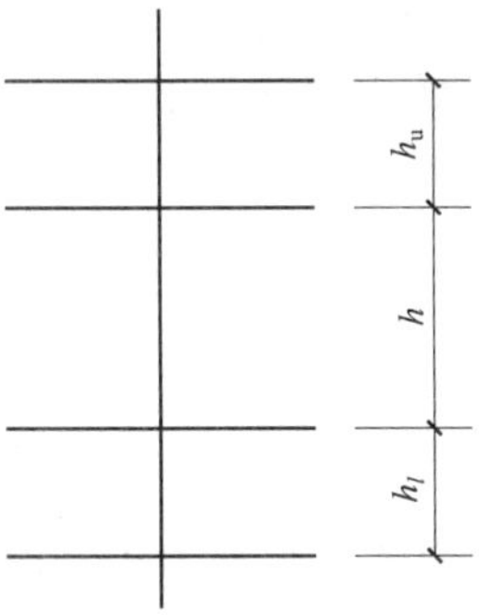

图 9.55　上下层高度与本层高度示意

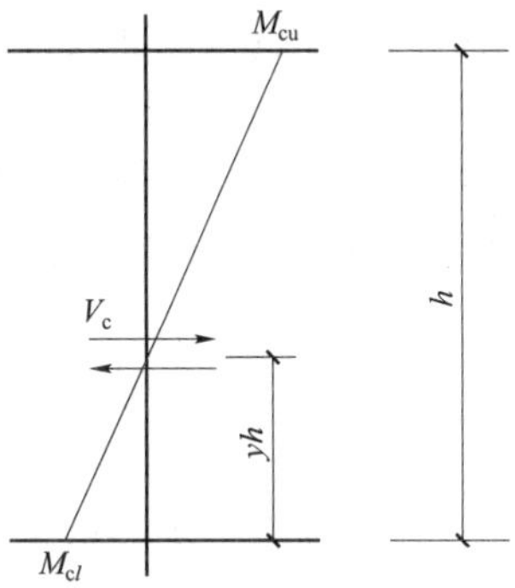

图 9.56　柱剪力和反弯点高度

(5)计算梁端弯矩 M_b，梁端弯矩可按照节点弯矩平衡条件，将节点上、下柱端弯矩之和按左、右梁的线刚度比例反号分配，同反弯点法。

(6)计算梁端剪力 V_b，如图 9.57 所示，根据梁的两端弯矩，按下式计算：

$$V_b=\frac{M_{bl}+M_{br}}{l} \tag{9-34}$$

(7)计算柱轴力 N，边柱轴力为各层梁端剪力按层叠加，中柱轴力为柱两侧梁端剪力之差，也按层叠加。如图 9.58 所示，边柱底层柱轴力为：

$$N=V_{b1}+V_{b2}+V_{b3}+V_{b4}$$

中柱底层柱轴力(压力)为：

$$N=V_{r1}+V_{r2}+V_{r3}+V_{r4}-V_{l1}-V_{l2}-V_{l3}-V_{l4}$$

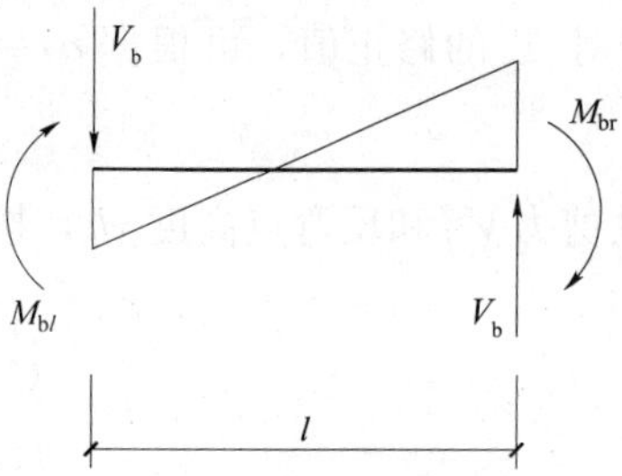

图 9.57　梁两端弯矩计算图

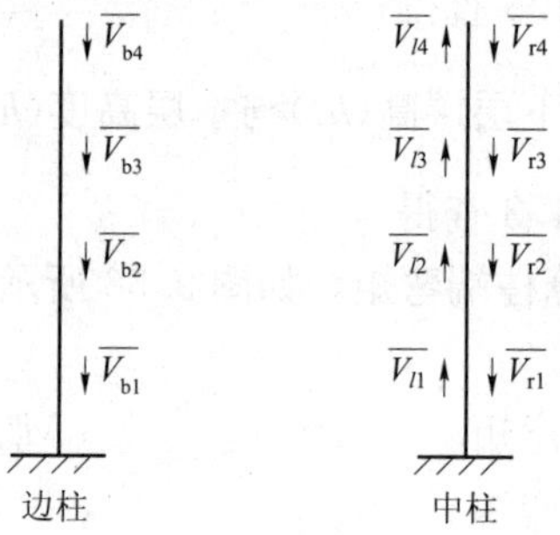

图 9.58　边柱轴力及中柱轴力图调正

9.2.3　框架的构件与节点设计

1. 框架的内力组合

(1)控制截面的确定。框架柱的弯矩、轴力和剪力沿柱高是线性变化的，因此，可取各层柱的上、下端截面作为控制截面。

框架梁在水平力和竖向荷载共同作用下，剪力沿梁轴线呈线性变化，弯矩一般呈抛物线形变化，因此，除取梁的两端为控制截面以外，还应在跨间取最大正弯矩的截面为控制截面。

还应注意在截面配筋计算时，应采用构件端部截面的内力，而不是轴线节点处的内力，即求得的梁端内力在进行截面设计时，可考虑柱宽的影响。具体做法同梁板结构。

(2)荷载效应组合。框架结构截面设计内力应采用荷载效应的基本组合，《荷载规范》规定：对多层框架结构，荷载效应的基本组合可采用简化方法，即对所有可变荷载乘以一个确定的荷载组合系数 φ，其表达式为：

$$S = \gamma_0(\gamma_G C_G G_k + \varphi \sum_{i=1}^{n} \gamma_{Qi} C_{Qi} Q_{ik}) \tag{9-35}$$

式中　φ——简化组合表达式中采用的荷载组合系数，φ=0.9；

γ_G——永久荷载分项系数，当永久荷载效应对结构构件的承载力不利时，对由可变荷载效应控制的组合，应取 1.2；对由永久荷载效应控制的组合，应取 1.35；当永久荷载效应对结构构件承载力有利时，一般情况下应取 1.0；对结构进行倾覆、滑移或漂浮验算时，应取 0.9；

γ_{Qi}——第 i 个可变荷载的分项系数，一般情况下取 1.4；对标准值大于 4.0 kN/m^2 的工业房屋楼面结构的活荷载，应取 1.3；其中，γ_{Qi} 为可变荷载 Q_1 的分项系数。

通常，多层框架的非地震作用组合，应考虑以下几种情况：

1)1.2×恒+1.4×风；

2)1.2×恒+1.4×活；

3)1.2×恒+1.4×0.9(活+风)；

4)1.35×恒+1.4×0.7 活。

(3)最不利内力组合。多层框架结构在不考虑地震作用时，梁、柱的最不利内力组合为：

1)梁端截面：$-M_{max}$、V_{max}；

2)梁跨内截面：$+M_{max}$；若水平荷载引起的梁端弯矩不大，可简化近似取跨中截面；

3)柱端截面：$|M|_{max}$及相应的 N、V；N_{max}及相应的 M、V；N_{min}及相应的 M、V。

(4)竖向活荷载最不利布置的影响。考虑活荷载最不利布置影响的方法，有分跨计算组合法、最不利荷载位置法、分层组合法和满布荷载法等，因前三种方法的分析过程较麻烦，所以，在多层、高层框架结构内力分析中，常用的方法为满布荷载法。

当活荷载产生的内力远小于恒载及水平力所产生的内力时，可不考虑活荷载的最不利布置，而把活荷载同时作用于所有的框架梁上，这样求得的内力在支座处与按最不利荷载位置法求得的内力极为相近，可直接进行内力组合。但求得的梁跨中弯矩却比最不利荷载位置法的计算结果要小，因此，对梁跨中弯矩应乘以 1.1～1.2 的系数予以增大。

(5)梁端弯矩调幅。按照框架结构的合理破坏，在梁端出现塑性铰是允许的。为了便于浇筑混凝土，也往往希望减少节点处梁的上部钢筋；而对于装配式或装配整体式框架，节点并非绝对刚性，梁端实际弯矩将小于其弹性计算值。因此，在进行框架结构设计时，一般均对梁端弯矩进行调幅，即人为地减小梁端负弯矩，减少节点附近梁的上部钢筋。

设某框架梁 AB 在竖向荷载作用下，梁端最大负弯矩分别为 M_{A0}、M_{B0}，梁跨中最大正弯矩为 M_{C0}，则调幅后梁端弯矩可按下式计取：

$$M_A = \beta M_{A0} \tag{9-36a}$$

$$M_B = \beta M_{B0} \tag{9-36b}$$

式中　β——弯矩调幅系数。

对于现浇框架，可取 $\beta = 0.8 \sim 0.9$；对于装配整体式框架，由于框架梁端的实际弯矩比弹性计算值要小，弯矩调幅系数允许取得低一些，一般取 $\beta = 0.7 \sim 0.8$。

梁端弯矩调幅后，在相应荷载作用下的跨中弯矩将增加，如图 9.59 所示。这时应校准该梁的静力平衡条件，即调幅后梁端弯矩 M_A、M_B 的平均值与跨中最大正弯矩 M_{C0}之和应大于按简支梁计算的跨中弯矩值 M_0。

$$\frac{|M_A + M_B|}{2} + M_{C0} \geqslant M_0 \tag{9-37}$$

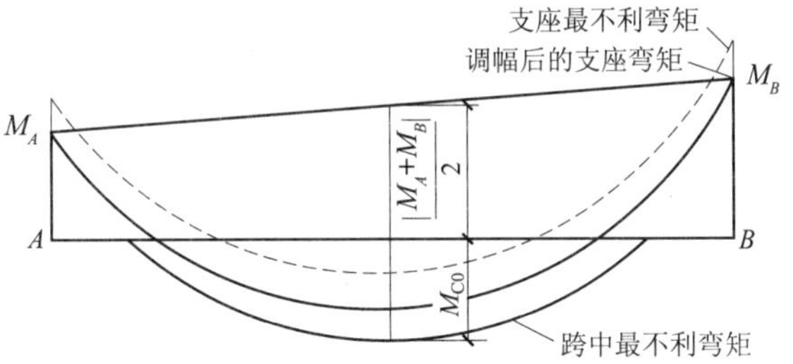

图 9.59　支座弯矩调幅

同时，应保证调幅后，支座即跨中控制截面的弯矩值均不小于 M_0 的 1/3。

梁端弯矩调幅将增大梁的裂缝宽度及变形，故对裂缝宽度及变形控制较严格的结构，不应进行弯矩调幅。

必须指出，弯矩调幅只对竖向荷载作用下的内力进行，即水平荷载作用产生的弯矩不参加调幅，因此，弯矩调幅应在内力组合前进行。

2. 多层框架的杆件设计

对无抗震设防要求的框架，按照上述方法得到控制截面的基本组合内力后，可进行梁柱截面设计。对框架梁来说，和前述的基本构件截面承载力设计方法完全相同；而框架柱的截面设计，需考虑侧向约束条件对计算长度的影响。构件截面承载力设计完成后，应进行梁柱节点设计，以确保结构的整体性及受力性能。

(1)柱的计算长度。梁与柱为刚接的钢筋混凝土框架柱，其计算长度应根据框架不同的侧向约束条件及荷载情况，并考虑柱的二阶效应(由轴向力与柱的挠曲变形所引起的附加弯矩)对柱截面设计的影响程度来确定。若计算框架内力时，已采用考虑二阶效应的分析方法，则不必再考虑计算长度及相应的偏心距增大系数。

通常，框架可分为有侧移和无侧移两种情况。无侧移框架是指具有非轻质隔墙等较强抗侧力体系，使框架几乎不承受侧向力而主要承担竖向荷载；有侧移框架是指主要侧向力由框架本身承担。上述两种情况柱的计算长度取值，详见表9.11、表9.12。

表9.11　刚性屋盖单层房屋排架柱、露天起重机柱和栈桥柱的计算长度

柱的类型		l_0		
		排架方向	垂直排架方向	
			有柱间支撑	无柱间支撑
无起重机房屋柱	单跨	$1.5H$	$1.0H$	$1.2H$
	两跨及多跨	$1.25H$	$1.0H$	$1.2H$
有起重机房屋柱	上柱	$2.0H_u$	$1.25H_u$	$1.5H_u$
	下柱	$1.0H_l$	$0.8H_l$	$1.0H_l$
露天起重机和栈桥柱		$2.0H_l$	$1.0H_l$	—

(2)框架节点的构造要求。节点设计是框架结构设计中极重要的一环。因节点失效后果严重，故节点的重要性大于一般构件。节点设计应保证整个框架结构安全可靠、经济合理且便于施工。在非地震区，框架节点的承载能力一般通过采取适当的构造措施来保证。

表9.12　混凝土框架结构柱计算长度

框架	楼盖形式		柱计算长度
无侧移框架结构	现浇楼盖		$0.70H$
	装配式楼盖		$1.00H$
有侧移框架结构	现浇楼盖	底层柱	$1.00H$
		其余层柱	$1.25H$
	装配式楼盖	底层柱	$1.25H$
		其余层柱	$1.50H$

1)一般要求。

①混凝土强度。框架节点区的混凝土强度等级，应不低于柱子的混凝土强度等级。

②箍筋。在框架节点范围内应设置水平箍筋，间距不宜大于250 mm，并应符合柱中箍筋的构造要求。当顶层端节点内设有梁上部纵筋和柱外侧纵筋的搭接接头时，节点内水平箍筋的布置，应依照纵筋搭接范围内箍筋的布置要求确定。

③截面尺寸。如节点截面过小，梁、柱负弯矩钢筋配置数量过高时，以承受静力荷载为主的顶层端节点将由于核芯区斜压杆机构中压力过大而发生核芯区混凝土的斜向压碎。因此，对梁上部纵筋的截面面积应加以限制，这也相当于限制节点的截面尺寸不能过小。

《混凝土结构设计规范(2015 年版)》(GB 50010—2010)规定，在框架顶层端节点处，计算所需梁上部钢筋的面积 A_s 应满足下式要求：

$$A_s \leqslant \frac{0.35 f_c b_b h_{b0}}{f_y} \tag{9-38}$$

式中 b_b——梁腹板宽度；

h_{b0}——梁截面有效高度。

2)梁柱纵筋在节点区的锚固。

①中间层中节点。框架中间节点梁上部纵向钢筋应贯穿中间节点，该钢筋自柱边伸向跨中的截断位置应根据梁端负弯矩确定。梁下部纵向钢筋的锚固要求，如图 9.60 所示。当计算中不利用下部钢筋强度时，其伸入节点的锚固长度可按简支梁 $V>0.7f_c bh_0$ 的情况取用；否则，其下部纵筋应伸入节点内锚固。图 9.60(a)为直线锚固方式，适用于柱截面尺寸较大的情况；如图 9.60(b)所示，为带 90°弯折的锚固方式，适用于柱截面尺寸不够时的情况。梁下部纵向钢筋也可贯穿框架节点，在节点外梁内弯矩较小部位搭接，如图 9.60(c)所示。当计算中充分利用钢筋的抗压强度时，其下部纵向钢筋应按受压钢筋的要求锚固，锚固长度应不小于 $0.7l_a$。

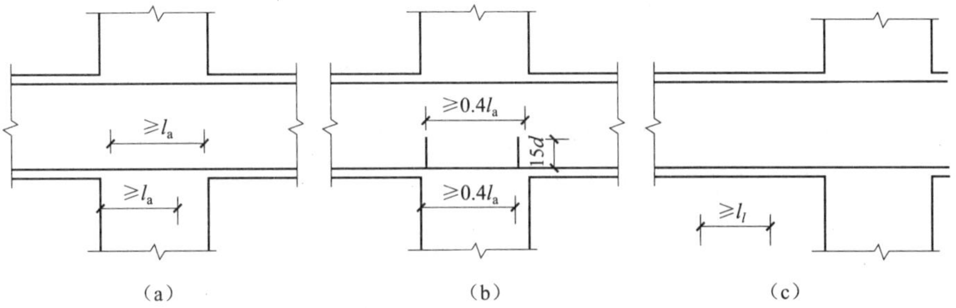

图 9.60 框架中间节点梁纵向钢筋的锚固

(a)节点中的直线锚固；(b)节点中的弯折锚固；(c)节点范围外的搭接

②中间层端节点。框架中间层端节点应将梁上部纵向钢筋伸至节点外边并向下弯折，如图 9.61 所示。当柱截面尺寸足够时，框架梁的上部纵向钢筋可用直线方式伸入节点。梁下部纵向钢筋在端节点的锚固要求与中间节点相同。

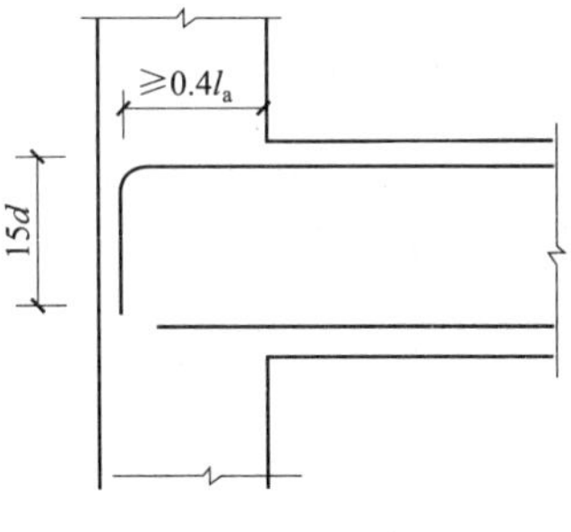

图 9.61 框架中间层端节点梁纵向钢筋的锚固

框架柱纵筋应贯穿中间层中节点和端节点。柱纵筋接头位置应尽量选择在层高中间等弯矩较小的区域。

③顶层中节点。顶层柱的纵筋应在节点内锚固。当顶层节点处梁截面高度足够时，柱纵筋可用直线方式锚固，同时必须伸至梁顶面，如图 9.62(a)所示；当顶层节点处梁截面高度小于柱纵筋锚固长度时，如图 9.62(b)所示，柱纵向钢筋应伸至梁顶面，然后向节点内水平弯折；当楼盖为现浇，且板厚不小于 80 mm、混凝土强度等级不低于 C20 时，柱纵向钢筋水平段也可向外弯折，如图 9.62(c)所示。

④顶层端节点。为了方便施工，框架顶层端节点最好是将柱外侧纵向钢筋弯入梁内，作为梁上部纵向受力钢筋使用。也可将梁上部纵向钢筋和柱外侧纵向钢筋在顶层端节点及其临近部位搭接，如图 9.63 所示。注意，顶层端节点的梁柱外侧纵筋不是在节点内锚固，而是在节点处搭接，因为在该节点处梁柱弯矩相同。

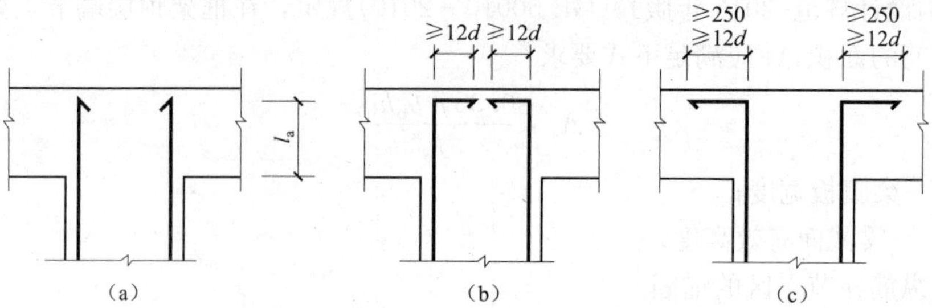

图 9.62　顶层中节点柱纵向钢筋的锚固

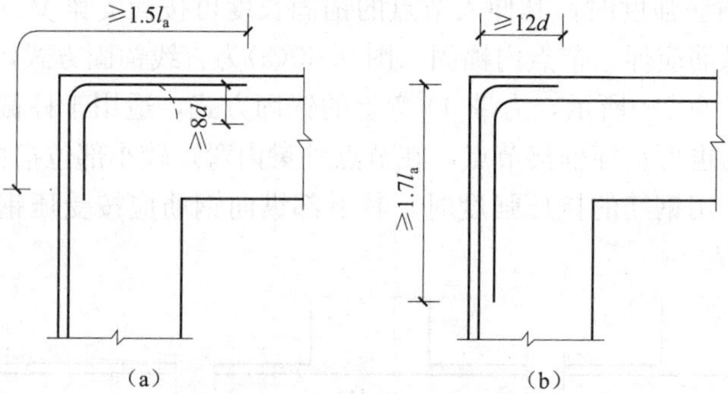

图 9.63　梁上部纵向钢筋与柱外侧纵向钢筋在顶层端节点的搭接

(a)位于节点外侧和梁端顶部的弯折搭接接头；(b)位于柱顶外侧的直线搭接接头

9.3　其他多高层房屋结构形式简介

9.3.1　剪力墙结构简介

1. 结构功能

利于建筑物墙体构成的承受水平作用和竖向作用的结构称为剪力墙结构。剪力墙一般沿横向、纵向双向布置。它的优点是比框架结构具有更强的侧向和竖向刚度，抵抗水平作用的能力强，空间整体性好。在历次地震中，剪力墙结构均表现出了良好的抗震性能，震害较少发生，而且程度也比较小；其缺点是如果采用纯剪力墙结构，因墙体较密，则平面布置和空间的布置都会受到一定的局限。且结构自重和抗侧刚度较大，结构自振周期较短，导致较大的地震作用。

2. 类型、受力特点及适用范围

剪力墙结构体系的类型，可以根据施工工艺和剪力墙的受力特点来分类：

(1)按施工工艺分类。

1)现浇剪力墙结构体系；

2)装配大板结构体系；

3)内浇外挂剪力墙结构体系。

(2)按剪力墙受力特点分类。剪力墙结构体系的内力和位移性能，与墙体洞口大小、形状和位置有关，各有其自身的特点。根据剪力墙结构的受力特点，剪力墙分为以下五类：

1)整体墙。无洞口或洞口面积不超过墙面面积15%，且孔洞间净距及洞口至墙边距离均大于洞口边长尺寸时，可忽略洞口影响。墙作为整体墙来考虑，其受力状态如同竖向悬臂梁，截面变形仍符合截面假定，因而截面应力可按照材料力学公式计算，如图9.64(a)所示，变形属弯曲型。

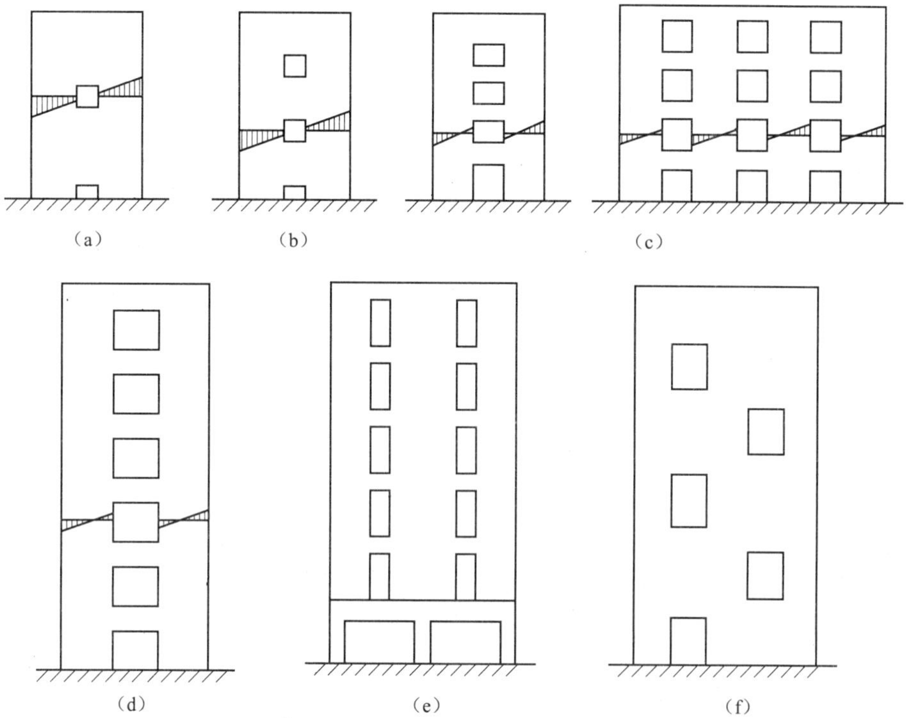

图9.64　剪力墙结构类型

(a)整体墙；(b)小开口整体墙；(c)联肢墙；(d)壁式框架；(e)框支剪力墙；(f)开口不规则大洞口的墙

2)小开口整体墙。当洞口稍大时，通过洞口横截面上的正应力分布已不再成一条直线，而是在洞口两侧的部分横截面上，其正应力分布各成一条直线，如图9.64(b)所示。这说明除了整个墙截面产生整体弯矩外，每个墙肢还出现局部弯矩，实际正应力分布是整个截面直线分布的应力上叠加局部弯矩应力。但由于洞口还不很大，局部弯矩不超过水平荷载悬臂弯矩的15%，大部分楼层上墙肢没有反弯点，可以认为剪力墙截面变形大体上仍符合平截面假定，且内力和变形仍按材料力学计算，然后适当修正。

3)双肢、多肢剪力墙。洞口开得比较大，截面的整体性已经破坏，如图9.64(c)所示。连梁的刚度比墙肢刚度小得多，连梁中部有反弯点，各墙肢单独弯曲作用较为显著，个别或少数层内墙肢出现反弯点。这种剪力墙可视为由连梁把墙肢连接起来的结构体系，故称为联肢剪力墙。其中，由一系列连梁把两个墙肢连接起来的，称为双肢剪力墙；由两列以上的连梁把三个以上的墙肢连接起来的，称为多肢剪力墙。

(4)壁式框架。壁式框架的洞口更大，墙肢与连梁的刚度比较接近，墙肢明显出现局部弯矩，在许多楼层内有反弯点，如图9.64(d)所示。剪力墙的内力分布接近框架。壁式框架实质是介于剪力墙和框架之间的一种过渡形式，它的变形已很接近框架。只不过壁柱和壁梁都比较宽，因而在梁柱交接区形成不产生变形的刚域。

(5)框支剪力墙。当底层需要大空间时，采用框架结构支承上部剪力墙，这种结构称为框支剪力墙结构，如图 9.64(e)所示。

由上可知，剪力墙结构随着类型和开洞大小的不同，计算方法和计算简图也不同。整体墙和小开口整体墙的计算简图，基本上是单根竖向悬臂杆，计算方法按材料力学公式(对整体墙不修正，对小开口整体墙修正)计算。其他类型剪力墙，其计算简图均无法用单根竖向悬臂杆代表，而应按能反映其性态的结构体系计算。

3. *剪力墙结构布置及构件尺寸*

剪力墙结构的布置，应符合以下要求：

(1)沿建筑物整个高度，剪力墙应贯通，上、下不断层、不中断，门窗洞口应对齐，做到规则、统一，避免在地震作用下产生应力集中和出现薄弱层，电梯井尽量与抗侧力结构结合布置。

(2)为增大剪力墙的平面外刚度，剪力墙端部宜有翼缘(与其垂直的剪力墙)，布置成T形、L形和工字形结构，此外，还可提高剪力墙平面内抗弯延性；剪力墙应由纵、横两个方向双向布置，且纵、横两个方向的刚度宜接近。

(3)震区剪力墙高度比宜设计成 H/B 较大的高墙或中高墙，因为矮墙延性不好。如果墙长度太长时，宜将墙分段，以提高弯曲变形能力。

(4)剪力墙结构墙体多，不容易布置面积较大的房间，因此，对底部为大空间的剪力墙结构，底部的部分剪力墙宜做成框支剪力墙，底部另一部分剪力墙宜做成落地剪力墙，形成底部大空间剪力墙结构和大底盘大空间剪力墙结构，而标准层则可以是小开间或大开间结构。

框支剪力墙(也称框托墙结构)结构上部各层采用剪力墙结构，结构底部一层或几层采用框－剪结构或框－筒体结构，故属于双重结构体系，如图 9.65 所示。框支剪力墙结构在地震时，底层因采用框架，导致刚度突变、变形集中，故破坏严重。

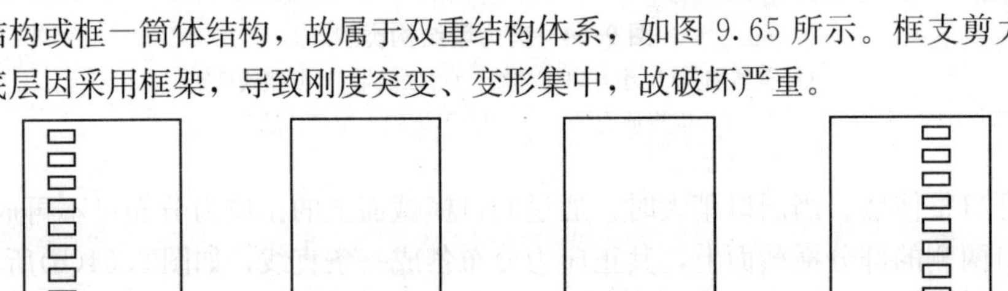

图 9.65　框支剪力墙结构

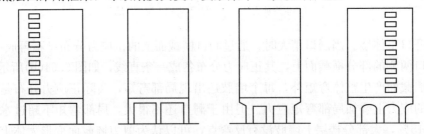

(5)剪力墙结构的剪力墙应沿结构平面主要轴线方向布置。一般情况下，当结构平面采用矩形、L形、T形平面时，剪力墙沿主轴方向布置。对采用正多边形、圆形和弧形平面，则可沿径向及环向布置。图 9.66 为北京国际饭店典型的剪力墙结构平面布置。

剪力墙尺寸应满足如下要求：

(1)较长的剪力墙可用跨高比不小于 5 的连梁分为若干个独立墙肢，每个独立墙肢可为整体墙或连体墙，每个独立墙段的总高度和宽度之比不应小于 2，墙肢截面高度不宜大于 8 m。

(2)两端有翼墙或端柱的剪力墙厚度，在抗震等级为一、二级时，不应小于楼层净高的

1/20，且不应小于 160 mm；一、二级底部加强区厚度不应小于层高的 1/16，且不应小于 200 mm；当底部加强部位无端柱或翼墙时，截面厚度不宜小于楼层净高的 1/10。

(3)按三、四级抗震等级设计的剪力墙厚度，不应小于楼层高度的 1/25，且不应小于 140 mm。其底部加强区厚度不宜小于层高的 1/20，且不宜小于 160 mm。

(4)非抗震设计的剪力墙，其截面厚度不应小于层高或剪力墙长度的 1/25，且不应小于 160 mm。

(5)剪力墙井筒中，分隔电梯井或管道井的墙厚，可适当减少，但不小于 160 mm(一、二级抗震)及 140 mm(三、四级抗震)。

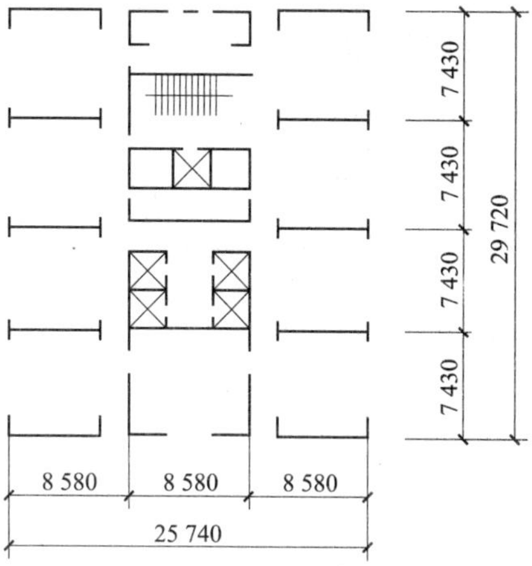

图 9.66　北京国际饭店 26 层(112 m)

(6)剪力墙的间距受到楼板构件跨度的限制，一般要求在非抗震时为 $5B$ 和 60 m 的小者、6 度和 7 度抗震时为 $4B$ 和 50 m 的小者、8 度抗震时为 $3B$ 和 40 m 的小者、9 度抗震时为 $2B$ 和 30 m 的小者。

4. 主要构造要求

(1)剪力墙材料选择。剪力墙结构混凝土强度等级不应低于 C20；带有筒体和短肢剪力墙结构的混凝土强度等级，不应低于 C30。

(2)配筋要求。

1)高层建筑剪力墙中竖向和水平分布钢筋，不应采用单排配筋。当剪力墙截面厚度 b_w 不大于 400 mm 时，可采用双排配筋；当 b_w 大于 400 mm，但不大于 700 mm 时，宜采用三排配筋；当 b_w 大于 700 mm 时，宜采用四排配筋。受力钢筋均可分布成数排，各排分布钢筋之间的拉结筋间距还应适当加密。

2)矩形截面独立墙肢的截面高度 h_w，不宜小于截面厚度 b_w 的 5 倍；当 h_w/b_w 小于 5 时，其在重力荷载代表值作用下的轴压力设计值的轴压比，一、二级时不宜大于表 9.17 的限值减 0.1，三级时不宜大于 0.6；当 h_w/b_w 不大于 3 时，宜按框架柱进行截面设计，底部加强部位纵向钢筋的配筋率不应小于 1.2%；一般部位不应大于 1.0%，箍筋宜沿墙肢全高加密。

(3) 抗震设计轴压比限值。抗震设计时，一、二级抗震等级的剪力墙底部加强部位，其重力荷载代表值作用下墙肢的轴压比不宜超过表 9.13 的限值。

表 9.13　剪力墙轴压比限值

轴压比	一级(9 度)	一级(7、8 度)	二、三级
$\dfrac{N}{f_c A}$	0.4	0.5	0.6

注：N——重力荷载代表值作用下剪力墙墙肢的轴向压力设计值；
A——剪力墙墙肢截面面积；
f_c——混凝土轴心抗压强度设计值。

(4)抗震设计约束边缘构件设置要求。一、二级抗震设计的剪力墙底部加强部位及其上一层的墙肢端部，应设置约束边缘构件。剪力墙约束边缘构件(图 9.67)的设计应符合一定要求。

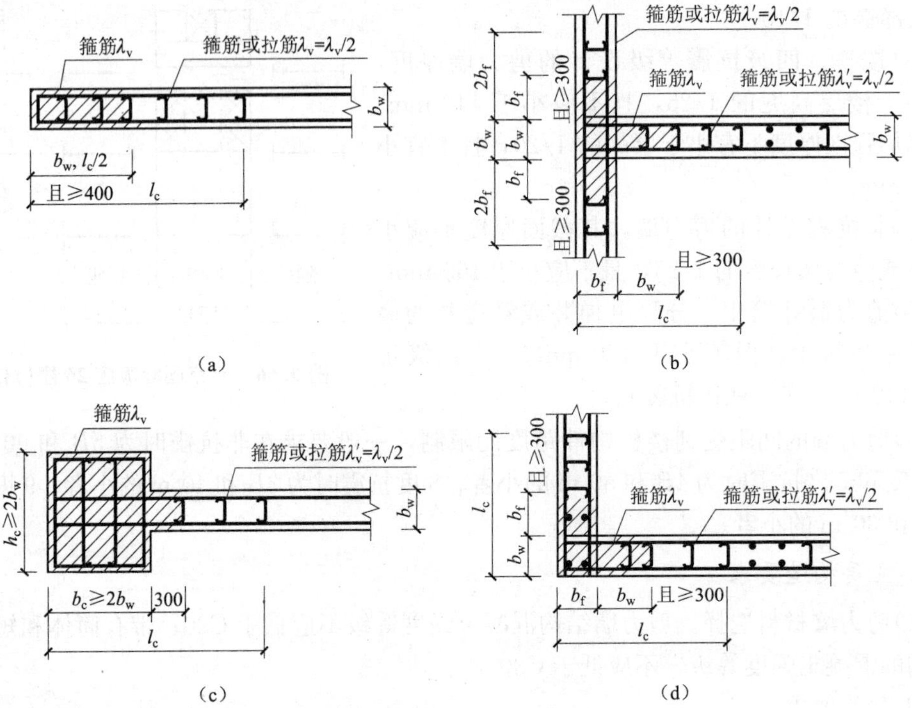

图 9.67　剪力墙约束边缘构件(单位：mm)

(a)暗柱；(b)有翼缘；(c)有端柱；(d)有转角墙(L 形墙)

(5)分布钢筋配置。剪力墙分布钢筋的配置应符合下列要求：

1)非抗震设计时，剪力墙纵向钢筋最小锚固长度应取 l_a。抗震设计时，剪力墙纵向钢筋最小锚固长度应取 l_{aE}。

2)剪力墙竖向及水平分布钢筋的搭接连接，如图 9.68 所示，一级、二级抗震等级剪力墙的加强部位，接头位置应错开，每次连接的钢筋数量不宜超过总数量的 50%，错开净距不宜小于 500 mm；在其他情况下，剪力墙的钢筋可在同一部位连接。非抗震设计时，分布钢筋的搭接长度不应小于 $1.2l_a$；抗震设计时，不应小于 $1.2l_{aE}$。

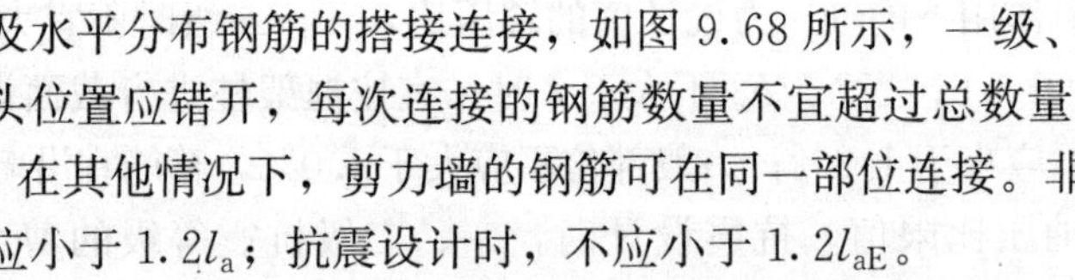

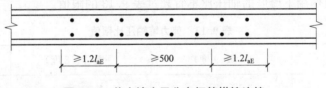

图 9.68　剪力墙水平分布钢筋搭接连接

9.3.2　框架-剪力墙结构简介

1. 框架-剪力墙结构的受力特点

框架-剪力墙结构是由框架和剪力墙两类抗侧力单元组成的，这两类抗侧力单元的变形和受力特点不同。剪力墙的变形以弯曲型为主，如图 9.69(a)所示；框架的变形以剪切型为主，如图 9.69(b)所示。在框架-剪力墙结构中，框架和剪力墙由楼盖连接起来而共同变形，如图 9.69(c)所示，其协同变形曲线如图 9.69(d)所示。

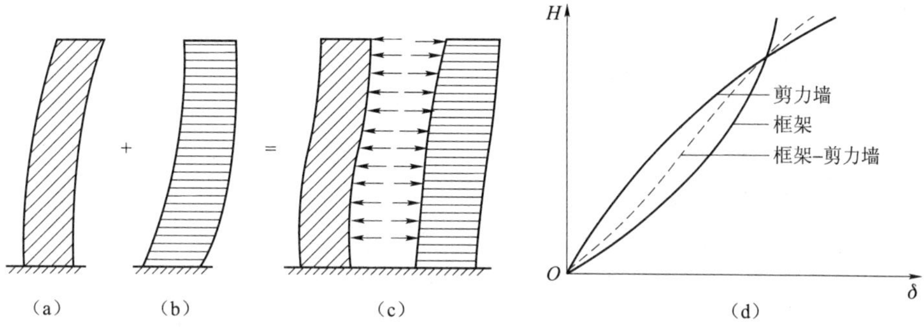

图 9.69 框架-剪力墙结构的变形特点

(a)弯曲变形；(b)剪切变形；(c)共同变形；(d)变形曲线

框架-剪力墙结构协同工作时，由于剪力墙的刚度比框架大得多，因此，剪力墙负担大部分水平力；另外，框架和剪力墙分担水平力的比例，房屋上部、下部是变化的。在房屋下部，由于剪力墙变形增大，框架变形减少，使得下部剪力墙担负更多剪力，而框架下部担负的剪力较少。在上部，情况恰好相反，剪力墙担负外载减少，而框架担负剪力增大。这样，就使框架上部和下部所受剪力均匀变化。从协同变形曲线可以看出，框架-剪力墙结构的层间变形在下部小于纯框架，在上部小于纯剪力墙，因此，各层的层间变形也将趋于均匀化。

2. 框架-剪力墙结构的构造

在框架-剪力墙结构中，剪力墙是主要的抗侧力构件，承担着绝大部分剪力，因此，构造上应加强。

剪力墙的厚度不应小于 160 mm，也不应小于 $h/20$(h 为层高)。

剪力墙墙板的竖向和水平向分布钢筋的配筋率均不应小于 0.2%，直径不应小于 8 mm，间距不应大于 300 mm，并至少采用双排布置。各排分布钢筋间应设置拉筋，拉筋直径不小于 6 mm，间距不应大于 600 mm。

剪力墙周边应设置梁(或暗梁)和端柱组成边框。边框梁或暗梁的上、下纵向钢筋配筋率，均不应小于 0.2%，箍筋不应少于 ϕ6@200。

墙中的水平和竖向分布钢筋宜分别贯穿柱、梁或锚入周边的柱、梁中，锚固长度为 l_a。端柱的箍筋应沿全高加强配置。

框架-剪力墙结构中的框架、剪力墙，还应符合框架结构和剪力墙结构的有关构造要求。

9.3.3 筒体结构简介

由筒体为主组成的承受竖向和水平作用的结构，称为筒体结构体系。筒体是由若干片剪力墙围合而成的封闭井筒式结构，其受力与一个固定于基础上的筒形悬臂构件相似。根据开孔的多少，筒体有空腹筒和实腹筒之分，如图 9.70 所示。实腹筒一般由电梯井、楼梯间、管道井等形成，开孔少，因其常位于房屋中部，故又称核心筒。空腹筒又称框筒，由布置在房屋四周的密排立柱和截面高度很大的横梁组成。立柱柱距一般为1.22～3.0 m，横梁(称为窗裙梁)梁高一般为0.6～1.22 m。筒体体系由核心筒、框筒等基本单元组成。根据房屋高度及其所受水平力的不同，筒体体系可以布置成核心筒结构、框筒结构、筒中筒结构、框架-核心筒结构、成束筒结构和多重筒结构等形式，如图9.71所示。筒中筒结构通常用框筒作外筒，实腹筒作内筒。

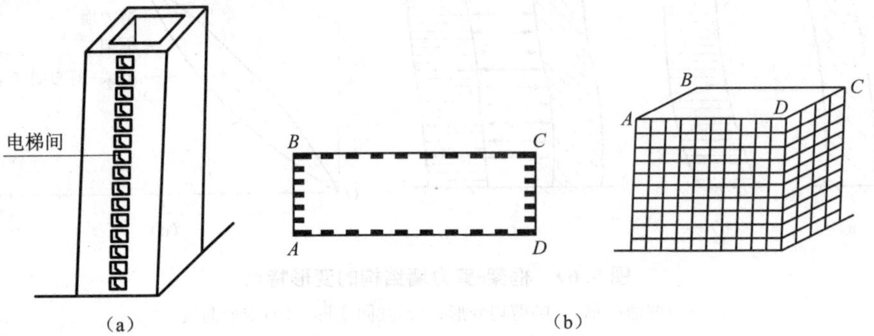

图9.70　筒体示意图

(a)实腹筒；(b)空腹筒

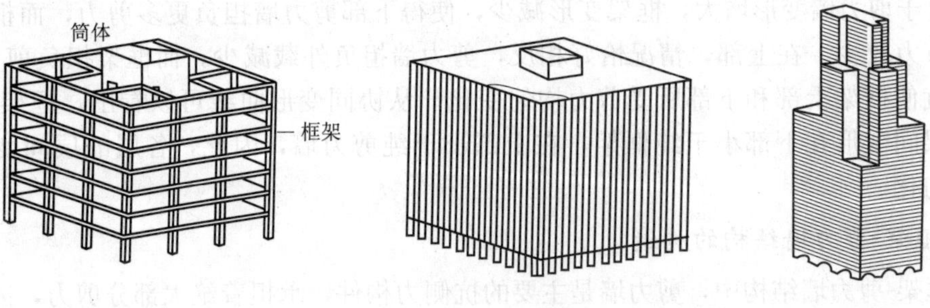

图9.71　几种筒体结构透视图

(a)框架-核心筒结构；(b)筒中筒结构；(c)成束筒结构

上述四种结构体系适用的最大高度，见表9.14。

表9.14　钢筋混凝土房屋的最大适用高度　　m

结构体系		非抗震设计	抗震设防烈度			
			6度	7度	8度	9度
框架		70	60	50	40	24
框架-剪力墙		140	130	120	100	50
剪力墙结构	全部落地剪力墙	150	140	120	100	60
	部分框支剪力墙	130	120	100	80	不宜采用
筒体结构	框架-核心筒结构	160	150	130	100	70
	筒中筒结构	200	180	150	120	80
注：房屋高度指室外地面到主要屋面板板顶的高度(不包括局部凸出屋顶部分)。						

除上述四种常用结构体系外，尚有悬挂结构、巨型框架结构、巨型桁架结构、悬挑结构等新的竖向承重结构体系，如图 9.72 所示，但目前应用较少。

图 9.72　新的竖向承重结构体系

(a)悬挂结构；(b)巨型框架结构；(c)巨型桁架结构

巨型桁架
结构应用

9.4　建筑结构抗震基本知识

地震是一种自然现象，我国是多地震的国家之一，抗震设防的国土面积约占全国国土面积的 60%。历次强震经验表明：地震造成的人员伤亡和经济损失，主要是因为房屋破坏和结构倒塌引起的，造成伤亡的是建筑物。因此，对各类建筑结构进行抗震设计，提高结构的抗震性能是减轻地震灾害的根本途径。本节主要介绍建筑结构抗震设计的一些基础知识。

9.4.1　地震的成因及地震的破坏现象

1. 地震类型与成因

地震按照其成因可分为火山地震、塌陷地震和构造地震三种主要类型。

伴随火山喷发或由于地下岩浆迅猛冲出地面引起的地面运动，称为火山地震。这类地震一般强度不大，影响范围和造成的破坏程度均比较小，主要分布于环太平洋、地中海以及东非等地带，其数量约占全球地震的 7%。

地表或地下岩层由于某种原因陷落和崩塌引起的地面运动，称为塌陷地震。这类地震的发生主要由重力引起，地震释放的能量与波及的范围均很小，主要发生在具有地下溶洞或古旧矿坑地质条件的地区，其数量约占全球地震的 3%。

由于地壳构造运动，造成地下岩层断裂或错动引起的地面振动，称为构造地震。这类地震破坏性大、影响面广且发生频繁，几乎所有的强震均属构造地震。构造地震的数量最多，约占全球地震的 90%以上。构造地震一直是人们主要研究的对象，下面主要介绍构造地震的发生过程。

构造地震成因的局部机制可以用地壳构造运动来说明。地球内部处于不断运动之中，地幔物质发生对流释放能量，使得地壳岩石层处在强大的地应力作用之下。在漫长的地质年代中，原始水平状的岩层在地应力作用下发生形变，如图 9.73(a)所示；当地应力只能使岩层产生弯曲而未丧失其连续性时，岩层就会发生褶皱，如图 9.73(b)所示；当岩层变形积蓄的应力超过本身极限强度时，岩层就会发生突然断裂和猛烈错动，岩层中原先积累的应变能全部释放，并以弹性波的形式传到地面，地面随之振动形成地震，如图 9.73(c)所示。

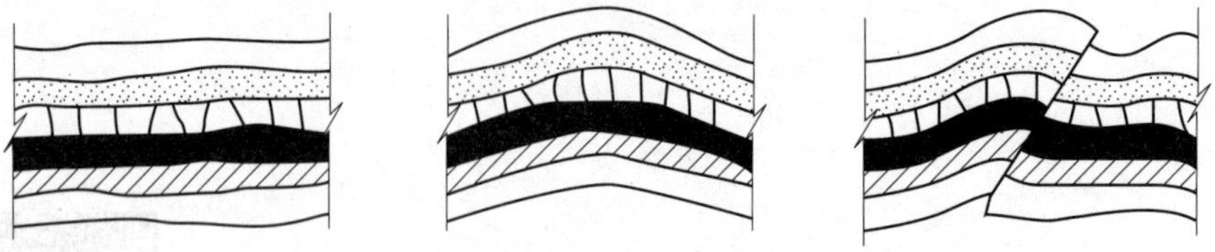

(a)　　　　(b)　　　　(c)

图 9.73　地壳构造运动

(a)岩层原始状态；(b)褶皱变形；(c)断裂错动

2)构造地震成因的宏观背景可以借助板块构造学说来解释。板块构造学说认为，地壳和地幔顶部是由厚度为 70～100 km 的岩石组成的全球岩石圈，岩石圈由大大小小的板块组成，类似一个破裂后仍连在一起的蛋壳，板块下面是塑性物质构成的软流层。软流层中的地幔物质以岩浆活动的形式涌出海岭，推动软流层上的大洋板块在水平方向移动，并在海沟附近向大陆板块之下俯冲，返回软流层。这样，在海岭和海沟之间便形成地幔对流，海岭形成于对流上升区，海沟形成于对流下降区，如图 9.74 所示。全球岩石圈可以分为六大板块，即欧亚板块、太平洋板块、美洲板块、非洲板块、印度洋板块和南极板块，如图 9.75 所示。各板块由于地幔对流而互相挤压、碰撞，地球上的主要地震带就分布在这些大板块的交界地区。据统计，全球 85%左右的地震发生在板块边缘及附近，仅有 15%左右的地震发生于板块内部。

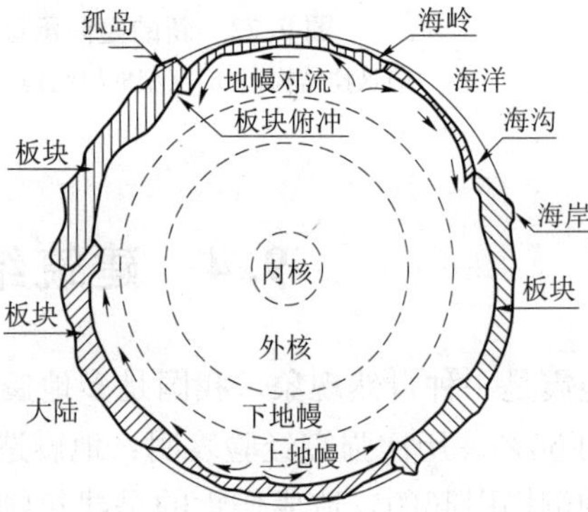

图 9.74　地球构造

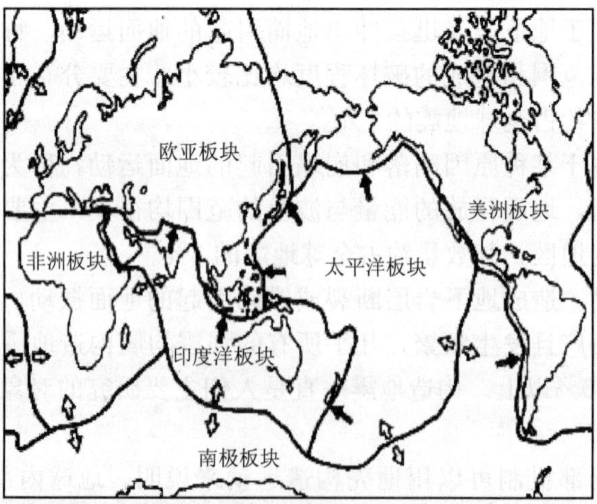

图 9.75　板块分布

2. 地震特征描述

地震在发生的空间、强度、时间等方面有很大的随机性。为了同地震灾害作斗争，需要对地震的特征加以描述，下面介绍描述地震空间位置、强度大小和发生时间的有关概念。

(1) 地震空间位置。图 9.76 示意了描述地震空间位置的常用术语。震源是指地球内部发生地震首先发射出地震波的地方，往往也是能量释放中心。震源在地面上的投影，称为震中。震源到地面的垂直距离，或者说震源到震中的距离，称为震源深度。地面某处到震中的距离，称为震中距。地面某处到震源的距离，称为震源距。震中周围地区，称为震中区。地面震动最剧烈、破坏最严重的地区，称为极震区。极震区一般位于震中附近。

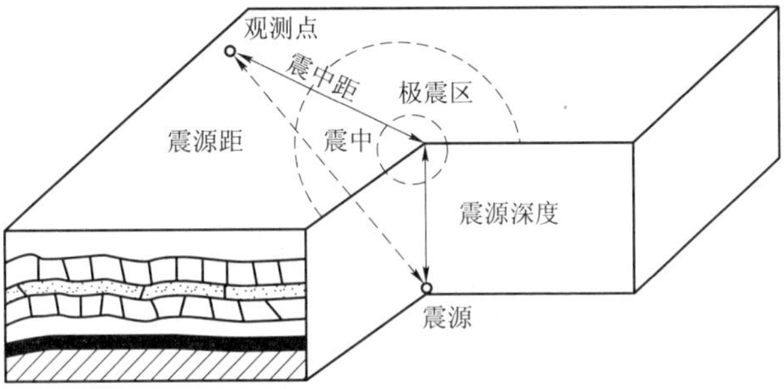

图 9.76 地震术语示意

地震按震源深浅，可分为浅源地震(震源深度小于 60 km)、中源地震(震源深度在 60～300 km)和深源地震(震源深度大于 300 km)。其中，浅源地震造成的危害最大，全世界每年地震释放的能量约有 85%来自浅源地震。我国发生的地震绝大多数是浅源地震，震源深度在 10～20 km。

(2)地震强度度量。

1)地震波。地震引起的震动以波的形式从震源向各个方向传播并释放能量，这就是地震波。地震波是一种弹性波，它包括在地球内部传播的体波和在地面附近传播的面波。

体波可分为两种形式的波，即纵波(P 波)和横波(S 波)。

①纵波在传播过程中，其介质质点的振动方向与波的前进方向一致。纵波又称为压缩波，其特点是周期较短，振幅较小，如图 9.77(a)所示。

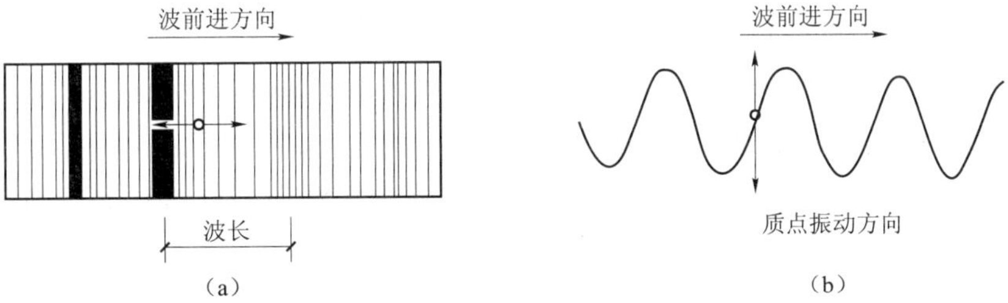

图 9.77 纵波示意

(a)纵波；(b)横波

②横波在传播过程中，其介质质点的振动方向与波的前进方向垂直。横波又称为剪切波，其特点是周期较长，振幅较大，如图 9.77(b)所示。

纵波的传播速度比横波的传播速度要快。所以，当某地发生地震时，在地震仪上首先记录到的地震波是纵波，随后记录到的才是横波。先到的波，通常称为初波(Primary Wave)或P波；后到的波，通常称为次波(Secondary Wave)或S波。

面波是体波经地层界面多次反射形成的次声波，它包括两种形式的波，即瑞雷波(R波)和乐甫波(L波)。瑞雷波传播时，质点在波的前进方向与地表面法向组成的平面内(图9.78中xz平面)作逆向椭圆运动；乐甫波传播时，质点在与波的前进方向垂直的水平方向(图9.78中y方向)作蛇形运动。与体波相比，面波周期长，振幅大，衰减慢，能传播到很远的地方。

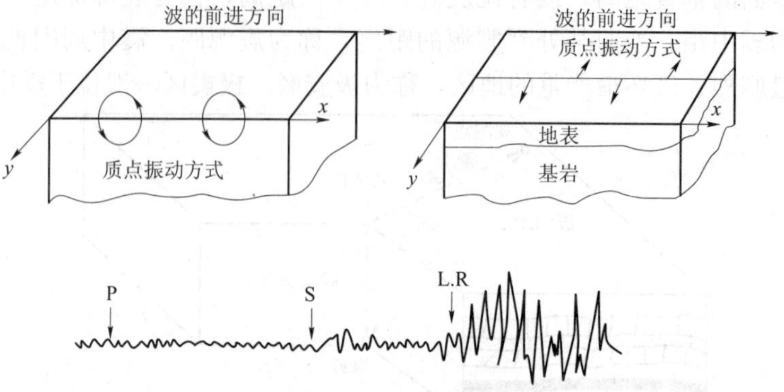

图9.78　面波示意

地震波的传播速度，以纵波最快，横波次之，面波最慢。纵波使建筑物产生上下颠动，横波使建筑物产生水平摇晃，而面波使建筑物既产生上下颠动又产生水平摇晃；当横波和面波都到达时，震动最为剧烈。一般情况下，横波产生的水平震动是导致建筑物破坏的主要因素；在强震震中区，纵波产生的竖向振动造成的影响也不容忽视。

2)震级。地震震级是表示地震本身大小的等级，它以地震释放的能量为尺度，根据地震仪记录到的地震波来确定。

1935年里克特(Richter)给出了地震震级的原始定义：用标准地震仪(周期为0.8 s，阻尼系数为0.8，放大倍数为2 800倍的地震仪)在距震中100 km处记录到最大水平位移(单振幅，以μm计)的常用对数值，表达式为：

$$M=\lg A \tag{9-39}$$

式中　M——震级，即里氏震级；

　　A——地震仪记录到的最大振幅。

例如：某次地震在距震中100 km处地震仪记录到的振幅为1 000 μm，取其对数等于4，根据定义这次地震就是4级。实际上，地震发生时距震中100 km处不一定有地震仪，现在也都不用上述标准的地震仪，所以，需要根据震中距和使用仪器对上式确定的震级进行修正。

$$\lg E=11.8+1.5M \tag{9-40}$$

上式表明，震级每增加一级，地震释放的能量就会增大约32倍。

一般来说，小于2级的地震，人感觉不到，称为微震；2～4级地震，震中附近有感，称为有感地震；5级以上地震，能引起不同程度的破坏，称为破坏地震；7级以上的地震，称为强烈地震或大地震；8级以上地震，称为特大地震。到目前为止，世界上记录到的最大一次地震是1960年5月22日发生在智利的8.5级地震。

3)烈度。地震烈度是指某地区地面和各类建筑物遭受一次地震影响的强烈程度，它是按地震造成的后果分类的。相对于震源来说，烈度是地震的强度。

对一次地震，表示地震大小的震级只有一个，但同一次地震对不同地点的影响是不一样的，因而烈度随地点的变化而存在差异。一般来说，距震中越远，地震影响越小，烈度越低；距震中越近，地震影响越大，烈度越高，震中区的烈度称为震中烈度，震中烈度往往最高。

为了评定地震烈度，需要制定一个标准，目前我国和世界上绝大多数国家都采用12等级的烈度划分表。它根据地震时人的感觉、器物的反应、建筑物的破坏和地表现象划分。把地面运动最大加速度和最大速度作为参考物理指标，给出了对应于不同烈度(5～10度)的具体数值。地震烈度既是地震后果的一种评价，又是地面运动的一种度量，它是联系宏观地震现象和地面运动强弱的纽带。需要指出的是，地震造成的破坏是多因素综合影响的结果，把地震烈度孤立地与某项物理指标联系起来的观点是片面的、不恰当的。

4)震级与震中烈度关系。地震震级与地震烈度是两个不同的概念，震级表示一次地震释放能量的大小，烈度表示某地区遭受地震影响的强弱程度。两种关系可用炸弹爆炸来解释，震级好比是炸弹的装药量，烈度则是炸弹爆炸后造成的破坏程度。震级和烈度只在特定条件下存在大致对应关系。

对于浅源地震(震源深度在10～30 km)，震中烈度 I_0 与震级 M 之间有如下对照关系，如表9.15所示。

表9.15　震中烈度 I_0 与震级 M 之间的关系

震级 M/级	2	3	4	5	6	7	8	8以上
震中烈度 I_0/度	1～2	3	4～5	6～7	7～8	9～10	11	12

上面对应关系也可用经验公式的形式给出：

$$M=0.58I_0+1.5$$

9.4.2　建筑抗震设防标准及设防目标

1. 建筑结构抗震设防依据

抗震设防的依据是抗震设防烈度，全国的抗震设防烈度以地震烈度区划图体现。

工程抗震的目标是减轻工程结构的地震破坏，降低地震灾害造成的损失，减轻震害的有效措施是对已有工程进行抗震加固和对新建工程进行抗震设防。在采取抗震措施前，必须知道哪些地方存在地震危害，其危害程度如何。地震的发生在地点、时间和强度上都具有不确定性，为适应这个特点，目前采用的方法是基于概率含义的地震预测。该方法将地震的发生及其影响视作随机现象，根据区域性地质构造、地震活动性和历史地震资料，划分潜在震源区，分析震源区地震活动性，确定地震动衰减规律，利于概率方法评价某一地区未来一定期限内遭受不同强度地震影响的可能性，给出以概率形式表达的地震烈度区划或其他地震动参数。

基于上述方法编制的《中国地震烈度区划图(1990)》经国务院批准由国家地震局和建设部于1992年6月6日颁布实施，试图用基本烈度表示地震危害性，把全国划分为基本烈度不同的5个地区。基本烈度是指50年期限内，在一般场地条件下，可能遭受超越概率为10%的烈度值。我国目前以地震烈度区划图上给出的基本烈度作为抗震设防的依据，《建筑抗震设计规范(2016 年版)》(GB 50011—2010)(以下简称《抗震规范》)规定，一般情况下，可采用基本烈度作为建筑抗震设计中的抗震设防烈度。

2. 建筑结构抗震设计思想

(1)三水准的抗震设防准则。抗震设防是为了减轻建筑的地震破坏，避免人员伤亡和减少经济损失。鉴于地震的发生，在时间、空间和强度上都不能确切预测，要使所设计的建筑物在遭受未来可能发生的地震时不发生破坏，是不现实和不经济的。抗震设防水准在很大程度上依赖于经济条件和技术水平，既要使震前用于抗震设防的经费投入为经济条件所允许，又要使震后经过抗震技术设计的建筑破坏程度不超过人们所能接受的限度。为达到经济与安全之间的合理平衡，现在世界上大多数国家都采用了下面的设防标准：抵抗小地震，结构不受损坏；抵抗中等地震，结构不显著破坏；抵抗大地震，结构不倒塌。也就是说，建筑物在使用期间，对不同强度和频率的地震，其结构具有不同的抗震能力。

基于上述抗震设计准则，我国《抗震规范》提出了三水准的抗震设防要求。

1)第一水准：当遭受低于本地区设防烈度的多遇地震(或称小震)影响时，建筑物一般不损坏或不需修理仍可继续使用；

2)第二水准：当遭受本地区设防烈度的地震影响时，建筑物可能损坏，经过一般修理或不需修理仍可继续使用；

3)第三水准：当遭受高于本地区设防烈度的预估罕遇地震(或称大震)影响时，建筑物不倒塌，或不发生危及生命的严重破坏。

上述三个烈度水准分别对应于多遇烈度、基本烈度和罕遇烈度，如图 9.79 所示。与三个烈度水准相应的抗震设防目标是：遭受第二水准烈度时，建筑物可能发生一定程度的破坏，允许结构进入非弹性工作阶段，但非弹性变形造成的结构损坏应控制在可修复范围内；遭遇第三水准烈度时，建筑物可以产生严重破坏，结构可以有较大的非弹性变形，但不应发生建筑倒塌或危及生命的严重破坏。概括起来，就是“小震不坏，中震可修，大震不倒”的设防思想。

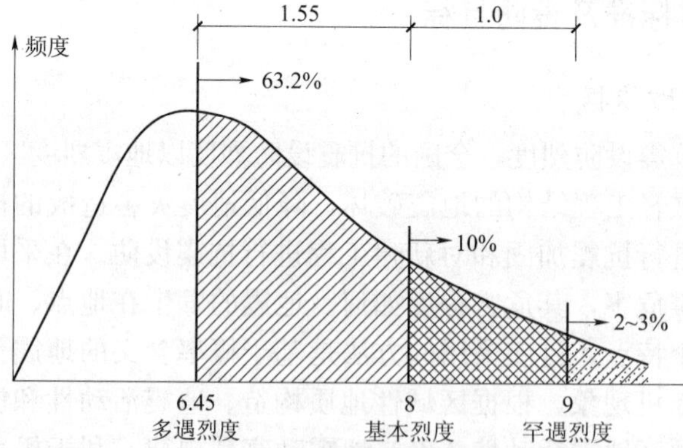

图 9.79　地震烈度概率分布

(2)二阶段设计方法。为使三水准设防要求在抗震分析中具体化，《抗震规范》采用二阶段设计方法实现三水准的抗震设防要求。

第一阶段设计，是多遇地震下承载力验算和弹性变形计算。取第一水准的地震动参数，用弹性方法计算结构的弹性地震作用，然后将地震作用效应和其他荷载效应进行组合，对构件界面进行承载力验算，保证必要的强度和可靠度，满足第一水准“不坏”的要求；对有些结构(如钢筋混凝土结构)，还要进行弹性变形计算，控制侧向变形不要过大防止结构构件和非结构构件出现较多损坏，满足第二水准“可修”的要求；再通过合理的结构布置和抗震构造措施，增加结构的耗能能力和变形能力，即认为满足第三水准“不倒”的要求。对于大多数结构，可只进行第一阶段设计，不必进行第二阶段设计。

第二阶段设计，是罕遇地震下弹塑性变形验算。对于特别重要的结构或抗侧能力较弱的结构，除进行第一阶段设计外，还要取第三水准的地震动参数进行薄弱层(部位)的弹塑性变形验算；如不满足要求，则应修改设计或采取相应构造措施来满足第三水准的设防要求。

(3)建筑物分类与设防标准。在抗震设计中，根据建筑遭受地震破坏后可能产生的经济损失、社会影响及其在抗震救灾中的作用，将建筑物按重要性分为甲、乙、丙、丁四类。对于不同重要性的建筑，采取不同的抗震设防标准。

1)甲类建筑。特殊要求的建筑，如核电站、中央级电信枢纽，这类建筑遇到破坏会导致严重后果，如产生放射性污染、剧毒气体扩散或其他重大政治和社会影响。

2)乙类标准。国家重点抗震城市的生命线工程的建筑，如这些城市中的供水、供电、广播、通信、消防、医疗建筑或其他重要建筑。

3)丙类建筑。甲、乙、丁以外的建筑，如大量的一般工业与民用建筑。

4)丁类建筑。次要建筑、遇到地震破坏不易造成人员伤亡和较大经济损失的建筑，如一般仓库、人员较少的辅助性建筑。

《抗震规范》规定，抗震设防标准应符合下列要求：

1)甲类建筑。地震作用应高于本地区抗震设防烈度的要求，其值应按标准的地震安全性评价结果确定；抗震措施，当抗震设防烈度为 6～8 度时，应符合本地区抗震设防烈度提高一度的要求；当为 9 度时，应符合比 9 度抗震设防更高的要求。

2)乙类建筑。地震作用应符合本地区抗震设防烈度的要求；抗震措施，一般情况下，当抗震设防烈度为 6～8 度时，应符合本地区抗震设防烈度；提高一度时，当为 9 度时，应符合比 9 度抗震设防更高的要求；地基基础的抗震措施，应符合有关规定。

对较小的乙类建筑，当其结构改用抗震性能较好的结构类型时，应允许仍按本地区抗震设防烈度的要求采取抗震措施。

3)丙类建筑。地震作用和抗震措施，均应符合本地区抗震设防烈度的要求。

4)丁类建筑。一般情况下，地震作用仍应符合本地区抗震设防烈度的要求；抗震措施应允许比本地区抗震设防烈度的要求适当降低，但抗震设防烈度为 6 度时不应降低。

另外，抗震设防为 6 度时，除《抗震规范》有具体规范外，对乙、丙、丁类建筑，可不进行地震作用计算。

3. 建筑结构抗震概念设计基本要求

建筑结构抗震概念设计须考虑地震及其影响的不确定性，依据历次震害总结出的规律性，既着眼于结构的总体地震反应，合理选择建筑体型和结构体系，又顾及结构关键部位细节问题，正确处理细部构造和材料选用，灵活运用抗震设计思想，综合解决抗震设计的基本问题。概念设计包括以下内容：

(1)建筑形状选择。建筑形状关系到结构体型，其对建筑物抗震性能有明显影响。震害表明，形状比较简单的建筑，在遭遇地震时一般破坏较轻，这是因为形状简单的建筑受力性能明确，传力途径简捷，设计时容易分析建筑的实际地震反应和结构内力分布，结构的构造措施也易于处理。因此，建筑形状应力求简单、规则，注意遵循如下要求：

1)建筑平面布置应简单、规整。建筑平面的简单和复杂，可通过平面形状的凸凹来区别。简单的平面图形多为凸形的，即在图形内任意两点间的连线不与边界相交，如方形、矩形、圆形、椭圆形、正多边形等，如图 9.80(a)所示。复杂图形常有凹角，即在图形内任意两点间的边线可能同边界相交，如 L 形、T 形、U 形、十字形和其他带有伸出翼缘的形状，如图 9.80(b)所示。有凹角的结构容易产生应力集中或应变集中，形成抗震薄弱环节。

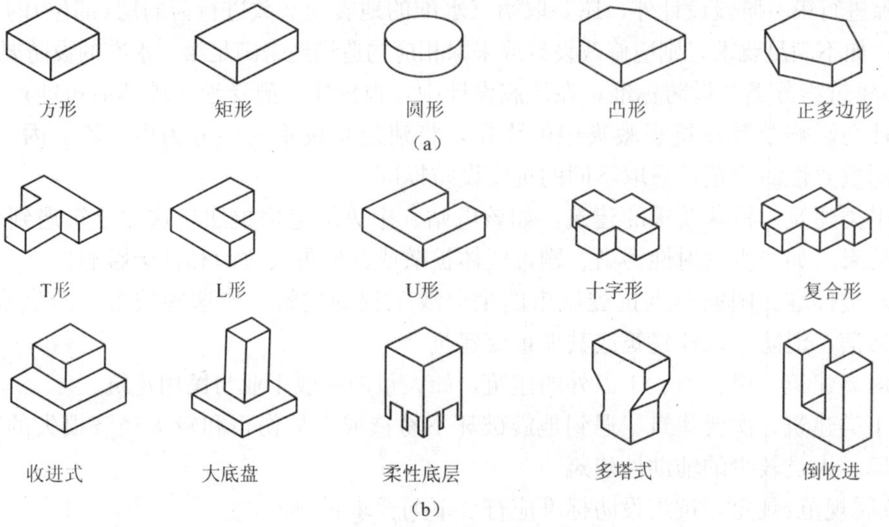

图 9.80　建筑形状

(a)简单图形；(b)复杂图形

2)建筑物竖向布置应均匀和连续。建筑体型复杂会导致结构体系沿竖向强度与刚度分布不均匀，在地震作用下某一层间或某一部位率先屈服而出现较大的弹塑性变形。例如，立面突然收进的建筑或局部突出的建筑，会在凹角处产生应力集中；大底盘建筑，低层裙房与高层主楼相连，体型突变引起刚度突变，在裙房与主楼交接处塑性变形集中；柔性底层建筑，建筑上因底层需要开放大空间，上部的墙、柱不能全部落地，形成柔弱底层。

3)刚度中心和质量中心应一致。房屋中抗侧力构件合力作用点的位置称为质量中心。地震时，如果刚度中心和质量中心不重合，会产生扭转效应，使远离刚度中心的构件产生较大应力而严重破坏。例如，前述具有伸出翼缘的复杂平面形状的建筑，伸出端往往破坏较重。又如，刚度偏心的建筑，有的建筑虽然外形规则、对称，但抗侧力系统不对称，如抗侧刚度很大的钢筋混凝土芯筒或钢筋混凝土墙偏设，造成刚心偏离质心，产生扭转效应。

4)复杂体型建筑物的处理。房屋体型常常受到使用功能和建筑美观的限制，不易布置成简单、规则的形式。对于体型复杂的建筑物，可采取下面两种处理方法：设置建筑防震缝，并对建筑物进行细致的抗震设计；估计建筑物的局部应力，变形集中及扭转影响，判明易损部位，采取加强措施，提高结构变形能力。

(2) 抗震结构体系。抗震结构体系的主要功能为承担侧向地震作用，合理选用抗震结构体系是抗震设计中的关键问题，直接影响着房屋的安全性和经济性。在结构方案决策时，应从以下几个方面加以考虑：

1)结构屈服机制。结构屈服机制可以根据地震中构件出现屈服的位置和次序，划分为两种基本类型：层间屈服机制和总体屈服机制。层间屈服机制是指结构的竖向构件先于水平构件屈服，塑性铰首先出现在柱上，只要某一层柱上、下端出现塑性铰，该楼层就会整体侧向屈服，发生层间破坏，如弱柱型框架、强梁型联肢剪力墙等。总体屈服机制是指结构的水平构件先于竖向构件屈服。塑性铰首先会出现在梁上，即使大部分梁甚至全部梁上出现塑性铰，结构也不会形成破坏机构，如强柱型框架、弱梁型联肢剪力墙等。总体屈服机制有较强的耗能能力，在水平构件屈服的情况下，仍能维持相对稳定的竖向承载力，可以继续经历变形而不倒塌，其抗震性能优于层间屈服机制。

2)多道抗震防线。结构的抗震能力依赖于组成结构各部分的吸能和耗能能力。在抗震体系中，吸收和消耗地震输入能力的各部分，称为抗震防线。一个良好的抗震结构体系应尽量设置多道防线。当某部分结构出现破坏，降低或丧失抗震能力时，其余部分能继续抵抗地震作用。具有多道防线的结构，一是要求结构具有良好的延性和耗能能力；二是要求结构具有尽可能多的抗震赘余度。结构的吸能和耗能能力，主要依靠结构或构件在预定部位产生塑性铰。若结构没有足够的赘余度，一旦某部位形成塑性铰，就会使结构变成可变体系而丧失整体稳定。另外，应控制塑性铰出现在恰当位置，塑性铰的形成不应危及整体结构的安全。

3)结构构件。结构体系是由各类构件连接而成，抗震结构的构件应具备必要的强度、适当的刚度、良好的延性和可靠的连接，并注意强度、刚度和延性之间的合理均衡。

结构构件要有足够的强度，其抗剪、抗弯、抗压、抗扭等强度均应满足抗震承载力要求。要合理选择截面、合理配筋，在满足强度要求的同时，还要做到经济、可行。在构件强度计算和构造处理上，要避免剪切破坏先于弯曲破坏，混凝土压溃先于钢筋屈服，钢筋锚固失效先于构件破坏，以便更好地发挥构件的耗能能力。

结构构件的刚度要适当。构件刚度太小，地震作用下结构变形过大，会导致非结构构件的损坏甚至结构构件的破坏；构件刚度太小会降低构件延性，增大地震作用，还要多消耗大量材料。抗震结构要在刚柔之间寻找合理的方案。

结构构件应具有良好的延性，即具有良好的变形能力和耗能能力。从某种意义上说，结构抗震的本质就是延性。提高延性可以增加结构抗震潜力，增强结构抗倒塌能力。采取措施可以提高和改善构件延性，如砌体结构具有较大的刚度和一定的强度，但延性较差。若在砌体中设置圈梁和构造柱，将墙体横竖相箍，可以大大提高变形能力。又如钢筋混凝土抗震墙，刚度大、强度高，但延性不足。若在抗震墙中竖缝把墙体划分成若干并列墙段，可以改善墙体的变形能力，做到强度、刚度和延性的合理匹配。

构件之间要有可靠连接，保证结构的空间整体性，构件的连接应具有必备的强度和一定的延性，使之能满足传递地震作用的强度要求和适应地震对大变形的延性要求。

4)非结构构件。非结构构件一般指附属于主体结构的构件，如围护墙、内隔墙、女儿墙、装饰贴面、玻璃幕墙、吊顶等。这些构件若构造不当、处理不妥，地震时往往发生局部倒塌或装饰物脱落，砸伤人员、砸坏设备，影响主体结构的安全。非结构构件按其是否参与主体结构工作，大致分成两类：

一类为非结构的墙体，如围护墙、内隔墙、框架填充墙等。在地震作用下，这些构件或多或少地参与了主体结构工作，改变了整个结构的强度、刚度和延性，直接影响了结构抗震性能。设置上要考虑其对结构抗震的有利影响和不利影响，采取妥善措施。例如：框架填充墙的设置增大了结构的质量和刚度，从而增大了地震作用，但由于墙体参与抗震，分担了一部分水平地震作用，减小了整个结构的侧移。因此，在构造上应当加强框架与填充墙的联系，使非结构构件的填充墙成为主体抗震结构的一部分。

另一类为附属构件或装饰物，这些构件不参与主体结构工作。对于附属构件，如女儿墙、雨篷等，应采取措施，加强本身的整体性，并与主体结构加强连接和锚固，避免地震时倒塌伤人。对于装饰物，如建筑贴面、玻璃幕墙、吊顶等，应增强与主体结构的连接。必要时采用柔性连接，使主体结构变形不会导致贴面和装饰的破坏。

9.5 多高层房屋的抗震构造

9.5.1 框架结构的抗震构造

1. 框架梁

梁的截面尺寸，宜符合下列各项要求：

截面宽度不宜小于 200 mm；

截面高宽之比不宜大于 4；

净跨与截面高度之比不宜小于 4。

梁宽大于柱宽的扁梁应符合下列要求：

(1)采用扁梁的楼、屋盖应现浇，梁中线宜与柱中线重合，扁梁应双向布置。扁梁的截面尺寸应符合下列要求，并应满足现行有关规范对挠度和裂缝宽度的规定：

$$b_b \leqslant 2b_c \tag{9-41}$$

$$b_b \leqslant b_c + h_b \tag{9-42}$$

$$h_b \geqslant 16d \tag{9-43}$$

式中 b_c——柱截面宽度，圆形截面取柱直径的 0.8 倍；

b_b、h_b——分别为梁截面宽度和高度；

d——柱纵筋直径。

(2)扁梁不宜用于一级框架结构。梁的钢筋配置，应符合下列各项要求：

1)梁端计入受压钢筋的混凝土受压区高度和有效高度之比，一级不应大于 0.25，二、三级不应大于 0.35。

2)梁端截面的底面和顶面纵向钢筋配筋量的比值，除按计算确定外，一级不应小于 0.5，二、三级不应小于 0.3。

3)梁端箍筋加密区的长度、箍筋最大间距和最小直径应按表 9.16 采用，当梁端纵向钢筋配筋率大于 2%时，表中箍筋最小直径数值应增大 2 mm。

表 9.16 梁端箍筋加密区的长度、箍筋的最大间距和最小直径 mm

抗震等级	加密区长度(采用较大值)	箍筋最大间距(采用最小值)	箍筋最小直径
一	$2h_b$，500	$h_b/4$，$6d$，100	10
二	$1.5h_b$，500	$h_b/4$，$8d$，100	8
三	$1.5h_b$，500	$h_b/4$，$8d$，150	8
四	$1.5h_b$，500	$h_b/4$，$8d$，150	6

注：1. d 为纵向钢筋直径，h_b 为梁截面高度。

2. 箍筋直径大于 12 mm、数量不少于 4 肢且肢距不大于 150 mm 时，一、二级的最大间距应允许适当放宽，但不得大于 150 mm。

4)梁端纵向受拉钢筋的配筋率不宜大于 2.5%。沿梁全长顶面、底面的配筋，一、二级不应少于 2Φ14，且分别不应少于梁顶面、底面两端纵向配筋中较大截面面积的 1/4；三、四级不应少于 2Φ12。

5)一、二、三级框架梁内贯通中柱的每根纵向钢筋直径，对框架结构，不应大于矩形截面柱在该方向截面尺寸的 1/20，或纵向钢筋所在位置圆形截面柱弦长的 1/20；对其他结构类型的框架，不宜大于矩形截面柱在该方向截面尺寸的 1/20，或纵向钢筋所在位置圆形截面柱弦长的 1/20。

6)梁端加密区的箍筋肢距，一级不宜大于 200 mm 和 20 倍箍筋直径的较大值，二、三级不宜大于 250 mm 和 20 倍箍筋直径的较大值，四级不宜大于 300 mm。

2. 框架柱

柱的截面尺寸，宜符合下列各项要求：

(1)截面的宽度和高度，四级或不超过 2 层时，不宜小于 300 mm；一、二、三级且超过 2 层时，不宜小于 400 mm；圆柱的直径，四级或不超过 2 层时，不宜小于 350 mm；一、二、三级且超过 2 层时，不宜小于 450 mm。

(2)剪跨比宜大于 2。

(3)截面长边与短边的边长比不宜大于 3。

柱轴压比不宜超过表 9.17 的规定；建造于 4 类场地且较高的高层建筑，柱轴压比限值应适当减小。

表 9.17　柱轴压比限值

结构类型	抗震等级			
	一	二	三	四
框架结构	0.65	0.75	0.85	0.90
框架-抗震墙，板柱-抗震墙、框架-核心筒及筒中筒	0.75	0.85	0.90	0.95
部分框支抗震墙	0.6	0.7	—	

注：1. 轴压比指柱组合的轴压力设计值与柱的全截面面积和混凝土轴心抗压强度设计值乘积之比值；对本规范规定不进行地震作用计算的结构，可取无地震作用组合的轴力设计值计算。

2. 表内限值适用于剪跨比大于 2、混凝土强度等级不高于 C60 的柱；剪跨比不大于 2 的柱，轴压比限值应降低 0.05；剪跨比小于 1.5 的柱，轴压比限值应专门研究并采取特殊构造措施。

3. 沿柱全高采用井字复合箍且箍筋肢距不大于 200 mm、间距不大于 100 mm、直径不小于 12 mm，或沿柱全高采用复合螺旋箍、螺旋间距不大于 100 mm、箍筋肢距不大于 200 mm、直径不小于 12 mm，或沿柱全高采用连续复合矩形螺旋箍、螺旋净距不大于 80 mm、箍筋肢距不大于 200 mm、直径不小于 10 mm，轴压比限值均可增加 0.10；上述三种箍筋的最小配箍特征值，均应按增大的轴压比由《建筑抗震设计规范(2016 年版)》(GB 50011—2010)表 6.3.9 确定。

4. 在柱的截面中部附加芯柱，其中，另加的纵向钢筋的总面积不少于柱截面面积的 0.8%，轴压比限值可增加 0.05；此项措施与注 3 的措施共同采用时，轴压比限值可增加 0.15，但箍筋的体积配筋率仍按轴压比增加 0.10 的要求确定。

5. 柱轴压比不应大于 1.05。

柱的钢筋配置，应符合下列各项要求：

(1)柱纵向受力钢筋的最小总配筋率应按表9.18采用，同时每一侧配筋率不应小于0.2%；对建造于4类场地且较高的高层建筑，最小总配筋率应增加0.1%。

表9.18　柱截面纵向钢筋的最小总配筋率 %

类　别	抗震等级			
	一	二	三	四
中柱和边柱	0.9(1.0)	0.7(0.8)	0.6(0.7)	0.5(0.6)
角柱、框架柱	1.1	0.9	0.8	0.7

注：1. 表中，括号内数值用于框架结构的柱。
2. 钢筋强度标准值小于400 MPa时，表中数值应增加0.1，钢筋强度标准值为400 MPa时，表中数值应增加0.05。
3. 混凝土强度等级高于C60时，上述数值应相应增加0.1。

(2)柱箍筋在规定的范围内应加密。加密区的箍筋间距和直径，应符合下列要求：

1)一般情况下，箍筋的最大间距和最小直径，应按表9.19采用。

表9.19　柱箍筋加密区的箍筋最大间距和最小直径 mm

抗震等级	箍筋最大间距(采用较小值)	箍筋最小直径
一	$6d$，100	10
二	$8d$，100	8
三	$8d$，150(柱根100)	8
四	$8d$，150(柱根100)	6(柱根8)

注：1. d为柱纵筋最小直径。
2. 柱根指底层柱下端箍筋加密区。

2)当一级框架柱的箍筋直径大于12 mm且箍筋肢距不大于150 mm、二级框架柱的箍筋直径不小于10 mm且箍筋肢距不大于200 mm时，除底层柱下端外，最大间距应允许采用150 mm；当三级框架柱的截面尺寸不大于400 mm时，箍筋最小直径应允许采用6 mm；当四级框架柱剪跨比不大于2时，箍筋直径不应小于8 mm。

3)框支柱和剪跨比不大于2的框架柱，箍筋间距不应大于100 mm。

(3)柱的纵向钢筋宜对称配置。

(4)截面边长大于400 mm的柱，纵向钢筋间距不宜大于200 mm。

(5)柱总配筋率不应大于5%；剪跨比不大于2的一级框架柱，每侧纵向钢筋配筋率不宜大于1.2%。

(6)边柱、角柱及抗震墙端柱在小偏心受拉时，柱内纵筋总截面面积应比计算值增加25%。

(7)柱纵向钢筋的绑扎接头，应避开柱端的箍筋加密区。

(8)柱的箍筋加密范围，应按下列规定采用：

1)柱端，取截面高度(圆柱直径)、柱净高的1/6和500 mm三者中的最大值；

2)底层柱的下端不小于柱净高的1/3；

3)刚性地面上下各500 mm；

4)剪跨比不大于2的柱、因设置填充墙等形成的柱净高与柱截面高度之比不大于4的柱、框支柱、一级和二级框架的角柱，取全高。

(9)柱箍筋加密区的箍筋肢距，一级不宜大于200 mm，二、三级不宜大于250 mm，四级不宜大于300 mm。至少每隔一根纵向钢筋宜在两个方向有箍筋或拉筋约束；采用拉筋复合箍时，拉筋宜紧靠纵向钢筋并钩住箍筋。

(10)柱箍筋加密区的体积配筋率，应按下列规定采用：

1)柱箍筋的加密区的体积配筋率，应符合下式要求：

$$\rho_v \geqslant \lambda_v f_c / f_{yv} \tag{9-44}$$

式中 ρ_v——柱箍加密区的体积配筋率，一级不应小于0.8%，二级不应小于0.6%，三、四级不应小于0.4%；计算复合螺旋箍的体积配筋率时，非螺旋箍的箍筋体积应乘以折减系数0.80；

f_c——混凝土轴心抗压强度设计值，强度等级低于C35时，应按C35计算；

f_{yv}——箍筋或拉筋抗拉强度设计值；

λ_v——最小配箍特征值，宜按表9.20采用。

表9.20 柱箍筋加密区的箍筋最小配箍特征值

抗震等级	箍筋形式	柱轴压比								
		≤0.3	0.4	0.5	0.6	0.7	0.8	0.9	1.0	1.05
一	普通箍、复合箍	0.10	0.11	0.13	0.15	0.17	0.20	0.23	—	—
一	螺旋箍、复合或连续复合矩形螺旋箍	0.08	0.09	0.11	0.13	0.15	0.18	0.21	—	—
二	普通箍、复合箍	0.08	0.09	0.11	0.13	0.15	0.17	0.19	0.22	0.24
二	螺旋箍、复合或连续复合矩形螺旋箍	0.06	0.07	0.09	0.11	0.13	0.15	0.17	0.20	0.22
三、四	普通箍、复合箍	0.06	0.07	0.09	0.11	0.13	0.15	0.17	0.20	0.22
三、四	螺旋箍、复合或连续复合矩形螺旋箍	0.05	0.06	0.07	0.09	0.11	0.13	0.15	0.18	0.20

注：普通箍指单个矩形箍和单个圆形箍，复合箍是指由矩形、多边形、圆形箍或拉筋组成的箍筋；复合螺旋箍是指由螺旋箍与矩形、多边形、圆形箍或拉筋组成的箍筋；连续复合箍是指用一根通长钢筋加工而成的箍筋。

2)框支柱宜采用复合螺旋箍或井字复合箍，其最小配箍特征值应比表 9.20 内数值增加 0.02，且体积配筋率不应小于 1.5%。

3)剪跨比不大于 2 的柱，宜采用复合螺旋箍或井字复合箍，其体积配筋率不应小于 1.2%；9 度一级时，不应小于 1.5%。

(11)柱箍筋非加密区的箍筋配置，应符合下列要求：

1)柱箍筋非加密区的体积配筋率，不宜小于加密区的 50%。

2)箍筋间距，一、二级框架柱不应大于 10 倍纵向钢筋直径，三、四级框架柱不应大于 15 倍纵向钢筋直径。

3. 框架节点

一、二、三级框架节点核芯区配箍特征值，分别不宜小于 0.12、0.10 和 0.08，且体积配箍率分别不宜小于 0.6%、0.5%和 0.4%。柱剪跨比不大于 2 的框架节点核芯区，体积配箍率不宜小于核芯区上、下柱端的较大体积配箍率。

4. 楼梯

(1)宜采用现浇钢筋混凝土楼梯。

(2)楼梯间的布置，不应导致结构平面特别不规则；楼梯构件与主体结构整浇时，应计入楼梯构件对地震作用及其效应的影响，应进行楼梯构件的抗震承载力验算；宜采取构造措施，减少楼梯构件对主体结构刚度的影响。

(3)楼梯间两侧填充墙与柱之间应加强连接。

9.5.2 框架-剪力墙结构的抗震构造

(1)采用装配整体式楼、屋盖时，应采用措施保证楼、屋盖的整体性及其与剪力墙的可靠连接。装配整体式楼、屋盖采用配筋现浇面层加强时，其厚度不应小于 50 mm。

(2)框架-剪力墙结构和板柱-剪力墙结构中的剪力墙设置，宜符合下列要求：

1)剪力墙宜贯通房屋全高。

2)楼梯间宜设置剪力墙，但不宜造成较大的扭转效应。

3)剪力墙的两端(不包括洞口两侧)宜设置端柱或与另一方向的剪力墙相连。

4)房屋较长时，刚度较大的纵向剪力墙不宜设置在房屋的端开间。

5)剪力墙洞口宜上、下对齐；洞边距端柱不宜小于 300 mm。

(3)剪力墙底部加强部位的范围，应符合下列规定：

1)底部加强部位的高度，应从地下室顶板算起。

2)部分框支抗震结构的剪力墙，起底部加强部位的高度，可取框支层加框支层以上两层的高度及落地剪力墙总高度的 1/10 两者中的较大值。其他结构的剪力墙，当房屋高度大于 24 m 时，底部加强部位的高度可取底部两层和墙体总高度的 1/10 两者中的较大值；当房屋高度不大于 24 m 时，底部加强部位可取底部一层。

3)当结构计算嵌固端位于地下一层的底板或以下时，底部加强部位还宜向下延伸到计算嵌固端。

附图 9.1　单阶柱柱顶反力与水平位移系数值

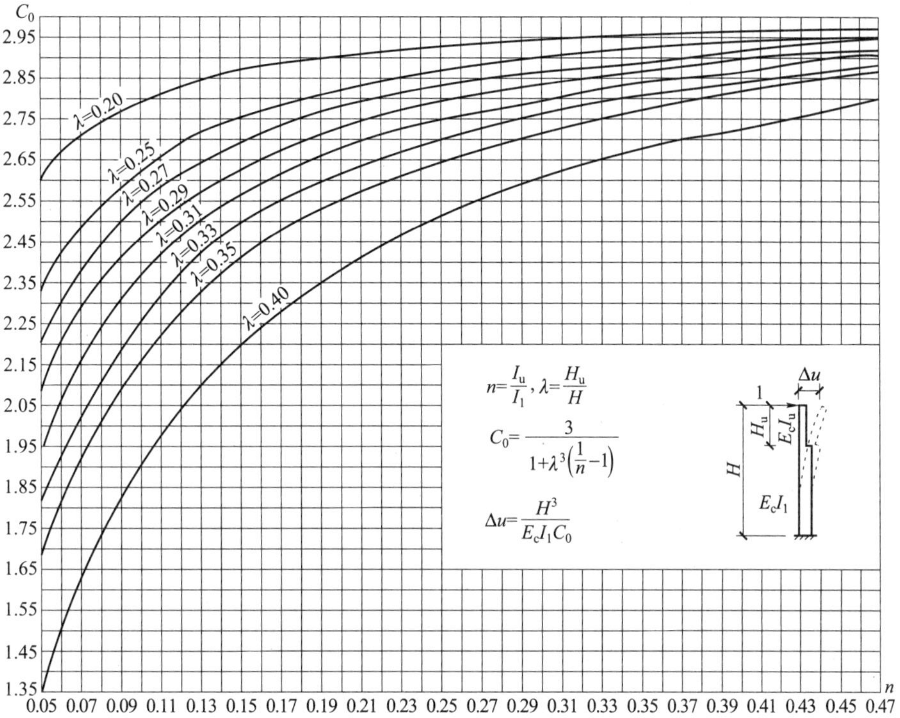

附图 1　柱顶单位集中荷载作用下系数 C_0 的数值

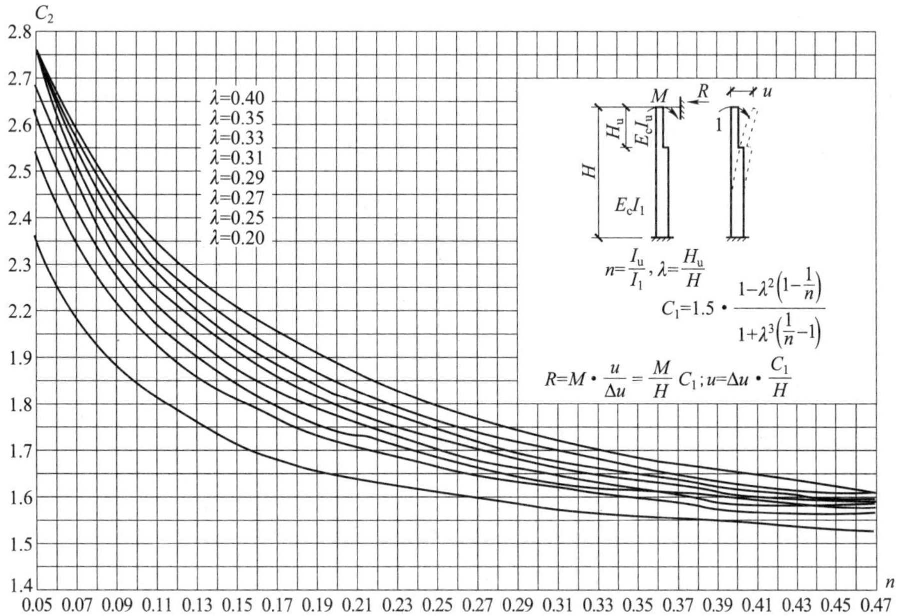

附图 2　柱顶力矩作用下系数 C_1 的数值

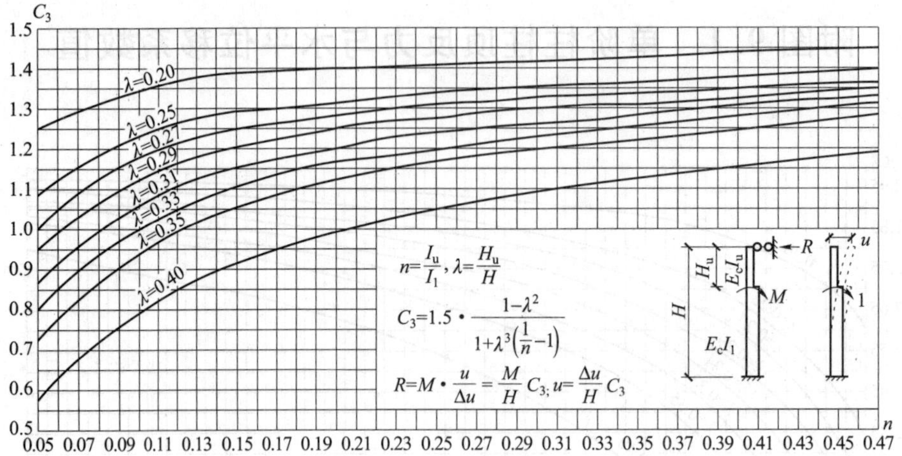

附图 3　力矩作用在牛腿顶面时系数 C_3 的数值

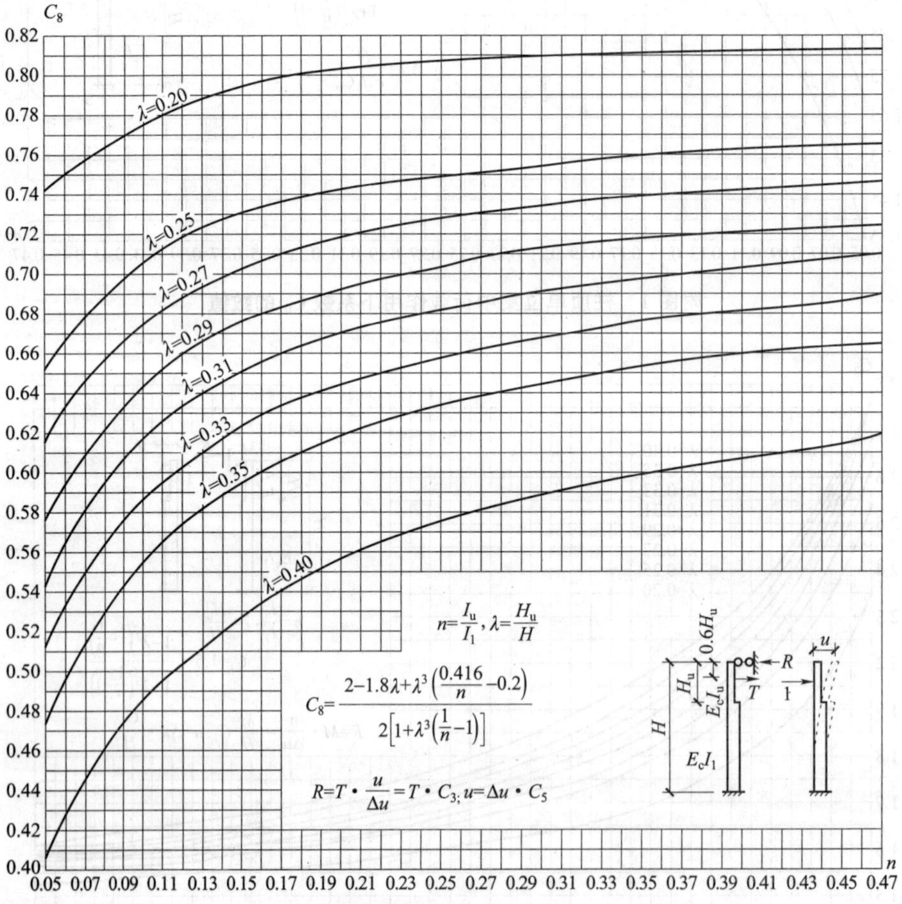

附图 4　集中水平荷载作用在上柱($y=0.6H_u$)时系数 C_5 的数值

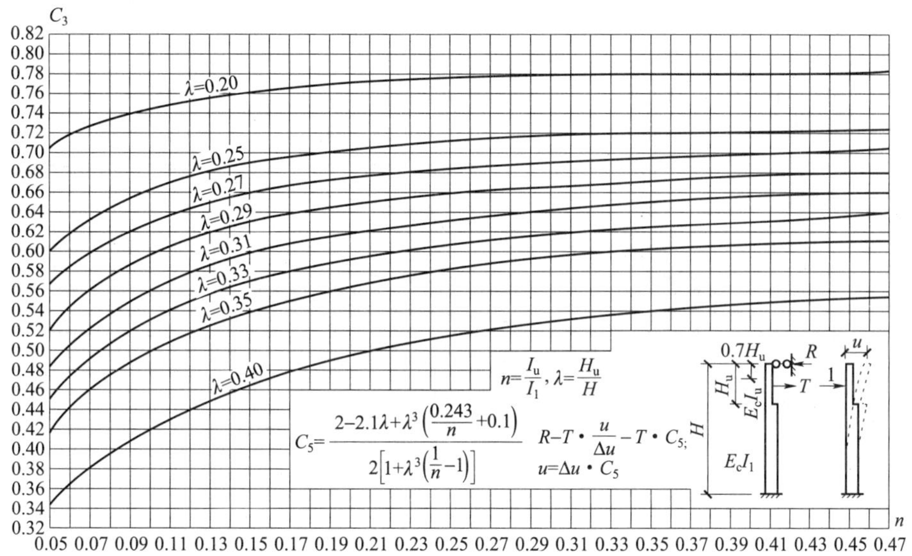

附图 5　集中水平荷载作用在上柱($y=0.7H_u$)时系数 C_5 的数值

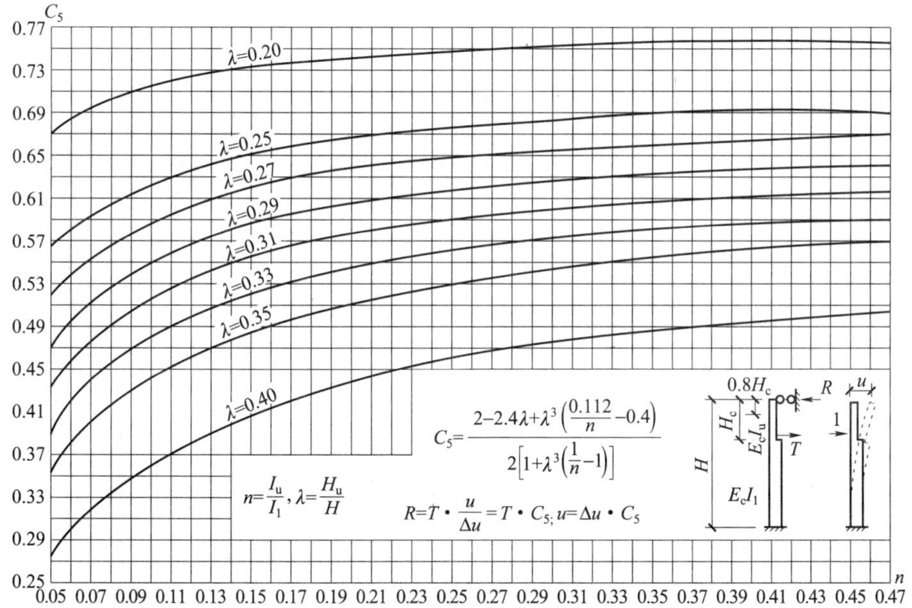

附图 6　集中水平荷载作用在上柱($y=0.8H_u$)时系数 C_5 的数值

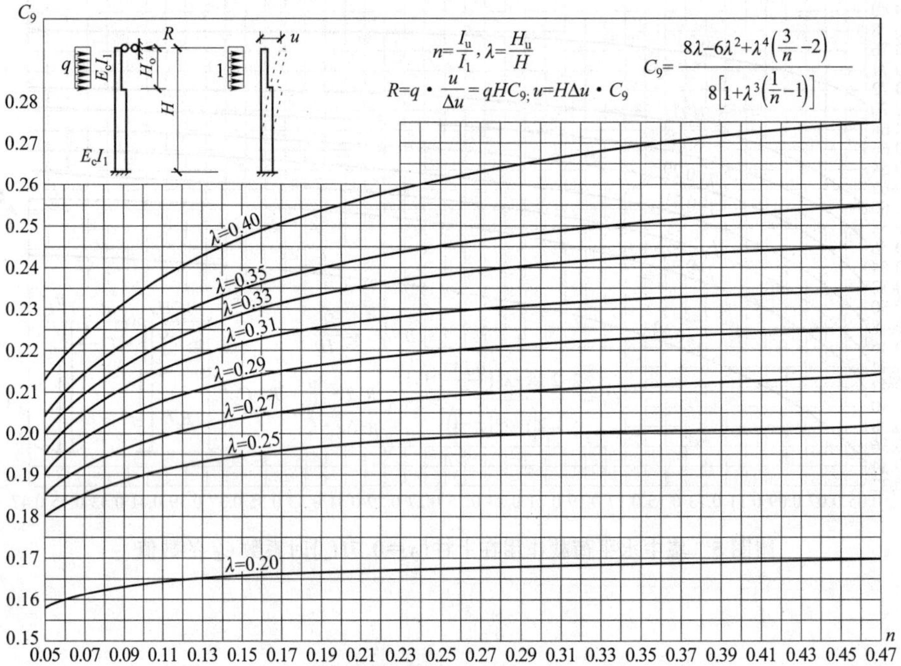

附图 7　水平均布荷载作用在整个上柱时系数 C_9 的数值

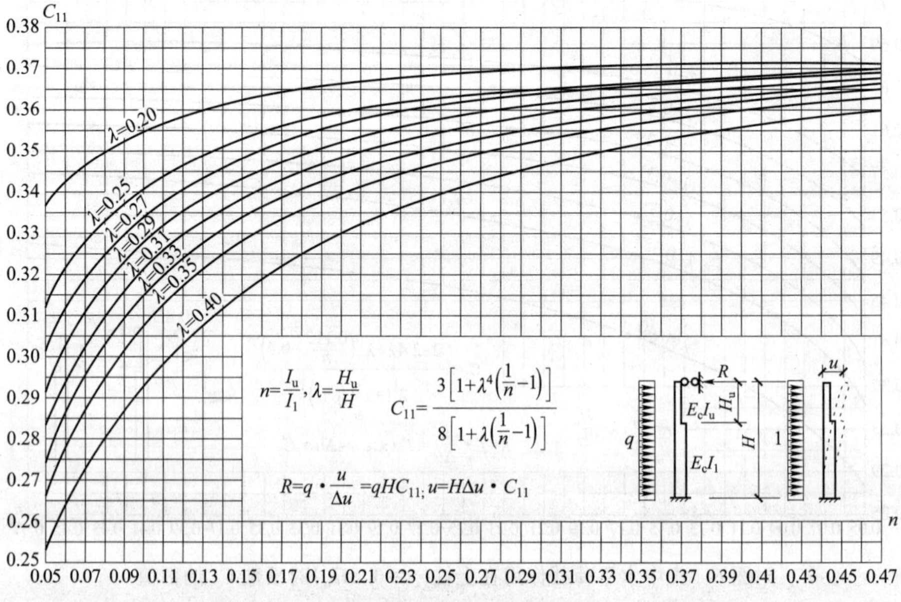

附图 8　水平均布荷载作用在整个柱时系数 C_{11} 的数值

本章小结

(1)单层厂房结构布置，由屋盖结构、横向平面排架、纵向平面排架和围护结构四部分组成。

(2)单层厂房结构布置包括结构平面布置、支撑、变形缝、抗风柱等结构构件的布置。其中，尤其要重视屋面支撑系统和柱间支撑系统的布置。

(3)单层厂房一般只按横向平面排架计算。横向平面排架的设计包括：确定排架计算简图、作用在排架上的各种荷载计算及计算简图。

(4)为了保证结构的可靠性，排架柱应根据最不利荷载组合下的内力进行设计。

(5)排架柱的设计内容主要包括使用阶段各控制截面上的配筋计算，施工阶段吊装验算及牛腿的受力特点和构造要求。

(6)单层厂房一般是装配式结构，其屋面板、屋架(屋面梁)、吊车梁等，一般可参考标准图集选用。

(7)由柱和梁连接而成的框架结构是一种常用的竖向结构形式。框架结构的柱网布置既要满足生产工艺和建筑平面布置的要求，又要使结构受力合理、施工方便。确定柱网后，用梁把柱连起来，便成为空间受力体系，但通常视为纵向和横向两个方向的平面框架。按楼板布置方式的不同，框架的布置有横向承重、纵向承重和纵、横向混合承重等方案。仅当建筑物平面较长，或平面复杂，或部分刚度、高度、重量相差悬殊时，可设置变形缝。

(8)框架结构内力计算时，可取有代表性的区段作为计算单元。确定计算简图时，要视节点及基础的具体情况，区别为刚接或是铰接；在计算框架梁惯性矩时，可考虑楼板的影响。

1)竖向荷载作用下，可近似采用分层法计算内力。其要点是：假定框架无侧移，而荷载只对本层的梁及上、下柱产生内力，为此，将整个框架按层分成开口框架作为计算简图。应注意，除底层以外其他各层柱的线刚度乘以0.9加以折减，相应的传递系数为1/3，最后拼合各开口框架计算结果，即为整个框架的弯矩图。

2)水平荷载作用下内力的近似计算可采用反弯点法或D值法。反弯点法的基本要点是：假定横梁刚度无限大，柱所受的剪力按柱的抗侧刚度进行分配，层间柱的反弯点位于柱高的中央，底层柱的反弯点在离柱底2/3柱高处，由此得柱端弯矩，再由节点平衡得梁的弯矩。反弯点法适用于梁的刚度大、规则的低层框架。

3)D值法是对反弯点法中，柱的抗侧刚度及反弯点位置的修正。当层数增多时，梁、柱线刚度较为接近。在水平荷载下，梁、柱节点不仅有水平位移，还有较大的转角。柱的抗侧刚度，即要以修正系数 e 考虑梁柱线刚度比对柱抗侧刚度的影响，各柱反弯点位置取决于该柱上、下端转角的比值，它偏向转角较大即约束刚度较小的一端。

(9)框架结构的侧移主要考虑由梁、柱弯曲变形产生，一般可忽略梁、柱轴向和剪切变形的影响。框架结构顶点总位移，可由各层间位移求和。在各层水平剪力作用下，由梁、柱弯曲变形产生的层间位移，即为该层剪力与该层各柱抗侧刚度之和的比值。由于层间剪力由上而下增大，而各层抗侧刚度(除底层外)相近，因而层间位移自上而下增大，呈剪切型位移曲线。

(10)我国规定，10层及10层以上的建筑物为高层建筑。与多层建筑相比，高层建筑的受力特点，一是要考虑柱(墙)轴向变形及截面剪切变形对结构内力和变形的影响；二是水平力(风及地震作用)所产生的结构内力和位移，常为结构设计的控制因素。

(11)高层建筑结构的基本单元有框架、剪力墙、核心筒和框筒，可以组成许多结构承重体系，常用的有框架结构、剪力墙结构、框架-剪力墙结构、筒体结构，以及用于超高层的其他结构体系形式。为了使结构物在水平力作用下具有足够的承载能力、刚度和延性，高层建筑的体型应简单、规则，结构布置也应力求较规则，建筑物的高宽比和基础埋深应满足一定的要求，楼盖、屋盖在水平面内的刚度也应保证。

(12)剪力墙结构通常分为纵、横两个方向，按平面结构计算，因此，必须事先确定各片剪力墙的有效翼缘宽度；然后，还应确定水平力在各片剪力墙之间的分配；为此，必须要确定抗侧刚度中心的位置。抗侧刚度中心，就是把各片剪力墙的抗侧刚度看作为“假想面积”的“假想形心”。水平力合力点通过该中心楼盖只产生平移而无转动，不通过时将产生扭转。当楼层产生扭转时，各片剪力墙上水平力的分配要适当调整。

(13)在水平荷载作用下的框架-剪力墙能够协同工作。由于单独剪力墙的位移曲线呈弯曲型，而框架呈剪切型，两者依靠各层楼盖的连接作用而协调变形，大多形成弯剪型位移曲线。在结构顶部，框架协助剪力墙；在底部，剪力墙协助框架承担外荷载，从而使框架受力较均匀，剪力墙受力则上小下大。

思考题与习题

一、思考题

9.1　单层工业厂房结构由哪几个部分组成？

9.2　厂房变形缝的种类和作用是什么？

9.3　屋盖上、下弦横向水平支撑的主要作用及设置部位是什么？

9.4　柱间支撑的作用是什么？其布置原则是什么？

9.5　作用在排架结构上的荷载有哪些？试分别画出每一种荷载单独作用下的计算简图。

9.6　排架柱的荷载组合有几种？配筋时应考虑几种内力组合？

9.7　荷载组合和内力组合的目的是什么？组合时应注意哪些问题？

9.8　牛腿主要有哪几种破坏形态？试绘出牛腿的计算简图。

9.9　牛腿的配筋有哪些构造要求？

9.10　高层建筑结构有哪几种主要体系？简述各自的优缺点。

9.11　框架结构体系的特点是什么？框架结构根据施工方法分哪几类？各有何特点？

9.12　框架结构的柱网布置有什么基本要求？

9.13　框架结构横向框架承重方案有什么特点？

9.14　框架结构纵向框架承重方案有什么特点？

9.15　框架结构纵、横向框架混合承重方案有什么特点？

9.16　框架结构的计算简图如何确定？

9.17　简述框架结构的计算简图包括哪些主要内容。

9.18　框架梁的截面抗弯刚度如何计算？

9.19　框架结构计算简图中的跨度和层高如何确定？

9.20　框架结构的竖向及水平可变荷载有哪些？如何考虑？

9.21　简述竖向荷载作用下框架内力分析的分层法的基本假定。

9.22　简述框架内力分析的分层法的计算步骤及要点。

9.23　简述水平荷载作用下框架内力分析的反弯点法及其基本假定。

9.24　简述采用D值法进行框架内力分析的原因及D值的物理意义。

9.25　简述框架结构水平力作用下内力分析用反弯点法和D值法中的抗侧刚度 d 和 D 的物理意义。

9.26　框架内力分析采用D值法后柱的反弯点高度如何计算？

9.27　采用D值法进行框架内力分析时，上、下横梁线刚度不同对反弯点高度有何影响？

9.28　框架结构在水平荷载下的变形包括哪几个方面？各有什么特点？

9.29　框架结构计算中，梁、柱控制截面如何选取？

9.30　框架梁、柱内力主要有哪些？其内力有哪些近似计算方法？

9.31　框架梁、柱最不利内力组合怎样确定？

9.32　简述确定框架竖向可变荷载的最不利位置的方法。

9.33　在竖向荷载作用下框架梁端弯矩为什么需要进行调幅？

9.34　为提高框架结构的延性，应采取什么设计原则？

9.35　水平荷载作用下框架柱的反弯点位置与哪些因素有关？为什么底层柱反弯点通常高于柱中点？

9.36　试述现浇框架设计的主要内容和步骤。

9.37　何谓框架-剪力墙结构？为什么两者可协同工作？简述(绘图)基本原理。

9.38　在框架-剪力墙结构中，为什么要控制剪力墙的间距及数量？

9.39　怎样确定框-剪结构的计算简图？说明刚接体系与铰接体系的区别，分别绘出计算简图。

9.40　框架-剪力墙结构有哪些基本假定？建立微分方程时的基本未知量是什么？

二、选择题

9.41　厂房支撑作用如下，(　　)条除外。

A. 保证厂房结构的纵向和横向水平刚度

B. 在施工和使用阶段，保证结构构件的稳定性

C. 将水平荷载(如风荷载，纵向吊车制动力等)传给主要承重结构和基础

D. 将垂直荷载传给主要承重结构和基础

9.42　单层厂房下柱柱间支撑设置在伸缩缝区段的(　　)。

A. 两端，与上柱柱间支撑相对应的柱间

B. 中间，与屋盖横向支撑对应的柱间

C. 两端，与屋盖支撑横向水平支撑对应的柱间

D. 中间，与上柱柱间支撑相对应的柱间

9.43　单层厂房除下列(　　)情况外，应设置柱间支撑。

A. 设有重级工作制吊车，或中、轻级工作制吊车且起重量≥10 t

B. 厂房跨度≤18 m 时或柱高≤8 m

C. 纵向柱的总数每排小于 7 根

D. 设有 3 t 及 3 t 以上悬挂吊车

9.44　在一般单阶柱的厂房中，柱的(　　)截面为内力组合的控制截面。

A. 上柱底部、下柱的底部与顶部　　B. 上柱顶部、下柱的顶部与底部

C. 上柱顶部与底部、下柱的底部　　D. 上柱顶部与底部、下柱顶部与底部

9.45　排架柱进行内力组合时，任何一组最不利内力组合中都必须包括(　　)引起的内力。

A. 风荷载　　B. 吊车荷载

C. 恒载　　D. 屋面活荷载

9.46　单层厂房排架计算中，吊车横向水平荷载 T_{max} 的作用位置是(　　)。

A. 牛腿顶面标高处

B. 吊车梁顶面标高处

C. 柱向支撑与柱连接处

9.47　对于单跨或多跨厂房，吊车横向水平荷载，参与组合的吊车台数不应多于(　　)台。

A. 4　　B. 2　　C. 1　　D. 3

9.48　单层厂房排架内力组合时，如果考虑了吊车水平荷载，则(　　)。

A. 必须考虑吊车竖向荷载

B. 不能考虑吊车竖向荷载

C. 应该考虑吊车竖向荷载，但应折减

D. 可以考虑吊车竖向荷载

9.49　牛腿正截面承载力计算简图是以(　　)破坏形态为依据的。

A. 剪切破坏　　B. 斜压破坏　　C. 弯压破坏　　D. 局压破坏

9.50　单层厂房柱牛腿的弯压破坏多发生在(　　)情况下。

A. $0.75<a/h_0\leqslant 1$　　B. $0.1<a/h_0\leqslant 0.75$

C. $a/h_0\leqslant 0.1$　　D. 受拉纵筋配筋率和配箍率均较低

9.51　现浇框架结构梁柱节点区的混凝土强度等级应该(　　)。

A. 低于梁的混凝土强度等级　　B. 高于梁的混凝土强度等级

C. 不低于梁的混凝土强度等级　　D. 与梁柱混凝土强度等级无关

9.52　水平荷载作用下每根框架柱所分配到的剪力与(　　)直接有关。

A. 矩形梁截面惯性矩　　B. 柱的抗侧移刚度

C. 梁柱线刚度比　　D. 柱的转动刚度

9.53　采用反弯点法计算内力时，假定反弯点的位置(　　)。

A. 底层柱在距基础顶面 2/3 处，其余各层在柱中点

B. 底层柱在距基础顶面 1/3 处，其余各层在柱中点

C. 底层柱在距基础顶面 1/4 处，其余各层在柱中点

D. 底层柱在距基础顶面 1/5 处，其余各层在柱中点

9.54　关于框架结构的变形，以下结论正确的是(　　)。

A. 框架结构的整体变形主要呈现为弯曲型

B. 框架结构的总体弯曲变形主要是由柱的轴向变形引起的

C. 框架结构的层间变形一般为下小上大

D. 框架结构的层间位移与柱的线刚度有关，与梁的线刚度无关

9.55　关于框架柱的反弯点，以下结论正确的是(　　)。

A. 上层梁的线刚度增加，会导致本层柱反弯点下移

B. 下层层高增大会导致本层柱反弯点上移

C. 柱的反弯点位置与柱的楼层位置有关，与结构总层数无关

D. 柱的反弯点位置与荷载分布形式无关

9.56　对现浇式楼盖，中框架梁的惯性矩 $I=2I_0$，式中，I_0是指(　　)。

A. 矩形梁截面惯性矩

B. T 形梁截面惯性矩

C. 矩形梁截面抗弯刚度

D. T 形梁截面抗弯刚度

9.57　按 D 值法对框架进行近似计算时，各柱反弯点高度的变化规律是(　　)。

A. 其他参数不变时，随上层框架梁刚度减小而降低

B. 其他参数不变时，随上层框架梁刚度减小而升高

C. 其他参数不变时，随上层层高增大而降低

D. 其他参数不变时，随上层层高增大而升高

9.58　按 D 值法对框架进行近似计算时，各柱侧向刚度的变化规律是(　　)。

A. 当柱的线刚度不变时，随框架梁线刚度增加而减少

B. 当框架梁、柱的线刚度不变时，随层高增加而增加

C. 当柱的线刚度不变时，随框架梁线刚度增加而增加

D. 与框架梁的线刚度无关

9.59　一般来说，当框架的层数不多或高宽也不大时，框架结构的侧移曲线以(　　)为主。

A. 弯曲型　　B. 剪切型　　C. 弯剪型　　D. 弯扭型

9.60　以下关于竖向荷载作用下框架内力分析方法——分层法的概念中，(　　)不正确。

A. 不考虑框架侧移对内力的影响

B. 每层梁上的竖向荷载仅对本层梁及其相连的上、下柱的弯矩和剪力产生影响，对其他各层梁、柱弯矩和剪力的影响忽略不计

C. 上层梁上的竖向荷载对其下各层柱的轴力有影响

D. 按分层计算所得的各层梁、柱弯矩即为该梁的最终弯矩，不再叠加

9.61　在水平荷载的作用下，框架柱的反弯点位置取决于(　　)。

A. 梁柱的线刚度比　　B. 柱上、下端转角的大小情况

C. 上、下梁的线刚度比　　D. 上、下层层高的变化

9.62　关于钢筋混凝土框架结构在水平荷载作用下的变形，其正确的结论是(　　)。

A. 框架结构在水平荷载作用下的整体变形主要为弯曲型变形

B. 框架结构在水平荷载作用下的弯曲变形是由柱的轴向变形引起

C. 框架结构在水平荷载作用下的层间变形一般为下大上小

D. 框架结构在水平荷载作用下的顶点位移与框架梁的线刚度无关

9.63　框架结构体系与剪力墙结构体系相比，其正确的结论是(　　)。

A. 框架结构体系的延性好些，但抗侧能力差些

B. 框架结构体系的延性和抗侧能力都比剪力墙结构体系差

C. 框架结构体系的抗侧能力好些，但延性差些

D. 框架结构体系的延性和抗侧能力都比剪力墙结构体系好

9.64　采用D值法计算框架内力时，各柱反弯点高度取决于该柱上下端转动情况，即与(　　)等因素有关。

1)该柱所在楼层的位置；　　　2)梁、柱线刚度比；

3)该柱上下横梁的线刚度比；　　4)该柱上下层层高变化。

A. 1)和2)　　B. 2)和3)　　C. 1)、2)和4)　　D. 1)、2)、3)和4)

9.65　采用分层法计算内力时，为了减小计算简图与实际情况不符产生误差，必须进行修正。以下叙述正确的是(　　)。

A. 底层柱的线刚度乘以折减系数0.9，底层柱的弯矩传递系数取为1/3

B. 除底层以外其他各层柱的线刚度均乘以折减系数0.9，底层柱的弯矩传递系数取为1/3

C. 除底层以外其他各层柱的线刚度均乘以折减系数0.9，除底层以外其他各层柱的弯矩传递系数取为1/3

D. 底层柱的线刚度乘以折减系数0.9，除底层以外其他各层柱的弯矩传递系数取为1/3

9.66　下列(　　)允许的伸缩缝间距最大。

A. 装配式框架结构　　　　B. 现浇框架结构

C. 全现浇剪力墙结构　　　D. 外墙装配式剪力墙结构

9.67　关于结构的抗震等级，下列说法错误的是(　　)。

A. 决定抗震等级时所考虑的设防烈度与抗震设防烈度可能不一致

B. 只有多高层钢筋混凝土房屋才需划分结构的抗震等级

C. 房屋高度是划分结构抗震等级的条件之一

D. 抗震等级越小，要求采用的抗震措施越严格

9.68　划分钢筋混凝土结构抗震等级所考虑的因素有：Ⅰ. 设防烈度；Ⅱ. 房屋高度；Ⅲ. 结构类型；Ⅳ. 楼层高度；Ⅴ. 房屋的高宽比。其中，正确的是(　　)。

A. Ⅰ、Ⅱ、Ⅲ　　B. Ⅱ、Ⅲ、Ⅳ　　C. Ⅲ、Ⅳ、Ⅴ　　D. Ⅰ、Ⅲ、Ⅴ

9.69　有抗震设防要求的钢筋混凝土结构构件的箍筋的构造要求，(　　)是正确的。

Ⅰ. 框架梁柱的箍筋为封闭式；Ⅱ. 仅配置纵向受压钢筋的框架梁的箍筋为封闭式；

Ⅲ. 箍筋的末端做成135°弯钩；Ⅳ. 箍筋的末端做成直钩(90°弯钩)。

A. Ⅱ　　B. Ⅰ、Ⅲ　　C. Ⅱ、Ⅳ　　D. Ⅳ

9.70　有关抗震建筑框架梁的截面宽度要求如下，(　　)错误。

A. 截面宽度不宜小于200 mm

B. 净跨不宜小于截面高度的4倍

C. 截面高度和截面宽度的比值不宜大于4

D. 截面宽度不宜小于柱宽的1/2

9.71　有关抗震建筑框架柱的截面尺寸要求如下，(　　)错误。

A. 截面宽度和高度均不宜小于300 mm

B. 截面宽度不宜小于梁宽度的2倍

C. 截面高度和截面宽度的比值不宜大于3

D. 剪跨比宜大于2

9.72 对于抗震等级为二级的框架柱，其轴压比限值为(　　)。

A. 0.4　　B. 0.6　　C. 0.8　　D. 1.0

三、填空题

9.73 单层厂房的结构类型主要有__________和__________。

9.74 屋盖结构的主要作用是__________和__________。

9.75 装配式钢筋混凝土单层厂房中，支撑通常包括__________和__________两种。

9.76 排架计算中，假定排架柱与横梁__________，与基础__________。

9.77 抗风柱与屋架的连接必须满足两方面要求，一是__________，二是__________。

9.78 作用在厂房横向排架结构上的吊车荷载的两种形式是__________荷载与__________荷载。

9.79 排架柱的控制截面一般在__________、__________、__________三个位置。

9.80 牛腿设计的内容包括：__________，__________和__________。

9.81 多层框架总高度受限制的主要原因是__________。

9.82 框架柱的主要内力为__________；框架梁的主要内力为__________。

9.83 框架中各层楼盖应尽量设在同一标高上，出发点是__________。

9.84 多数框架采用横向框架承重方案，原因是__________。

9.85 竖向荷载下可用分层法近似计算框架内力，主要依据是__________。

9.86 水平荷载下采用反弯点法计算框架内力的基本假定是__________。

9.87 框架“抗侧刚度”定义为__________。

9.88 框架结构在计算梁的惯性矩时，通常假定截面惯性矩 I 沿轴线不变，对装配式楼盖，取 $I=I_0$，I_0 为矩形截面梁的截面惯性矩；对现浇楼盖，中框架 $I=$__________，边框架 $I=$__________。

9.89 框架柱的反弯点位置取决于该柱上下端__________的比值。

9.90 框架柱的反弯点高度一般与__________、__________、__________、__________等因素有关。

9.91 框架梁端负弯矩的调幅系数，对于现浇框架可取__________。

9.92 用分层法计算框架结构在竖向荷载下的内力时，除底层柱外，其余层柱线刚度乘以__________，相应传递系数为__________。

9.93 框架柱的抗侧移刚度与__________、__________、__________等因素有关。

9.94 框架在水平荷载下内力的近似计算方法—反弯点法，在确定柱的抗侧移刚度时，假定柱的上下端转角__________。

9.95 框架结构在水平荷载下的侧移变形是由__________和__________两部分组成的。

9.96 框架结构在水平荷载下柱子的抗侧移刚度 $D=$__________，在一般情况下，它比用反弯点法求得的柱抗侧移刚度__________。

9.97 抗震设计时，要求框架结构呈__________、__________、__________的

受力性能，此时，结构一般具有较好的延性。

9.98　框架柱抗震设计时，对轴压比要限制，目的是保证框架柱的____________。

四、计算题

9.99　某单层厂房柱距为 6 m，内设两台软钩桥式吊车，起重量 Q=300/50 kN，若水平制动力按一台考虑，求柱承受的吊车最大竖向荷载和最大水平荷载的设计值。吊车的数据如下表所示：

起重量/kN	跨度/m	最大轮压/kN	卷扬机小车重/kN	吊车总重/kN	轮距/mm	吊车宽度/mm
300/50	22.5	297	107.6	370	5 000	6 260

9.100　某单层单跨厂房，跨度为 30 m，排架柱间距 6 m，厂房所在地区基本风压为 0.4 kN/m^2，地面粗糙度为B类，柱顶距离室外地面高度为 16 m，求作用与排架上的风荷载 q_1 和 q_2 标准值以及相应的设计值。

9.101　如图 9.81 所示的两跨排架，在 A 柱牛腿顶面处作用的力矩设计值 $M_{\max}$=211.1 kN·m，$M_{\min}$=134.5 kN·m，q_2=1.6 kN/m，上柱高 H_u=3.8 m，全柱高 H=12.9 m，柱截面惯性矩 I_1= 2.13×10^9 mm^4，I_2=14.52×10^9 mm^4，I_3=5.12×10^9 mm^4，I_4=17.76×10^9 mm^4，试用剪力分配法求此排架的内力。

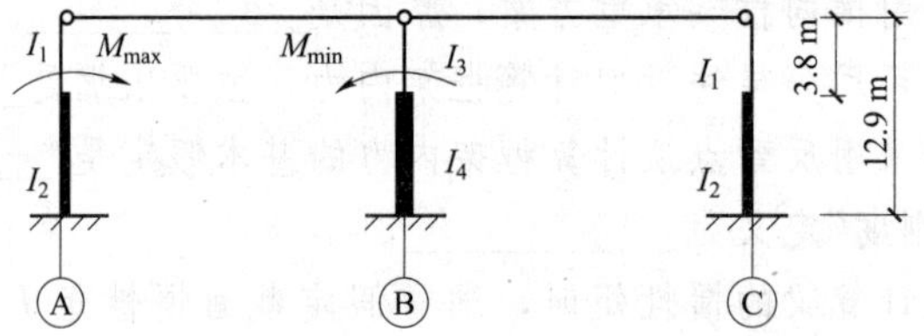

图 9.81　【习题 9.101】图

第10章　砌体结构

10.1　概　　述

砌体结构是指用砖、石或砌块为块材，用砂浆砌筑而成的墙、柱作为建筑物主要受力构件的结构。砌体结构一般用于工业与民用建筑的内、外墙，柱、基础及过梁等，楼屋盖及楼梯还需采用其他材料(钢筋混凝土、钢、木)，所以，人们又将这几种不同结构材料建造的房屋承重结构，称为混合结构。

砌体结构在我国具有悠久的历史，隋代李春建造的河北赵县安济桥(赵州桥)，是世界上最早建造的空腹式单孔圆弧石拱桥，还有举世闻名的万里长城以及用砖建造的河南登封嵩岳寺塔、西安的大雁塔等。世界上著名的埃及金字塔、罗马大角斗场及公元6世纪建造的砖砌大跨结构圣索菲亚大教堂等，也都是砌体结构的代表作。我国自新中国成立以来，随着新材料、新技术和新结构的不断研制和使用，以及砌体结构计算理论和计算方法的逐步完善，砌体结构得到很大发展，取得了显著的成就。特别是为了不破坏耕地和占用农田，由硅酸盐砌块、混凝土空心砌块代替黏土砖作为墙体材料，既符合国家可持续发展的方针政策，也是我国墙体材料改革的有效途径之一。

砌体结构之所以被广泛应用，是由于它具有如下的优点：

(1)材料来源广泛；

(2)与钢筋混凝土结构相比，节省钢筋和水泥，降低造价；

(3)具有较好的耐火性、化学稳定性和大气稳定性；

(4)具有较好的隔声、隔热保温性能。

但砌体结构也有一些明显的缺点：

(1)砌体强度低，自重大，材料用量多；

(2)砂浆和块体之间的粘结较弱，砌体的受拉、受弯和受剪强度很低，抗震性能差；

(3)砌筑工作繁重，施工进度慢。

砌体结构是我国应用广泛的结构形式之一。随着我国基本建设规模的扩大，人们居住条件的不断改善，砌体结构在我国的现代化建设中仍将发挥很大的作用。

10.2　砌体力学性能

10.2.1　砌体材料及其强度

1. *砖*

在我国，目前用于砌体结构的砖主要有烧结普通砖、烧结多孔砖、蒸压灰砂砖和蒸压粉煤灰砖及混凝土普通砖五种。烧结砖中，以烧结普通砖的应用最为普遍。

烧结砖可分为烧结普通砖和烧结多孔砖。烧结普通砖是以黏土、煤矸石、页岩或粉煤灰为主要原料，经过焙烧而成的实心砖或孔洞率在15%以下的外形尺寸符合相关规定的砖，其规格尺寸为240 mm×115 mm×53 mm，如图10.1(a)所示。

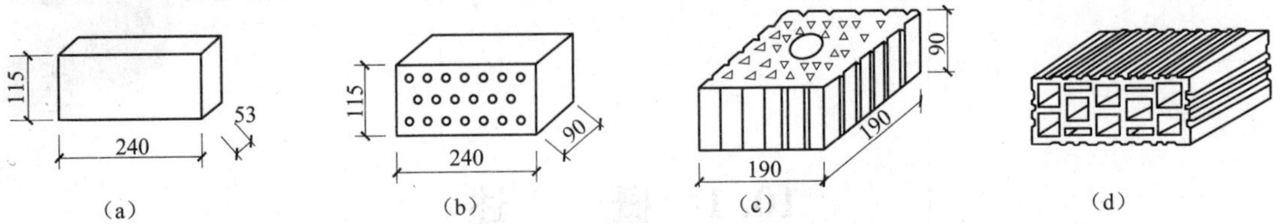

图10.1　部分地区空心砖的规格

(a)烧结普通砖；(b)P型多孔砖；(c)M型多孔砖；(d)空心砖

烧结多孔砖是以黏土、页岩、煤矸石为主要原料，经焙烧而成，其孔洞率大于15%，简称多孔砖。多孔砖分为P型砖和M型砖，P型砖的规格尺寸为240 mm×115 mm×90 mm，如图10.1(b)所示；M型砖的规格尺寸为190 mm×190 mm×90 mm，如图10.1(c)所示，以及相应的配砖。此外，用黏土、页岩、煤矸石等原料，还可以经焙烧制成孔洞率大于35%的大孔空心砖，如图10.1(d)所示，其多用于围护结构。由于我国人口众多，人均耕地少，黏土砖的烧制将占用大量农田，因此，多孔砖越来越广泛地被应用。在有些地区，实心砖已被限制使用。

混凝土砖是以水泥为胶结材料，以砂、石等为主要集料，加水搅拌、成型、养护制成的一种多孔的混凝土半盲孔砖或实心砖。多孔砖的主规格尺寸为240 mm×115 mm×90 mm、240 mm×190 mm×90 mm、190 mm×190 mm×90 mm等；实心砖的主规格尺寸为240 mm×115 mm×53 mm、240 mm×115 mm ×90 mm等。

根据块体强度的大小，将块体分为不同的强度等级，并用MU表示。

烧结普通砖、烧结多孔砖的强度分为MU30、MU25、MU20、MU15和MU10五个等级。

蒸压灰砂普通砖、蒸压粉煤灰普通砖的强度等级：MU25、MU20、MU15。

混凝土普通砖、混凝土多孔砖的强度等级：MU30、MU25、MU20和MU15。

2. *砌块*

砌块一般是指混凝土砌块、轻集料混凝土砌块。砌块按尺寸大小，分为小型、中型和大型三种，通常把砌块高度为115～380 mm的称为小型砌块，高度为380～980 mm的称为中型砌块，高度大于980 mm的称为大型砌块。我国目前在承重墙体材料中，使用最为普遍的是混凝土小型空心砌块，其尺寸为390 mm×190 mm×190 mm，孔洞率一般在25%～50%，常简称为混凝土砌块或砌块。

混凝土空心砌块的强度等级是根据标准试验方法，按毛截面面积计算的极限抗压强度值(N/mm^2)来划分的。混凝土小型砌块的强度有MU20、MU15、MU10、MU7.5和MU5五个等级。

3. *石材*

将天然石材进行加工后形成满足砌筑要求的石材，根据其外形和加工程度，将石材分为料石与毛石两种。料石又分为细料石、半细料石、粗料石和毛料石。石材的强度等级为：

MU100、MU80、MU60、MU50、MU40、MU30 和 MU20。石材的抗压强度高、耐久性好，多用于房屋的基础和勒脚部位。

4. *砂浆*

砂浆是由胶凝材料(如水泥、石灰等)和细集料(砂子)加水搅拌而成的混合材料。砂浆的作用是将砌体中的单个块体连接成一个整体，并因抹平块体表面而促使应力的分布较为均匀。同时，因砂浆填满块体间的缝隙，减少了砌体的透气性，从而提高了砌体的保温性能与抗冻性能。

(1)砂浆的分类。砂浆分为水泥砂浆、混合砂浆和非水泥砂浆三种类型。

1)水泥砂浆是由水泥、砂子和水搅拌而成，其强度高、耐久性好，但和易性差、水泥用量大，适用于对防水有较高要求(如±0.000 以下的砌体)以及对强度有较高要求的砌体。

2)混合砂浆是在水泥砂浆中掺入适量的塑化剂，即形成混合砂浆，最常用的混合砂浆是水泥石灰砂浆。这类砂浆的和易性与保水性都很好，便于砌筑。水泥用量相对较少，砂浆强度也相对较低，适用于一般的墙、柱砌体的砌筑。

3)非水泥砂浆有：石灰砂浆，强度不高，只能在空气中硬化，通常用于地上砌体；黏土砂浆，强度低，用于简易建筑；石膏砂浆，硬化快，一般用于不受潮湿的地上砌体中。

砂浆的质量在很大程度上，取决于其保水性的好坏。所谓保水性，是指砂浆在运输和砌筑时保持水分不很快散失的能力。在砌筑过程中，砌块本身将吸收一定的水分。当吸收的水分在一定范围内时，对灰缝内砂浆的强度与密度均具有良好的影响；反之，不仅使砂浆很快干硬而难以抹平，从而降低砌筑质量；同时，砂浆也因不能正常硬化而降低砌体强度。

(2)砂浆的强度等级。砂浆的强度一般由 70.7 mm 的立方体试块的抗压强度确定，分为 M15、M10、M7.5、M5 和 M2.5 五个等级。其中，M 表示砂浆(Mortar)，其后的数字表示砂浆的强度大小，单位为 N/mm^2。混凝土砌块砌筑专用砂浆则以 Mb 表示，如 Mb15、Mb7.5 等。蒸压灰砂砖和蒸压粉煤灰砖专用砂浆以 Ms 表示，如 Ms10、Ms7.5 等。

(3)砂浆的性能要求。为满足工程质量和施工要求，砂浆除应具有足够的强度外，还应具有较好的和易性及保水性，和易性好则便于砌筑、保证砌筑质量和提高施工工效；保水性好，则不致在存放、运输过程中出现明显的泌水、分层和离析，以保证砌筑质量。水泥砂浆的和易性及保水性不如混合砂浆好，所以，在砌筑墙体、柱时，除有防水要求外，一般采用混合砂浆。

10.2.2 砌体的分类

根据砌体的作用不同，砌体可分为承重砌体与非承重砌体。如一般的多层住宅，大多数为墙体承重，则墙体称为承重砌体。如框架结构中的墙体，一般为隔墙，并不承重，故称为非承重砌体；根据砌法及材料的不同，又可分为实心砌体与空斗砌体；砖砌体、石砌体、砌块砌体；无筋砌体与配筋砌体等。

1. *砖砌体*

由砖和砂浆砌筑而成的砌体称为砖砌体。在房屋建筑中，砖砌体既可作为内、外墙，柱、基础等承重结构；又可用作围护墙与隔墙等非承重结构。在砌筑时，要尽量符合砖的模数，常用的标准墙厚度有：一砖 240 mm，一砖半 370 mm 和二砖 490 mm 等。

2. *砌块砌体*

由砌块和砂浆砌筑而成的砌体，称为砌块砌体。我国目前多采用小型混凝土空心砌块砌筑砌体。采用砌块砌体可减轻劳动强度，有利于提高劳动生产率，并具有较好的经济技术效果。砌块砌体主要用于住宅、办公楼及学校等建筑以及一般工业建筑的承重墙和围护墙。

3. *石砌体*

石砌体是用天然石材和砂浆(或混凝土)砌筑而成，可分为料石砌体、毛石混凝土砌体等。石砌体在产石的山区应用较为广泛。料石砌体不仅可建造房屋，还可用于修建石拱桥、石坝、渡槽和储液池等。

石砌体结构应用

4. *配筋砌体*

为提高砌体强度和整体性，减小构件的截面尺寸，可在砌体的水平灰缝内每隔几皮砖放置一层钢筋网，称为网状配筋砌体，如图 10.2(a)所示；当钢筋直径较大时，可采用连弯式钢筋网，如图 10.2(b)所示。此外，钢筋混凝土构造柱与砖砌体组合墙体，如图 10.2(c)所示，以及配筋混凝土空心砌块砌体，如图 10.2(d)所示。

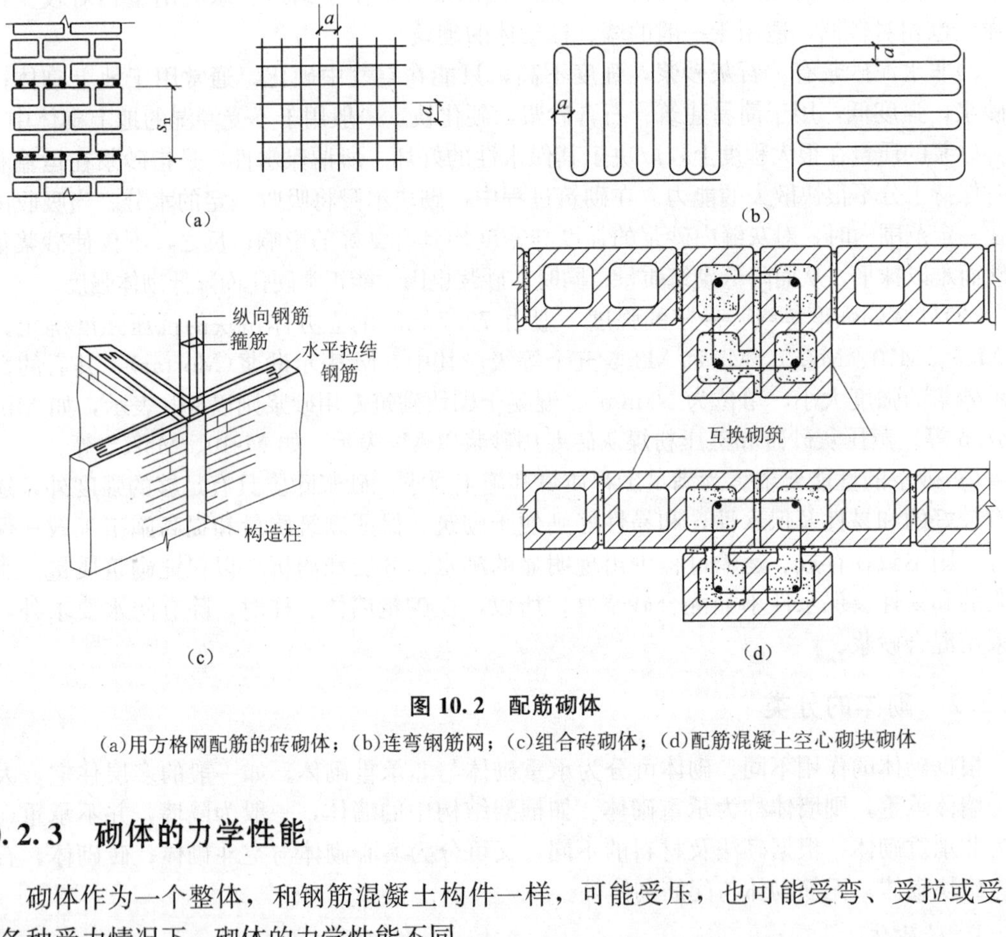

图 10.2　配筋砌体

(a)用方格网配筋的砖砌体；(b)连弯钢筋网；(c)组合砖砌体；(d)配筋混凝土空心砌块砌体

10.2.3　砌体的力学性能

砌体作为一个整体，和钢筋混凝土构件一样，可能受压，也可能受弯、受拉或受剪。在各种受力情况下，砌体的力学性能不同。

1. *砌体的受压性能*

(1)砌体受压破坏特征。试验表明，砌体从开始受荷到破坏大致可分为三个阶段。以砖砌体为例，这三个阶段是：

第一阶段：从开始加载到个别砖出现裂缝为第一阶段。这个阶段的特点是：第一批裂缝在单块砖内出现，此时的荷载值约为破坏荷载的 50%～70%，在此阶段中裂缝细小，未能穿过砂浆层；如果不再增加压力，单块砖内裂缝也不继续发展。如图 10.3(a)所示。

第二阶段：随着荷载增加，单块砖内的个别裂缝发展成通过若干皮砖的连续裂缝，同时又有新的裂缝发生。当荷载约为破坏荷载的 80%～90%时，连续裂缝将进一步发展成贯通裂缝，它标志着第二阶段结束。如图 10.3(b)所示。

第三阶段：继续增加荷载时，连续裂缝发展成贯通整个砌体的贯通裂缝，砌体被分割为几个独立的 1/2 砖小立柱，砌体明显向外鼓出，砌体受力极不均匀；最后，由于小柱体丧失稳定而导致砌体破坏，个别砖也可能被压碎，如图 10.3(c)所示。可以看出，破坏时砖砌体中的砖并未全部压碎，而是达到了各自的受压最大承载力。砌体的破坏是由于小立柱丧失稳定而导致的。

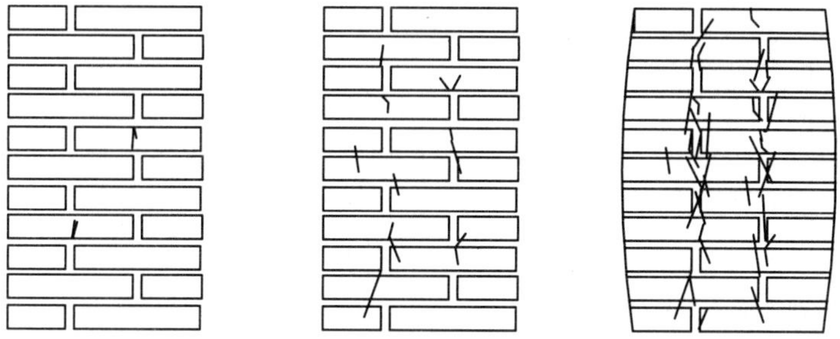

图 10.3　砖砌体受压破坏情况

(a)第一阶段；(b)第二阶段；(c)第三阶段

(2)影响砌体抗压强度的因素。通过对砖砌体在轴心受压时的受力分析及试验结果表明，影响砌体抗压强度的主要因素有：

1)块材与砂浆的强度。块材和砂浆的强度是影响砌体抗压强度最主要也是最直接的因素。在其他条件不变的情况下，块体和砂浆强度越高，砌体的强度越高。对一般砖砌体来说，提高砖的强度等级比提高砂浆的强度等级效果好。

2)块材尺寸和几何形状的影响。块材的高度越大，其受弯、受剪及受拉能力就越强，而因块材越长，则弯应力、剪应力越大，故强度降低。块材表面越平整、规则，受力就越均匀，砌体的抗压强度也越高。

3)砂浆的流动性、保水性和弹性模量的影响。当砌筑砌体所用砂浆的和易性好、流动性大时，容易形成厚度均匀和密实的灰缝，可减小块材的弯曲应力和剪应力，从而提高砌体的抗压强度。所以，除有防水要求外，一般不采用流动性较差的纯水泥砂浆砌筑。砂浆的弹性模量越低，变形率越大。由于砌块与砂浆的交互作用，使砌体所受到的拉应力越大，从而使砌体的强度降低。

4)砌筑质量。砌筑时砂浆铺砌饱满、均匀，可以改善块体在砌体中的受力性能，使之较均匀地受压，从而提高砌体的抗压强度，在《砌体结构工程施工质量验收规范》(GB 50203—2011)中就有“砌体水平灰缝的砂浆饱满程度不得低于 80%”的规定。灰缝厚度对砌体抗压强度也有影响，灰缝越厚，越容易铺砌均匀，对改善单块砖的受力性能越有利，但砂浆横向变形的不利影响也相应增大。通常，灰缝厚度以 10～12 mm 为宜。为增加砖和砂浆的粘结性能，砖在砌筑前要提前浇水湿润，避免砂浆“脱水”，影响砌筑质量。

此外，强度差别较大的砖或砌块混合砌筑时，砌体在同样荷载下，将引起不同的压缩变形，因而使砌体将会在较低荷载下破坏。故在一般情况下，不同强度等级的砖或砌块不应混合使用。

2. 砌体的受拉、受弯、受剪性能

(1)砌体的抗拉性能。在砌体结构中，如圆形水池池壁为常遇到的轴心受拉构件。砌体在由水压力等引起的轴心拉力作用下，构件的主要破坏形式为沿齿缝截面破坏，如图 10.4 所示。砌体的抗拉强度主要取决于块材与砂浆连接面的粘结强度。由于块材和砂浆的粘结强度主要取决于砂浆强度等级，所以，砌体的轴心抗拉强度可由砂浆的强度等级来确定。

(2)砌体的受弯性能。在砌体结构中常遇到受弯及大偏心受压，如带壁柱的挡土墙、地下室墙体等。按其受力特征，可分为沿齿缝截面受弯破坏、沿通缝截面受弯破坏、沿块体与竖向灰缝截面受弯破坏三种。如图 10.5 所示。

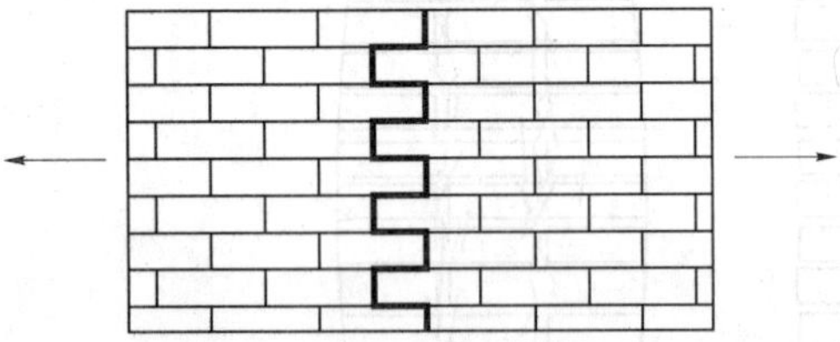

图 10.4 砖砌体轴心受拉破态

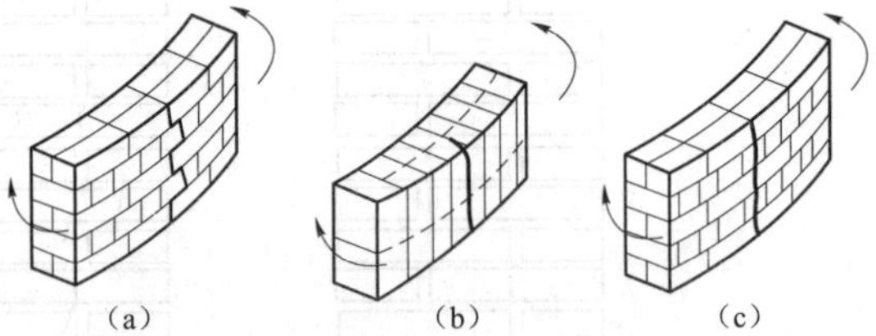

图 10.5 砖砌体弯曲破坏情况

(a)沿齿缝破坏；(b)沿通缝破坏；(c)沿块材及竖缝破坏

沿齿缝和沿通缝截面的受弯破坏与砂浆的强度有关。

(3)砌体的抗剪性能。砌体在剪力作用下的破坏，均为沿灰缝的破坏，故单纯受剪时砌体的抗剪强度主要取决于水平灰缝中砂浆及砂浆与块体的粘结强度。

3. 砌体的强度设计值

根据试验和结构可靠度分析结果，《砌体结构设计规范》(GB 50003—2011)规定了各类砌体的强度设计值，见表 10.1～表 10.7。

表 10.1 烧结普通砖和烧结多孔砖砌体的抗压强度设计值 N/mm^2

砖强度等级	砂浆强度等级					砂浆强度
	M15	M10	M7.5	M5	M2.5	0
MU30	3.94	3.27	2.93	2.59	2.26	1.15
MU25	3.60	2.98	2.68	2.37	2.06	1.05
MU20	3.22	2.67	2.39	2.12	1.84	0.94
MU15	2.79	2.31	2.07	1.83	1.60	0.82
MU10	—	1.89	1.69	1.50	1.30	0.67

注：当烧结多孔砖的孔洞率大于 30%时，表中数值应乘以 0.9。

表 10.2 蒸压灰砂砖和蒸压粉煤灰砖砌体的抗压强度设计值 N/mm^2

砖强度等级	砂浆强度等级				砂浆强度
	M15	M10	M7.5	M5	0
MU25	3.60	2.98	2.68	2.37	1.05

续表

砖强度等级	砂浆强度等级				砂浆强度
	M15	M10	M7.5	M5	0
MU20	3.22	2.67	2.39	2.12	0.94
MU15	2.79	2.31	2.07	1.83	0.82

注：当采用专用砂浆砌筑时，其抗压强度设计值按表中数值采用。

表 10.3　单排孔混凝土和轻集料混凝土砌块对孔砌筑砌体的抗压强度设计值　N/mm^2

砌块强度等级	砂浆强度等级					砂浆强度
	Mb20	Mb15	Mb10	Mb7.5	Mb5	0
MU20	6.30	5.68	4.95	4.44	3.94	2.33
MU15	—	4.61	4.02	3.61	3.20	1.89
MU10	—	—	2.79	2.50	2.22	1.31
MU7.5	—	—	—	1.93	1.71	1.01
MU5	—	—	—	—	1.19	0.70

注：1. 对独立柱或厚度为双排组砌的砌块砌体，应按表中数值乘以 0.7。
　　2. 对 T 形截面墙体、柱，应按表中数值乘以 0.85。

表 10.4　双排孔或多排孔轻集料混凝土砌块砌体的抗压强度设计值　N/mm^2

砌块强度等级	砂浆强度等级			砂浆强度
	Mb10	Mb7.5	Mb5	0
MU10	3.08	2.76	2.45	1.44
MU7.5	—	2.13	1.88	1.12
MU5	—	—	1.31	0.78
MU3.5	—	—	0.95	0.56

注：1. 表中的砌块为火山渣、浮石和陶粒轻集料混凝土砌块。
　　2. 对厚度方向为双排组砌的轻集料混凝土砌体的抗压强度设计值，应按表中数值乘以 0.8。

表 10.5　毛料石砌体的抗压强度设计值　MPa

毛料石强度等级	砂浆强度等级			砂浆强度
	M7.5	M5	M2.5	0
MU100	5.42	4.80	4.18	2.13
MU80	4.85	4.29	3.73	1.91
MU60	4.20	3.71	3.23	1.65
MU50	3.83	3.39	2.95	1.51
MU40	3.43	3.04	2.64	1.35

续表

毛料石强度等级	砂浆强度等级			砂浆强度
	M7.5	M5	M2.5	0
MU30	2.97	2.63	2.29	1.17
MU20	2.42	2.15	1.87	0.95
注：细料石砌体、粗料石砌体和干砌勾缝石砌体，表中数值应分别乘以调整系数 1.4、1.2 和 0.8。				

表 10.6　毛石砌体的抗压强度设计值　MPa

毛石强度等级	砂浆强度等级			砂浆强度
	M7.5	M5	M2.5	0
MU100	1.27	1.12	0.98	0.34
MU80	1.13	1.00	0.87	0.30
MU60	0.98	0.87	0.76	0.26
MU50	0.90	0.80	0.69	0.23
MU40	0.80	0.71	0.62	0.21
MU30	0.69	0.61	0.53	0.18
MU20	0.56	0.51	0.44	0.15

特别注意，考虑到一些不利因素，下列情况的各类砌体，其砌体强度设计值还应乘以调整系数 γ_a：

(1)对无筋砌体构件，其截面面积小于 0.3 m^2 时，γ_a 为其截面面积加 0.7；对于配筋砌体，当其中砌体截面面积小于 0.2 m^2 时，γ_a 为截面面积加 0.8，构件截面面积以 m^2 计。

(2)当砌体用强度等级小于 M5.0 的水泥砂浆砌筑时，对表 10.1～表 10.6 的数值，γ_a 为 0.9，对表 10.7 的数值 γ_a 为 0.8；对配筋砌体构件，当其中的砌体采用水泥砂浆砌筑时，仅对砌体的强度设计值乘以调整系数 γ_a。

(3)当验算施工中房屋的构件时，γ_a 为 1.1。

(4)表 10.1～表 10.7 给出的是当施工质量控制等级为 B 级时各类砌体的抗压、抗拉和抗剪强度设计值。当施工质量控制等级为 C 级时，表中数值应乘以调整系数 γ_a＝0.89；当施工质量控制等级为 A 级时，可将表中砌体强度设计值提高 5%。

表 10.7　沿砌体灰缝截面破坏时砌体的轴心抗拉强度设计值、弯曲抗拉强度设计值和抗剪强度设计值　MPa

强度类别	破坏特征与砌体种类		砂浆强度等级			
			≥M10	M7.5	M5	M2.5
轴心抗拉	 沿齿缝	烧结普通砖、烧结多孔砖	0.19	0.16	0.13	0.09
		混凝土普通砖、混凝土多孔砖	0.19	0.16	0.13	—
		蒸压灰砂砖、蒸压粉煤灰普通砖	0.12	0.10	0.08	—
		混凝土和轻集料混凝土砌块	0.09	0.08	0.07	—
		毛石	—	0.07	0.06	0.04

续表

强度类别	破坏特征与砌体种类		砂浆强度等级 ≥M10	M7.5	M5	M2.5
弯曲抗拉	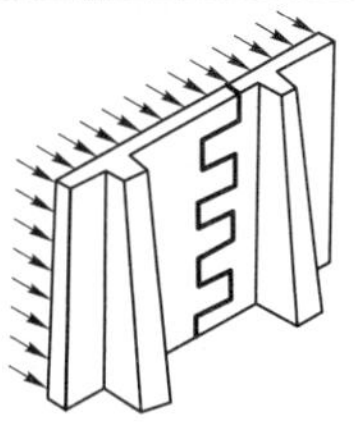 沿齿缝	烧结普通砖、烧结多孔砖	0.33	0.29	0.23	0.17
		混凝土普通砖、混凝土多孔砖	0.33	0.29	0.23	—
		蒸压灰砂砖、蒸压粉煤灰普通砖	0.24	0.20	0.16	—
		混凝土和轻集料混凝土砌块	0.11	0.09	0.08	—
		毛石	—	0.11	0.09	0.07
	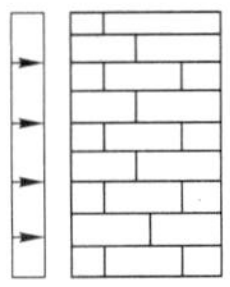 沿通缝	烧结普通砖、烧结多孔砖	0.17	0.14	0.11	0.08
		混凝土普通砖、混凝土多孔砖	0.17	0.14	0.11	—
		蒸压灰砂砖、蒸压粉煤灰普通砖	0.12	0.10	0.08	—
		混凝土和轻集料混凝土砌块	0.08	0.06	0.05	—
抗剪	烧结普通砖、烧结多孔砖		0.17	0.14	0.11	0.08
	混凝土普通砖、混凝土多孔砖		0.17	0.14	0.11	—
	蒸压灰砂普通砖、蒸压粉煤灰普通砖		0.12	0.10	0.08	—
	混凝土和轻集料混凝土砌块		0.09	0.08	0.06	—
	毛石		—	0.19	0.16	0.11

注：1. 对于用形状规则的块体砌筑的砌体，当搭接长度与块体高度的比值小于1时，其轴心抗拉强度设计值 f_t 和弯曲抗拉强度设计值 f_{tm}，应按表中数值乘以搭接长度与块体高度比值后采用。

2. 表中数值是依据普通砂浆砌筑的砌体确定，采用经研究性试验且通过技术鉴定的专用砂浆砌筑的蒸压灰砂普通砖、蒸压粉煤灰普通砖砌体，其抗剪强度设计值按相应普通砂浆强度等级砌筑的烧结普通砖砌体采用。

3. 对混凝土普通砖、混凝土多孔砖、混凝土和轻集料混凝土砌块砌体，表中的砂浆强度等级分别为：≥Mb10、Mb7.5 及 Mb5 。

10.3　无筋砌体受压构件承载力计算

10.3.1　基本计算公式

在试验研究和理论分析的基础上，规范规定，无筋砌体受压构件的承载力应按下式计算：

$$N \leqslant \varphi f A \tag{10-1}$$

式中　N——轴向力设计值；

φ——高厚比 β 和轴向力的偏心距 e 对受压构件承载力的影响系数，可由表 10.8 查得；与砂浆强度等级 M2.5、0 对应的影响系数 φ 值表，可查阅附表 13；

f——砌体抗压强度设计值；按表 10.1～表 10.6 采用；

A——截面面积，对各类砌体均按毛截面计算。

表 10.8　影响系数 φ(砂浆强度等级≥M5)

β	e/h 或 e/h_T						
	0	0.025	0.05	0.075	0.1	0.125	0.15
≤3	1	0.99	0.97	0.94	0.89	0.84	0.79
4	0.98	0.95	0.90	0.85	0.80	0.74	0.69
6	0.95	0.91	0.86	0.81	0.75	0.69	0.64
8	0.91	0.86	0.81	0.76	0.70	0.64	0.59
10	0.87	0.82	0.76	0.71	0.65	0.60	0.55
12	0.82	0.77	0.71	0.66	0.60	0.55	0.51
14	0.77	0.72	0.66	0.61	0.56	0.51	0.47
16	0.72	0.67	0.61	0.56	0.52	0.47	0.44
18	0.67	0.62	0.57	0.52	0.48	0.44	0.40
20	0.62	0.57	0.53	0.48	0.44	0.40	0.37
22	0.58	0.53	0.49	0.45	0.41	0.38	0.35
24	0.54	0.49	0.45	0.41	0.38	0.35	0.32
26	0.50	0.46	0.42	0.38	0.35	0.33	0.30
28	0.46	0.42	0.39	0.36	0.33	0.30	0.28
30	0.42	0.39	0.36	0.33	0.31	0.28	0.26

β	e/h 或 e/h_T					
	0.175	0.2	0.225	0.25	0.275	0.3
≤3	0.73	0.68	0.62	0.57	0.52	0.48
4	0.64	0.58	0.53	0.49	0.45	0.41
6	0.59	0.54	0.49	0.45	0.42	0.38
8	0.54	0.50	0.46	0.42	0.39	0.36
10	0.50	0.46	0.42	0.39	0.36	0.33
12	0.47	0.43	0.39	0.36	0.33	0.31
14	0.43	0.40	0.36	0.34	0.31	0.29
16	0.40	0.37	0.34	0.31	0.29	0.27
18	0.37	0.34	0.31	0.29	0.27	0.25
20	0.34	0.32	0.29	0.27	0.25	0.23
22	0.32	0.30	0.27	0.25	0.24	0.22
24	0.30	0.28	0.26	0.24	0.22	0.21
26	0.28	0.26	0.24	0.22	0.21	0.19
28	0.26	0.24	0.22	0.21	0.19	0.18
30	0.24	0.22	0.21	0.20	0.18	0.17

10.3.2 计算时高厚比 β 的确定及修正

使用式(10-1)时，高厚比 β 应按以下方法确定：

对矩形截面：$\beta=\gamma_\beta \dfrac{H_0}{h}$；对 T 形或十字形截面：$\beta=\gamma_\beta \dfrac{H_0}{h_T}$

式中 H_0——受压构件的计算高度，按表 10.13 采用；

h——矩形截面轴向力偏心方向的边长，当轴心受压时，为截面较小的边长；

h_T——T 形截面的折算厚度，可近似按 $h_T=3.5i$ 计算，i 为截面的回转半径；

γ_β——高厚比修正系数，按表 10.9 取用。

表 10.9 高厚比修正系数 γ_β

砌体材料类别	γ_β
烧结普通砖、烧结多孔砖	1.0
混凝土普通砖、混凝土多孔砖、混凝土及轻集料混凝土砌块	1.1
蒸压灰砂普通砖、蒸压粉煤灰普通砖、细料石	1.2
粗料石、毛石	1.5
注：对灌孔混凝土砌块砌体，γ_β 取 1.0。	

在受压承载力计算时应注意：对矩形截面，当轴向力偏心方向的截面边长大于另一方向的边长时，除按偏心受压计算外，还应对较小边长方向按轴心受压进行验算。其 β 值是不同的；轴向力偏心距应满足 $e\leqslant 0.6y$，y 为截面中心到轴向力所在偏心方向截面边缘的距离。

10.3.3 计算例题

【例 10.1】 已知某轴心受压砖柱，柱底承受的轴向压力设计值 $N=150$ kN，柱的计算高度 $H_0=4.5$ m，采用 MU10 烧结普通砖和 M5 混合砂浆砌筑，截面尺寸为 $b\times h=370$ mm×490 mm，施工质量控制等级为 B 级，试验算该柱的承载力是否满足要求。

【解】

首先，确定该柱为轴心受压

1. 查表 10.1 可得，$f=1.50$ N/mm^2，$A=0.49\times0.37=0.181\,3(\text{m}^2)<0.3$ m^2

须对 f 乘以调整系数 γ_a，$\gamma_a=A+0.7=0.181\,3+0.7=0.881\,3$

故调整后的砌体抗压强度

$$f=1.5\times0.881\,3=1.322(\text{N/mm}^2)$$

2. 计算高厚比 β

$$\beta=\frac{H_0}{h}=\frac{4.5}{0.37}=12.16\text{，查表 10.9 可得，}\gamma_\beta=1.0$$

3. 确定承载力影响系数 φ 值

查表 10.8 可得，$\varphi=0.818$

4. 验算

$$\varphi fA=0.818\times1.322\times0.181\,3\times10^6=196\,057(\text{N})$$
$$\approx196.1\text{ kN}>N=150(\text{kN})$$

故：柱的承载力满足要求。

【例 10.2】 一截面尺寸为 $b\times h=1\ 000\ \mathrm{mm}\times 190\ \mathrm{mm}$ 窗间墙，计算高度 $H_0=3.0\ \mathrm{m}$，采用MU10单排孔混凝土小型空心砌块对孔砌筑，M5混合砂浆砌筑，承受轴向力的设计值 $N=150\ \mathrm{kN}$，偏心距(沿墙厚方向) $e=35\ \mathrm{mm}$，施工质量控制等级为B级，试验算该柱的承载力是否满足要求。

【解】

1. 查表10.3可得，$f=2.22\ \mathrm{N/mm^2}$，$A=(1\times0.19)\mathrm{m^2}=0.19(\mathrm{m^2})<0.3\ \mathrm{m^2}$

须对 f 乘以调整系数 γ_a，$\gamma_a=A+0.7=0.19+0.7=0.89$

故调整后的砌体抗压强度

$$f=2.22\times0.89=1.976(\mathrm{N/mm^2})$$

2. 计算高厚比 β

$$\beta=\frac{H_0}{h}=\frac{3.0}{0.19}=15.79$$

查表10.9对 β 进行修正，修正系数 $\gamma_\beta=1.1$，$\beta=1.1\times15.79=17.37$

3. 计算 φ 值

根据 $e/h=35/190=0.184$

查表10.8可得，$\varphi=0.368$

4. 验算

$$\varphi fA=0.368\times1.976\times0.19\times10^6=138\ 162(\mathrm{N})$$
$$=138.2(\mathrm{kN})<N=150\ \mathrm{kN}$$

不满足要求。

【例 10.3】 带壁柱窗间墙截面如图10.6所示，计算高度 $H_0=8.0\ \mathrm{m}$，采用MU10烧结普通砖和M5混合砂浆砌筑，承受轴向力的设计值 $N=100\ \mathrm{kN}$，弯矩设计值 $M=12\ \mathrm{kN\cdot m}$；偏心压力偏向截面肋部一侧，施工质量控制等级为B级，试验算该柱的承载力是否满足要求。

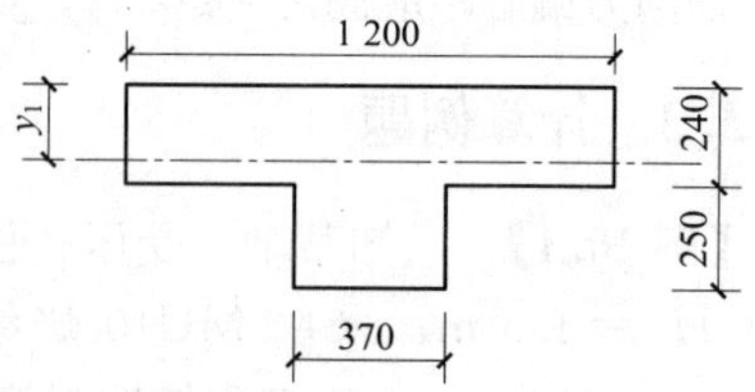

图 10.6 【例题 10.3】带壁柱墙的截面图

【解】

1. 几何特征计算

截面面积 $A=1.2\times0.24+0.25\times0.37$
$=0.380\ 5(\mathrm{m^2})$

截面重心位置 $y_1=\dfrac{1.2\times0.24\times0.12+0.25\times0.37\times(0.24+0.25/2)}{1.2\times0.24+0.25\times0.37}=0.18(\mathrm{m})$

$$y_2=0.49-0.18=0.31(\mathrm{m})$$

截面惯性矩

$$I=\frac{1}{12}\times1.2\times0.24^3+1.2\times0.24\times(0.18-0.12)^2+\frac{1}{12}\times0.37\times0.25^3+$$
$$0.37\times0.24\times(0.25/2+0.24-0.18)^2=5.94\times10^{-3}(\mathrm{m^4})$$

截面回转半径 $i=\sqrt{\dfrac{I}{A}}=\sqrt{\dfrac{5.94\times10^{-3}}{0.380\ 5}}=0.125(\mathrm{m})$

则T形截面的折算厚度 $h_T=3.5i=3.5\times0.125=0.437\ 5(\mathrm{m})$

2. 计算偏心距

$$e=\frac{M}{N}=\frac{12}{100}=0.12(\mathrm{m})$$

$$e/y=0.12/0.31=0.387<0.6$$

3. 承载力计算

查表 10.1 可得，$f=1.50\ \mathrm{N/mm^2}$

$$\beta=\frac{H_0}{h_\mathrm{T}}=\frac{8.0}{0.4375}=18.28，e/h_\mathrm{T}=0.12/0.4375=0.274$$

查表 10.8 可得，得 $\varphi=0.27$

$$\begin{aligned}\varphi fA&=0.27\times1.50\times0.3805\times10^6=154103(\mathrm{N})\\&=154.1(\mathrm{kN})>\mathrm{N}=100\ \mathrm{kN}\end{aligned}$$

满足要求。

10.4 局部受压承载力计算

10.4.1 局部受压的特点

当轴向压力只作用在砌体的局部截面上时，称为局部受压。若轴向力在该截面上产生的压应力均匀分布，称为局部均匀受压，如图 10.7(a)所示。压应力若不是均匀分布，则称为非均匀局部受压，如直接承受梁端支座反力的墙体。如图 10.7(b)所示。

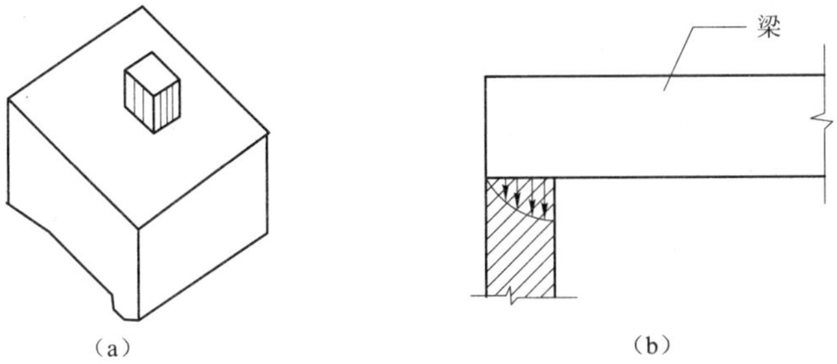

图 10.7 局部受压情形

(a)局部均匀受压；(b)局部不均匀受压

试验表明：局部受压力时，砌体有三种破坏形态。

(1)因竖向裂缝的发展而破坏。这种破坏的特点是：随荷载的增加，第一批裂缝在离开垫板一定距离(约 1～2 皮砖)时首先发生，裂缝主要沿纵向分布，也有沿斜向分布的。其中，部分裂缝向上、向下延伸，连成一条主裂缝而引起破坏，如图 10.8(a)所示。这是较常见的破坏形态。

(2)劈裂破坏。这种破坏多发生于砌体面积与局部受压面积之比很大时，其产生的纵向裂缝少而集中，而且一旦出现裂缝，砌体犹如刀劈那样突然破坏，砌体的开裂荷载与破坏荷载很接近，如图 10.8(b)所示。

(3)局部受压面的压碎破坏。当砌筑砌体的块体强度较低而局部压力很大时，如梁端支座下面砌体局部受压，可能在砌体未开裂时就发生局部被压碎的现象。如图 10.8(c)所示。

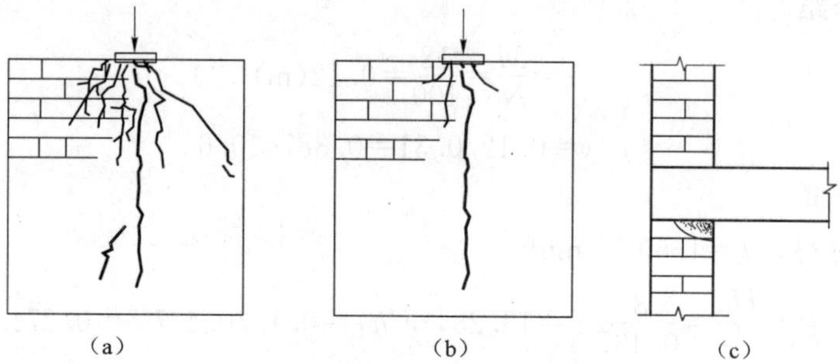

图 10.8　局部受压破坏形态

(a)因纵向裂缝的发展而引起的破坏；(b)劈裂破坏；(c)局部压坏

10.4.2　局部抗压强度提高系数

在局部压力作用下，局部受压范围内砌体的抗压强度会有较大提高。主要有两个方面的原因：一是未直接受压的外围砌体阻止直接受压砌体的横向变形，对直接受压的内部砌体具有约束作用，被称为“套箍强化”作用；二是由于砌体搭缝砌筑，局部压力迅速向未直接受压的砌体扩散，从而使应力很快变小，称为“应力扩散”作用。

如砌体抗压强度为 f，则其局部抗压强度可取为 γf，γ 称为局部抗压强度提高系数。《砌体结构设计规范》(GB 50003—2011)规定，γ 按下式计算：

$$\gamma=1+0.35\sqrt{\frac{A_0}{A_l}-1} \tag{10-2}$$

式中　A_l——局部受压面积；

A_0——影响砌体局部受压强度的计算面积，如图 10.9 所示。

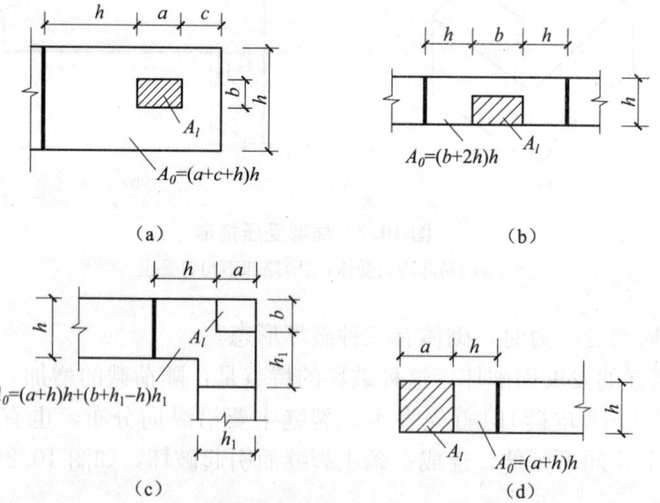

图 10.9　影响砌体局部抗压强度的面积 A_0

为了避免 A_0/A_l 大于某一限值时，会出现危险的劈裂破坏，《砌体结构设计规范》(GB 50003—2011)还规定，按式(10-4)计算的 γ 值应有所限制。在图 10.9 中所列四种情况下的 γ 值，分别不宜超过 2.5、2.0、1.5 和 1.25。

10.4.3 局部均匀受压时的承载力

局部均匀受压时，按下式计算：

$$N_l \leqslant \gamma f A_l \tag{10-3}$$

式中 N_l——局部受压面积上的轴向力设计值；

γ——局部抗压强度提高系数，按式(10-2)计算；

A_l——局部受压面积；

f——砌体局部抗压强度设计值，局部受压面积小于 0.3 m^2 时，可不考虑强度调整系数 γ_a 的影响。

10.4.4 梁端支承处砌体局部受压(局部非均匀受压)

1. 梁端有效支承长度

钢筋混凝土梁直接支承在砌体上，若梁的支承长度为 a，则由于梁的变形和支承处砌体的压缩变形，梁端有向上翘的趋势，因而梁的有效支承长度 a_0 常常小于实际支承长度 $a(a_0 \leqslant a)$。砌体的局部受压面积为 $A_l = a_0 b$(b 为梁的宽度)，而且梁端下面砌体的局部压应力也非均匀分布，如图 10.10 所示。

《砌体结构设计规范》(GB 50003—2011)建议，a_0 可近似地按下式计算：

$$a_0 = 10\sqrt{\frac{h_c}{f}} \tag{10-4}$$

式中 h_c——梁的截面高度；

f——砌体抗压强度设计值。

2. 梁端支承处砌体的局部受压承载力计算

梁端下面砌体局部面积上受到的压力包括两部分：一为梁端支承压力 N_l；二为上部砌体传至梁端下面砌体局部面积上的轴向力 N_0。但由于梁端底部砌体的局部变形而产生“拱作用”，如图 10.11 所示，使传至梁下砌体的平均压力减少为 ψN_0，ψ 称为上部荷载的折减系数。

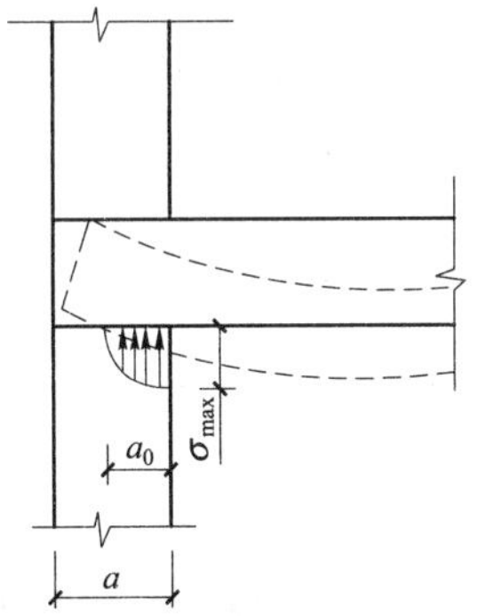

图 10.10 梁端局部受压

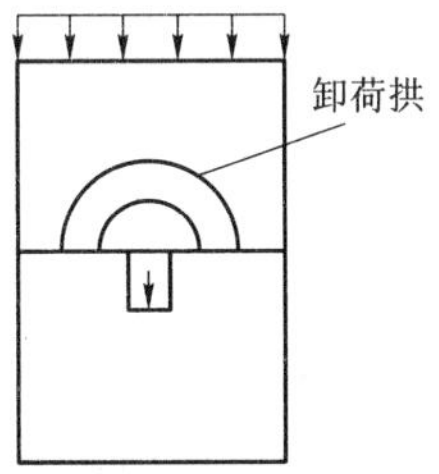

图 10.11 上部荷载的传递

故梁端下砌体所受到的局部平均压应力为 $\frac{N_l}{A_l} + \frac{\psi N_0}{A_l}$，而局部受压的最大压应力可表达为 σ_{max}，则有：

$$\eta \sigma_{max} = \frac{N_l}{A_l} + \frac{\psi N_0}{A_l} \tag{10-5}$$

当 $\sigma_{max} \leqslant \gamma f$ 时，梁端支承处砌体的局部受压承载力满足要求。代入后整理，得梁端支承处砌体的局部受压承载力公式：

$$N_l + \psi N_0 \leqslant \eta \gamma f A_l \tag{10-6}$$

$$\psi = 1.5 - 0.5\frac{A_0}{A_l} \tag{10-7}$$

$$A_l = a_0 b \tag{10-8}$$

$$N_0 = \sigma_0 A_l \tag{10-9}$$

式中 ψ——上部荷载的折减系数，当 $A_0/A_l \geqslant 3$ 时，取 $\psi = 0$；

N_0——局部受压面积内上部轴向力设计值；

N_l——梁端荷载设计值产生的支承压力；

A_l——局部受压面积；

σ_0——上部荷载产生的平均压应力设计值；

η——梁端底面应力图形的完整系数，一般可取 0.7，对于过梁和墙梁，可取 1.0；

a_0——梁端有效支承长度，当 $a_0 > a$ 时，取 $a_0 = a$；

f——砌体抗压强度设计值。

10.4.5 梁下设有刚性垫块

当梁端局部受压承载力不满足要求时，常采用在梁端下设置预制或现浇混凝土垫块的方法，以扩大局部受压面积，提高承载力。当垫块高度 $t_b \geqslant 180$ mm，且垫块自梁边缘起挑出的长度不大于垫块的高度时，称为刚性垫块，如图 10.12 所示。刚性垫块不但可以增大局部受压面积，还能使梁端压力较均匀地传至砌体表面。《砌体结构设计规范》(GB 50003—2011)规定，刚性垫块下砌体局部受压承载力计算公式为：

$$N_0 + N_l \leqslant \varphi \gamma_1 f A_b \tag{10-10}$$

式中 N_0——垫块面积内上部轴向力设计值，$N_0 = \sigma_0 A_b$；

N_l——梁端支承压力设计值；

γ_1——垫块外的砌体面积的有利影响系数，$\gamma_1 = 0.8\gamma$ 但不小于 1，γ 为砌体局部抗压强度的提高系数，按式(10-2)计算，但要用 A_b 代替式中的 A_l；

φ——垫块上 N_0 及 N_l 合力的影响系数，但不考虑纵向弯曲影响。查表 10.9～表 10.11 时，取 $\beta \leqslant 3$ 时的 φ 值；

A_b——垫块面积，$A_b = a_b \times b_b$；

a_b——垫块的长度；

b_b——垫块的宽度。

在带壁柱墙的壁柱内设置刚性垫块时，如图 10.12 所示，壁柱上垫块伸入翼墙内的长度不应小于 120 mm，计算面积应取壁柱面积 A_0，不计算翼缘部分。

刚性垫块上表面梁端有效支承长度 a_0 按下式确定：

$$a_0 = \delta_1 \sqrt{\frac{h_c}{f}} \tag{10-11}$$

式中 δ_1——刚性垫块计算公式 a_0 的系数，应按表 10.10 采用，垫块上 N_l 合力点位置可取在 $0.4a_0$ 处。

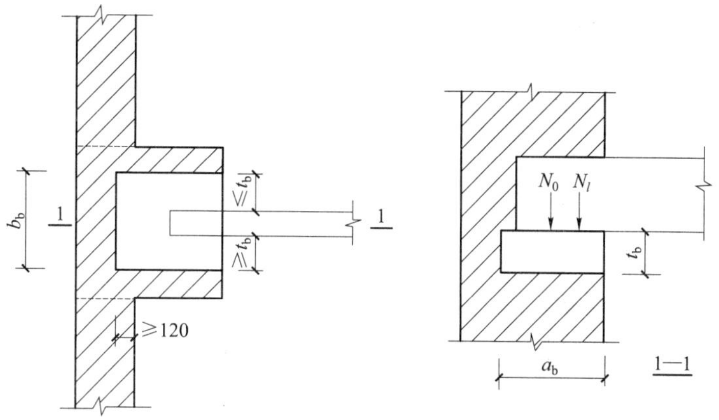

图 10.12　壁柱上设有垫块时梁端局部受压

表 10.10　δ_1 系数值表

σ_0/f	0	0.2	0.4	0.6	0.8
δ_1	5.4	5.7	6.0	6.9	7.8

10.4.6　梁下设有长度大于 πh_0 的钢筋混凝土垫梁

如图 10.13 所示，当梁端支承处的墙体上设有连续的钢筋混凝土梁(如圈梁)时，该梁可起垫梁的作用，其下的压应力分布可近似地简化为三角形分布，其分布长度为 πh。

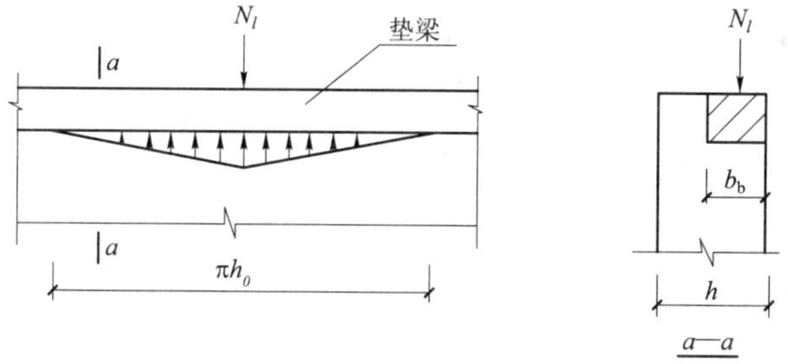

图 10.13　垫梁局部受压

垫梁下砌体的局部受压承载力按下式计算：

$$N_l+N_0\leqslant 2.4\delta_2 f b_b h_0 \tag{10-12}$$

$$N_0=\frac{\pi b_b h_0 \sigma_0}{2} \tag{10-13}$$

$$h_0=2\sqrt[3]{\frac{E_c I_c}{Eh}} \tag{10-14}$$

式中　N_l——梁端支承压力(N)；

N_0——垫梁 $\pi b_b h_0/2$ 范围内上部轴向力设计值，$N_0=\pi b_b h_0 \sigma_0/2$；

b_b——垫梁在墙厚方向的宽度(mm)；

h_0——垫梁折算高度(mm)，$h_0=2\sqrt[3]{\frac{E_b I_b}{Eh}}$；

δ_2——垫梁底面压应力分布系数，当荷载沿墙厚方向均匀分布时，δ_2 取 1.0；不均匀分布时，δ_2 取 0.8；

E_b、I_c——分别为垫梁的混凝土弹性模量和截面惯性矩；

E——砌体的弹性模量；

h——墙厚(mm)。

10.4.7 计算例题

【例 10.4】 某窗间墙截面尺寸为 1 200 mm×240 mm，采用 MU10 烧结普通砖 M5 混合砂浆砌筑。墙上支承有 250 mm×600 mm 的钢筋混凝土梁，如图 10.14 所示。梁上荷载产生的支承压力 N_l=100 kN，上部荷载传来的轴向力设计值 80 kN。试验算梁端支承处砌体的局部受压承载力。

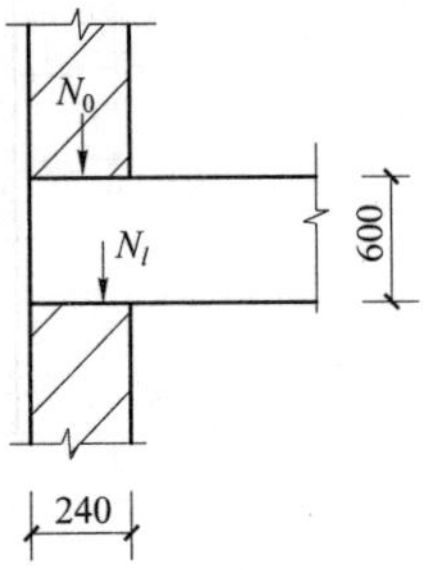

图 10.14 【例 10.4】附图

【解】

1. 查表 10.1 可得，$f=1.5\ \text{N/mm}^2$

2. 有效支承长度

$$a_0=10\sqrt{\frac{h_c}{f}}=10\times\sqrt{\frac{600}{1.5}}=200(\text{mm})<a=240\ \text{mm}$$

3. 局部受压面积、局部抗压强度提高系数

$$A_l=a_0\times b=200\times 250=50\ 000(\text{mm}^2)$$

$$A_0=240\times(240\times 2+250)=175\ 200(\text{mm}^2)$$

$$\gamma=1+0.35\sqrt{\frac{A_0}{A_l}-1}=1+0.35\times\sqrt{\frac{175\ 200}{50\ 000}-1}=1.55<2.0$$

4. 上部荷载折减系数

$\frac{A_0}{A_l}=\frac{175\ 200}{50\ 000}=3.5>3$，故不考虑上部荷载的影响，取 $\psi=0$

5. 局部受压承载力验算

$$\eta\gamma fA_l=0.7\times 1.55\times 1.5\times 50\ 000=81\ 375(\text{N})=81.375(\text{kN})$$

$$<N_l+\psi N_0=100\ \text{kN}$$

故局部受压承载力不满足要求。

【例 10.5】 条件同【例 10.4】，如设置刚性垫块，试选择垫块的尺寸，并进行验算。

【解】

1. 选择垫块的尺寸如图 10.15 所示。

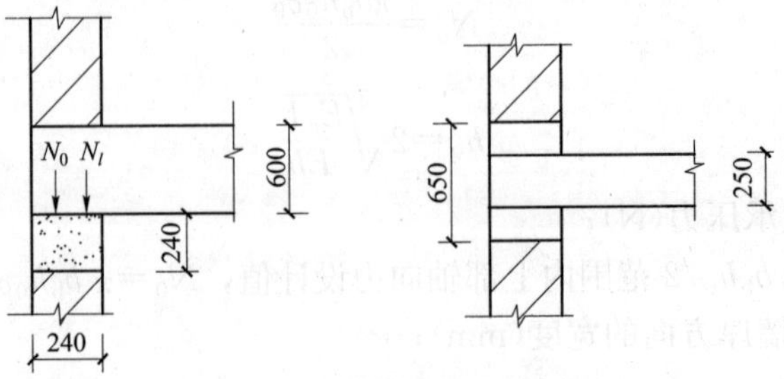

图 10.15 【例 10.5】附图

取垫块的厚度 t_b=240 mm，宽度 a_b=240 mm，长度 b_b=650 mm

因 $b_b=650\ \text{mm}<250+2\times t_b=730(\text{mm})$，且 $240\times2+650=1\ 130(\text{mm})<1\ 200\ \text{mm}$（窗间墙宽度）

故有 $A_0=240\times(240\times2+650)=271\ 200(\text{mm}^2)$

局部受压面积 $A_l=A_b=a_b\times b_b=240\times650=156\ 000(\text{mm}^2)$

2. 局部抗压强度提高系数

$$\gamma=1+0.35\sqrt{\frac{A_0}{A_l}-1}=1+0.35\times\sqrt{\frac{271\ 200\ \text{mm}^2}{156\ 000\ \text{mm}^2}-1}=1.30<2.0$$

$$\gamma_1=0.8\gamma=0.8\times1.30=1.04>1$$

3. 求影响系数 φ

$\sigma_0=\dfrac{80\times10^3}{1\ 200\times240}=0.28(\text{N/mm}^2)$，$\dfrac{\sigma_0}{f}=0.187$，查表 10.13 可得，$\delta_1=5.68$

刚性垫块上表面梁端有效支承长度

$$a_0=\delta_1\sqrt{\frac{h_c}{f}}=5.68\times\sqrt{\frac{600}{1.50}}=113.6(\text{mm})$$

N_l 合力点至墙边的位置为 $0.4a_0=0.4\times113.6=45.44(\text{mm})$

N_l 对垫块中心的偏心距为 $e_l=120-45.44=74.56(\text{mm})$

垫块上的上部荷载产生的轴向力

$$N_0=\sigma_0A_b=0.28\times156\ 000=43\ 680(\text{N})=43.68\ \text{kN}$$

作用在垫块上的总轴向力

$$N=N_0+N_l=43.68+100=143.68(\text{kN})$$

轴向力对垫块重心的偏心距

$$e=\frac{N_le_l}{N_0+N_l}=\frac{100\times74.56}{143.68}=51.89(\text{mm})$$

$$e/a_b=51.89/240=0.216\text{，查表}(\beta\leqslant3)\text{时，}\varphi=0.648$$

$\varphi\gamma_1fA_b=0.648\times1.04\times1.5\times156\ 000=157\ 697(\text{N})=157.7\ \text{kN}>N=143.68\ \text{kN}$

满足要求。

【例 10.6】 条件同【例 10.4】，如梁下设置钢筋混凝土圈梁，试验算局部受压承载力。圈梁截面尺寸为 $b\times h=240\ \text{mm}\times240\ \text{mm}$，混凝土强度等级 C20（$E_b=25.5\times10^3\ \text{N/mm}^2$），砌体 $E=2.4\times10^3\ \text{N/mm}^2$。

【解】

1. 垫梁折算高度

$$h_0=2\sqrt[3]{\frac{E_bI_b}{Eh}}=2\sqrt[3]{\frac{25.5\times10^3\times\frac{1}{12}\times240^4}{2.4\times10^3\times240}}=461(\text{mm})$$

2. 垫梁 $\pi b_bh_0/2$ 范围内上部轴向力设计值

$$N_0=\pi b_bh_0\sigma_0/2=3.14\times240\times461\times0.28/2=48\ 637(\text{N})=48.64\ \text{kN}$$

3. 验算

$$\begin{aligned}2.4\delta_2fb_bh_0&=2.4\times1.0\times1.50\times240\times461=398\ 304(\text{N})\\&=398.3(\text{kN})>N_0+N_l=148.64(\text{kN})\end{aligned}$$

满足要求。

10.5　其他构件的承载力计算

10.5.1　受拉、受弯和受剪构件承载力计算

1. 轴心受拉构件

常见的砌体轴心受拉构件有容积较小的圆形水池或筒仓，《砌体结构设计规范》(GB 50003—2011)规定砌体轴心受拉构件的承载力应按下列公式计算：

$$N_t \leqslant f_t A \tag{10-15}$$

式中　N_t——轴心拉力设计值；

f_t——砌体轴心抗拉强度设计值，按表 10.7 采用。

2. 受弯构件

砖砌过梁及挡土墙属于受弯构件。在弯矩作用下砌体可能沿通缝截面[图 10.5(c)]或沿齿缝截面[图 10.5(a)]因弯曲受拉而破坏，应进行受弯承载力计算。此外，在支座处有时还存在较大的剪力，还应进行相应的抗剪计算。

(1)受弯构件的受弯承载力，及满足下式的要求：

$$M \leqslant f_{tm} W \tag{10-16}$$

式中　M——弯矩设计值；

f_{tm}——砌体弯曲抗拉强度设计值，按表 10.7 采用；

W——截面抵抗矩，矩形截面的高度和宽度为 h、b 时，$W=\frac{1}{6}bh^2$。

(2)受弯构件的受剪承载力，应按下列公式计算：

$$V \leqslant f_v bz \tag{10-17}$$

式中　V——剪力设计值；

f_v——砌体抗剪强度设计值，按表 10.7 采用；

b——截面宽度；

z——内力臂，$z=I/S$，I 为截面惯性矩，S 为截面面积矩。当截面为矩形时，取 $z=\frac{2}{3}h$，h 为截面高度。

3. 受剪构件

图 10.16 所示为一拱支座的受力情况，对于此类既受到竖向压力，又受到水平剪力作用的砌体受剪承载力，《砌体结构设计规范》(GB 50003—2011)规定沿通缝或沿阶梯形截面破坏时，受剪构件的承载力，可按下式计算：

$$V \leqslant (f_v + \alpha\mu\sigma_0)A \tag{10-18}$$

当 $\gamma_G=1.2$ 时，$\mu=0.26-0.082\frac{\sigma_0}{f}$

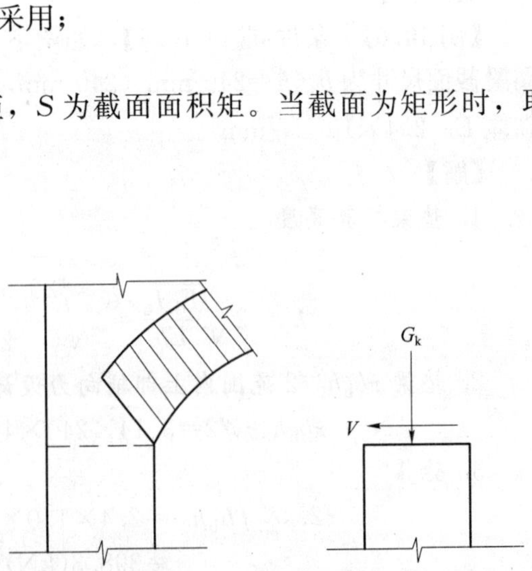

图 10.16　拱支座截面受剪

当 $\gamma_G=1.35$ 时，$\mu=0.23-0.065\frac{\sigma_0}{f}$

式中 σ_0——永久荷载设计值产生的水平截面平均压应力；

V——截面剪力设计值；

A——水平截面面积；当有孔洞时，取净截面面积；

f_v——砌体抗剪强度设计值，按表 10.7 采用；

α——修正系数。当 $\gamma_G=1.2$ 时，砖砌体取 0.6，混凝土砌块砌体取 0.64；当 $\gamma_G=1.35$ 时，砖砌体取 0.64，混凝土砌块砌体取 0.66；

μ——剪压复合受力影响系数，α 与 μ 的乘积可查表 10.11；

f——砌体抗压强度设计值；

σ_0/f——轴压比，且不大于 0.8。

表 10.11　当 $\gamma_G=1.2$ 及 $\gamma_G=1.35$ 时的 $\alpha\mu$ 值

γ_G	σ_0/f	0.1	0.2	0.3	0.4	0.5	0.6	0.7	0.8
1.2	砖砌体	0.15	0.15	0.14	0.14	0.13	0.13	0.12	0.12
	砌块砌体	0.16	0.16	0.15	0.15	0.14	0.13	0.13	0.12
1.35	砖砌体	0.14	0.14	0.13	0.13	0.13	0.12	0.12	0.11
	砌块砌体	0.15	0.14	0.14	0.13	0.13	0.13	0.12	0.12

10.5.2　网状配筋砖砌体受压构件

1. 网状配筋砖砌体的破坏特征和应用范围

(1)破坏特征。在水平灰缝内配置网状钢筋可以阻止砌体横向变形的发展，提高砌体承载力。这是因为钢筋与砖砌体粘结牢固并能共同工作，而钢筋的弹性模量大于砌体的弹性模量，砌体的横向变形受钢筋约束，这相当于对受压砖砌体横向加压，使砌体产生三向应力状态。网状钢筋延缓了砖块的开裂及其发展，阻止了竖向裂缝的上下贯通，避免了将砖柱分裂成半砖小柱导致的失稳破坏。砌体和钢筋的共同工作可延续到整体砖层被压碎，砌体完全破坏。

(2)应用范围。当受压构件的截面尺寸受限制时，可采用网状配筋砖砌体。配筋方式可以采用方格钢筋网和连弯式钢筋网，如图 10.2(a)、(b)所示。但下列情况不宜采用网状配筋砖砌体：

1)偏心距 e 超过截面核心范围，对于矩形截面即 $e/h>0.17$ 时。

当偏心距 e 较大时，砌体截面上会出现拉应力，使网状筋与砂浆之间的粘结力受到破坏，钢筋约束横向变形的作用会大大降低以致完全丧失。试验表明，当 $e>0.5y$ 时，网状钢筋对砌体承载力提高的作用甚微，故应使网状配筋砌体截面处于无拉应力状态，才能发挥其提高承载力的作用。

2)偏心距 e 虽未超过截面核心范围，但构件高厚比 $\beta>16$ 时。

一般网状配筋砖砌体应力较高，灰缝较厚(12 mm 左右)，受压后变形大，即网状配筋砖砌体的弹性模量较无筋砌体的弹性模量小，故影响系数 φ_n 减低。若网状配筋砖砌体的高厚比过大，影响系数过低，网状配筋的作用将不能发挥。

2. 网状配筋砖砌体受压构件承载力计算

网状配筋砖砌体受压构件的承载力计算，可按下式进行：

$$N \leqslant \varphi_n f_n A \tag{10-19}$$

式中 N——荷载设计值产生的轴向力；

φ_n——高厚比和配筋率以及轴向力的偏心距对网状配筋砖砌体受压构件承载力的影响系数，按附表 13 取用；

f_n——网状配筋砖砌体的抗压强度设计值，按下列公式计算：$f_n = f + 2(1-2e/y)\rho f_y$；

f——无筋砌体抗压强度设计值，查表取用，当符合本章上节所述情况时应乘以调整系数 γ_a；

e——轴向力的偏心距，按荷载标准值计算；

y——砌体截面形心至轴向力偏心一侧的截面边缘距离；

ρ——网状配筋砖砌体的体积配筋率，$\rho = V_s/V$（V_s 为砖砌体体积 V 内的钢筋体积）；

f_y——受拉钢筋的设计强度，当 $f_y > 320\ \text{N/mm}^2$ 时，仍采用 $320\ \text{N/mm}^2$。

10.6 混合结构房屋墙、柱的设计

混合结构房屋是指墙、柱、基础等竖向承重构件采用砌体材料，楼盖、屋盖等水平构件采用钢筋混凝土材料（或钢材、木材）建造的房屋，如我们常见到的住宅、宿舍、办公楼、食堂、仓库等，一般都是混合结构房屋，在我国的低层和多层民用建筑中应用极为广泛。

混合结构房屋墙体的设计主要包括结构布置方案、计算简图、荷载统计、内力计算、内力组合、构件截面承载力验算等。

10.6.1 混合结构房屋的结构布置

结构布置方案主要是确定竖向承重构件的平面位置。混合结构房屋结构布置方案，根据承重墙体和柱的位置不同可分为纵墙承重、横墙承重、纵横墙混合承重及内框架承重四种方案。

1. 纵墙承重方案

此方案由纵墙直接承受屋（楼）面荷载。屋面板（楼板）直接支承于纵墙上，或支承在搁置于纵墙上的钢筋混凝土梁上，如图 10.17 所示。荷载的主要传递路线是：屋（楼）面荷载→纵墙→基础→地基。

这种承重方案的优点是房屋空间较大，平面布置灵活。但是由于纵墙上有大梁或屋架，外纵墙上窗的设置受到限制，而且由于横墙很少，房屋的横向刚度较差，故适合于要求空间大的房屋如厂房、教室、仓库等。

2. 横墙承重方案

由横墙直接承受屋（楼）面荷载。荷载的主要传递路线是：屋（楼）面荷载→横墙→基础→地基。横墙是主要的承重墙，如图 10.18 所示。

这种承重方案的优点是横墙很多，房屋的横向刚度较大，整体性好，且外纵墙上开窗

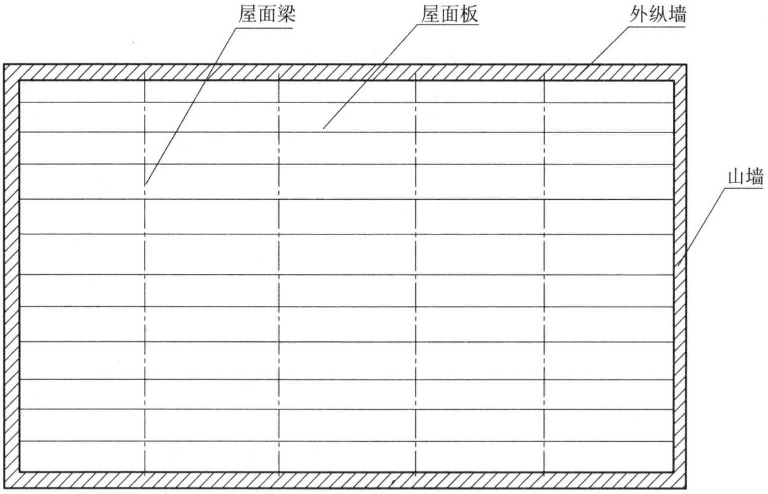

图 10.17　纵墙承重

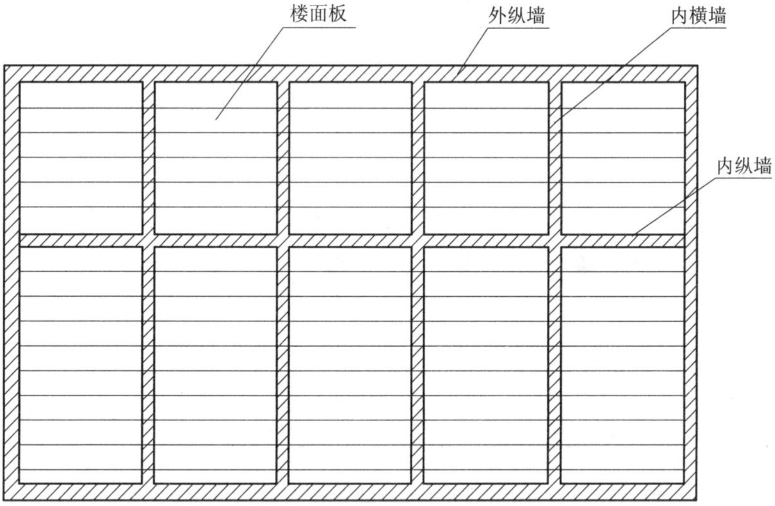

图 10.18　横墙承重方案

可不受限制，立面处理、装饰较方便；缺点是横墙很多，空间受到限制。横墙承重方案适合于房间大小固定、横墙间距较密的住宅、宿舍等建筑。

3. 纵横墙混合承重方案

在实际工程中，往往是纵墙和横墙混合承重的，形成混合承重方案。如图 10.19 所示。荷载的主要传递路线是：屋(楼)面荷载→横墙及纵墙→相应基础→地基。

这种承重方案的优点是纵、横向墙体都承受楼面传来的荷载，且房屋在两个方向上的刚度均较大，有较强的抗风能力。纵横墙混合承重方案适合于建筑使用功能要求多样的房屋，如教学楼、试验楼、办公楼等。

4. 内框架承重方案

它是由房屋内部的钢筋混凝土框架和外部的砖墙、砖柱组成。荷载的主要传递路线是：屋(楼)面荷载→梁→外墙及框架柱→相应基础→地基。其可用作多层工业厂房、仓库和商店等建筑。如图 10.20 所示。

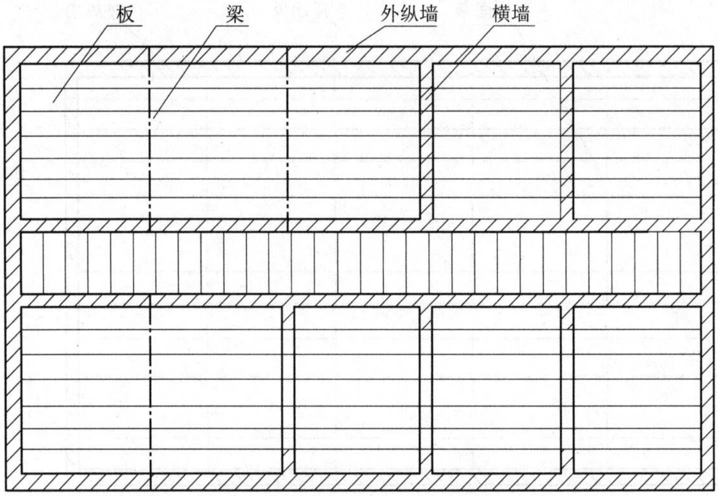

图 10. 19　纵横墙承重方案

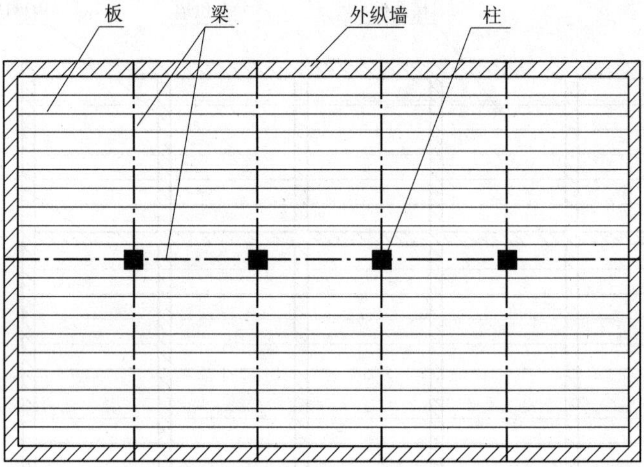

图 10. 20　内框架承重方案

这种承重方案的特点是平面布置较为灵活，容易满足使用要求，但横墙少，房屋的空间刚度较差。另外，由于房屋由两种性能不同的材料组成，协调变形能力较差，因此，其抵抗地基不均匀沉降和地震能力较弱。

在实际工程中，无论采用哪一种方案，都要根据具体的使用要求、施工条件、材料、经济性等多种因素综合分析，并作方案比较后确定。

10. 6. 2　混合结构房屋的静力计算方案

确定混合结构房屋的静力计算方案，实际上就是通过对房屋空间工作情况进行分析，根据房屋空间刚度的大小确定墙、柱设计时的结构计算简图。确定混合结构房屋的静力计算方案非常重要，是关系到墙、柱的构造要求和承载力计算方法的主要根据。

1. 房屋的空间工作情况

混合结构房屋中的屋盖、楼盖、墙、柱和基础，共同组成一个空间结构体系，承受作用在房屋上的竖向荷载和水平荷载。房屋的垂直荷载由楼盖和屋盖承受，并通过墙或柱传到基础和地基上去。作用在外墙上的水平荷载(如风荷载、地震作用)一部分通过屋盖和楼盖传给横墙，再由横墙传至基础和地基；另一部分直接由纵墙传给基础和地基。

在水平荷载作用下，屋盖和楼盖的工作相当于一根在水平方向受弯的梁，将产生水平的位移，而房屋的墙、柱和楼、屋盖连接在一起，因此，墙柱顶端也将产生水平位移。由此可见，混合结构房屋在荷载作用下，各种构件相互联系、相互影响，处在空间工作情况，因此，在静力计算分析中，必须要考虑房屋的空间工作。

2. *房屋的静力计算方案*

根据房屋空间刚度的大小，我国《砌体结构设计规范》(GB 50003—2011)规定房屋的静力计算方案分为下列三种：

(1)刚性方案。当横墙间距小、楼屋盖水平刚度较大时，在水平荷载作用下，房屋的水平位移很小。在确定墙柱的计算简图时，可以忽略房屋的水平位移，将楼屋盖视为墙柱的不动铰支承，则墙柱的内力可按不动铰支承的竖向构件计算，如图 10.21(a)所示。这种房屋称为刚性方案房屋。一般的多层住宅、办公楼、教学楼、宿舍等，均为刚性方案房屋。

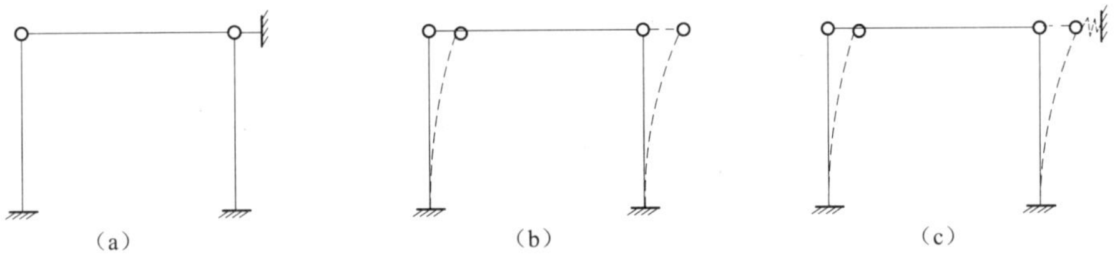

图 10.21　三种静力计算方案计算简图

(a) 刚性方案；(b)弹性方案；(c)刚弹性方案

(2)弹性方案。当房屋的横墙间距较大，楼(屋)盖水平刚度较小，则在水平荷载作用下，房屋的水平位移很大，不可以忽略。故在确定墙柱的计算简图时，就不能把楼屋盖视为墙柱的不动铰支承，而应视为可以自由位移的悬臂端，按平面排架计算墙柱的内力，如图 10.21(b)所示。这种房屋称为弹性方案房屋。一般的单层厂房、仓库、礼堂等，多属于弹性方案房屋。

(3)刚弹性方案。这是介于“刚性”和“弹性”两种方案之间的房屋。其楼盖或屋盖具有一定的水平刚度，横墙间距不太大，能起一定的空间作用。在水平荷载作用下，其水平位移较弹性方案的水平位移小，但又不能忽略。这种房屋称为刚弹性方案房屋。刚弹性方案房屋的墙柱内力计算，应按屋盖或楼盖处具有弹性支承的平面排架计算，如图 10.21(c)所示。

《砌体结构设计规范》(GB 50003—2011)根据不同类型的楼盖、屋盖和横墙的间距，设计了表格(见表 10.12)，可直接查用，以确定房屋的静力计算方案。

表 10.12　房屋的静力计算方案

屋盖或楼盖类型		刚性方案	刚弹性方案	弹性方案
1	整体式、装配整体和装配式无檩体系钢筋混凝土屋盖或钢筋混凝土楼盖	$s<32$	$32\leqslant s\leqslant 72$	$s>72$
2	装配式有檩体系钢筋混凝土屋盖、轻钢屋盖和有密铺望板的木屋盖或木楼盖	$s<20$	$20\leqslant s\leqslant 48$	$s>48$

续表

屋盖或楼盖类型		刚性方案	刚弹性方案	弹性方案
3	瓦材屋面的木屋盖和轻钢屋盖	$s<16$	$16\leqslant s\leqslant 36$	$s>36$
注：1. 表中，s 为房屋横墙间距，其长度单位为 m。 2. 对无山墙或伸缩缝处无横墙的房屋，应按弹性方案计算。				

需要注意的是：从上面的表中可以看出，横墙间距是确定房屋静力计算方案的一个重要条件，因此，刚性和刚弹性方案房屋的横墙应符合下列条件：

(1)横墙中开有洞口时，洞口的水平截面面积不应超过横墙截面面积的 50%；

(2)横墙的厚度不宜小于 180 mm；

(3)单层房屋的横墙长度不宜小于其高度，多层房屋的横墙长度不宜小于 $H/2$(H 为横墙总高度)。

若横墙不能同时符合上述三项要求，应对横墙的刚度进行验算。如其最大水平位移值不超过横墙高度的 1/4 000 时，仍可视作刚性或刚弹性房屋的横墙。

10.6.3　墙、柱高厚比验算

墙、柱高厚比验算是保证砌体结构满足正常使用要求的构造措施之一，也是保证砌体结构在施工和使用阶段的稳定性的重要措施。

高厚比是指墙、柱的计算高度 H_0 与墙厚或矩形柱截面的边长 h(应取与 H_0 相对应方向的边长)的比值，用 β 表示。

1. 矩形截面墙柱高厚比验算

《砌体结构设计规范》(GB 50003—2011)规定墙、柱的高厚比应符合下列条件：

$$\beta=\frac{H_0}{h}\leqslant\mu_1\mu_2[\beta] \tag{10-20}$$

式中　H_0——墙、柱的计算高度，按表 10.13 采用；

h——墙厚或矩形柱与 H_0 对应的边长；

$[\beta]$——墙、柱的允许高厚比，按表 10.14 采用；

μ_1——自承重墙允许高厚比的修正系数，可按下列规定采用：

$h=240$ mm　　$\mu_1=1.2$；

$h=90$ mm　　$\mu_1=1.5$；

90 mm$<h<$240 mm　　μ_1 可按插入法取用；

μ_2——有门窗洞口墙允许高厚比的修正系数，按下式计算：

$$\mu_2=1-0.4\frac{b_s}{s} \tag{10-21}$$

b_s——在宽度 s 范围内的门窗洞口宽度；

s——相邻窗间墙之间，或壁柱之间、构造柱之间的距离，如图 10.22 所示。

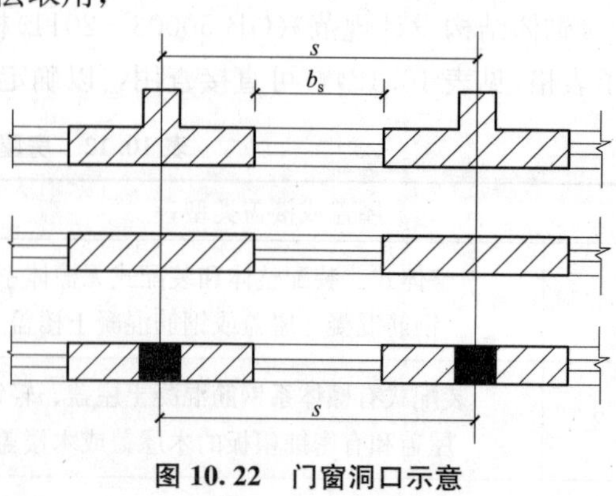

图 10.22　门窗洞口示意

表 10.13　受压构件的计算高度 H_0

房屋类别			柱		带壁柱墙或周边拉结的墙		
			排架方向	垂直排架方向	$s>2H$	$2H\geqslant s>H$	$s<H$
无吊车的单层房屋和多层房屋	单跨	弹性方案	$1.5H$	$1.0H$	$1.5H$		
		刚弹性方案	$1.2H$	$1.0H$	$1.2H$		
	多跨	弹性方案	$1.25H$	$1.0H$	$1.25H$		
		刚弹性方案	$1.10H$	$1.0H$	$1.10H$		
	刚性方案		$1.0H$	$1.0H$	$1.0H$	$0.4s+0.2H$	$0.6s$

注：1. 表中，H_u 为变截面柱的上段高度；H_l 为变截面柱的下段高度。

2. 对于上端为自由端的构件，$H_0=2H$。

3. s 为房屋横墙间距。

4. 自承重墙的计算高度应根据周边支承或拉结条件确定。

5. 独立砖柱，当无柱间支撑时，柱在垂直排架方向的 H_0 应按表中数值乘以 1.25 后采用。

当按式(10-21)计算的 μ_2 值小于 0.7 时，应采用 0.7；当洞口高度等于或小于墙高的 1/5 时，可取 $\mu_2=1.0$。

应用式(10-20)时，应注意下列几个问题：

(1)当与墙连接的相邻两横墙的距离 $s\leqslant\mu_1\mu_2[\beta]h$ 时，墙的高度可不受式(10-20)的限制。

(2)变截面柱的高厚比，可按上、下截面分别验算。

表 10.14　墙、柱的允许高厚比[β]值

砌块类型	砂浆强度等级	墙	柱
无筋砌体	M2.5	22	15
	M5.0 或 Mb5.0、Ms5.0	24	16
	≥M7.5 或 Mb7.5、Ms7.5	26	17
配筋砌块砌体	—	30	21

注：1. 毛石墙、柱的允许高厚比应比表中数值降低 20%。

2. 组合砖砌体构件的允许高厚比，可按表中数值提高 20%，但不得大于 28。

3. 验算施工阶段砂浆尚未硬化的新砌砌体高厚比时，允许高厚比对墙取 14，对柱取 11。

2. 带壁柱墙高厚比验算

(1)整片墙高厚比验算：

$$\beta=\frac{H_0}{h_T}\leqslant\mu_1\mu_2[\beta] \tag{10-22}$$

式中　h_T——带壁柱墙截面的折算厚度，$h_T=3.5i$；

i——带壁柱墙截面的回砖半径，$i=\sqrt{\frac{I}{A}}$；

I、A——分别为带壁柱墙截面的惯性矩和截面面积。

如果验算纵墙的高厚比，计算 H_0 时，s 取相邻横墙间距，如图 10.23 所示；如果验算横墙的高厚比，计算 H_0 时，s 取相邻纵墙间距。

(2)壁柱间墙高厚比验算：壁柱间墙的高厚比验算可按式(10-20)进行验算。计算 H_0 时，s 取如图 10.23 所示壁柱间距离。而且无论房屋静力计算时属于何种计算方案，H_0 则一律按表 10.13 中“刚性方案”考虑。

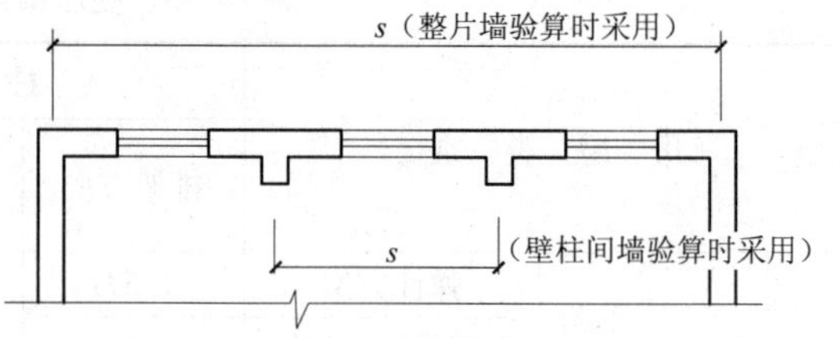

图 10.23　带壁柱墙验算图

3. 带构造柱墙高厚比验算

(1)整片墙高厚比验算：

$$\beta=\frac{H_0}{h}\leqslant\mu_1\mu_2\mu_c[\beta] \tag{10-23}$$

式中　μ_c——带构造柱墙允许高厚比的提高系数，可按下式计算：

$$\mu_c=1+\gamma\frac{b_c}{l} \tag{10-24}$$

式中　γ——系数，对细料石砌体，$\gamma=0$；对混凝土砌块、混凝土多孔砖粗料石、毛料石及毛石砌体，$\gamma=1.0$；其他砌体，$\gamma=1.5$；

b_c——构造柱沿墙长方向的宽度；

l——构造柱间距，此时 s 取相邻构造柱间距。

当 $b_c/l>0.25$ 时，取 $b_c/l=0.25$；当 $b_c/l<0.05$，取 $b_c/l=0$。

(2)构造柱间墙高厚比验算。可按式(10-20)进行验算。确定 H_0 时，s 取构造柱间距离。无论房屋静力计算时属于何种计算方案，H_0 均按表 10.13 中“刚性方案”考虑。

验算墙、柱高厚比计算步骤可归纳如下：

1)确定房屋的静力计算方案，根据房屋的静力计算方案，查表 10.13 确定计算高度 H_0；

2)确定是承重墙还是非承重墙，计算 μ_1 值；

3)根据有无门窗洞口，计算 μ_2 值；

4)验算墙、柱的高厚比。对无壁柱、有壁柱及有构造柱墙体，应分别按式(10-20)、式(10-22)及式(10-23)进行验算。

【例 10.7】 某教学楼平面如图 10.24 所示，采用预制钢筋混凝土空心楼板，外墙厚度为 370 mm，内墙厚度为 240 mm，层高为 3.6 m；隔墙厚度为 120 mm，砂浆为 M5，砖为 MU10；纵墙上窗宽为 1 800 mm，门宽为 1 000 mm。室内地坪到基础顶面的距离为 800 mm。试验算各墙的高厚比。

【解】

1. 确定房屋的静力计算方案

横墙的最大间距 $s=3.6\times3=10.8(\text{m})$，查表 10.12 可得，$s<32$ m，确定为刚性方案。

2. 确定允许高厚比$[\beta]$

查表 10.14 可得，$[\beta]=24$

3. 纵墙高厚比验算

(1)外纵墙验算：取横墙间距最大的房间的纵墙验算。外纵墙高 $H=(3.6+0.8)$m，$s=3.6\times3=10.8(\text{m})>2H=8.8$ m，查表 10.13 可得，$H_0=1.0H=4.4$ m。

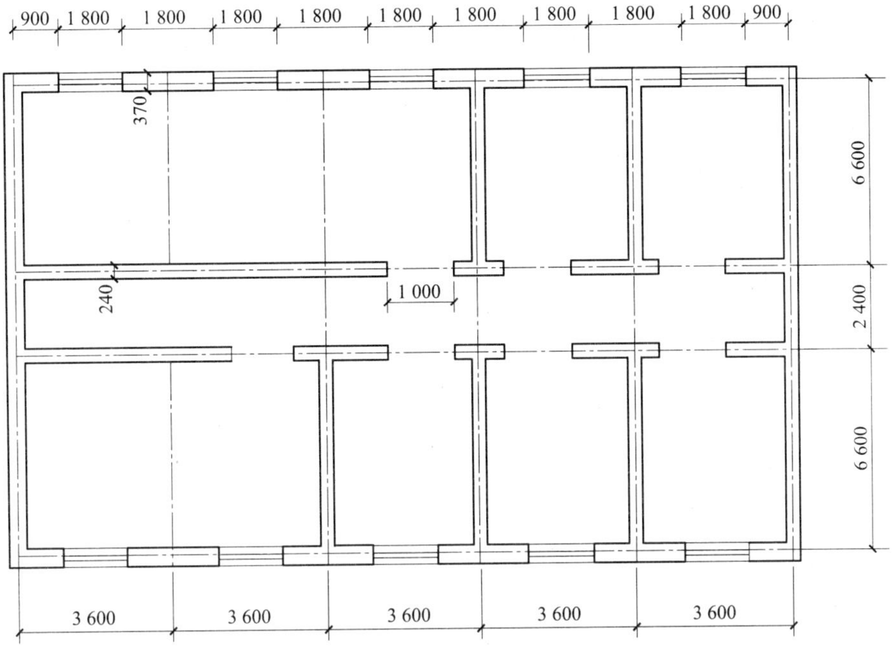

图 10.24　某教学楼平面图

由于外纵墙为承重墙，所以 $\mu_1=1.0$

$$\mu_2=1-0.4\frac{b_s}{s}=1-0.4\times\frac{1.8}{3.6}=0.8>0.7$$

纵墙的高厚比 $\beta=\frac{H_0}{h}=\frac{4.4}{0.37}=11.89<\mu_1\mu_2[\beta]=1.0\times0.8\times24=19.2$

满足要求。

(2)内纵墙验算：内纵墙上洞口宽度 $b_s=1.0$ m，$s=3.6$ m，

$$\mu_2=1-0.4\frac{b_s}{s}=1-0.4\times\frac{1.0}{3.6}=0.89$$

纵墙的高厚比

$$\beta=\frac{H_0}{h}=\frac{4.4}{0.24}=18.33<\mu_1\mu_2[\beta]=1.0\times0.89\times24=21.4$$

满足要求。

4. 横墙高厚比验算

纵墙最大间距 $s=6.6$ m，故 $2H>s>H$，查表 10.13S 可得，$H_0=0.4s+0.2H=0.4\times6.6+0.2\times4.4=3.52$(m)

横墙未开有洞口，$\mu_2=1.0$

横墙高厚比 $\beta=\frac{H_0}{h}=\frac{3.52}{0.24}=14.67<\mu_1\mu_2[\beta]=1.0\times1.0\times24=24$

满足要求。

5. 隔墙高厚比验算

隔墙为非承重墙，而且一般直接砌在地面上，所以，隔墙的高度可取 $H=3.6$ m

计算高度 $H_0=1.0\quad H=3.6$ m，墙厚 120 mm，$\mu_1=1.44$

隔墙高厚比 $\beta=\frac{H_0}{h}=\frac{3.6}{0.12}=30<\mu_1\mu_2[\beta]=1.44\times1.0\times24=34.56$

满足要求。

10.6.4 刚性方案房屋墙体的设计计算

1. 单层刚性方案房屋承重纵墙的计算

(1)计算假定与计算简图。由于是刚性方案房屋墙体的设计计算，因此，在静力分析时可认为房屋上端的水平位移为零，纵墙的上端假定为水平不动铰支承于屋盖，下端嵌固于基础顶面。简化后，刚性方案房屋承重纵墙的计算简图，如图 10.25 所示。

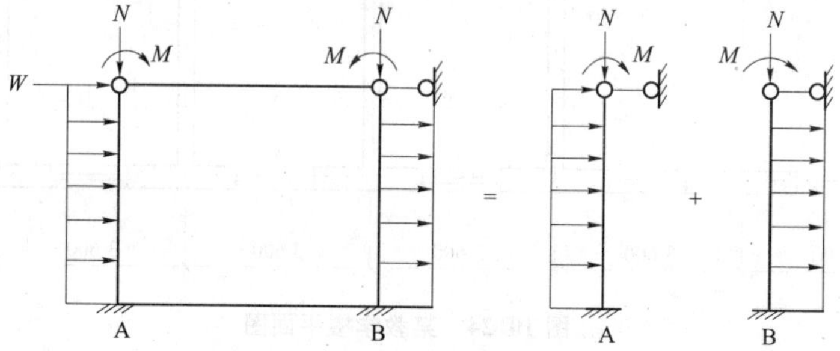

图 10.25 单层刚性方案房屋计算简图

(2)荷载计算。作用于纵墙上的荷载有如下几种：

1)屋面荷载。屋面荷载包括屋盖构件的自重、雪荷载或屋面活荷载。这些荷载经由屋架或屋面梁传递至纵墙顶部。由于屋架支承反力常与墙顶部截面的中心不重合，因此，作用于墙顶的屋面荷载一般由轴心压力 N 和弯矩 M 组成，如图 10.25 所示。

2)风荷载。风荷载包括作用在屋面和墙面上的风荷载。屋面上的风荷载可简化为作用于墙顶的集中力 W，它直接通过屋盖传至横墙，再传给基础和地基，在纵墙上不产生内力。墙面上的风荷载为均布荷载，应考虑迎风面和背风面，在迎风面为压力，在背风面为吸力。如图 10.25 所示。

3)墙体自重。墙体的自重作用于截面的形心时，对等截面墙柱，不引起截面内的附加弯矩；对阶形墙，上阶墙自重对下阶墙各截面还将产生偏心力矩。

(3)内力计算。墙体的内力，按屋面荷载和均布风荷载分别进行计算。

1)在屋面荷载作用下，对于等截面的墙柱，内力可直接用结构力学的方法，按一次超静定求解，如图 10.26(a)所示，其结果：

$$R_A=R_B=\frac{3M}{2H} \tag{10-25}$$

$$M_A=M \tag{10-26}$$

$$M_B=M/2 \tag{10-27}$$

2)在均布风荷载作用下，如图 10.26(b)所示：

$$R_A=\frac{3qH}{8} \tag{10-28}$$

$$R_B=\frac{5qH}{8} \tag{10-29}$$

$$M_B=\frac{qH^2}{8} \tag{10-30}$$

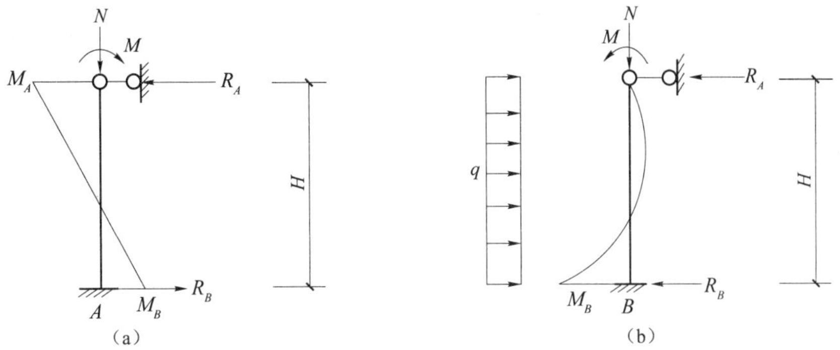

图 10.26　屋面及风荷载作用下墙内力图

(a)屋面荷载作用下；(b)均布风荷载作用下

(4)控制截面与内力组合。控制截面是指内力较大但截面相对较小，有可能较其他截面先发生破坏的截面，如墙、柱的顶面和底面截面。只要危险截面的承载力验算满足要求，整个房屋的承载力也必定满足要求。

墙、柱顶的截面除承受竖向力外，还有弯矩的作用，因此，要验算偏心受压承载力和梁下砌体的局部受压承载力。墙、柱底的截面受有最大的竖向力和相应的弯矩，要验算偏心受压承载力。

设计时，应先求出各种荷载单独作用下的内力；然后，按照可能同时作用的荷载产生的内力进行组合，求出上述控制截面最大内力，作为选择墙柱截面和承载力验算的依据。

2. 多层刚性方案房屋承重纵墙的计算

对于多层民用房屋，如宿舍、住宅、办公楼等，由于横墙较多且间距较小，常属刚性方案。多层刚性方案房屋承重纵墙的计算步骤同单层房屋，设计时除验算墙柱的高厚比外，还需验算墙、柱在控制截面处的承载力。

(1)确定计算单元。通常从纵墙中选取一段有代表性、宽度等于一个开间的竖条墙、柱为计算单元，如图 10.27 所示。对于有门窗洞口，可取窗间的墙体；无门窗洞口时，可取一个开间宽度内的墙截面面积。

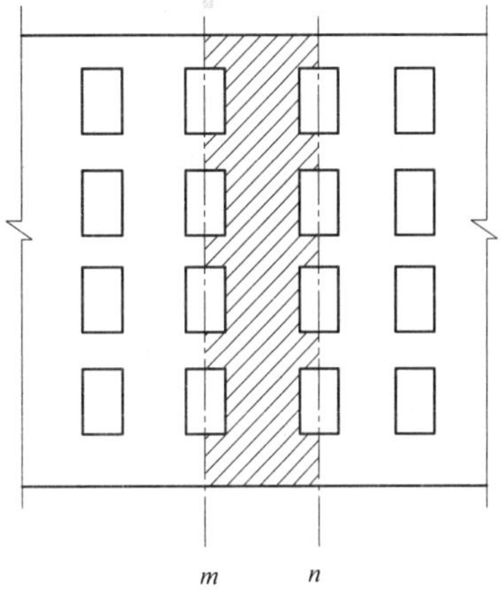

图 10.27　多层刚性方案房屋计算单元

(2)计算简图。在竖向荷载作用下，上述的计算单元可视作为一个竖立的连续梁，则屋盖、楼盖及基础顶面为连续梁的支点。考虑到在各楼层处梁端或板搁置在纵墙上，使墙体截面削弱，截面上能传递的弯矩很小。计算时，将墙体在屋盖、楼盖处假定简化为不连续的铰支承。此外，在基础顶面，由于轴向力远比弯矩的作用效应大，也可假定墙、柱铰支于基础顶面。这样，墙、柱在每层层高范围内被简化为如图 10.28 所示的两端铰支的竖向偏心受力构件。各层的计算高度取相应的层高，对于底层则取层高加上室内地坪至基础顶面的高度。

在风荷载作用下，计算简图仍为一个竖向的连续梁，如图 10.29 所示。由风荷载设计值产生的弯矩，近似按下式计算：

$$M=\frac{qH_i^2}{12} \tag{10-30}$$

式中　H_i——第 i 层墙体的高度；

q——沿墙高均匀分布的风荷载设计值。

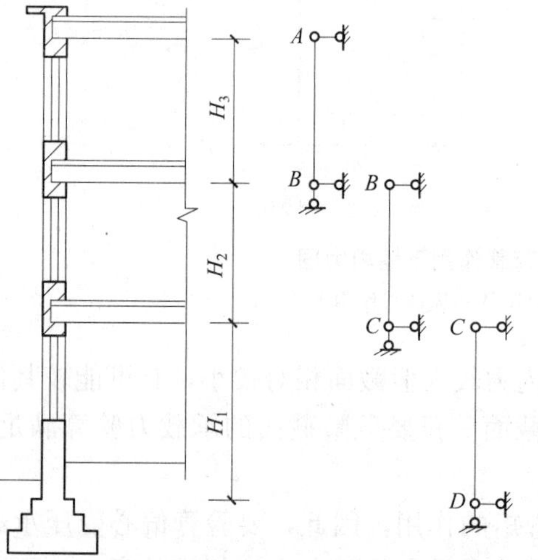

图 10.28　竖向荷载作用下计算简图

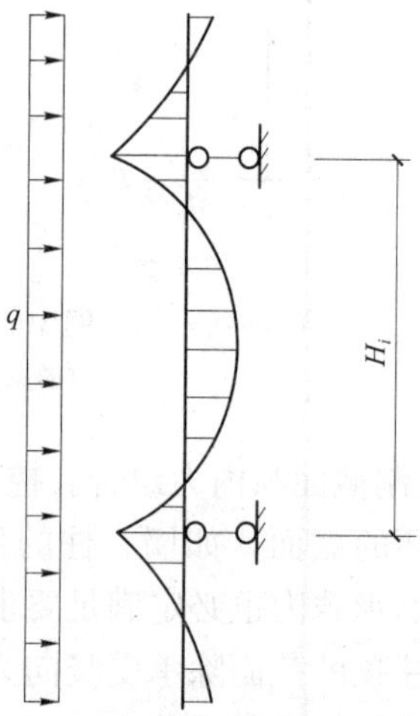

图 10.29　水平荷载作用下的计算简图

对于刚性方案房屋的外墙，一般可不进行水平风荷载下的计算。《砌体结构设计规范》(GB 50003—2011)规定，当洞口水平截面面积不超过全截面面积的 2/3，房屋的层高和总高不超过表 10.15 的规定，而且屋面自重不小于 0.8 kN/m² 时，可不考虑风荷载的影响。一般刚性方案房屋的外墙都能满足上述的要求，因此，无须进行水平荷载作用的计算。

表 10.15　刚性方案多层房屋的外墙不考虑风荷载影响时的最大高度

基本风压/(kN・m^{-2})	层高/m	总高/m
0.4	4.0	28
0.5	4.0	24
0.6	4.0	18
0.7	3.5	18

(3)内力计算。由于在竖向荷载作用下，均为静定结构，所以内力计算非常简单。但要注意以下问题：

1)上部各层的荷载(包括墙体自重、屋面荷载等)沿上一层墙的截面形心传至下层。

2)在计算某层墙体的弯矩时，要考虑本层梁、板支承压力对本层墙体产生的弯矩。当本层墙体与上一层墙体的形心不重合时，还应考虑上部传来的竖向荷载对本层墙体产生的弯矩。

3)当梁支承于墙上时，梁端支承压力 N_l 到墙内边距离，对屋盖梁应取梁端有效支承长度 a_0 的 0.33 倍；对楼盖梁应取梁端有效支承长度 a_0 的 0.4 倍，如图 10.30 所示。

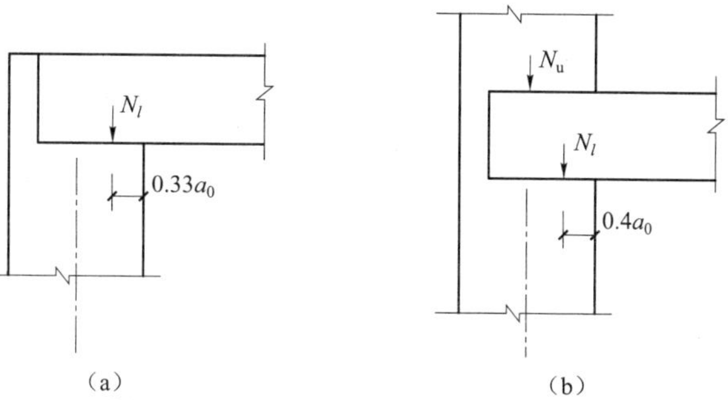

图 10.30 梁端支承压力位置

(4)竖向荷载作用下的控制截面。每层墙的控制截面为Ⅰ－Ⅰ和Ⅱ－Ⅱ截面。Ⅰ－Ⅰ截面位于墙顶部大梁(或板)底，承受大梁传来的支座反力，此截面弯矩最大，应按偏心受压验算承载力，并验算梁底砌体局部受压承载力；Ⅱ－Ⅱ截面位于墙底面，弯矩为零，但轴力最大，应按轴心受压验算承载力。

3. 多层刚性方案房屋承重横墙的计算

横墙承重的房屋，由于横墙间距较小，所以，一般均属于刚性方案。房屋的楼盖及屋盖可视为横墙的不动铰支座，计算简图如图 10.31 所示。

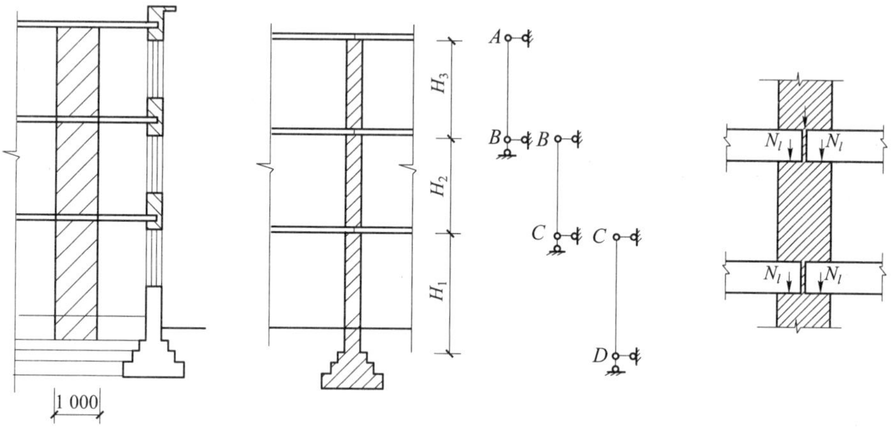

图 10.31 多层刚性方案房屋承重横墙的计算单元和计算简图

多层方案房屋承重横墙的计算方法与承重纵墙相仿，其要点如下：

(1)取 1 m 宽横墙作为计算单元；

(2)每层墙视为两端铰接的竖向构件；

(3)顶层为坡屋顶时，顶层构件高度取层高加山尖高的平均值，其余各层取值同纵墙；

(4)横墙两侧楼盖传来的荷载，相同时横墙为轴心受压，则验算底部截面；不同时横墙为偏心受压，则控制截面为每层墙体的顶部和底部截面。

【例 10.8】 某三层教学楼，采用混合结构，如图 10.32 所示。梁在墙上的支承长度为 240 mm，砖墙厚度为 240 mm，大梁截面尺寸为 $b\times h=200\ \text{mm}\times 500\ \text{mm}$，采用 MU10 砖、M5 混合砂浆砌筑。屋盖恒荷载的标准值为 4.5 kN/m^2，活荷载标准值为 0.5 kN/m^2；楼盖恒荷载的标准值为 2.5 kN/m^2，活载为 2.0 kN/m^2，窗重为 0.3 kN/m^2，外墙单面抹灰

重 5.24 kN/m^2。试验算窗间墙和横墙的高厚比和承载力。

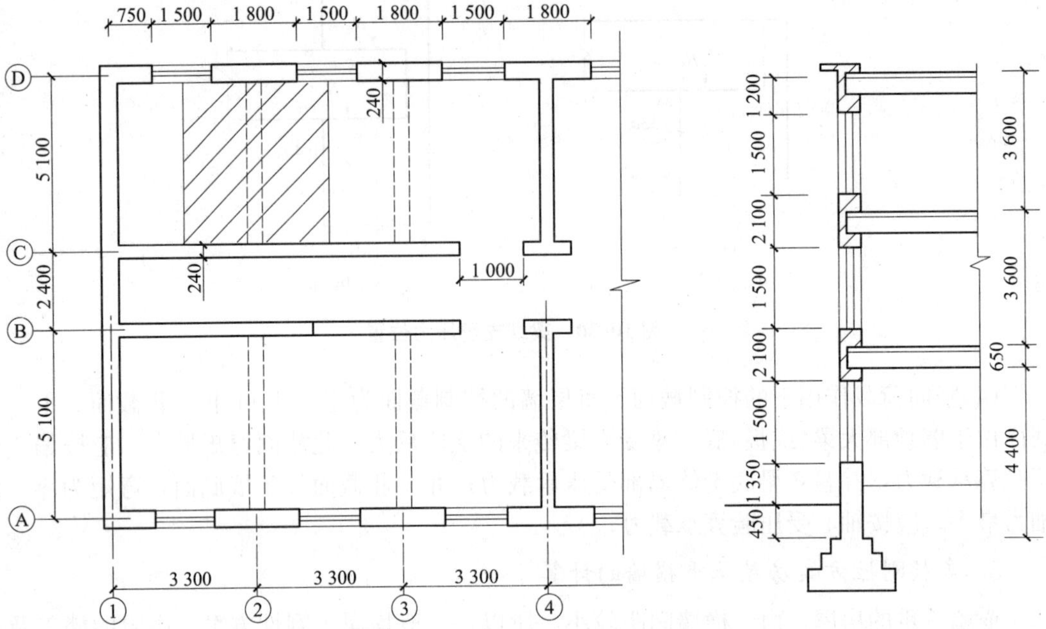

图 10.32　某教学楼的平、剖面图

【解】

1. 高厚比验算

确定房屋的静力计算方案。

房屋的最大横墙间距 s=9.9 m，按表 10.15，当 s<32 m 时，属于刚性方案房屋。

由于横墙上未开洞，故只验算底层外纵墙即可。

纵墙厚 240 mm，高度 H=3 700+650=4 350(mm)。

当 $s>2H$ 时，H_0=1.0，H=4 350 mm

查表 10.17 可得，允许高厚比[β]=24

门窗洞口的修正系数 $\mu_2=1-0.4\times\frac{1.5}{3.3}=0.818$

墙的高厚比 $\beta=H_0/h=4\ 350/240=18.13<\mu_2[\beta]=19.63$

满足要求。

2. 承载力验算

墙体截面相同，材料相同，可仅取底层墙体上部截面和基础顶部截面进行验算。

计算单元上的荷载值：

(1)屋面传来荷载。

恒荷载的标准值 4.5×3.3×5.1/2+0.2×0.5×25×5.1/2=44.24(kN)

活荷载的标准值 0.5×3.3×5.1/2=4.21(kN)

(2)楼面传来荷载。

恒荷载的标准值 2.5×3.3×5.1/2+0.2×0.5×25×5.1/2=27.41(kN)

活荷载的标准值 2.0×3.3×5.1/2×0.85=14.3(kN)

(3)二层以上每层墙体自重及窗重标准值。

$$(3.3\times3.6-1.5\times1.5)\times5.24+1.5\times1.5\times0.3=51.14(\text{kN})$$

楼面至大梁底的一段墙重

$$3.3\times(0.5+0.15)\times5.24=11.24(\text{kN})$$

Ⅰ—Ⅰ截面验算 如图10.33所示，屋面、三层楼面及墙体传下的内力设计值(由于砌体墙上的荷载以永久荷载为主，所以，采用以永久荷载效应控制的组合，此时，永久荷载的分项系数为1.35)：

$$N_u=1.35\times44.24+1.0\times4.21+1.35\times27.4+1.0\times14.3+1.35\times51.14\times2+1.35\times11.24=268.48(\text{kN})$$

本层大梁传来的支承压力设计值：

$$N_l=1.35\times27.4+1.4\times14.3=52.9(\text{kN})$$

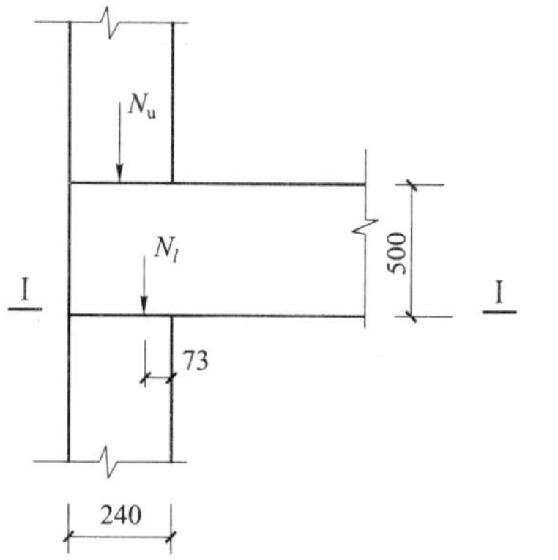

图10.33 Ⅰ—Ⅰ的荷载情况

3. 受压承载力验算

确定支承压力的作用位置：

有效支承长度

$$a_0=10\sqrt{\frac{h_c}{f}}=10\times\sqrt{\frac{500}{1.50}}=182.5(\text{mm})<a=240\text{ mm}$$

$$0.4a_0=0.4\times182.5=73(\text{mm})$$

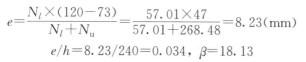

故Ⅰ—Ⅰ截面轴向力的偏心距

$$e=\frac{N_l\times(120-73)}{N_l+N_u}=\frac{57.01\times47}{57.01+268.48}=8.23(\text{mm})$$

$$e/h=8.23/240=0.034,\ \beta=18.13$$

查表10.8可得，$\varphi=0.604$

$$\varphi fA=0.604\times1.50\times1\,800\times240=391.392(\text{N})$$
$$=391.4\text{ kN}>N_u+N_l=321.38(\text{kN})$$

4. 局部受压承载力验算：

局部受压面积 $A_l=a_0b=182.5\times200=36\,500(\text{mm}^2)$

影响局部抗压强度的计算面积 $A_0=240\times(200+2\times240)=163\,200(\text{mm}^2)$

局部抗压强度的提高系数 $\gamma=1+0.35\sqrt{\frac{A_0}{A_l}-1}=1+0.35\times\sqrt{\frac{163\,200}{36\,500}-1}=1.65<2.0$，

$$\gamma fA_l=1.65\times1.50\times36\,500=90.34(\text{kN})>\text{N}_\text{l}=57.01\text{ kN}$$

满足要求。

5. 基础顶面验算，此截面按轴心受压验算

传至该截面的压力除上面的压力外，还应有底层墙体的自重。

底层墙体的自重：$1.35\times(3.7\times3.3-1.5\times1.5)\times5.24+1.35\times1.5\times1.5\times0.3=71.37(\text{kN})$

故，基础顶面截面上的轴向力设计值为：

$$N=268.48+57.01+71.37=396.86\text{ kN}$$

按 $e=0$，$\beta=18.13$，查表10.8可得，$\varphi=0.667$

$$\varphi fA=0.662\times1.50\times1\,500\times240=360\,180(\text{N})=360.18\text{ kN}<N=396.86\text{ kN}$$

故不满足要求。可将底层的墙厚改为370 mm，或将底层墙体砖的强度等级提高。按同样方法验算，直至满足要求。

10.6.5 墙、柱的基本构造措施

1. 墙、柱的一般构造要求

设计砌体结构房屋时，除进行墙、柱的承载力计算和高厚比的验算外，还应满足下列墙、柱的一般构造要求：

(1)五层及五层以上房屋的墙体以及受震动或层高大于 6 m 的墙、柱所用材料的最低强度等级：砖为 MU10，砌块为 MU7.5，石材为 MU30，砂浆为 M5。对于安全等级为一级或设计使用年限大于 50 年的房屋，墙、柱所用材料的最低强度等级应至少提高一级。

(2)在室内地面以下，室外散水坡顶面以上的砌体内，应设防潮层。地面以下或防潮层以下的砌体、潮湿房间的墙，所用材料的最低强度等级应符合表 10.16 的要求。

表 10.16 地面以上或防潮层以下的砌体、潮湿房间墙所用材料的最低强度等级

基土的潮湿程度	烧结普通砖	混凝土普通砖、蒸压普通砖	混凝土砌块	石材	水泥砂浆
稍潮湿的	MU15	MU20	MU7.5	MU30	M5
很潮湿的	MU20	MU20	MU10	MU30	M7.5
含水饱和的	MU20	MU25	MU15	MU40	M10

注：1. 在冻胀地区，地面以下或防潮层以下的砌体，不宜采用多孔砖，如采用时，其孔洞应用水泥砂浆灌实。当采用混凝土空心砌块时，其孔洞应采用强度等级不低于 Cb20 的混凝土灌实。
2. 对安全等级为一级或设计使用年限大于 50 年的房屋，表中材料强度等级应至少提高一级。

(3)承重的独立砖柱截面尺寸不应小于 240 mm×370 mm。毛石墙的厚度不宜小于 350 mm，毛料石柱较小边长不宜小于 400 mm。当有振动荷载时，墙、柱不宜采用毛石砌体。

(4)跨度大于 6 m 的屋架和跨度大于下列数值的梁(对砖砌体为 4.8 m，对砌块和料石砌体为 4.2 m，对毛石砌体为 3.9 m)，应在支承处砌体上设置混凝土或钢筋混凝土垫块。当墙中设有圈梁时，垫块与圈梁宜浇成整体。

(5)跨度大于或等于后列数值的梁(对 240 mm 厚的砖墙为 6 m，对 180 mm 厚的砖墙为 4.8 m，对砌块、料石墙为 4.8 m)，其支承处宜加设壁柱或采取其他加强措施。

(6)预制钢筋混凝土板的支承长度，在墙上不宜小于 100 mm；在钢筋混凝土圈梁上不宜小于 80 mm。当利用板端伸出钢筋拉结和混凝土灌缝时，其支承长度可为 40 mm，但板端缝宽不宜小于 80 mm，灌缝混凝土强度等级不宜低于 C20。

(7)支承在墙、柱上的吊车梁、屋架及跨度大于或等于下列数值的预制梁的端部，应采用锚固件与墙、柱上的垫块锚固(对砖砌体为 9 m，对砌块和料石砌体为 7.2 m)。

(8)填充墙、隔墙应分别采取措施与周边构件可靠连接。山墙处的壁柱宜砌至山墙顶部，屋面构件应与山墙可靠拉结。

(9)砌块砌体应分皮错缝搭砌。上、下皮搭砌长度不得小于 90 mm。当搭砌长度不满足上述要求时，应在水平灰缝内设置不少于 2 根直径不小于 4 mm 的焊接钢筋网片(横向钢筋的间距不宜大于 200 mm)。网片每端均应超过该垂直缝，其长度不得小于 300 mm。

(10)砌块墙与后砌隔墙交接处，应沿墙高每 400 mm 在水平灰缝内设置不少于 2 根直

径不小于 4 mm、横筋间距不大于 200 mm 的焊接钢筋网片。

(11)混凝土砌块房屋，宜将纵横墙交接处，距墙中心线每边不小于 300 mm 范围内的孔洞采用不低于 Cb20 的灌孔混凝土灌实，灌实高度为墙身全高。

(12)混凝土砌块墙体的下列部位，如未设圈梁或混凝土垫块，应采用不低于 Cb20 的灌孔混凝土将孔洞灌实：

1)搁栅、檩条和钢筋混凝土楼板的支承面下，高度不小于 200 mm 的砌体；

2)屋架、梁等构件的支承面下，高度不应小于 600 mm，长度不应小于 600 mm 的砌体；

3)挑梁支承面下，距墙中心线每边不应小于是 300 mm，高度不应小于 600 mm 的砌体。

(13)在砌体中留槽洞或埋设管道时，应符合下列规定：

1)不应在截面长边小于 500 mm 的承重墙体、独立柱内埋设管线；

2)墙体中避免穿行暗线或预留、开凿沟槽；当无法避免时，应采取必要的加强措施或按削弱后的截面验算墙体的承载力。

(14)夹心墙中混凝土砌块的强度等级不应低于 MU10，夹心墙的夹层厚度不宜大于 120 mm，夹心墙外叶墙的最大横向支承间距不宜大于 9 m。

(15)夹心墙与叶墙之间的连接应符合下列规定：

1)叶墙应用经防腐处理的拉结件或钢筋网片连接；

2)当采用环形拉结件时，钢筋直径不小于 4 mm；当采用 Z 形拉结件时，钢筋直径不小于 6 mm。拉结件应沿竖向梅花形布置，拉结件的水平和竖向最大间距，分别不宜大于 800 mm 和 600 mm；当有振动或有抗震设防要求时，其水平和竖向最大间距分别不宜大于 800 mm 和 400 mm；

3)当采用钢筋网片作拉结件时，网片横向钢筋的直径不小于 4 mm，其间距不大于 400 mm。网片的竖向间距不大于 600 mm；当有振动或有抗震设防要求时，不宜大于 400 mm；

4)拉结件在叶墙上的搁置长度，不应小于叶墙厚度的 2/3 且不应小于 60 mm；

5)门窗洞口周边 300 mm 范围内应附加间距不大于 600 mm 的拉结件；

6)对安全等级为一级或设计使用年限大于 50 年的房屋，夹心墙与叶墙之间宜采用不锈钢拉结件连接。

2. 防止或减轻墙体开裂的措施

引起墙体开裂的一种因素是，温度变形和收缩变形。当气温变化或材料收缩时，钢筋混凝土屋盖、楼盖和砖墙由于线膨胀系数及收缩率的不同，将产生各自不同的变形，从而引起彼此的约束作用而产生应力。当温度升高时，由于钢筋混凝土温度变形大，砖砌体温度变形小，砖墙阻碍了屋盖或楼盖的伸长，必然在屋盖和楼盖中引起压应力和剪应力。在墙体中引起拉应力和剪应力。当墙体中的主拉应力超过砌体的抗拉强度时，将产生斜裂缝；反之，当温度降低或钢筋混凝土收缩时，将在砖墙中引起压应力和剪应力，在屋盖或楼盖中引起拉应力和剪应力。当主拉应力超过混凝土的抗拉强度时，在屋盖或楼盖中将出现裂缝。采用钢筋混凝土屋盖或楼盖的砌体结构房屋的顶屋墙体常出现裂缝，如内、外纵墙和横墙的八字裂缝、沿屋盖支承面的水平裂缝和包角裂缝以及女儿墙水平裂缝等，就是由上述原因产生的。

造成墙体开裂的另一种原因是，地基产生过大的不均匀沉降。当地基为均匀分布的软土，而房屋长高比较大时，或地基土层分布不均匀、土质差别很大时，或房屋体形复杂或高差较大时，都有可能产生过大的不均匀沉降，从而使墙体产生附加应力。当不均匀沉降在墙体内引起的拉应力和剪应力一旦超过砌体的强度时，就会产生裂缝。

(1)伸缩缝的设置。为防止或减轻房屋在正常使用条件下，由温差和砌体干缩变形引起的墙体竖向裂缝，应在墙体中设置伸缩缝。伸缩缝应设在因温度和收缩变形可能引起应力集中、砌体产生裂缝可能性最大的地方。伸缩缝处只需将墙体断开，而不必将基础断开。伸缩缝的间距可按表 10.17 采用。

表 10.17 砌体房屋伸缩缝的最大间距 m

屋盖或楼盖类别		间距
整体式或装配整体式钢筋混凝土结构	有保温层或隔热层的屋盖、楼盖	50
	无保温层或隔热层的屋盖	40
装配式无檩体系钢筋混凝土结构	有保温层或隔热层的屋盖、楼盖	60
	无保温层或隔热层的屋盖	50
装配式有檩体系钢筋混凝土结构	有保温层或隔热层的屋盖	75
	无保温层或隔热层的屋盖	60
瓦材屋盖、木屋盖或楼盖、轻钢屋盖		100

注：1. 对烧结普通砖、烧结多孔砖、配筋砌块砌体房屋，取表中数值；对石砌体、蒸压灰砂普通砖、蒸压粉煤灰普通砖、混凝土砌块、混凝土普通砖和混凝土多孔砖房屋，取表中数值乘以 0.8 的系数，当墙体有可靠外保温措施时，其间距可取表中数值。
2. 在钢筋混凝土屋面上挂瓦的屋盖应按钢筋混凝土屋盖采用。
3. 层高大于 5 m 的烧结普通砖、烧结多孔砖、配筋砌块砌体结构单层房屋，其伸缩缝间距可按表中数值乘以 1.3。
4. 温差较大且变化频繁地区和严寒地区不采暖的房屋及构筑物墙体的伸缩缝的最大间距，应按表中数值予以适当减小。
5. 墙体的伸缩缝应与结构的其他变形缝相重合，缝宽度应满足各种变形缝的变形要求；在进行立面处理时，必须保证缝隙的伸缩作用。

(2)防止或减轻房屋顶层墙体裂缝的措施。为防止或减轻房屋顶层墙体的裂缝，可根据具体情况采取下列相应措施：

1)屋面应设置保温、隔热层；

2)屋面保温(隔热)层或屋面刚性面层及砂浆找平层应设置分隔缝，分隔缝间距不宜大于 6 m，并应与女儿墙隔开，其缝宽不小于 30 mm；

3)采用装配式有檩体系钢筋混凝土屋盖和瓦材屋盖；

4)顶层屋面板下设置现浇钢筋混凝土圈梁，并沿内、外墙拉通，房屋两端圈梁下的墙体内宜适当增设水平筋；

5)顶层墙体的门窗洞口处，在过梁上的水平灰缝内设置 2～3 道焊接钢筋网片或 2Φ6 钢筋，并应伸入过梁两端墙内不小于 600 mm；

6)顶层墙体及女儿墙砂浆强度等级不低于 M7.5(Mb7.5、Ms7.5);

7)房屋顶层端部墙体内增设构造柱。女儿墙应设构造柱，构造柱间距不宜大于 4 m，构造柱应伸至女儿墙顶，并与现浇钢筋混凝土压顶整浇在一起。

(3)防止或减轻房屋底层墙体裂缝的措施。为防止或减轻房屋底层墙体的裂缝，可根据具体情况采取下列措施：

1)房屋的长高比不宜过大。当房屋建造在软弱地基上时，对于三层及三层以上的房屋，其长高比宜小于或等于 2.5。当房屋的长高比为 $2.5<\frac{l}{H}\leqslant 3$ 时，应做到纵墙不转折或少转折，内横墙间距不宜过大。必要时，适当增强基础的刚度和强度；

2)在房屋建筑平面的转折部位、高度差异或荷载差异处、地基土的压缩性有显著差异处、建筑结构(或基础)类型不同处、分期建造房屋的交界处，宜设置沉降缝；

3)设置钢筋混凝土圈梁是增强房屋整体刚度的有效措施，特别是基础圈梁和屋顶檐口部位的圈梁，对抵抗不均匀沉降作用最为有效。必要时，应增大基础圈梁的刚度；

4)在房屋底层的窗台下墙体灰缝内设置 3 道焊接钢筋网片或 2Φ6 钢筋，并伸入两边窗间墙内不小于 600 mm;

5)采用钢筋混凝土窗台板，窗台板嵌入窗间墙内不小于 600 mm。

(4)墙体转角处和纵横墙交接处的处理。在墙体转角处和纵横墙交接处宜沿竖向每隔 400～500 mm 设拉结钢筋，其数量为每 120 mm 墙厚不少于 1Φ6 或焊接网片，埋入长度从墙的转角或交接处算起，每边不小于 600 mm。

(5)非烧结砖砌体。由于蒸压灰砂砖、混凝土砌块和其他非烧结砖砌体的干缩变形较大，当实体墙长超过 5 m 时，往往在墙体中部出现两端小、中间大的竖向收缩裂缝。为防止或减轻这类裂缝的出现，对灰砂砖、粉煤灰砖、混凝土砌块或其他非烧结砖，宜在各层门、窗过梁上方的水平灰缝内及窗台下第一、第二道水平灰缝内设置焊接钢筋网片或 2Φ6 钢筋，焊接钢筋网片或钢筋应伸入两边窗间墙内不小于 600 mm。

当灰砂砖、粉煤灰砖、混凝土砌块或其他非烧结砖实体墙长大于 5 m 时，宜在每层墙高度中部设置 2～3 道焊接钢筋网片或 3Φ6 的通长水平钢筋，竖向间距宜为 500 mm。

(6)砌筑砂浆。灰砂砖、粉煤灰砖、砌体宜采用粘结性好的砂浆砌筑。混凝土砌块砌体，宜采用砌块专用砂浆。

(7)混凝土砌块房屋。为防止或减轻混凝土砌块房屋顶层两端和底层第一、二开间窗洞处的裂缝，可采取下列措施：

1)在门窗洞口两侧不少于一个孔洞中设置不小于 1Φ12 的钢筋，钢筋应在楼层圈梁或基础锚固，并采用不低于 Cb20 灌孔混凝土灌实；

2)在门窗洞口两侧墙体的水平灰缝中，设置长度不小于 900 mm，竖向间距为 400 mm 的 2Φ4 焊接钢筋网片；

3)在顶层和底层设置通长钢筋混凝土窗台梁，窗台梁的高度宜为块高的模数，纵筋不少于 4Φ10、箍筋 Φ6@200，灌孔混凝土强度等级 Cb20。

(8)设置竖向控制缝。当房屋刚度较大时，可在窗台下或窗台角处墙体内设置竖向控制缝。在墙体高度或厚度突然变化处，也宜设置竖向控制缝或采取其他可靠的防裂措施。竖向控制缝的构造和嵌缝材料，应能满足墙体平面外传力和防护的要求。

10.7　过梁、挑梁

10.7.1　过梁

1. 过梁的分类及应用

过梁是砌体结构房屋中门窗洞口上常用的构件。常用的过梁有砖砌过梁和钢筋混凝土过梁两类，如图 10.34 所示。砖砌过梁按其构造不同，分为砖砌平拱和钢筋砖过梁等形式。砖砌过梁造价低廉，但整体性较差，且对振动荷载和地基不均匀沉降反应敏感。因此，对有振动或可能产生不均匀沉降的房屋，或当门窗洞口宽度较大时，应采用钢筋混凝土过梁。

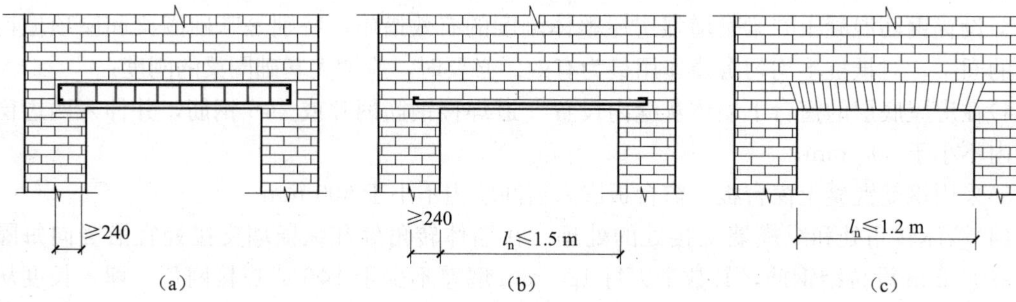

图 10.34　过梁的分类

(a)钢筋混凝土过梁；(b)钢筋砖过梁；(c)砖砌平拱过梁

砖砌过梁的跨度不得过大。《砌体结构设计规范》(GB 50003—2011)规定，钢筋砖过梁跨度不应超过 1.5 m；对砖砌平拱过梁，不应超过 1.2 m。砖砌过梁截面计算高度内，砖的强度等级不应低于 MU10，砂浆强度等级不宜低于 M5。砖砌平拱用竖砖砌筑部分的高度不应小于 240 mm。钢筋砖过梁底面砂浆层处的钢筋直径不应小于 5 mm，间距不宜大于 120 mm，钢筋伸入支座砌体内的长度不宜小于 240 mm。砂浆层的厚度不宜小于 30 mm。

2. 过梁上的荷载

作用在过梁上的荷载，由墙体荷载和过梁计算高度范围内的梁、板荷载等组成。试验表明，由于过梁上的砌体与过梁的共同作用，使作用在过梁上的砌体等效荷载仅相当于高度等于跨度 1/3 的砌体自重。当在砌体高度等于跨度的 0.8 倍位置施加荷载时，过梁挠度几乎没有变化。在实际工程中，由于过梁与砌体的组合作用，高度等于或大于跨度的砌体上施加的荷载不是单独通过过梁传给墙体，而是通过过梁和其上的砌体组合深梁传给墙体，对过梁的应力增大不多。因此，过梁上的荷载可按下列规定采用：

(1)梁、板荷载。对砖和小型砌块砌体，当梁、板下的墙体高度 $h_w < l_n$ 时(l_n 为过梁的净跨)，过梁应计入梁、板传来的荷载；当梁、板下的墙体高度 $h_w \geq l_n$ 时，可不考虑梁、板荷载。如图 10.35(a)所示。

(2)墙体荷载。对砖砌体，当过梁上的墙体高度 $h_w < l_n/3$ 时，应按墙体的均布自重计算；当墙体高度 $h_w > l_n/3$ 时，应按高度为 $l_n/3$ 墙体的均布自重计算。如图 10.35(b)和图 10.35(c)所示。

对混凝土砌块砌体，当过梁上的墙体高度 $h_w < l_n/2$ 时，应按墙体的均布自重计算。当墙

体高度 $h_w \geqslant l_n/2$ 时，应按高度为 $l_n/2$ 墙体的均布自重计算。如图 10.35(b)和图 10.35(c)所示。

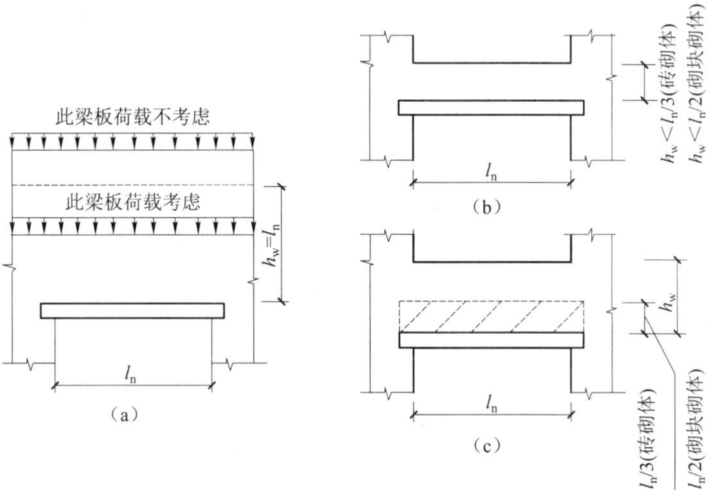

图 10.35　过梁上的荷载

(a)过梁上的梁、板荷载；(b)、(c)过梁上的墙体荷载

3. 过梁的计算

砖砌过梁承受荷载后，与受弯构件受力相似，上部受压、下部受拉。随荷载的增大，当跨中竖向截面的拉应力或支座斜截面的主拉应力超过砌体的抗拉强度时，将先后在跨中出现竖向裂缝，在靠近支座处出现大致呈 45°的阶梯形斜裂缝。对钢筋砖过梁，过梁下部的拉力将由钢筋承受；对砖砌平拱过梁，过梁下部的拉力则由过梁两端砌体提供的推力平衡，如图 10.36 所示。这时，过梁的工作情况类似于三铰拱。过梁破坏主要有：过梁跨中截面因受弯承载力不足而破坏；过梁支座附近截面因受剪承载力不足，沿灰缝产生大致呈 45°方向的阶梯形裂缝扩展而破坏或因外墙端部距洞口尺寸过小，墙体宽度不够，引起水平灰缝的受剪承载力不足而发生支座滑动破坏。

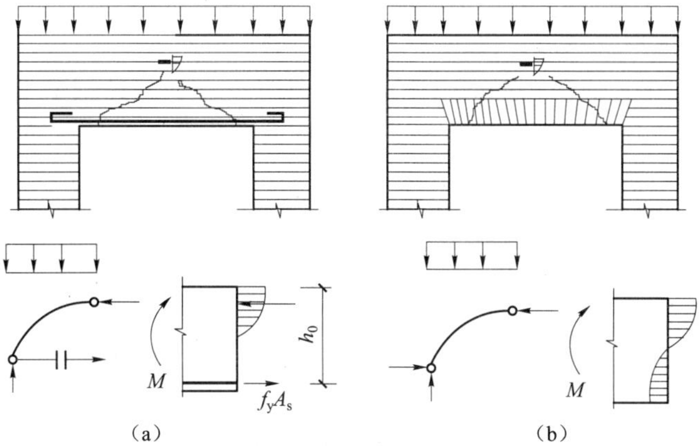

图 10.36　砖砌过梁的破坏特征

(a)钢筋砖过梁；(b)砖砌平拱过梁

(1)砖砌平拱过梁的计算。根据过梁的工作特性和破坏形态，对砖砌平拱过梁应进行跨中正截面的受弯承载力和支座斜截面的受剪承载力计算。

若过梁的构造高度 $h_c \geqslant$ 过梁净跨 l_n 的 1/3 时，取 $h_c = l_n/3$；

过梁的跨中弯矩按 $M=\frac{1}{8}pl_n^2$ 计算，支座剪力按 $V=\frac{1}{2}pl_n$ 计算；

跨中正截面受弯承载力按式(10-16)计算，砌体的弯曲抗拉强度设计值 f_{tm} 采用沿齿缝截面的弯曲抗拉强度值。

支座截面的受剪承载力按式(10-17)计算。

根据受弯承载力条件算出的砖砌平拱过梁的允许均布荷载设计值，见表 10.18。

表 10.18　砖砌平拱允许均布荷载设计值　　kN/m

墙厚 h/mm	240			370			490		
砂浆强度等级	M5	M7.5	M10	M5	M7.5	M10	M5	M7.5	M10
允许均布荷载	8.18	10.31	11.73	12.61	15.90	18.09	16.70	21.05	23.96

注：1. 本表为用混合砂浆砌筑的，当用水泥砂浆砌筑时，表中数值乘以 0.75。
　　2. 过梁计算高度及 $h_0 = l_n/3$ 范围内，不允许开设门窗洞口。

(2)钢筋砖过梁的计算。根据过梁的工作特性和破坏形态，钢筋砖过梁应进行跨中正截面受弯承载力和支座斜截面受剪承载力计算。

1)受弯承载力按下列公式计算：

$$M \leqslant 0.85 h_0 f_y A_s \tag{10-32}$$

式中　M——按简支梁计算的跨中弯矩设计值；

A_s——受拉钢筋的截面面积；

f_y——钢筋的抗拉强度设计值；

h_0——过梁截面的有效高度，$h_0 = h - a_s$；

a_s——受拉钢筋截面面积重心至截面下边缘和距离；

h——过梁的截面计算高度，取过梁底面以上的墙体高度，但不大于 $l_n/3$；当考虑梁、板传来的荷载时，则按梁、板下的高度采用。

2)钢筋砖过梁的受剪承载力，仍按式(10-17)计算。

(3)钢筋混凝土过梁。应按钢筋混凝土受弯构件计算。在验算过梁下砌体局部受压承载力时，可不考虑上层荷载的影响，取 $\psi=0$；过梁的有效支承长度 a_0，可取过梁的实际支承长度，梁端底面应力图形完整系数 $\eta=1.0$。

【例 10.11】 已知过梁净跨度 $l_n=3.0$ m，过梁上墙体高度为 1.5 m，墙厚为 240 mm，采用 HPB300 级钢筋、C20 混凝土，$\gamma_G=1.35$，砌体采用 MU10 砖、M5 混合砂浆砌筑。试设计该钢筋混凝土过梁。

【解】

1. 确定截面尺寸

过梁宽度取与墙同厚，即 $b=240$ mm，高度 $h=l/12$，并符合砖的模数，取 $h=250$ mm。

2. 荷载计算

过梁上的荷载有过梁自重、过梁上墙体的重量。

过梁自重为：

$0.24\times0.25\times25\times1.35=2.025(kN/m)$

过梁上墙体的高度为：

$l_n/3=3.0\ m/3=1.0\ m<h_w=1.5\ m$，故过梁上墙体高度取 1.0 m 计算。

过梁上墙体的重量为：

$0.24\times1.0\times18\times1.35=5.832(kN/m)$

过梁上总的荷载值为：

$$g=2.025+5.832=7.857(kN/m)$$

3. 内力计算

过梁计算跨度 $l_0=1.05l_n=1.05\times3.0=3.15(m)$

$$M=\frac{1}{8}gl^2=\frac{1}{8}\times7.857\times3.15^2=9.75(kN\cdot m)$$

$$V=\frac{1}{2}gl_n=\frac{1}{2}\times7.857\times3.0=11.79(kN)$$

4. 配筋计算

$$\xi=1-\sqrt{1-\frac{M}{0.5\alpha_1 f_c bh_0^2}}=1-\sqrt{1-\frac{9.75\times10^6}{0.5\times1.0\times9.6\times240\times215^2}}=0.096$$

$$A_s=\frac{\alpha_1 f_c bh_0\xi}{f_y}=\frac{1.0\times9.6\times240\times215\times0.096}{210}=226.45(mm^2)$$

选筋 2Φ 12[$A_s=226\ mm^2>A_{s,min}=0.002\times240\times250=120\ (mm^2)$]

箍筋选用 Φ 6@200，验算省略，满足要求。

5. 验算梁端下砌体的局部受压

取梁端的有效支承长度 $a_0=a=240$ mm

局部受压面积 $A_l=a_0b=240\times240=57\ 600(mm^2)$

梁端支承压力 $N_l=\frac{1}{2}\times7.875\times3.15=12.4(kN)$

查表 10.1 可得，$f=1.50\ N/mm^2$，取 $\psi=0$，$\eta=1.0$，$\gamma=1.25$

$$\eta\gamma fA_l=1.0\times1.25\times1.50\times57\ 600=108\ 000(N)>N_l=12\ 400\ N$$

满足要求。

10.7.2 挑梁

挑梁是指一端嵌入墙内，一端挑出墙外的钢筋混凝土悬挑构件。在砌体结构房屋中，挑梁多用于在房屋的阳台、雨篷、悬挑楼梯和悬挑外廊中。

1. 挑梁的受力特点

挑梁在悬挑端集中力、墙体自重以及上部荷载作用下，共经历三个工作阶段：

(1)弹性工作阶段。挑梁在未受外荷载前，墙体自重及其上部荷载在挑梁埋入墙体部分的上、下界面产生初始压应力。当挑梁端部施加外荷载后，挑梁与墙体的上、下界面的竖向压应力如图 10.37(a)所示。随着应力的增加，将首先达到墙体通缝截面的抗拉强度而出现水平裂缝，如图 10.37(b)所示，出现水平裂缝时的荷载约为倾覆时外荷载的 20%～30%，此为第一阶段。

(2)带裂缝工作阶段。随着外荷载的继续增加，最开始出现的水平裂缝①将不断向内发展，同时挑梁埋入端下界面出现水平裂缝②并向前发展。随着上、下界面的水平裂缝的不断发展，挑梁埋入端上界面受压区和墙边下界面受压区也不断减小，从而在挑梁埋入端上角砌体处产生裂缝。随着外荷载的增加，此裂缝将沿砌体灰缝向后上方发展为阶梯形裂缝③，此时的荷载约为倾覆时外荷载的 80%。斜裂缝的出现预示着挑梁进入倾覆破坏阶段。在此过程中，也可能出现局部受压裂缝④。

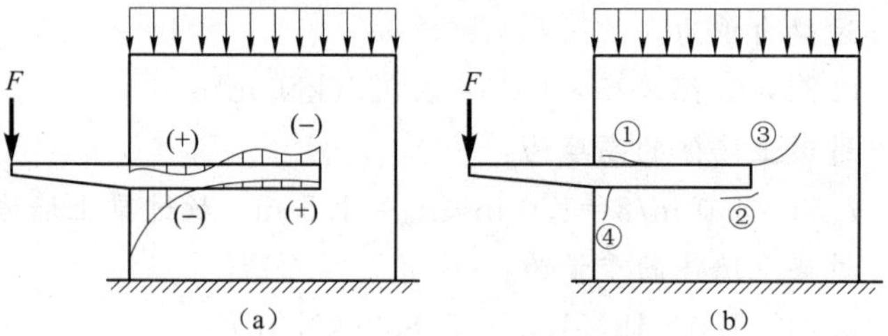

图 10.37　挑梁的应力分布及裂缝

(a)弹性阶段；(b)裂缝发展阶段

(3)破坏阶段。挑梁可能发生的破坏形态有以下三种：

1)挑梁倾覆破坏。挑梁倾覆力矩大于抗倾覆力矩，挑梁尾端墙体斜裂缝不断发展，挑梁绕倾覆点发生倾覆破坏，如图 10.38(a)所示；

2)挑梁下砌体局部受压破坏。当挑梁埋入墙体较深、梁上墙体高度较大时，挑梁下靠近墙边的小部分砌体由于压应力过大发生局部受压破坏，如图 10.38(b)所示；

3)挑梁弯曲破坏或剪切破坏。挑梁由于正截面受弯承载力或斜截面受剪承载力不足引起弯曲破坏或剪切破坏。

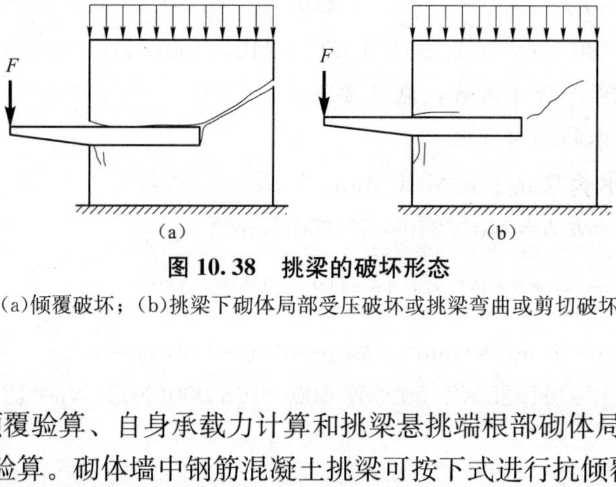

图 10.38　挑梁的破坏形态

(a)倾覆破坏；(b)挑梁下砌体局部受压破坏或挑梁弯曲或剪切破坏

2. 挑梁的计算

挑梁应进行抗倾覆验算、自身承载力计算和挑梁悬挑端根部砌体局部受压承载力验算。

(1)挑梁抗倾覆验算。砌体墙中钢筋混凝土挑梁可按下式进行抗倾覆验算：

$$M_{ov} \leqslant M_r \qquad (10\text{-}33)$$

式中　M_{ov}——挑梁的荷载设计值对计算倾覆点产生的倾覆力矩；

M_r——挑梁的抗倾覆力矩设计值。

1)计算倾覆点至墙外边缘的距离 x_0。试验表明，挑梁倾覆破坏时其倾覆点并不在墙边，而在距墙边 x_0 处，计算简图如图 10.39 所示。挑梁的计算倾覆点至墙外缘的距离可按下列规定采用：

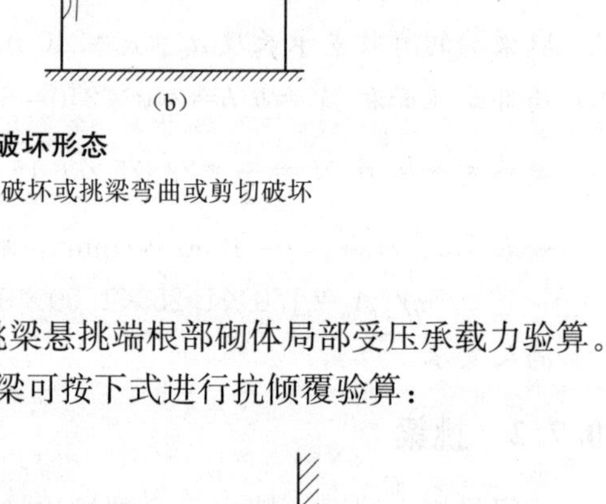

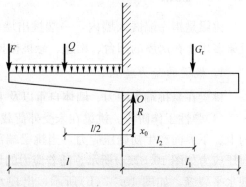

图 10.39　抗倾覆计算简图

①当 $l_1 \geqslant 2.2h_b$ 时，$x_0 = 0.3h_b$，且不应大于 $0.13l_1$。

②当 $l_1 < 2.2h_b$ 时，$x_0 = 0.13l_1$。

式中 l_1——挑梁埋入砌体墙中的长度(mm)；

x_0——计算倾覆点至墙外缘的距离(mm)；

h_b——挑梁的截面高度(mm)。

2)挑梁的抗倾覆力矩设计值。挑梁的抗倾覆设计值可按下式计算：

$$M_r = 0.8G_r(l_2 - x_0) \tag{10-34}$$

式中 G_r——挑梁的抗倾覆荷载，为挑梁尾端上部 45°扩展角的阴影范围(其水平长度为 l_3)内本层的砌体与楼面恒荷载标准值之和；

l_2——G_r 作用点墙外边缘的距离。

应按下列原则取值：

①无洞口。当 $l_3 \leqslant l_1$ 时，取实际扩展的长度[图 10.40(a)]；当 $l_3 > l_1$ 时，取 $l_3 = l_1$[图 10.40(b)]。

②有洞口。当洞口在 l_1 之内时，按无洞口的取值原则[图 10.40(c)]；当洞口在 l_1 之外时，$l_3 = 0$，阴影范围只计算到洞口边[图 10.40(d)]。

l_0——作用点至墙外边缘的距离。

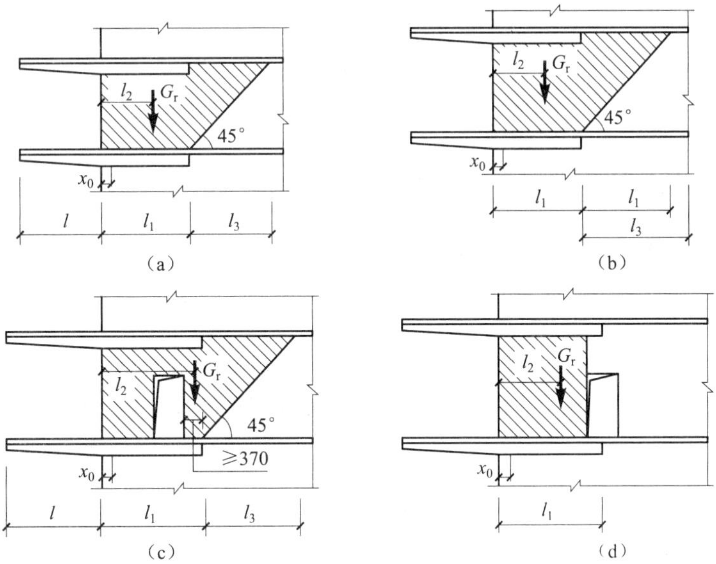

图 10.40 挑梁的抗倾覆荷载

2)挑梁下砌体局部受压承载力验算。挑梁下砌体局部受压承载力可按下式验算：

$$N_l \leqslant \eta\gamma f A_l \tag{10-35}$$

式中 N_l——挑梁下的支承压力，可取 $N_l = 2R$，R 为挑梁的倾覆荷载设计值；

η——梁端底面压应力图形完整性系数，取 $\eta = 0.7$；

γ——砌体局部抗压强度提高系数，对矩形截面墙段(一字墙)，$\gamma = 1.25$；对 T 形截面墙段(丁字墙)，$\gamma = 1.5$(图 10.41)；

A_l——挑梁下砌体局部受压面积，可取 $A_l = 1.2bh_b$，b 为挑梁的截面宽度，h_b 为挑梁的截面高度。

3)挑梁承载力计算。挑梁受弯承载力和受剪承载力计算与一般钢筋混凝土梁相同。挑梁承受的最大弯矩 M_{max} 发生在计算倾覆点处的截面，最大剪力 V_{max} 发生在墙边截面，故

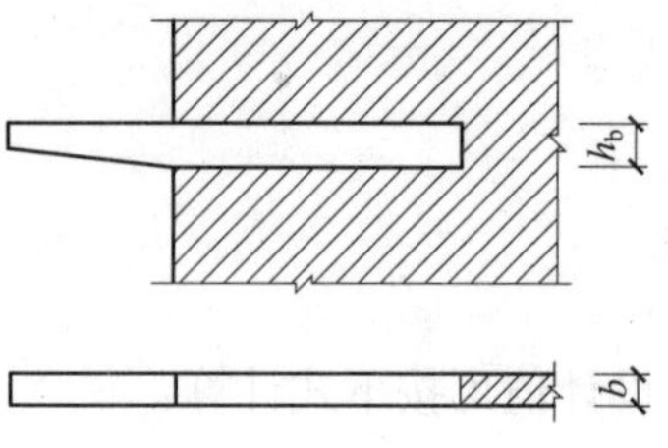

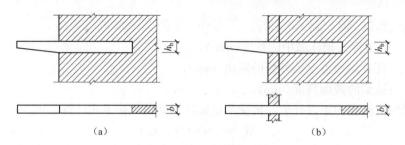

图 10.41　挑梁下砌体局部受压

(a)挑梁支承在一字墙；(b)挑梁支承在丁字墙

《混凝土结构设计规范(2015 年版)》(GB 50010—2010)给出的计算公式为：

$$M_{max}=M_{ov} \tag{10-36}$$

$$V_{max}=V_o \tag{10-37}$$

式中　M_{max}——挑梁最大弯矩设计值；

V_{max}——挑梁最大剪力设计值；

V_o——挑梁的荷载设计值在挑梁墙外边缘处截面产生的剪力。

M_o——挑梁的荷载设计值对计算倾覆点截面产生的弯矩。

3. 挑梁的构造要求

挑梁设计除应满足现行国家规范《混凝土结构设计规范(2015 年版)》(GB 50010—2010)的有关规定外，还应满足下列要求：

(1)纵向受力钢筋至少应有 1/2 的钢筋面积伸入梁尾端，且不少于 2Φ12。其余钢筋伸入支座的长度不应小于 $2l_1/3$。

(2)挑梁埋入砌体长度 l_1 与挑出长度 l 之比宜大于 1.2；当挑梁上无砌体时，l_1 与 l 之比宜大于 2。

10.8　砌体结构的抗震构造要求

10.8.1　砌体房屋结构的震害

砌体是一种脆性材料，其抗拉、抗剪、抗弯强度均较低，且自重大，因而砌体房屋的抗震性能相对较差。在国内外历次强烈地震中，砌体结构的破坏率相当高。提高砌体结构抗震性能的关键在于增强房屋整体性，防止结构倒塌。

实践证明，经过认真的抗震设计，通过合理的抗震设防、得当的构造措施、良好的施工质量保证，则即使在中、强地震区，砌体结构房屋也能够不同程度地抵御地震的破坏。

在砌体结构房屋中，墙体是主要的承重构件，它不仅承受垂直方向的荷载，也承受水平和垂直方向的地震作用，受力复杂，加之砌体本身的脆性性质，地震时墙体很容易发生裂缝。在地震反复作用下，裂缝会发展、增多和加宽，最后导致墙体崩塌、楼盖塌落、房屋破坏。其震害情况大致如下：

(1)房屋倒塌。这是最严重的震害，主要发生在房屋墙体特别是底层墙体整体抗震强度不足时，房屋将发生整体倒塌；当房屋局部或上层墙体的抗震强度不足或个别部位构件间连接强度不足时，易造成局部倒塌。

(2)墙体开裂、破坏。此类破坏主要是因为墙体的强度不足而引起。墙体裂缝形式主要有水平裂缝、斜裂缝、交叉裂缝和竖向裂缝。高宽比较小的墙体易出现斜裂缝；高宽比较大的窗间墙易出现水平偏斜裂缝；当墙体平面外受弯时，易出现水平裂缝；当纵、横墙交接处连接不好时，易出现竖向裂缝。

(3)墙角破坏。墙角为纵、横墙的交汇点，房屋对它的约束作用相对较弱。在地震时，房屋发生扭转，该处的位移反应比房屋的其他部位要大。加之，在地震作用下的应力状态复杂，较易发生受剪斜裂缝、受压竖向裂缝、块材被压碎或墙角脱落等破坏。

(4)纵、横墙及内、外墙的连接破坏。一般是因为施工时纵、横墙或内、外墙分别砌筑，没有很好地咬槎，连接较差，加之地震时两个方向的地震作用，使连接处受力复杂、应力集中，极易被拉开而破坏。这种破坏将导致整片纵墙、山墙外闪甚至倒塌。

(5)楼梯间破坏。汶川地震表明，地震中楼梯本身也有破坏，楼梯间的墙体由于在高度方向缺乏支撑，空间相对刚度较差，而且高厚比较大，稳定性差，容易造成破坏。

(6)楼盖与屋盖破坏。这类破坏主要是由于楼盖及屋盖的支承系统不完善(如支承长度不足、装配式的支承连接不可靠牢固)所致，或是由于楼盖及屋盖的支承墙体破坏倒塌，引起楼、屋盖倒塌。

(7)其他附属构件的破坏。主要是由于"鞭端效应"的影响，加之这些构件与建筑物本身连接较差，故在地震时容易破坏。如突出屋面的小烟囱、女儿墙或附墙烟囱、隔墙等非结构构件、室内外装饰等，在地震中极易开裂、倒塌。

10.8.2 结构方案与结构布置

大量的震害调查表明，多层砌体房屋的结构布置对建筑物的抗震性能关系密切。因而，在进行建筑平面、立面以及结构抗震体系的布置与选择时，应注意方案的合理性。

1. 建筑平面及结构布置

建筑平面应优先采用横墙承重或纵、横墙共同承重的结构体系。

纵、横墙的布置宜均匀对称，沿平面宜对齐，沿竖向应上下连续；同一轴线上的窗间墙宽度宜均匀。

当房屋立面高差在 6 m 以上，房屋有错层且楼板高差较大及各部分结构刚度、质量截然不同时应设置抗震缝，缝两侧均应设置墙体，缝宽应根据设防烈度和房屋高度确定，一般可采用 50～100 mm。

不宜将楼梯间设置在房屋的尽端或转角处。

不宜采用无竖向配筋的附墙烟囱及出屋面的烟囱。烟道、风道、垃圾道等不应削弱墙体。当墙体被削弱时，应对墙体采取水平配筋等加强措施。

2. 多层砌体房屋的基本尺寸限值

地震调查表明，无筋砌体房屋的总高度越高、层数越多，地震引起的破坏就越严重。

(1)总高度和层数限值。多层砌体房屋高度的限制要同时满足高度和总层数两项规定。一般情况下，房屋的层数和总高度应符合表 10.19 的规定，医院、教学楼及横墙较少的多层砌体房屋的总高度应比表 10.19 中的规定降低 3 m，层数相应减少一层。所谓横墙较少，是指同一楼层内开间尺寸大于 4.20 m 的房间占该层总面积 40%以上的情况。

(2)高宽比限值。多层砌体房屋的高宽比限值见表 10.20。

(3)抗震横墙的间距限值。多层砌体房屋的抗震横墙的间距限值见表 10.21。

(4)房屋的局部尺寸限值。房屋的局部尺寸限值应符合表 10.22 的规定。

表 10.19　多层砌体房屋的层数和总高度限值　　m

房屋类别		最小墙厚/mm	烈度和设计基本地震加速度											
			6 度		7 度				8 度				9 度	
			0.05g		0.10g		0.15g		0.20g		0.30g		0.40g	
			高度	层数	高度	层数	高度	层数	高度	层数	高度	层数	高度	层数
多层砌体房屋	普通砖	240	21	7	21	7	21	7	18	6	15	5	12	4
	多孔砖	240	21	7	21	7	18	6	18	6	15	5	9	3
	多孔砖	190	21	7	18	6	15	5	15	5	12	4	—	—
	混凝土砌块	190	21	7	21	7	18	6	18	6	15	5	9	3
底部框架-抗震墙砌体房屋	普通砖 多孔砖	240	22	7	22	7	19	6	16	5	—	—	—	—
	多孔砖	190	22	7	19	6	16	5	13	4	—	—	—	—
	混凝土砌块	190	22	7	22	7	19	6	16	5	—	—	—	—

注：1. 房屋的总高度指室外地面到主要屋面板板顶或檐口的高度，半地下室可从地下室室内地面算起，全地下室和嵌固条件好的半地下室可从室外地面算起；带阁楼的坡屋面应算至山尖墙的 1/2 高度处。
2. 室内外高差大于 0.6 m时，房屋总高度应允许比表中数据适当增加，但增加量应多少于 1.0 m。
3. 乙类的多层砌体房屋仍按本地区设防烈度查表，其层数应减少一层且总高度应降低 3 m；不应采用底部框架-抗震墙砌体房屋。

表 10.20　房屋最大高宽比

烈　　度	6 度	7 度	8 度	9 度
最大高宽比	2.5	2.5	2.0	1.5

注：单面走廊房屋的总宽度不包括走廊宽度；建筑平面接近方形时，高宽比宜适当减小。

表 10.21　房屋抗震横墙最大间距　　m

房　屋　类　别		烈　　度			
		6 度	7 度	8 度	9 度
多层砌体房屋	现浇或装配整体式钢筋混凝土楼、屋盖	15	15	11	7
	装配式钢筋混凝土楼、屋盖	11	11	9	4
	木屋盖	9	9	4	—
底部框架-抗震墙砌体房屋	上部各层底部或底部两层	18	15	11	

注：1. 多层砌体房屋的顶层，除木屋盖外的最大横墙间距应允许适当放宽，但应采取相应加强措施；块砌体房屋。
2. 多孔砖抗震横墙厚度为 190 mm，最大横墙间距应比表中数值减少 3 m。

表 10.22　房屋的局部尺寸限值

m

部　　位	烈　　度			
	6 度	7 度	8 度	9 度
承重窗间墙最小宽度	1.0	1.0	1.2	1.5
承重外墙尽端至门窗洞边的最小距离	1.0	1.0	1.2	1.5
非承重外墙尽端至门窗洞边的最小距离	1.0	1.0	1.0	1.0
内墙阳角至门窗洞边的最小距离	1.0	1.0	1.5	2.0
无锚固女儿墙(非出入口处)的最大高度	0.5	0.5	0.5	0.0
注：局部尺寸不足时应采取局部加强措施弥补；出入口处的女儿墙应有锚固。				

10.8.3　多层砌体砖房的抗震构造措施

多层砌体房屋的抗倒塌，主要通过抗震构造措施提高房屋的整体性及变形能力来实现。其主要包括构造柱的设置、圈梁的设置和加强构件间连接的构造措施等几个方面。

1. 构造柱设置

设置现浇钢筋混凝土构造柱且与圈梁连接共同工作，对砌体起约束作用，可以明显改善多层砌体结构房屋的抗震性能，增加其变形能力和延性。多层砌体结构房屋构造柱的设置要求，见表 10.23。

表 10.23　砖砌体房屋构造柱设置要求

<table>
<tr><th colspan="4">房屋层数</th><th colspan="2" rowspan="2">设置部位</th></tr>
<tr><th>6 度</th><th>7 度</th><th>8 度</th><th>9 度</th></tr>
<tr><td>≤五</td><td>≤四</td><td>≤三</td><td></td><td rowspan="3">楼、电梯间四角，楼梯斜梯段上下端对应的墙体处；
外墙四角和对应转角；
错层部位横墙与外纵墙交接处；
大房间内外墙交接处；
较大洞口两侧</td><td>隔 12 m 或单元横墙与外纵墙交接处；
楼梯间对应的另一侧内横墙与外纵墙交接处</td></tr>
<tr><td>六</td><td>五</td><td>四</td><td>二</td><td>隔开间横墙(轴线)与外墙交接处；
山墙与内纵墙交接处</td></tr>
<tr><td>七</td><td>六、七</td><td>五、六</td><td>三、四</td><td>内墙(轴线)与外墙交接处；
内墙的局部较小墙垛处；
内纵墙与横墙(轴线)交接处</td></tr>
<tr><td colspan="6">注：较大洞口，内墙指不小于 2.1 m 的洞口；外墙在内墙交接处已设置构造柱时应允许适当放宽，但洞侧墙体应加强。</td></tr>
</table>

钢筋混凝土构造柱的一般做法如图 10.42 所示。构造柱必须先砌墙，后浇柱。构造柱与墙连接处宜砌成马牙槎，并应沿墙高每隔 500 mm 设 2ϕ6 水平钢筋和 ϕ4 分布短筋平面内点焊组成的拉结网片或 ϕ4 点焊钢筋网片，拉结钢筋每边伸入墙内的长度不宜小于 1 m。抗震设防烈度为 6、7 度时底部 1/3 楼层，8 度时底部 1/2 楼层，9 度全部楼层，上述拉结钢筋网片应沿墙体水平通长设置。构造柱应与圈梁连接，以增加构造柱的中间支点。在构造

柱与圈梁连接处，构造柱的纵筋应穿过圈梁，以保证构造柱纵筋上下贯通。

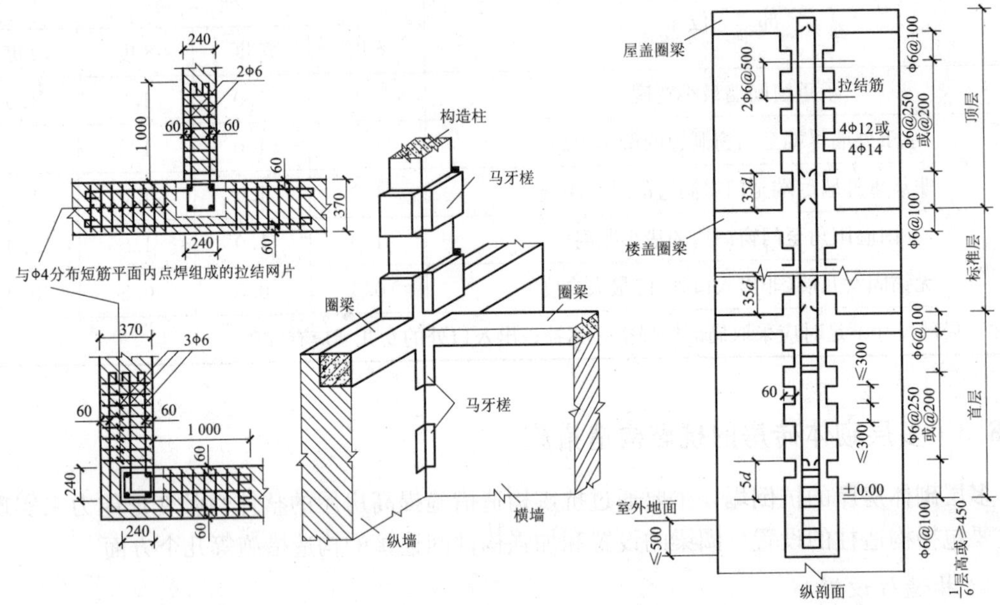

图 10.42　钢筋混凝土构造柱的基本构造

构造柱最小截面可采用 180 mm×240 mm(墙厚 190 mm 时，为 180 mm×190 mm)，纵向钢筋宜采用 4Φ12，箍筋间距不宜大于 250 mm，且在柱上、下端处宜适当加密；抗震设防烈度为 6、7 度时超过六层、8 度时超过五层和 9 度时，构造柱纵向钢筋宜采用 4Φ14，箍筋间距不应大于 200 mm；房屋四角的构造柱应适当加大截面及配筋。

钢筋混凝土构造柱可不单独设置基础，但应伸入室外地面下 500 mm，或锚入浅于 500 mm 的基础圈梁内。

房屋高度和层数接近规范规定的限值时，纵墙、横墙内构造柱间距还应符合下列要求：横墙内的构造柱间距不宜大于层高的 2 倍，下部 1/3 楼层的构造柱间距适当减小；当外纵墙开间大于 3.9 m 时，应另设加强措施；内纵墙的构造柱间距不宜大于 4.2 m。

2. 圈梁

在砌体结构房屋中，把在墙体内沿水平方向连续设置并成封闭的钢筋混凝土梁，称为圈梁。设置了圈梁的房屋整体性和空间刚度都大为增强，能有效地防止和减轻由于地基不均匀沉降或较大振动荷载等对房屋引起的不利影响。位于房屋檐口处的圈梁，又称为檐口圈梁；位于±0.000 以下基础顶面处设置的圈梁，称为地圈梁。

(1)圈梁的设置。《砌体结构设计规范》(GB 50003—2011)对在墙体中设置钢筋混凝土圈梁作如下规定：

1)对车间、仓库、食库等空旷的单层房屋应按下列规定设置圈梁。

①砖砌体房屋，当檐口标高为 5～8 m 时，应在檐口设置圈梁一道；当檐口标高大于 8 m 时，应增加设置数量。

②砌块及料石砌体房屋，当檐口标高为 4～5 m 时，应在檐口标高处设置圈梁一道；当檐口标高大于 5 m 时，应增加设置数量。

③对有吊车或较大振动设备的单层工业房屋，除在檐口或窗顶标高处设置现浇钢筋混凝土圈梁外，还应在吊车梁标高处或其他适当位置增设。

2)对多层工业与民用建筑应按下列规定设置圈梁。

①住宅、宿舍、办公楼等多层砌体民用房屋，当层数为 3～4 层时，应在檐口标高处设置圈梁一道；当层数超过 4 层时，除应在底层和檐口标高处各设置一道圈梁外，到少应在所有纵、横墙上隔层设置。

②多层砌体工业房屋，应每层设置现浇钢筋混凝土圈梁。

③设置墙梁的多层砌体房屋应在托梁、墙梁顶面和檐口标高处设置现浇钢筋混凝土圈梁，其他楼层处应在所有纵、横墙上每层设置。

④采用现浇钢筋混凝土楼(屋)盖的多层砌体结构房屋，当层数超过 5 层时，除在檐口标高处设置一道圈梁外，可隔层设置圈梁，并与楼(屋)面板一起现浇。未设置圈梁的楼面板嵌入墙内的长度不应小于 120 mm，应沿墙配置不小于 2Φ10 的通长钢筋。

3)有抗震要求的多层烧结普通砖、多孔砖房的现浇混凝土圈梁设置应符合下列要求。

①装配式钢筋混凝土楼、屋盖或木楼、屋盖的砖房，横墙承重时应按表 10.24 的要求设置圈梁；纵墙承重时，抗震横墙上的圈梁间距应比表 10.24 内要求适当加密。

②现浇或装配整体式钢筋混凝土楼、屋盖与墙体有可靠连接的房屋，应允许不另设圈梁，但楼板沿墙体周边应加强配筋，并应与相应的构造柱钢筋可靠连接。

表 10.24　多层砖砌体房屋现浇钢筋混凝土圈梁设置要求

墙类	烈　　度		
	6、7 度	8 度	9 度
外墙和内纵墙	屋盖处及每层楼盖处	屋盖处及每层楼盖处	屋盖处及每层楼盖处
内横墙	屋盖处及每层楼盖处； 屋盖处间距不应大于 4.5 m； 楼盖处间距不应大于 7.2 m； 构造柱对应部位	屋盖处及每层楼盖处； 各层所有横墙，且间距不应大于 4.5 m； 构造柱对应部位	屋盖处及每层楼盖处； 各层所有横墙

(2)圈梁的构造要求。

1)圈梁宜连续地设在同一水平面上，并形成封闭状，圈梁宜与预制板设在同一标高处或紧靠板底。当圈梁被门窗洞口截断时，应在洞口上部增设相同截面的附加圈梁。附加圈梁与圈梁的搭接长度不应小于其中心线到圈梁中心线垂直间距的两倍，并且不得小于 1 m，如图 10.43 所示。

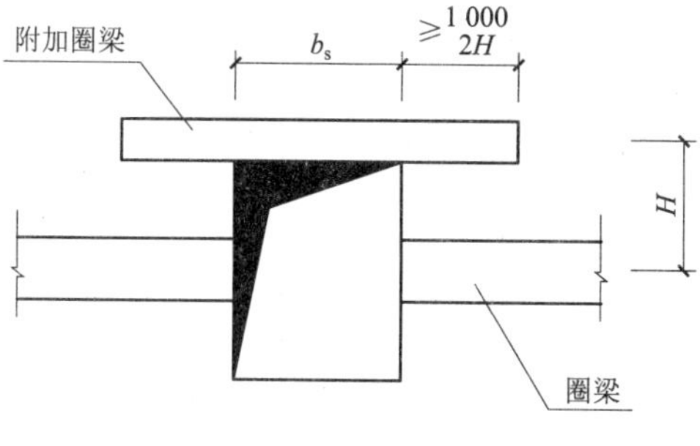

图 10.43　附加圈梁

(2)圈梁在表 10.24 要求的间距内无横墙时，应利用梁或板缝中配筋替代圈梁。

(3)圈梁高度不应小于 120 mm。配筋应符合表 10.25 的要求。因地基不均匀沉降等原因增设的地圈梁，截面高度不应小于 180 mm，配筋不应少于 4Φ12。

表 10.25 多层砖砌体房屋圈梁配筋要求

配　筋	烈　度		
	6、7 度	8 度	9 度
最小纵筋	4Φ10	4Φ12	4Φ14
箍筋最大间距/mm	250	200	150

3. 加强构件间连接的构造措施

为增强楼(屋)盖的整体稳定性和保证与墙体有足够支承长度及可靠拉结，有效传递地震作用，楼(屋)盖在构造方面应当满足下到各项要求：

(1)现浇钢筋混凝土楼板或屋面板伸进纵、横墙内的长度，不宜小于 120 mm；装配式钢筋混凝土楼板或屋面板，当圈梁未设在板的同一标高时，板端伸进外墙的长度不应小于 120 mm；伸进内墙的长度不宜小于 100 mm 或采用硬架支模连接，在梁上不应小于 80 mm 或采用硬架支模连接。

(2)当板的跨度大于 4.8 m 并与外墙平行时，靠外墙的预制板侧边应与墙或圈梁拉结。

(3)房屋端部大房间的楼盖，烈度为 6 度时房屋的屋盖和烈度为 7～9 度时房屋的楼(屋)盖，当圈梁设在板底时，钢筋混凝土预制板应相互拉结，并应与梁、墙或圈梁拉结。

(4)楼、屋盖的钢筋混凝土梁或屋架应与墙、柱(包括构造柱)或圈梁可靠连接；不得采用独立砖柱。跨度不小于 6 m 大梁的支承构件，应采用组合砌体等加强措施，并满足承载力要求。

楼梯间是地震时的疏散通道，历次地震震害表明，由于楼梯间墙体在高度方向比较空旷，常常被破坏。当楼梯间设置在房屋尽端时，破坏尤为严重。楼梯间设置应符合下列要求：

1)顶层楼梯间墙体应沿墙高每隔 500 mm 设 2Φ6 通长钢筋和 Φ4 分布短钢筋平面内点焊组成的拉结网片或 Φ4 点焊钢筋网片，烈度为 7～9 度时其他各层楼梯间应在休息平台或楼层半高处设置 60 mm 厚纵向钢筋不应少于 2Φ10 的钢筋混凝土带或配筋砖带，配筋砖带不少于 3 皮，每皮配筋不少于 2Φ6，砂浆强度等级不应低于 M7.5 且不低于同层墙体的砂浆强度等级。

2)楼梯间及门厅内墙阳角处的大梁支承长度不应小于 500 mm，并应与圈梁连接。

3)装配式楼梯段应与平台板的梁可靠连接，烈度为 8、9 度时不应采用装配式楼梯段；不应采用墙中悬挑式踏步或踏步竖肋插入墙体的楼梯，不应采用无筋砖砌栏板。

4)突出屋顶的楼梯间、电梯间，构造柱应伸到顶部，并与顶部圈梁连接，所有墙体应沿墙高每隔 500 mm 设。

本章小结

1. 由块体和砂浆砌筑而成的砌体，统称为砌体结构，主要用于承受压力。按材料，其一般可分为砖砌体、石砌体和砌块砌体。

2. 砌体最基本的力学指标是轴心抗压强度。砌体从加载到受压破坏的三个特征阶段，大体可分为单块砖先开裂、裂缝贯穿若干皮砖、形成独立受压小柱，在砌体中砖的抗压强度并未充分发挥。

3. 影响砌体抗压强度的主要因素为：块材与砂浆的强度；块材尺寸和几何形状；砂浆的流动性、保水性和弹性模量及砌筑质量。

4. 砌体受压承载力计算公式中的 φ，是考虑高厚比 β 和偏心距 e 综合影响的系数，偏心距 $e=M/N$ 按内力的设计值计算。

5. 局部受压是砌体结构中常见的一种受力状态，有局部均匀受压和局部不均匀受压。由于“套箍强化”和“应力扩散”的作用，使局部受压范围内砌体的抗压强度提高，γ 称为局部抗压强度的提高系数。当梁下砌体局部受压不满足强度要求时，可设置刚性垫块，以扩大局部受压面积，改善垫块下砌体的局部受压情况。

6. 砌体房屋的静力计算方案有三种：刚性方案、刚弹性方案和弹性方案。静力计算方案的划分，主要根据楼（屋）盖的刚度和横墙的间距。

7. 混合结构房屋墙、柱的高厚比验算：

（1）对一般的墙、柱高厚比验算：$\beta=H_0/h\leqslant\mu_1\mu_2[\beta]$

（2）带壁柱墙高厚比算：

整片墙：$\beta=H_0/h_T\leqslant\mu_1\mu_2[\beta]$

壁柱间墙：$\beta=H_0/h\leqslant\mu_1\mu_2[\beta]$

（3）带构造柱墙高厚比验算：

构造柱间墙：$\beta=H_0/h\leqslant\mu_1\mu_2[\beta]$

整片墙：$\beta=H_0/h\leqslant\mu_1\mu_2\mu_C[\beta]$

8. 多层刚性方案房屋的墙柱实际上是受压构件，在竖向荷载作用下，各层墙体可视为上部为偏心受压，下部为轴心受压的构件。

9. 过梁和挑梁是混合结构房屋中经常遇到的构件，过梁上的荷载与过梁上的砌体高度有关。超过一定高度后，由于拱的卸荷作用，上部荷载可直接传到洞口两侧的墙体上。据挑梁有三种破坏形态，挑梁的验算内容包括：抗倾覆验算、局部受压承载力验算和自身承载力验算。

10. 墙体的构造措施不容忽视，特别是由于砌体结构的脆性性质，极易出现裂缝，因此，必须采取适当的构造措施，防止和减小裂缝的开展，保证砌体结构的耐久性和适用性。

11. 砌体结构的抗震措施：应选择合理的结构方案与结构布置，限制房屋高度与高宽比，抗震构造措施主要是合理设置构造柱与圈梁，对砌体形成约束，以增强房屋整体性，改善砌体的延性。

思考题与习题

一、思考题

10.1　砌体的种类有哪些？

10.2　砖砌体轴心受压时可分为哪几个受力阶段？它们的特征如何？

10.3　影响砌体抗压强度的因素有哪些？

10.4　如何采用砌体抗压强度的调整系数？

10.5　影响砌体局部抗压强度的因素有哪些？

10.6　如何确定砌体房屋的静力计算方案？画出单层房屋三种静力计算方案的计算简图。

10.7　为什么要验算墙、柱的高厚比？如何验算？

10.8　多层刚性方案房屋墙、柱设计的步骤是什么？

10.9　常用砌体过梁的种类及适用范围？

10.10　过梁上的荷载如何计算？

10.11　在一般砌体结构房屋中，圈梁的作用是什么？

10.12　简述圈梁和构造柱在抗震中的作用。

二、选择题

10.13　《砌体结构设计规范》(GB 50003—2011)规定，下列情况的各类砌体强度设计值应乘以调整系数 γ_a 为：

Ⅰ. 有吊车房屋和跨度不小于 9 m 的多层房屋，γ_a 为 0.9

Ⅱ. 有吊车房屋和跨度不小于 9 m 的多层房屋，γ_a 为 0.8

Ⅲ. 无筋构件截面 A 小于 0.3 m^2 时，取 $\gamma_a=0.7$

Ⅳ. 无筋构件截面 A 小于 0.3 m^2 时，取 $\gamma_a=0.85$

下列(　　)是正确的。

A. Ⅰ、Ⅲ　　B. Ⅰ、Ⅳ

C. Ⅱ、Ⅲ　　D. Ⅱ、Ⅳ

10.14　单层混合结构房屋，静力计算时不考虑空间作用，按平面排架分析，则称为(　　)。

A. 刚性方案　　B. 弹性方案　　C. 刚弹性方案

10.15　《砌体结构设计规范》(GB 50003—2011)规定，在(　　)两种情况下不宜采用网状配筋砖砌体。

A. $e/h>0.17$　　B. $e/h\leqslant 0.17$

C. $\beta>16$　　D. $\beta\leqslant 16$

10.16　混合结构房屋的空间刚度与(　　)有关。

A. 楼(屋)盖类别、横墙间距　　B. 横墙间距、有无山墙

C. 有无山墙、施工质量　　D. 楼(屋)盖类别、施工质量

三、计算题

10.17　一承受轴心压力的砖柱，截面尺寸为 $b\times h=370$ mm×490 mm，采用 MU10 砖、M5 混合砂浆砌筑，荷载设计值在柱顶产生的轴向力 $N=200$ kN，柱的计算高度 $H_0=H=3.6$ m，试验算柱的承载力。

10.18　某砖柱，截面尺寸为 $b\times h=620$ mm×490 mm，采用 MU10 砖、M5 水泥砂浆砌筑，荷载设计值在柱底产生的轴向力设计值 $N=150$ kN，弯矩 $M=8.5$ kN·m(沿长边)，该砖柱的计算高度为 $H_0=H=3.9$ m，试验算柱的承载力。

10.19　钢筋混凝土梁支承在窗间墙上，如图 10.44 所示。梁端荷载设计值产生的支承压力为 80 kN，窗间墙截面尺寸为 1 500 mm×240 mm，采用 MU10 烧结普通砖、M2.5 混合砂浆砌筑，施工质量控制等级为 B 级。梁底截面处的上部荷载设计值为 180 kN，梁的截面尺寸

$b \times h = 300\ \text{mm} \times 600\ \text{mm}$，支承长度为 240 mm。试验算梁底部砌体的局部受压承载力。

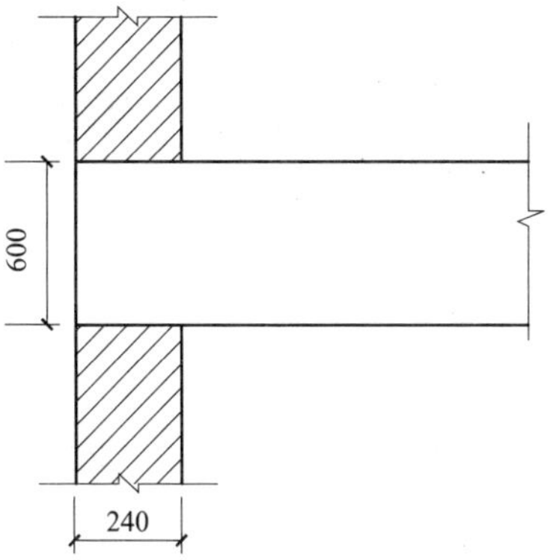

图 10.44　[题 10.19]附图

10.20　验算习题 10.18 中柱的高厚比是否满足要求。

10.21　某单层带壁柱房屋(刚性方案)。山墙间距 $s = 20$ m，$H = H_0 = 6.5$ m，开间距离 4 m，每开间有 2 m 宽的窗洞，采用 MU10 砖和 M5 混合砂浆砌筑。墙厚为 370 mm，壁柱尺寸如图 10.45 所示。试验算墙的高厚比是否满足要求($[\beta] = 22$)。

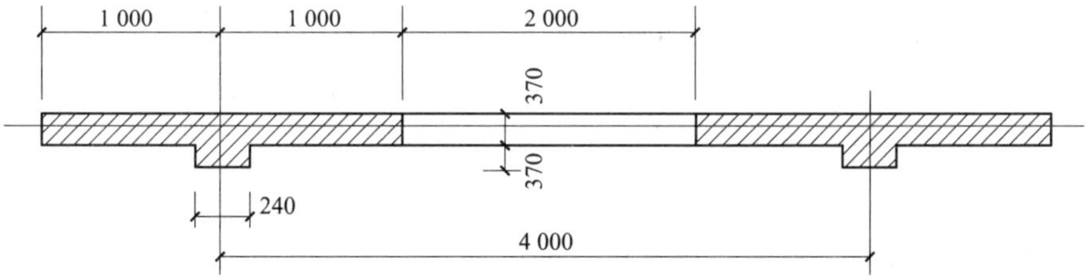

图 10.45　[题 10.21]附图

第 11 章 钢　结　构

11.1 概　　述

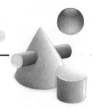

钢结构是钢材制成的工程结构，通常由热轧型钢、钢板和冷加工成型的薄壁型钢等制成的梁、桁架、柱、板等构件组成，各部分之间用焊缝、螺栓或铆钉连接，有些钢结构还部分采用钢丝绳或钢丝束。和其他结构形式(诸如钢筋混凝土结构、砖石等砌体结构)相比，钢结构具有如下特点：

(1)钢材的强度高、塑性韧性好。钢材和其他建筑材料(诸如混凝土、砖石和木材)相比，强度要高得多。钢材还具有塑性和韧性好的特点。钢结构在一般条件下不会因超载而突然断裂，同时钢结构对动力荷载适应能力强、抗震性能好。

(2)材质均匀，和力学计算的假定比较符合。钢材内部组织比较接近于匀质和各向同性，而且在一定的应力幅度内几乎是完全弹性的。因此，钢结构的实际受力情况和工程力学中的计算结果比较符合。

(3)适于机械化加工，工业化程度高，运输、安装方便，施工速度快。钢结构所用的材料是钢材，适合冷、热加工，同时具有良好的可焊性，并能使用机械操作。因此，大量的钢结构一般在专业化的金属结构工厂做成构件，精度较高。构件在工地拼装，可以采用普通螺栓或高强度螺栓，也可以使用焊缝连接，因此，施工速度较快。

(4)密闭性较好。钢材和焊接连接的水密性和气密性较好，适宜建造密闭的板壳结构、如高压容器、油库、气柜、管道等。

(5)耐腐蚀性差。钢材容易锈蚀，对钢结构必须注意防护，特别是薄壁构件。处于较强腐蚀性介质内的建筑物不宜采用钢结构。在设计中应避免使结构受潮、漏雨，构造上应尽量避免存在难于检查、维修的死角。

(6)钢材耐热但不耐火。钢材受热，温度在 200 ℃以内，其主要性能(屈服点和弹性模量)下降不多。温度超过 200 ℃后，材质变化较大，强度总趋势逐步降低，还有蓝脆和徐变现象。当温度达到 600 ℃时，钢材进入塑性状态已不能承载。因此，《钢结构设计规范》(GB 50017—2003)规定，钢材表面温度超过 150 ℃后，即需加以隔热防护。有防火要求者，更需按相应规定采取隔热保护措施。

基于以上特点，钢结构适用于大跨度结构、重型厂房结构、受动力荷载影响的结构、可拆卸的结构、高耸结构和高层建筑、容器及其他构筑物、轻型钢结构等。

11.2 建筑钢材

11.2.1 建筑钢材的力学性能及其技术指标

建筑钢材的主要力学性能有强度、塑性、冷弯性能、冲击韧性、硬度和耐疲劳性等。

1. 强度

钢材在常温、静载条件下一次拉伸所表现的性能最具代表性，拉伸试验也比较容易进行，并且便于规定标准的试验方法和多项性能指标。所以，钢材的主要强度指标和塑性性能都是根据标准试件一次拉伸试验确定。该试验是在常温下按规定的加荷速度逐渐施加拉力荷载，使试件逐渐伸长，直至拉断破坏。

低碳钢和低合金钢在一次拉伸时的应力-应变曲线如图 11.1 所示。钢材的屈服点 f_y 是衡量结构的承载能力和确定强度设计值的指标。虽然钢材在应力达到抗拉强度 f_u 时才发生断裂，但结构强度设计却以屈服点 f_y 作为确定钢材强度设计值的依据。这是因为钢材的应力在达到屈服点后应变急剧增长，从而使结构的变形迅速增加，以致不能继续使用。

抗拉强度 f_u 可直接反映钢材内部组织的优劣，同时还可作为钢材的强度贮备，是抵抗塑性破坏的重要指标。

试验表明：在屈服强度 f_y 前，钢材的应变很小；而在屈服强度 f_y 后，钢材产生很大的塑性变形，常使结构出现过大的变形。因此，认为屈服强度 f_y 是设计钢材可以达到的最大应力，而抗拉强度 f_u 是钢材在破坏前能够承受的最大应力。钢材可以看作为理想的弹塑性体，其应力-应变关系如图 11.2 所示。

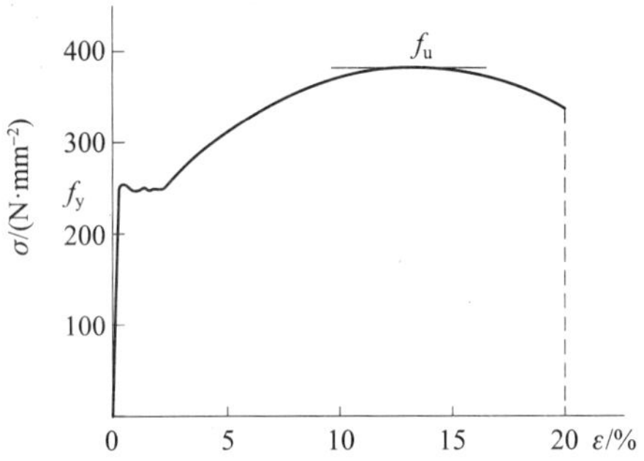

图 11.1 钢材的应力-应变图

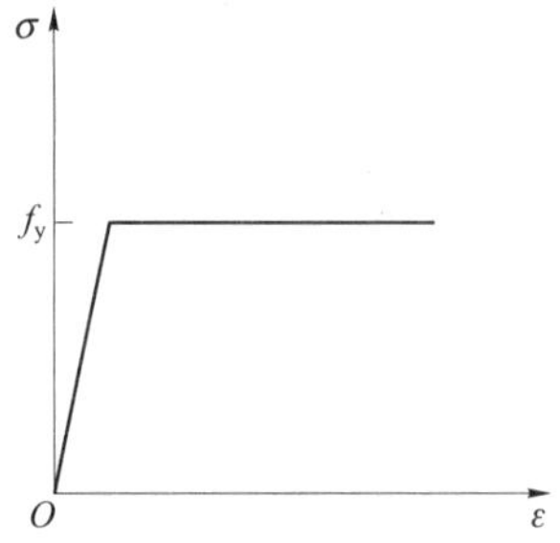

图 11.2 理想弹塑性材料的应力-应变图

2. 塑性

塑性是指钢材在应力超过屈服点后，能产生显著的残余变形而不立即断裂的性质。可由静力拉伸试验得到的伸长率 δ 来衡量。伸长率 δ 等于试件拉断后的原标距间的塑性变形与原标距的比值，用百分数表示，即：

$$\delta=\frac{l_1-l_0}{l_0}\times100\% \tag{11-1}$$

式中 l_0——试件原标距长度；

l_1——试件拉断后的标距长度。

δ 值越大，钢材的塑性越好，δ 随试件的标距长度 l_0 与直径 d_0 的比值(l_0/d_0)增大而减小。标准试件一般取 $l_0=5d_0$ 或 $l_0=10d_0$，所得伸长率用 δ_5 和 δ_{10} 表示。

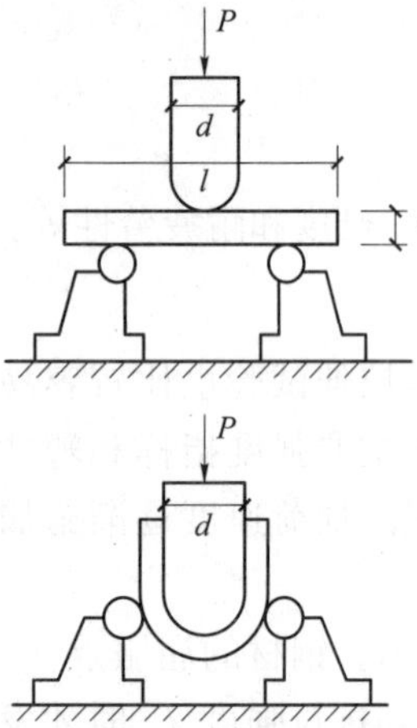

图 11.3　冷弯试验

3. 冷弯性能

冷弯性能可衡量钢材在常温下冷加工弯曲产生塑性变形对裂缝的抵抗能力。它是将钢材按原有的厚度(直径)做成标准试件，放在如图 11.3 所示的冷弯试验机上，用一定的弯心直径 d 的冲头，在常温下对标准试件中部施加荷载，将试样弯曲 180°；然后，检查其表面及侧面，如果不出现裂纹、缝隙、断裂和起层，则认为材料的冷弯试验合格。

冷弯试验合格，一方面同伸长率符合规定一样，表示钢材冷加工(常温下加工)产生塑性变形时，对裂缝的抵抗能力；另一方面表示钢材的冶金质量(颗粒结晶及非金属夹杂分布，甚至在一定程度上包括可焊性)符合要求。因此，冷弯性能是判断钢材塑性变形能力及冶金质量的综合指标。焊接承重结构的钢材和重要的非焊接承重结构的钢材，需要有良好的冷热加工性能时，都需要冷弯试验合格作保证。

4. 冲击韧性

冲击韧性是衡量钢材承受动力荷载抵抗脆性断裂破坏的性能。韧性是钢材断裂时吸收机械能能力的量度。试件冲击断裂所耗费的功越大，说明钢材能吸收较多的能量，表示冲击韧性越好。实际结构在动力荷载下脆性断裂总是发生在钢材内部缺陷处或有缺口处。因此，最有代表性的是用钢材的缺口冲击韧性衡量钢材在冲击荷载下抗脆断的性能，简称冲击韧性或冲击值。

国家标准规定采用国际上通用的夏比试验法测量冲击韧性。该法所用的试件带 V 形缺口，由于缺口比较尖锐(图 11.4)，故缺口根部的应力集中现象就能很好地描绘实际结构的缺陷。夏比缺口韧性用 A_{KV} 表示，其值为试件折断所需的功，单位为 J。

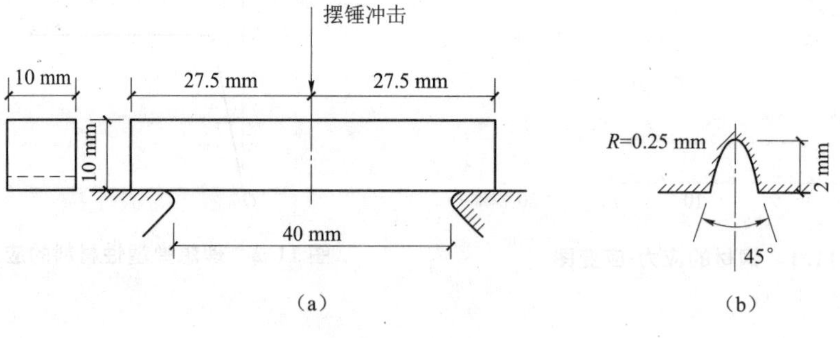

图 11.4　冲击试验

11.2.2　影响建筑钢材力学性能的因素

影响钢材机械和加工等性能的因素很多。其中，钢材的化学成分及其微观组织结构是最主要的，而在冶炼、浇铸和轧制的过程中，残余应力、温度、钢材硬化和热处理的影响等也是非常重要的因素，下面分别叙述各种影响因素对钢材性能的影响。

1. 化学成分

钢材是含碳量小于 2%的铁碳合金，碳大于 2%时则为铸铁。制造钢结构所用的材料主要有碳素结构钢中的低碳钢和低合金结构钢。碳素结构钢由纯铁、碳及杂质元素组成。其中，纯铁约占99%，碳及杂质元素约占1%；在低合金结构钢中，除了铁、碳外，还加入总量不超过3%的合金元素，如锰、硅、钒、铜、铬、钼等。碳及其他元素虽然所占比例不大，但这些合金元素通过冶炼工艺以一定的结晶形态存在于钢中，可以改善钢材的性能。

碳：碳的含量对钢的强度、塑性、韧性和可焊性起着决定性的影响。含碳量增加，钢材的抗拉强度和屈服强度也随之提高。但其塑性、冷弯性能和冲击韧性，特别是低温冲击韧性降低，可焊性及抗锈蚀性能变差。碳素结构钢按含碳量多少分为三类：低碳钢(含碳量不大于0.25%)、中碳钢(含碳量0.25%～0.6%)和高碳钢(含碳量不低于0.6%)。建筑钢材要求强度高、塑性好，因此，钢结构的含碳量不宜太高，一般不超过0.22%，在焊接结构中则应限制在0.22%以内。

锰：锰是结构钢中常加入的元素。我国的低合金高强度结构钢中，锰常常作为一种合金元素加入，是仅次于碳的一种重要合金元素。当锰的含量不多时，它能提高钢材强度，但又不会过多降低塑性和冲击韧性。锰有脱氧作用，是弱脱氧剂，还能消除硫对钢材的热脆作用。我国低合金钢中锰的含量在1.0%～1.7%。但是锰可使钢材的可焊性降低，故含量应受到限制。

硅：硅是有益元素，有较强的脱氧作用，是强脱氧剂。且硅能使钢材的晶粒变细，适量的硅可提高钢材的强度而对其塑性、冷弯性能、冲击韧性及可焊性不会产生不良影响。过量的硅将降低钢材的塑性和冲击韧性，恶化其抗锈能力和焊接性。硅的含量，在碳素镇静钢中为0.12%～0.3%，低合金钢中为0.2%～0.55%。

钒：钒是熔炼锰钒低合金时特意添加的一种合金元素，可提高钢材强度和细化钢的晶粒。钒的化合物具有高温稳定性，使钢材的高温硬度提高。15MnV钢是在低合金16Mn基础上加上适量钒而熔炼成的一种新的强度较高的低合金结构钢。钒作为一种合金元素加入钢中，可以提高钢的强度，增加钢材的抗锈性能，同时又不会显著降低钢的塑性。

硫和磷：硫和磷是两种极为有害的元素。硫与铁化合成硫化铁(FeS)，散布在纯铁体晶粒的间层中。当含硫量过大时，会降低钢材的塑性、冲击韧性、疲劳强度和抗锈性等。当温度在800 ℃～1 200 ℃时，如在焊、铆和热加工时，硫化铁将融化，使钢材变脆而产生裂纹，称之为“热脆”。故应限制结构钢尤其是焊接结构钢中硫的含量，一般要求不超过0.033%～0.050%。磷的有害作用主要是使钢材在低温时韧性降低并且容易产生脆性破坏，称之为“冷脆”。故也应限制其含量不超过0.035%～0.045%。

氧和氮：氧和氮在金属熔化的状态下可以从空气中进入，这两种物质是极其有害的元素，使钢材变脆。氧能使钢热脆，其作用比硫剧烈，故其含量必须严加控制，碳素结构钢的含氧量应不大于0.008%。氮能使钢材冷脆，与磷的作用相似，显著降低钢材的塑性、韧性、可焊性和冷弯性能。因此，重要的钢结构，特别是在低温动载下的结构用钢，应严格限制其含量。

2. 冶炼、浇铸、轧制和热处理的影响

钢材的生产要经过冶炼、浇铸和轧制等工艺过程。在这些过程中，可能出现化学成分偏析、夹杂、裂纹、分层等缺陷而影响钢材性能。

(1)冶炼和浇铸过程。冶炼和浇铸这一冶金过程形成了钢的化学成分与含量、金相组织结构以及不可避免的冶金缺陷，从而确定不同的钢种、钢号和相应的力学性能。

在我国建筑钢结构中，主要使用氧气顶吹转炉生产钢材。目前，氧气顶吹转炉钢的质量，由于生产技术的提高，已不低于平炉钢的质量。同时，氧气顶吹转炉钢具有投资少，生产率高、原料适应性好等特点，目前已成为主流炼钢方法。

铸锭过程中因脱氧程度不同，钢材可分为镇静钢、半镇静钢和沸腾钢。镇静钢因为浇铸时投入锰和适量的硅作脱氧剂，保温时间长，气体容易逸出，没有沸腾现象。镇静钢杂质少，偏析等冶金缺陷不严重，因而性能比沸腾钢好，但价格略高。

脱氧程度的不同和脱氧剂部分进入钢材，对钢材的化学成分产生影响，镇静钢中硅的含量较多，因而与沸腾钢相比，其强度和冲击韧性较高。

冶炼和浇铸的过程会产生偏析、非金属夹杂、气孔等冶金缺陷，从而降低钢材的力学性能。偏析是指钢材中化学成分分布不均匀；非金属夹杂是指钢中混有硫化物、氧化物等杂质；气孔是指浇铸时气体不能充分逸出而留在钢锭内形成的缺陷。

(2)轧制。钢材的轧制是在高温和压力作用下将钢锭热轧成钢板或型钢，轧制能使金属的晶粒变细，也能使气孔、裂纹等缺陷压合起来，使金属组织更加致密，并能消除显微组织缺陷，从而改善了钢材的力学性能。一般来说，薄板因辊轧次数多，其强度比厚板略高。

(3)钢材的热处理。钢材的热处理是将钢在固态状态下施以不同的加热、保温和冷却处理，可以改变其性能的一种工艺。钢材的热处理一般采用退火、正火、淬火和回火(俗称四把火)。其作用是通过改变钢的组织，细化晶粒，消除残余应力来改善钢的性能。正火是将钢材加热至 900 ℃以上并保持一定时间，然后在空气中冷却。普通热轧钢材轧制后在空气中自然冷却，可以说也是出于正火状态，但往往因停轧温度过低或过高，使钢的组织改变，降低了钢材性能。故对质量要求高的钢材(Q390、Q420 钢)常需正火处理或控制停轧(控制停轧温度为 900 ℃～ 850 ℃)。淬火是将钢材加热至 900 ℃以上并保温一定时间后，放入水中或油中快速冷却。淬火后钢材强度大幅提高，但塑性、韧性显著降低，故淬火后要及时回火，即将钢材加热至 500 ℃～600 ℃，经保温后在空气中冷却。采用淬火后回火的调质工艺处理，可显著地提高钢材强度，且能保持一定的塑性和韧性，高强度螺栓用钢即采用这种热处理方法。

3. 应力集中的影响

前述的钢材的工作性能及力学性能指标，通常以轴心受力构件中应力均匀分布的情况为基础。事实上，钢构件当中不可避免地存在着孔洞、刻槽、凹角、裂纹以及厚度或宽度的突然改变，此时构件中的应力不再保持均匀分布，在缺陷或截面变化附近处，应力线曲折、密集，出现高峰应力的现象，而在另外一些区域则应力较低，即所谓应力集中的现象，如图 11.5 所示。

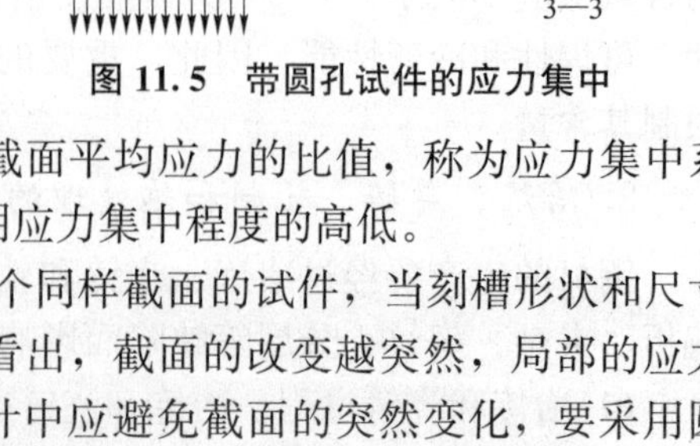

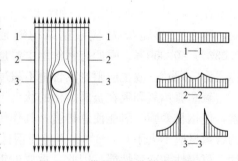

图 11.5　带圆孔试件的应力集中

通常把截面中洞口或缺口边缘的最大应力与净截面平均应力的比值，称为应力集中系数，其数值取决于构件形状改变的急剧程度，它表明应力集中程度的高低。

应力集中与截面外形特征有关。图 11.6 表示三个同样截面的试件，当刻槽形状和尺寸不同时，其局部应力的变化也不相同。从图中可以看出，截面的改变越突然，局部的应力集中越大；当刻槽圆滑时，就比较小。因此，在设计中应避免截面的突然变化，要采用圆滑的形状和逐渐改变截面的方法，使应力集中现象趋于平缓。

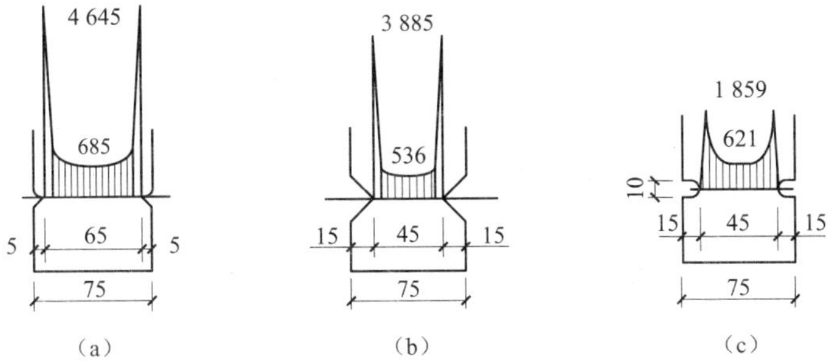

图 11.6　刻槽形状不同时的应力集中

另外，在应力集中的高峰应力区内，通常存在着同号的平面或三向应力状态，三向同号应力且各应力数值接近时，材料不易屈服。当为数值相等的三向拉应力时，直到材料断裂也不屈服。所以，三向拉应力的应力状态，使得钢材塑性变形的发展受到制约而导致脆性破坏。

4. 钢材的硬化

钢材的拉伸应力超过弹性极限，卸荷时会出现塑性变形，再重新加荷将会使弹性极限提高到卸荷时的应力，强度提高，塑性降低，这种现象称为应变硬化。

钢材在常温下加工叫冷加工。冷拉、冷弯、冲孔、机械剪切等加工使钢材产生较大的塑性变形，产生塑性变形后的钢材在重新加荷时将提高屈服点，同时降低塑性和韧性。由于减小塑性和韧性性能，普通钢结构中不利用硬化现象所提高的强度，有时还要采取措施消除冷加工后钢材硬化后的不利影响；重要结构还把钢板因剪切而硬化的边缘部分刨去。

此外，还有性质类似的时效硬化与应变时效。时效硬化是指钢材随着时间推移，其屈服强度和抗拉强度提高，而塑性、冲击韧性降低的现象。这是由于钢在冶炼时，留在其纯铁体中少量氮的固溶体，随着时间的增长逐渐析出并形成氮化物，它的存在阻止了纯铁体晶粒间的滑移，从而约束钢材的塑性发展。

由于应变硬化和时效硬化具有使钢材转脆的性质，所以，有些重要结构要求对钢材进行人工时效(加速时效)，然后测定其冲击韧性，以保证结构具有长期的抵抗脆性破坏的能力。

5. 温度变化的影响

钢材的内部晶体组织对温度变化很敏感，温度升高或降低都能使钢材的性能发生变化。特别是钢材在低温下的性能，相比较而言更为重要。

在正常的温度范围内，总的趋势是随着温度的升高，钢材的强度(f_u、f_y)和弹性模量(E)降低，塑性变形能力增大。温度在 0 ℃～200 ℃以内，钢材的性能没有较大的变化；温度在 250 ℃左右时，钢材会出现抗拉强度提高，塑性、韧性下降的“蓝脆”现象。在蓝脆区进行热加工，可能引起裂纹；当温度超过 300 ℃时，屈服强度、抗拉强度、弹性模量均有所下降，而塑性增加；为温度超过 400 ℃时，强度和弹性模量急剧降低；当达到 600 ℃时，强度很低，已不能承受荷载，所以，钢结构是一种不耐火的结构。对于受高温作用的钢结构，《钢结构设计规范》(GB 50017—2003)对其隔热、防火措施均有具体的规定。

在负温范围，随着温度下降，钢材强度略有提高，脆性倾向逐渐增加，钢材的塑性和冲击韧性随着温度的降低而下降。当温度下降到某一区间时，钢材的冲击韧性突然急剧下降，材料由塑性破坏转为脆性破坏。这种现象被称为低温冷脆现象。因此，对于在低温下工作的结构，尤其是受动力荷载和采用焊接连接的情况，《钢结构设计规范》(GB 50017—2008)要求不但要有常温冲击韧性的保证，还要有低温(如 0 ℃、-20 ℃)冲击韧性的保证。

6. 重复荷载作用的影响

在重复荷载的作用下，钢材的破坏强度低于静力作用下的抗拉强度，且呈现突发性的脆性破坏特征，这种现象称为钢材的疲劳破坏。疲劳破坏前，钢材并无明显的变形，它是一种突然发生的脆性破坏。

《钢结构设计规范》(GB 50017—2003)规定，对于承受动力荷载作用的构件(如吊车梁、吊车桁架、工作平台等)及其连接，当应力变化的循环次数很多，超过 10^5 次时，就需要进行疲劳计算，以保证不发生疲劳破坏。

一般认为，钢材的疲劳破坏是由于钢材内部有微细裂纹，在连续反复的荷载作用下，裂纹端部产生应力集中。其中，同号的应力场使钢材性能变脆，交变的应力使裂纹逐渐扩展，这种累积的损伤最后导致钢材突然地脆性断裂。因此，钢材发生疲劳对应力集中也最为敏感。对于受动荷载作用的构件，设计时应注意避免截面突变，让截面变化尽可能平缓过渡，目的是减缓应力集中的影响。

一般情况下，即使钢材静力强度不同，其疲劳破坏情况也没有显著差别。因此，对于受动荷载的结构，不一定要采用强度等级高的钢材，宜采用质量等级高的钢材，使其具有足够的冲击韧性，防止发生疲劳破坏。

另外，一般认为疲劳破坏是由拉应力引起的。对长期承受动荷载重复作用的钢结构构件(如吊车梁)及其连接，应进行疲劳计算。不出现拉应力的部位，不必进行疲劳计算。

11.2.3 建筑钢材的种类及选用

1. 建筑钢材的种类

在品种繁多的钢材中，钢结构常用的钢材主要有碳素结构钢、低合金结构钢、高强度钢丝和钢索材料。低合金结构钢因含有锰、钒等合金元素而具有较高的强度。处在腐蚀介质中的结构，则应采用加入铜、磷、铬、镍等元素而具有较高抗锈能力的高耐候结构钢。

钢结构所使用的钢材有不同的种类，每个钢种又有不同的牌号。以下分别叙述碳素结构钢和低合金钢的牌号和性能(紧固件中的普通螺栓、高强度螺栓和焊条的钢材)。

(1)碳素结构钢。我国生产的碳素钢分为 Q195、Q215、Q235 和 Q275 四个牌号。《碳素结构钢》(GB/T 700—2006)标准中钢材牌号表示方法是由字母 Q、屈服点数值(N/mm^2)、质量等级代号(A、B、C、D)及脱氧方法代号(F、Z、TZ)四个部分组成。其中，Q 是屈服强度屈字的汉语拼音的字头，质量等级中 D 级质量最优，A 级质量最差，F、Z、TZ 则分别是“沸”“镇”及“特、镇”汉语拼音的首位字母，分别代表沸腾钢、镇静钢及特殊镇静钢。其中，代号 Z、TZ 可以省略。碳素结构钢的表示方法为 Q235—#.#，#分别表示质量等级和浇铸方法，如 Q235—A.F、Q235—C 等。

碳素结构钢质量优劣主要是以夏比 V 形缺口试件的冲击韧性的要求来区分，对冷弯试验只在需求方有要求时才进行。对 A 级钢，冲击韧性不作为要求条件，冷弯试验只在需求方有要求时才进行。而 B、C、D 级分别要求 20 ℃、0 ℃、-20 ℃时的冲击韧性值，B、C、D 级也要求冷弯试验合格。不同等级的 Q235 钢对化学元素的含量要求略有不同，对 C、D 级钢要提高其锰的含量以改进韧性，同时降低其含碳量的上限以保证可焊性。此外，对硫、磷含量的限制也应得到保证。

前面已经讲到，在浇筑过程中由于脱氧程度的不同，钢材有镇静钢与沸腾钢之分。用汉语拼音字首表示，符号分别为Z、F。另外还有用铝补充脱氧的特殊镇静钢，用TZ表示。对Q235钢来说，A、B两级的脱氧方法可以是Z或F，C级只能是Z，D级只能是TZ。其牌号表示法及代表的意义如下：

Q235A——屈服强度为235 N/mm^2，A级，镇静钢。

Q235A·F——屈服强度为235 N/mm^2，A级，沸腾钢。

Q235B——屈服强度为235 N/mm^2，B级，镇静钢。

Q235 B·F——屈服强度为235 N/mm^2，B级，沸腾钢。

Q235C——屈服强度为235 N/mm^2，C级，镇静钢。

Q235D——屈服强度为235 N/mm^2，D级，特殊镇静钢。

(2)低合金结构钢。在普通碳素钢中添加一种或几种少量合金元素，合金元素总量低于5%的钢称为低合金钢，合金元素总量高于5%的钢称为高合金钢。建筑结构仅用低合金钢，其屈服点和抗拉强度比相应的碳素钢高，并具有良好的塑性和冲击韧性，也较耐腐蚀，可在平炉和氧气转炉中冶炼而成本增加不多，且多为镇静钢。

根据国家标准《低合金高强度结构钢》(GB/T 1591—2008)的规定，低合金高强度结构钢分为Q345、Q390、Q420、Q460、Q500、Q550、Q620、Q690八种。阿拉伯数字表示以N/mm^2 为单位的屈服强度的大小。其中，Q345、Q390为钢结构常用钢。

Q345、Q390按质量等级分为A、B、C、D、E五级。由A到E表示质量由低到高。不同质量等级对冲击韧性(夏比V形缺口试验)的要求有所区别，对冷弯试验的要求也有所区别。对A级钢，冲击韧性不作要求，而B、C、D各级则都要求冲击韧性A_{KV}值不小34 J(纵向)，不过三者的试验温度有所不同，B级要求常温(20 ℃)冲击韧性，C级和D级则分别要求0 ℃和－20 ℃冲击韧性。E级要求－40 ℃冲击韧性A_{KV}值不小27 J(纵向)。不同质量等级对碳、硫、磷、铝的含量的要求也有所区别。

低合金高强度结构钢的A、B级属于镇静钢，C、D、E级属于特殊镇静钢。

结构钢发展的趋势是进一步提高强度而又能保持较好的塑性。Q235钢和Q345钢的伸长率不小于21%，Q390、Q420和Q460钢分别不小于19%、18%和17%。这就是说，塑性随强度提高而下降。塑性过低就难以适用于土建结构，因此，当继续提高强度时，塑性不应再降低。

(3)高强度钢丝和钢索材料。悬索结构和斜张拉结构的钢索、桅杆结构的钢丝绳等通常都采用由高强度钢丝组成的平行钢丝束、钢绞线和钢丝绳。高强度钢丝是由优质碳素钢经过多次冷拔而成，分为光面钢丝和镀锌钢丝两种类型。钢丝强度的主要指标是抗拉强度，其值在1 570～1 700 N/mm^2 范围内，而屈服强度通常不作要求。根据国家有关标准，对钢丝的化学成分有严格要求，硫、磷的含量不得超过0.03%，铜含量不超过0.2%，同时对铬、镍的含量也有控制要求。高强度钢丝的伸长率较小，最低为4%，但高强度钢丝却有一个不同于一般结构钢材的特点——松弛。

2. 钢材的选择

(1)钢材选用的原则和考虑因素。钢材选用的原则是：既能使结构安全可靠地满足使用要求，又要尽最大可能节约钢材，降低造价。对于不同的使用条件，应当有不同的质量要求。钢材的力学性质中，屈服点、抗拉强度、伸长率、冷弯性能、冲击韧性等各项指标是从不同的方面来衡量钢材的质量。显然，没有必要在不同的使用条件下都要符合这些质量指标。钢材的选用应考虑以下主要因素：

1)结构、构件的类型和重要性。结构和构件，按其用途、部位和破坏后果的严重性，可分为重要的、一般的和次要的三类，相应的安全等级为一级、二级和三级。大跨度屋架、梁以及重型工作制吊车梁等按一级考虑，故应采用质量好的钢材；一般的屋架、梁和柱按二级考虑，梯子、平台和栏杆按三级考虑，可选择质量较低的钢材。

2)荷载性质。结构所受荷载分为静力荷载和动力荷载两种。对直接承受动力荷载的结构或构件中，如吊车梁，应选用综合质量和韧性较好的钢材。若需验算疲劳时，则应选用更好的钢材。对承受静力荷载的结构，可选用普通质量的钢材。因此，荷载性质不同，应选用不同的钢材，并提出不同的质量保证项目。

3)应力特征。拉应力易使构件产生断裂，后果严重，故对受拉和受弯构件，应选用质量较好的钢材。而对受压构件和压弯构件，可选用质量普通的钢材。

4)连接方法。钢结构的连接方法有焊接和非焊接(紧固件连接)之分。由于焊接结构会产生焊接应力、焊接变形和焊接缺陷，导致构件产生裂纹或裂缝，甚至发生脆性断裂。故在焊接钢结构中对钢材的化学成分、力学性能和可焊接性都有较高的要求，如钢材的碳、硫、磷的含量要低，塑性、韧性要好等。

5)工作条件。结构所处的工作环境和工作条件对钢材有很大的影响，如钢材处于低温工作环境时易产生低温冷脆，此时，应选用抗低温脆断性能较好的镇静钢。另外，周围环境有腐蚀性介质或处于露天的结构，易引起锈蚀，则应选择具有相应抗腐蚀性能好的耐候钢材。

6)钢材厚度。因厚度大的钢材不仅强度、塑性、冲击韧性较差，而且其焊接性能和沿厚度方向的受力性能也较差。故在需要采用大厚度钢板时，应选择质量好的厚板或 Z 向钢板。

(2)钢材的选择和保证项目的要求。承重结构选择钢材的任务是确定钢材的牌号(包括钢种、冶炼方法、脱氧方法和质量等级)以及提出应有的机械性能和化学成分的保证项目。

1)一般结构多采用 Q235 钢，但对于跨度较大、荷载较重、较大动荷载作用下以及低温条件下，可选用 16Mn 钢或 15MnV 钢。

2)结构钢用的平炉钢和氧气转炉钢，质量相当，订货和设计时一般不加区别。

3)一般结构采用 Q235 钢时可用沸腾钢，通常能满足实用要求，但较大动荷载和低温条件下不宜采用沸腾钢。

4)结构钢至少有屈服强度、抗拉强度和伸长率三项机械性能和磷、硫两项化学成分的合格保证。焊接结构还需有含碳量的合格保证。

5)对重级工作制和吊车起重量大于 50 t 的中级工作制吊车梁、吊车桁架等构件，应具有常温(20 ℃)的冲击韧性的保证，低温工作时，还需要有 0 ℃、−20 ℃和−40 ℃时低温冲击韧性的合格保证。

6)对较大房屋的柱、屋架、托架等构件承受直接动力荷载的结构等，应有冷弯试验的合格保证。

3. 钢材的规格

钢结构构件一般宜直接选用型钢，这样可减少制造工作量，降低造价。当型钢尺寸不合适或构件很大时，则用钢板制作。构件之间间接或直接连接，或者附以连接钢板进行连接。所以，钢结构中的元件是型钢及钢板。型钢有热轧及冷成型两种。现分别介绍如下。

(1)热轧钢板。热轧钢板分为厚板和薄板两种，后者是冷成型型钢(常叫冷弯薄壁型钢)的原料之一。厚板的厚度为 4.5～60 mm，薄板的厚度为 0.35～4 mm，在图纸中钢板用

“宽×厚×长(单位为 mm)”前面附加钢板横断面的方法表示，如：—800×12×2 100 等。

(2)热轧型钢(图 11.7)。角钢：有等边和不等边两种。等边角钢(也叫等肢角钢)，以边宽和厚度表示，如L100×10 为肢宽 100 mm、厚 10 mm 的角钢；不等边角钢则以两边宽度和厚度表示，如 L100×80×8 等。我国目前生产的等边角钢，其肢为 20～200 mm，不等边角钢的肢宽为25×16～200×125 mm。

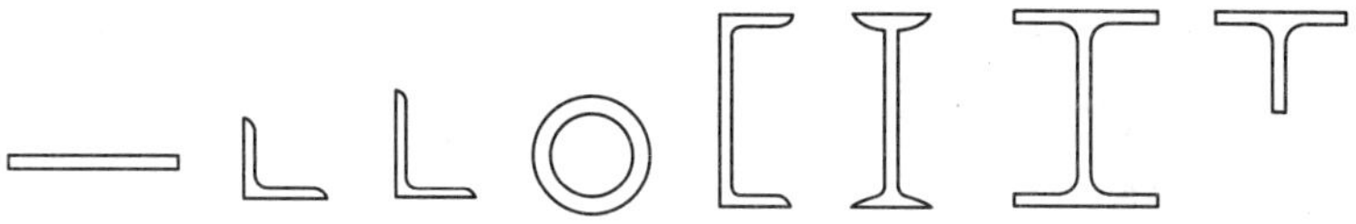

(a)　(b)　(c)　(d)　(e)　(f)　(g)　(h)

图 11.7　热轧型材截面

(a)钢板；(b)等边角钢；(c)不等边角钢；(d)钢管；(e)槽钢；(f)工字钢；(g)H 型钢；(h)T 型钢

槽钢：我国槽钢有两种尺寸系列，即热轧普通槽钢与普通低合金热轧轻型槽钢。前者用 Q235 号钢轧制，表示方法为[30a，指槽钢外廓高度为 30 cm，且腹板厚度为最薄的一种；后者的表示法，例如，[25Q，表示外廓高度为 25 cm，Q 是汉语拼音“轻”的字首。同样号数时，轻型者由于腹板薄及翼缘宽薄，故截面面积小但回转半径大，能节约钢材，减少自重。但轻型系列的实际产品较少。

工字钢：与槽钢相同，也分为上述的两个尺寸系列：普通型和轻型。与槽钢一样，工字钢外轮廓高度的厘米数即为型号，普通型工字钢当型号较大时腹板厚度分为 a、b、c 三种。轻型工字钢由于壁厚已薄，故不再按厚度划分。两种工字钢表示方法如 I32c、I32Q 等。

H 型钢和剖分 T 型钢：H 型钢分为三类：宽翼缘 H 型钢(HW)、中翼缘 H 型钢(HM)和窄翼缘 H 型钢(HN)。H 型钢型号的表示方法是先用符号 HW、HM 和 HN 表示 H 型钢的类别，后面加“高度(mm)×宽度(mm)”，例如，HW300×300，即为截面高度为 300 mm，翼缘宽度为 300 mm 的宽翼缘 H 型钢。剖分 T 型钢也分为三类，即宽翼缘剖分 T 型钢(TW)、中翼缘剖分 T 型钢(TM)和窄翼缘剖分 T 型钢(TN)。剖分 T 型钢是由对应的 H 型钢沿腹板中部对等剖分而成。其表示方法与 H 型钢类同，如 TN225×200，即表示截面高度为 225 mm，翼缘宽度为 200 mm 的窄翼缘剖分 T 型钢。

(3)冷弯薄壁型钢。用 2～6 mm 厚的薄钢板经冷弯或模压而成，如图 11.8 所示。在国外，冷弯型钢所用的钢板厚度有加大范围的趋势，如美国可用到 1 英寸(25.4 mm)厚。压型钢板是近年来开始使用的薄壁型材，所用的钢板厚度为 0.4～2 mm，用做轻型屋面等构件。

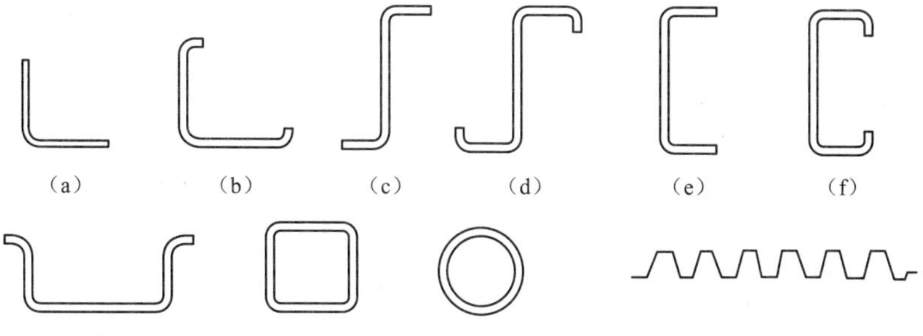

(a)　(b)　(c)　(d)　(e)　(f)

(g)　(h)　(i)　(j)

图 11.8　薄壁型钢的截面形式

(a)等边角钢；(b)卷边等边角钢；(c)Z 形钢；(d)卷边 Z 形钢；(e)槽钢；

(f)卷边槽钢；(g)向外卷边槽钢(帽型钢)；(h)方管；(i)圆管；(j)压型板

11.3 钢结构的连接

钢结构是指由钢板、型钢等组合连接制成基本构件，如梁、柱、桁架等运到工地后再通过安装连接组成整体结构，如屋盖、厂房、桥梁等。钢结构的连接方法关系到结构的传力和使用要求，同时还对结构的构造和加工方法、工程造价等有着直接影响。钢结构连接方法的选择要做到传力明确、简捷、强度可靠，保证安全，同时还必须构造简单、材料节约、施工简便、造价降低。

11.3.1 连接方法

钢结构三种连接方法实图示例

目前，钢结构的连接方法主要有铆钉连接、焊缝连接和螺栓连接三种(图 11.9)。目前，大多数钢结构采用焊接或高强度螺栓连接成基本构件，工地安装多采用螺栓连接。铆钉连接费工、费料，房屋结构中已经很少使用。此外，在薄钢结构中还经常采用抽芯铆钉、自攻螺钉、射钉和焊钉等连接方式。

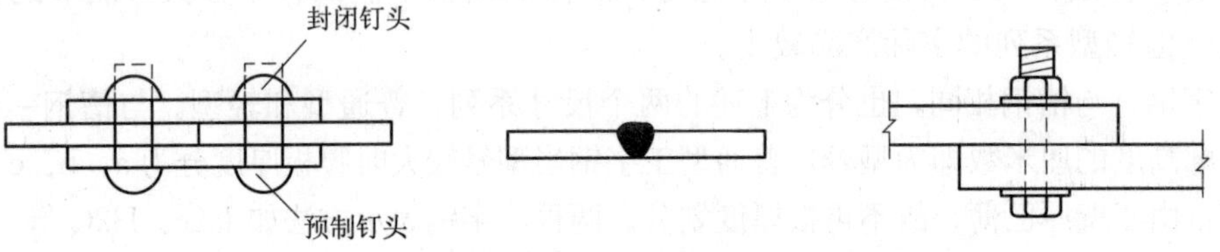

(a)　　　(b)　　　(c)

图 11.9　钢结构的连接方法

(a)铆钉连接；(b)焊缝连接；(c)螺栓连接

1. 铆钉连接

铆钉连接是将一端有预制钉头的铆钉插入被连接构件的钉孔中，利用铆钉枪或压铆机将另一端压成封闭钉头，从而使连接件被铆钉夹紧形成牢固的连接。铆钉连接的优点是传力可靠，塑性和韧性较好，质量易于检查和保证，可用于承受动荷载的重型结构；其缺点是构造复杂，费钢费工，劳动条件差，成本高，目前已很少采用。

2. 焊缝连接

焊缝连接是现代钢结构最常用的连接方法，钢结构中一般采用电弧焊，它是通过电弧产生的热量，使焊条和焊件局部熔化，经冷却凝结成焊缝，从而将焊件连接成一体。它具有不削弱构件截面、刚性好、构造简单、施工便捷、节约钢材、密封性能好、易于采用自动化作业、连接刚度大等优点，但焊接时会产生残余应力和残余变形，连接处的塑性和韧性较差。在工业与民用建筑中，只有少数情况下不宜采用焊接，如重级工作制吊车梁、制动梁及制动梁与柱的连接部位。

3. 螺栓连接

按制作螺栓的材料强度大小及传力机理不同，螺栓连接可分为普通螺栓连接和高强度螺栓连接。

(1)普通螺栓连接。普通螺栓连接依靠栓杆承压和抗剪来传递剪力。普通螺栓连接装拆方便，施工简单，主要用于结构的安装连接和临时性结构。

普通螺栓分为A、B、C三级。

A、B级螺栓为精制螺栓，经机床车削加工精制而成，表面光滑，尺寸准确，精度较高，要求用Ⅰ类孔，栓杆和螺孔间的空隙仅为0.3 mm左右。其精度较高，受剪性能较好，变形很小，但制造和安装过于费工，价格昂贵，因此，在钢结构中已很少采用。

C级螺栓为粗制螺栓，由未经加工的圆钢压制而成。螺栓表面粗糙，一般只要求用Ⅱ类孔，孔径比螺栓杆径大1～1.5 mm。采用C级螺栓的连接，由于螺栓杆和螺栓孔之间间隙较大，受剪时板件间将产生较大的相对滑移，连接的变形大，所以，其抗剪性能较差；但连接成本低，装拆方便，广泛用于承受拉力的安装连接、不重要的连接作用或用作安装时的临时固定。

钢结构采用的普通螺栓形式为大六角头型，其代号用字母M和公称直径(单位mm)表示。建筑工程中常用M16、M20、M22、M24。

(2)高强度螺栓连接。高强度螺栓连接主要是靠被连接板件间的强大摩擦阻力来传递剪力。高强度螺栓具有强度高、工作可靠、安装简便迅速、耐疲劳、可拆换等优点，被广泛应用于永久性结构的连接，尤其是承受动力荷载的结构；其缺点是在材料、扳手、制造和安装方面有一定的特殊要求，价格较贵。

高强度螺栓按其传力方式，可分为摩擦型和承压型两种。摩擦型高强度螺栓连接，在受剪力时，只依靠摩擦阻力传力，并以剪力不超过板件接触面的最大摩擦力为准则。而承压型螺栓连接，允许被连接件间的摩擦力被克服后产生相对滑移，以连接达到破坏的极限承载力作为设计准则。

11.3.2 焊缝连接

焊接自20世纪50年代以来，由于焊接技术的改进提高，目前它已在钢结构连接中处于主宰地位。它不仅是制造构件的基本连接方法，同时也是构件安装连接的一种重要方法。除了少数直接承受动力荷载结构的某些部位(如吊车梁的工地拼接、吊车梁与柱的连接等)，因容易产生疲劳破坏而在采用时有所限制外，其他部位均可普遍应用。

1. 钢结构中常用的焊接方法

钢结构中常用的焊接方法有电弧焊、埋弧焊(自动和半自动)和气体保护焊等。

(1)电弧焊。电弧焊的质量比较可靠，是最常用的一种焊接方法。手工电弧焊是各种电弧焊方法中发展最早、目前仍然应用最广的一种焊接方法。

如图11.10所示，手工电弧焊的电路是由焊条、焊钳、焊件、电焊机和导线等组成。通电后在涂有焊药的焊条与焊件间的间隙中产生电弧，利用电弧产生的高温(约6 000 ℃)使焊条与焊件熔化成液态，滴落在被电弧所吹成的焊件上小凹槽熔池中，并与焊件溶化部分结成焊缝。由焊条药皮燃烧形成的熔渣和保护气体覆盖熔池，防止空气中的氧、氮等有害气体与熔化的液体金属接触，避免形成脆性、易裂的化合物。焊缝金属冷却后，就把焊件连成一体。随着焊条的移动，焊接熔池不断形成和不断冷却，连续形成焊缝，焊件即被焊成整体。手工电弧焊焊条应与焊件金属品种相适应，对Q235钢焊件用E43系列型焊条，Q345钢焊件用E50系列型焊条，Q390钢焊件用E55系列型焊条。

手工焊具有设备简单、操作灵活的优点，在钢结构中被普遍采用，特别是短焊缝或曲折焊缝，或在施工现场进行高空焊接时；其缺点是生产效率低，劳动强度大，焊缝质量波动较大。

(2)埋弧焊。埋弧焊的原理如图 11.11 所示。其特点是焊丝成卷装在焊丝转盘上，焊丝外表裸露，不涂焊剂。自动埋弧焊的电焊机可沿轨道按设定的速度移动。焊剂成散落状颗粒装置在焊剂漏斗中，通电后由于电弧的作用，使埋于焊剂下的焊丝和附近的焊剂熔化。熔渣浮在熔化的焊缝金属表面上保护熔化金属，使之不与外界空气接触，有时焊剂还可供给焊缝必要的合金元素，以改善焊缝质量。随着焊机的自动移动，颗粒状的焊剂不断由漏斗漏下，电弧完全被埋在焊剂之内，同时焊丝也自动地边熔化边下降。如果焊机的移动由人工操作，则为半自动埋弧焊。

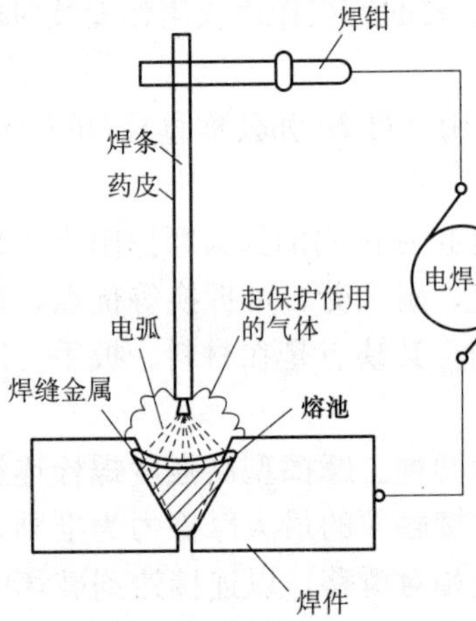

图 11.10　手工电弧焊原理

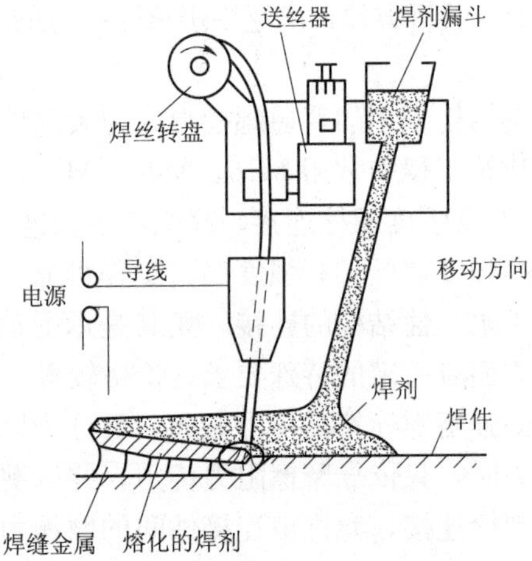

图 11.11　自动埋弧焊原理

自动埋弧焊的焊缝比手工电弧焊好、质量均匀、塑性好、冲击韧性高，但其只适合焊接较长的直线焊缝。半自动埋弧焊除由人工操作前进外，其余过程与自动焊相同，而焊缝质量介于自动焊与手工焊之间。自动焊和半自动焊所采用的焊丝和焊剂，要保证其熔敷金属的抗拉强度不低于相应手工焊焊条的数值。

(3)气体保护焊。气体保护焊又称为气电焊，它是利用焊枪中喷出的惰性气体或二氧化碳气体作为保护介质的一种电弧焊熔焊的方法，具体如图 11.12 所示。气体保护焊直接依靠保护气体在电弧周围形成局部的保护层，以防止有害气体的侵入，从而保持焊接过程的稳定。

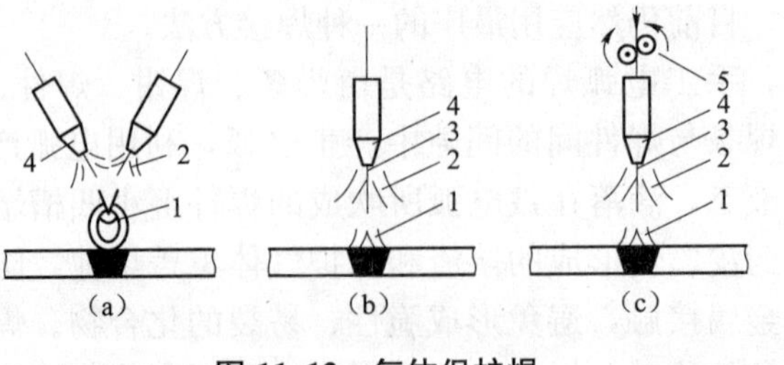

图 11.12　气体保护焊

(a)不熔化极间接电弧焊；(b)不熔化极直接电弧焊；(c)熔化极直接电弧焊

1—电弧；2—保护气体；3—电极；4—喷嘴；5—焊丝滚轮

气体保护焊的优点是焊工能够清楚地看到焊缝成型的过程，熔滴过渡平缓，电弧加热集中，焊接速度快，熔化深度大，焊缝强度高，塑性和抗腐蚀性能好，焊缝不易产生气孔，其适用于低碳钢、低合金高强度钢以及其他合金钢的全位置焊接，但不适用于野外或有风的地方施焊。

2. 焊缝连接的优、缺点

焊缝连接与螺栓连接、铆钉连接比较，具有下列优点：

(1)不需要在钢材上打孔钻眼，既省工又不减损钢材截面，使材料可以充分利用；

(2)任何形状的构件都可以直接相连，不需要辅助零件；

(3)焊缝连接的密封性好，结构刚度大。

但是，焊缝连接也存在下列问题：

(1)由于施焊时的高温作用，形成焊缝附近的热影响区，使钢材的金属组织和机械性能发生变化，材质变脆；

(2)焊接的残余应力使焊接结构发生脆性破坏的可能性增大，残余变形使其尺寸和形状发生变化，矫正费工；

(3)焊接结构对整体性不利的一面是局部裂缝一经发生便容易扩展到整体。焊接结构低温冷脆问题比较突出。

3. 焊缝缺陷

焊缝中可能存在裂纹、气孔、烧穿和未焊透等缺陷。

裂纹(图 11.13)是焊缝连接中最危险的缺陷。按产生的时间不同，可分为热裂纹[图 11.13(a)]和冷裂纹[图 11.13(b)]，前者在焊接时产生，后者在焊缝冷却过程中产生。产生裂纹的原因很多，如钢材的化学成分不当，未采用合适的电流、弧长、施焊速度、焊条和施焊次序等。采用合理的施焊次序，可以减少焊接应力，避免出现裂纹；进行预热、缓慢冷却或焊后热处理，也可以减少裂纹的形成。

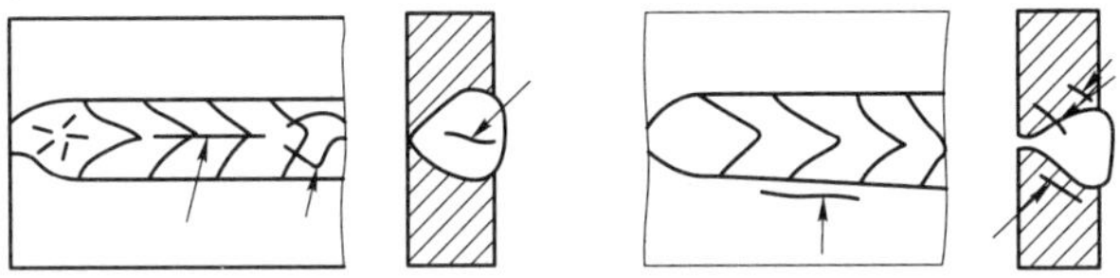

(a)　　　　　(b)

图 11.13　焊缝裂纹

(a)热裂纹分布示意；(b)冷裂纹分布示意

气孔(图 11.14)是由空气侵入或受潮的药皮熔化时产生气体而形成的，也可能是焊件金属上的油锈、垢物等引起的。气孔在焊缝内或均匀分布[图 11.14(a)]，或存在于焊缝某一部位[图 11.14(b)]，如焊趾和焊根处[图 11.14(c)]。

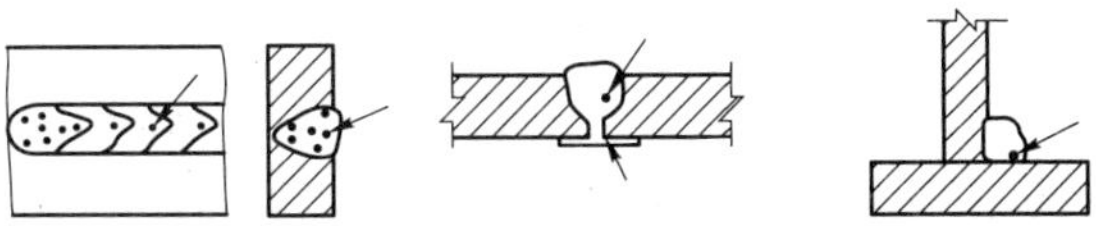

(a)　　　　　(b)　　　　　(c)

图 11.14　气孔

(a)均匀分布气孔；(b)焊根处气孔；(c)焊趾处气孔

焊缝的其他缺陷有烧穿[图 11.15(a)]、夹渣[图 11.15(b)]、未焊透[图 11.15(c)、(d)]、边缘未熔合[图 11.15(e)]、焊缝层间未熔合[图 11.15(f)]、咬边[图 11.16(a)、(b)、(c)]、焊

瘤[图 11.16(d)、(e)、(f)]等。

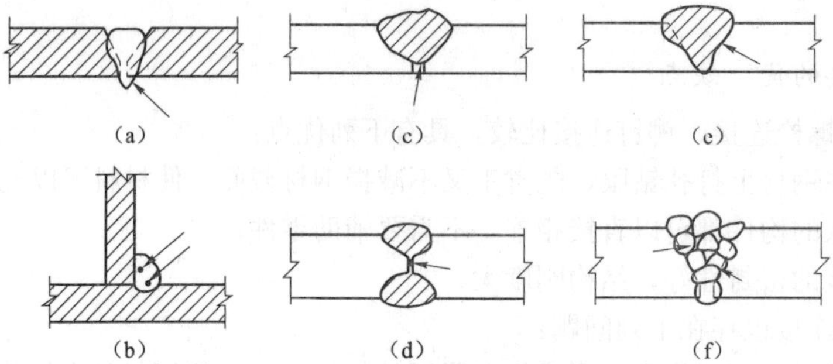

图 11.15　烧穿、夹渣、未焊透

(a)烧穿；(b)夹渣；(c)、(d)根部未焊透；(e)边缘未熔合；(f)焊缝层间未熔合

焊缝的缺陷将削弱焊缝的受力面积，而且在缺陷处形成应力集中，裂缝往往先从那里开始，并扩展开裂，成为连接破坏的根源，对结构很不利。因此，焊缝质量检查极为重要。《钢结构工程施工质量验收规范》(GB 50205—2001)规定，焊缝质量检查标准分为三级。其中，三级要求通过外观检查，即检查焊缝实际尺寸是否符合设计要求和有无看得见的裂纹、咬边等缺陷。对于重要结构或要求焊缝金属强度等于被焊金属强度的对接焊缝，必须进行一级或二级质量检验，即在外观检查的基础上再做无损检验。其中，二级要求用超声波检验每条焊缝的 20%长度，一级要求用超声波检验每条焊缝全部长度，以便揭示焊缝内部缺陷。对承受动载的重要构件焊缝，还可增加射线探伤。

焊缝质量与施焊条件有关，对于施焊条件较差的高空安装焊缝，其强度设计值应乘以折减系数 0.9。

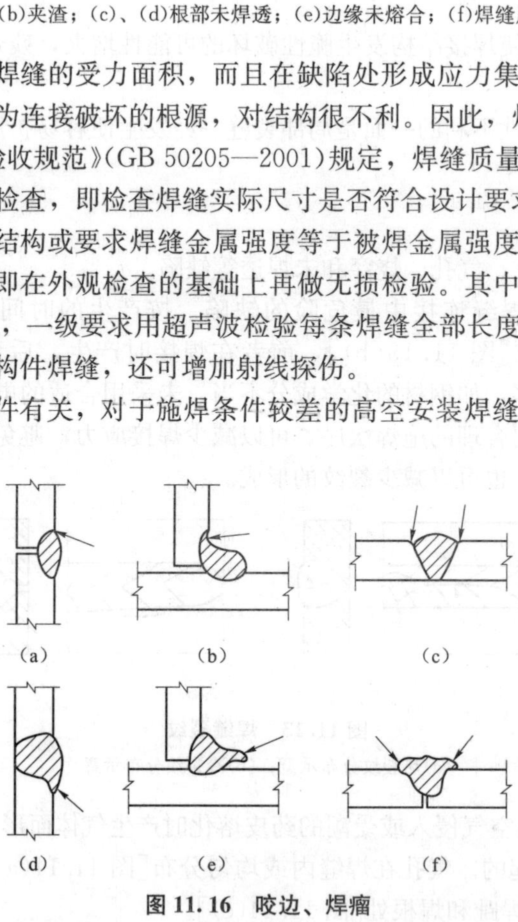

图 11.16　咬边、焊瘤

(a)横焊缝的咬边；(b)平角焊缝的咬边；(c)平对接焊缝的咬边；
(d)横焊缝的焊瘤；(e)平角焊缝的焊瘤；(f)平对接焊缝的焊瘤

4. 焊缝连接形式及焊缝形式

(1)焊缝连接形式。如图 11.17 所示，焊缝连接形式按被连接构件间的相对位置分为平接、搭接、T形连接和角接共四种类型。这些连接所用的焊缝有对接焊缝和角焊缝两种基本形式。在具体应用时，应根据连接的受力情况，结合制造、安装和焊接条件进行合理选择。

图 11.17(a)所示为用对接焊缝的平接连接，对接焊缝位于被连接板的平面内且焊缝截面与构件截面相同，因而用料经济，传力均匀平缓，没有明显的应力集中。当焊缝质

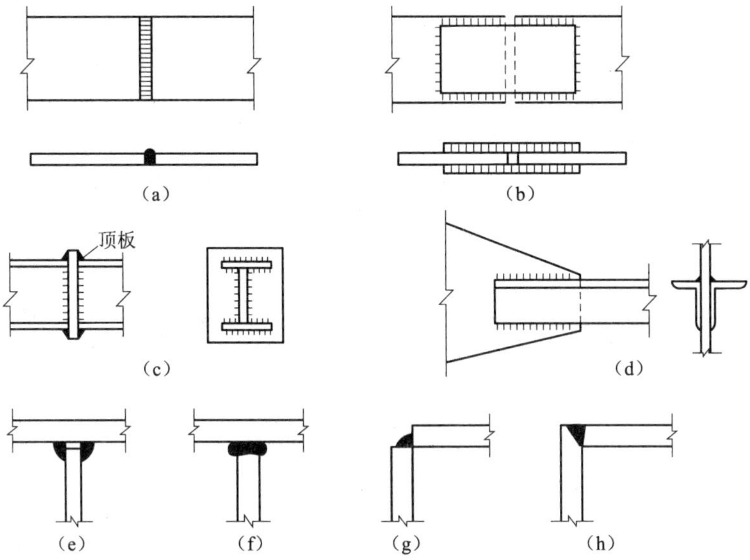

图 11.17　焊缝连接形式

量符合一、二级焊缝质量检验标准时，焊缝和被焊构件的强度相等，承受动力荷载的性能较好，但是对接连接中要求下料和装配的尺寸准确，保证相连板件间有适当空隙，制造费工。

图 11.17(b)所示为用拼接板和角焊缝的平接连接，这种连接传力不均匀、费料，但施工简便、所接两板的间隙大小不需严格控制。

图 11.17(c)所示为用顶板和角焊缝的平接连接，施工方便，用于受压构件较好。受拉构件为了避免层间撕裂，不宜采用。

图 11.17(d)所示为用角焊缝的搭接连接，这种连接传力不均匀，材料较费，但构造简单、施工方便，目前还在广泛应用。

图 11.17(e)所示为用角焊缝的 T 形连接，构造简单，受力性能较差，应用也颇为广泛。

图 11.17(f)所示为焊透的 T 形连接，其焊缝形式为对接与角接的结合，性能与对接焊缝相同。在重要结构中，用它来代替 11.17(e)的连接。实践证明：这种要求焊透的 T 形连接焊缝，即使有未焊透现象，但因腹板边缘经过加工，焊缝收缩后使翼缘和腹板顶得十分紧密，焊缝受力情况大为改善，一般能保证使用要求。

图 11.17(g)、(h)所示为用角焊缝和对接焊缝的角接连接。

(2)焊缝形式。对接焊缝按所受力的方向可分为对接正焊缝和对接斜焊缝两种形式[图 11.18(a)、(b)]。角焊缝长度方向垂直于力作用方向的，称为正面角焊缝；平行于力作用方向的，称为侧面角焊缝，如图 11.18(c)所示。

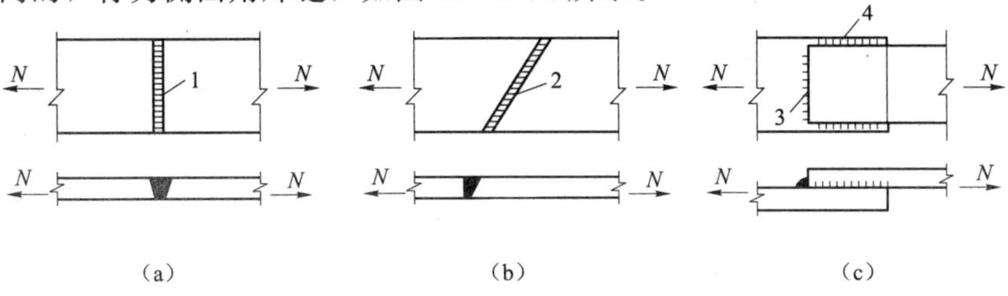

图 11.18　焊缝形式

1—对接正焊缝；2—对接斜焊缝；3—正面角焊缝；4—侧面角焊缝

焊缝按沿长度方向的分布情况来看，有连续角焊缝和间断角焊缝两种形式，具体如图 11.19 所示。连续角焊缝受力性能较好，应用较为广泛。间断角焊缝容易在分段的两端引起严重的应力集中，在重要结构中应避免使用，它只用于一些次要构件的连接或次要焊缝中，间断角焊缝的间距 L 不宜太长，以免因距离过大，使连接不够紧密，潮气易侵入而引起锈蚀。间接距离 L 一般在受压构件中不应大于 $15t$，在受拉构件中不应大于 $30t$，t 为较薄构件的厚度。

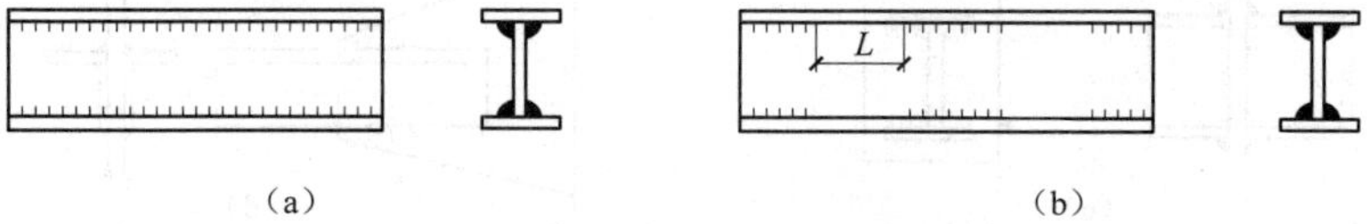

图 11.19　连续角焊缝和断续角焊缝

(a)连续角焊缝；(b)断续角焊缝

焊缝按施焊时焊缝在焊件之间的相对空间位置，可分为俯焊(平焊)、立焊、横焊和仰焊四种(图 11.20)。俯焊的施焊工作方便，质量最易保证；立焊、横焊施焊较难，质量及生产效率比俯焊差一些；由于仰焊最为困难，操作条件最差，施焊质量不易保证，故设计和制造时应尽量避免。

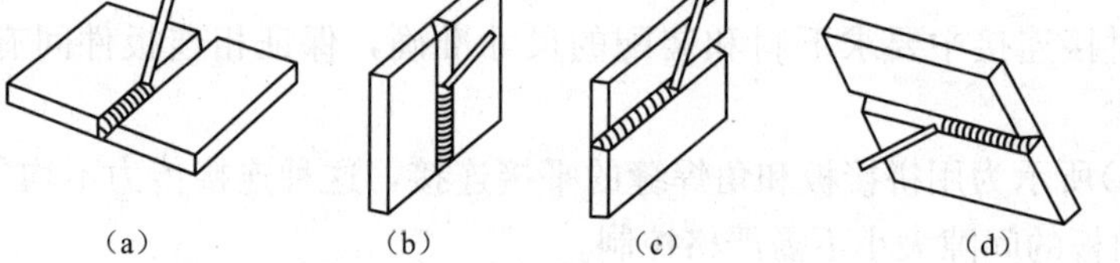

图 11.20　焊缝的施焊位置

(a)俯焊；(b)立焊；(c)横焊；(d)仰焊

5. *焊缝符号及标注方法*

(1)焊缝符号。在钢结构施工图上，要用焊缝代号标明焊缝形式、尺寸和辅助要求。焊缝符号主要是由指引线和基本符号组成，必要时可加上辅助符号、补充符号和焊缝尺寸符号。基本符号是表示焊缝横截面形状的符号；辅助符号是表示焊缝表面形状特征的符号；补充符号是为了补充说明焊缝的某些特征而采用的符号。

指引线一般由箭头线和两条基准线(一条为实线，另一条为虚线)所组成。基准线的虚线可以画在基准实线的上侧或下侧。基准线一般应与图纸的底边相平行，特殊情况也可与底边相垂直。对有坡口的焊缝，箭头线应指向带坡口的一侧，必要时允许箭头线弯折一次，箭头指引线一般与水平方向成 30°、45°和 60°角。

基本符号表示焊缝的截面形状。如角焊缝用◺表示，V 形焊缝用 V 表示。基本符号的线条宜粗于指引线，常用的一些基本符号见表 11.1。

表 11.1　常用焊缝的基本符号

名称	封底焊缝	对接焊缝					角焊缝	塞焊缝与槽焊缝	点焊缝
		I形焊缝	V形焊缝	单边V形焊缝	带钝边的V形焊缝	带钝边的U形焊缝			
符号	◡	ǁ	V	ⅴ	Y	Ƴ	◺	⊓	○
注：单边 V 形与角焊缝的竖边画在符号的左边。									

基本符号相对于基准线的相对位置是：①当引出线的箭头指向焊缝所在的一面时，应将焊缝符号及尺寸符号标注在基准线的实线上；②当箭头指向对应焊缝所在的另一面时，应将焊缝符号及尺寸标注在基准线的虚线上；③若为双面对称焊缝，基准线可不加虚线。箭头线相对焊缝的位置一般无特殊要求。对有坡口的焊缝，箭头线应指向带坡口的一侧。具体如图 11.21 所示。

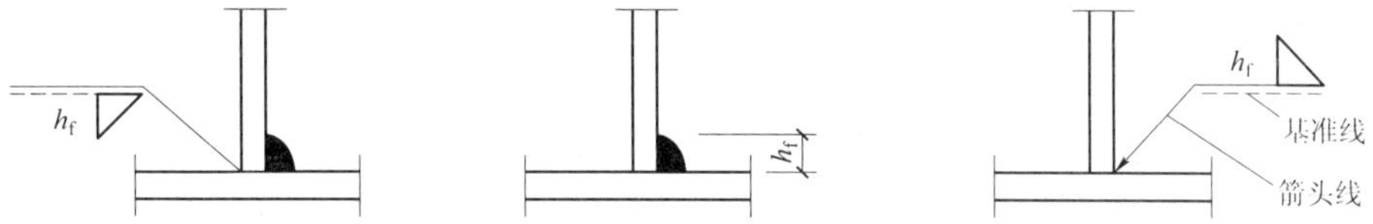

图 11.21　指引线的画法

辅助符号用以表示焊缝表面形状特征，如对接焊缝表面余高部分需要加工，使之与焊件表面平齐，则需在基本符号上加一短画，此短画即为辅助符号。补充符号是为了补充说明焊缝的某些特征而采用的符号，如带有垫板、三面或四面围焊及工地施焊等。钢结构中常用的辅助符号和补充符号，摘录于表 11.2。

表 11.2　焊缝符号中的辅助符号和补充符号

	名称	示意图	符号	示例
辅助符号	平面符号		—	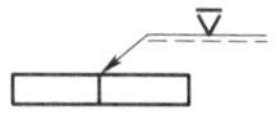
	凹面符号	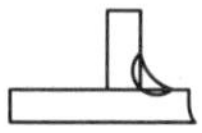	⌣	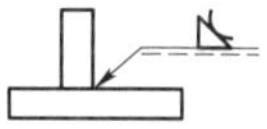
补充符号	三面焊缝符号	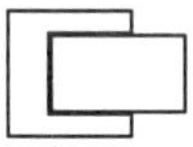	⊏	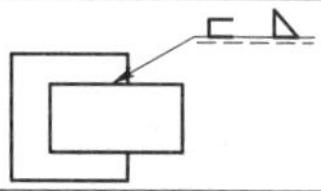
	周边焊缝符号	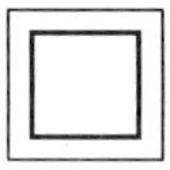	○	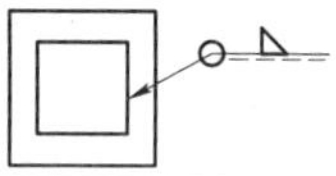
	工地现场焊符号			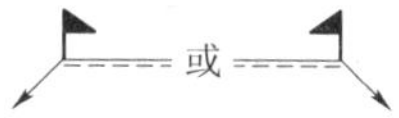
	焊缝底都是有垫板的符号		▭	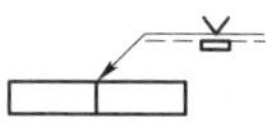
	尾部符号		<	
线符号	正面焊缝			
	背面焊缝			
	安装焊缝			

(2)标注方法。

1)相同焊缝的表示方法(图 11.22)。在同一图形上，当焊缝形式、断面尺寸和辅助要求均相同时，可只选择一处标注焊缝的符号和尺寸，并加注“相同焊缝符号”。

在同一图形上，当有数种相同的焊缝时，可将焊缝分类编号标注。在同一类焊缝中，选择一处标注焊缝符号和尺寸，分类编号采用大写的拉丁字母 A、B、C…。

2)熔透角焊缝的表示。熔透角焊缝的符号应按图 11.23 方式标注，熔透角焊缝的符号为涂黑的圆圈，绘在引出线的转折处。

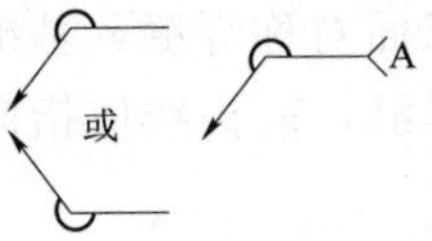

图 11.22　相同焊缝的表示方法

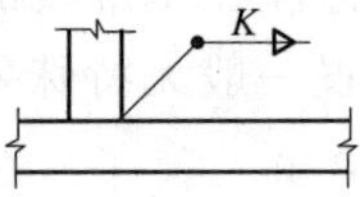

图 11.23　熔透角焊缝的标注方法

3)局部焊缝的表示。局部焊缝按图 11.24 方式标注。

4)较长焊缝的表示。图样中较长的角焊缝(如焊接实腹钢梁的翼缘焊缝)，可不用引出线标注，而直接在角焊缝旁标注焊缝高度 K 值，如图 11.25 所示。

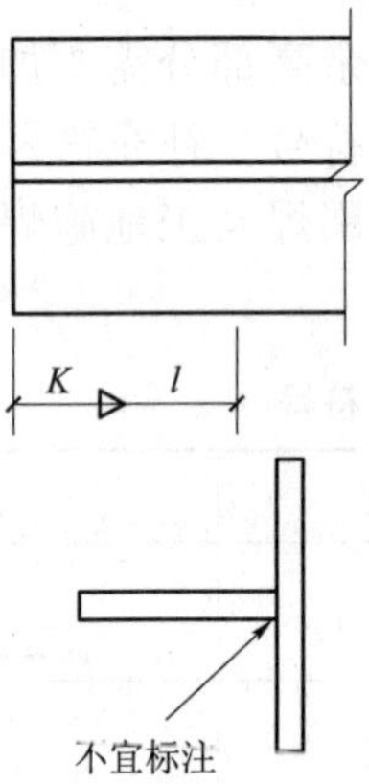

图 11.24　局部焊缝的标注方法

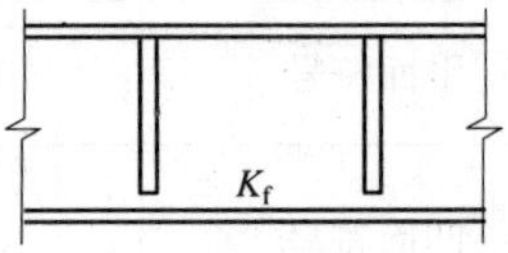

图 11.25　较长焊缝的标注方法

6. 对接焊缝连接

对接焊缝按是否焊透划分，可分为焊透和部分焊透两种，后者性能较差，一般只用于板件较厚且内力较小或不受力的情况。以下只讲述焊透的对接焊缝连接的计算和构造。

(1)对接焊缝的构造要求。对接焊缝中，常在待焊板边缘加工成各种形式的坡口，以保证能将焊缝焊透。按坡口形式，分为 I 形缝、V 形缝、带钝边单边 V 形缝、带钝边 V 形缝(也叫作 Y 形缝)、带钝边 U 形缝、带钝边双单边 V 形缝(K 形缝)和双 Y 形缝(X 形缝)等(图 11.26)。

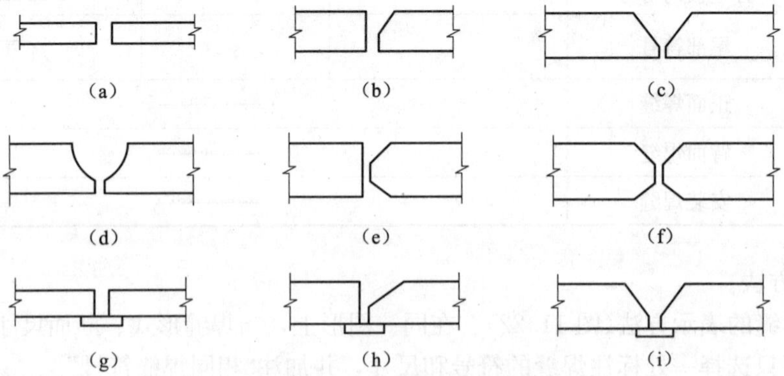

图 11.26　对接焊缝坡口形式

(a)I 形缝；(b)带钝边单边 V 形缝；(c)Y 形缝；(d)带钝边 U 缝；(e)带钝边双单边 V 形缝；(f)双 Y 形缝；(g)、(h)、(i)加垫板的 I 形、带钝边单边 V 形和 Y 形缝

当用手工焊时，板件较薄(约 $t \leqslant 6$ mm)时可用 I 形坡口，即不开破口，只在板边间留适当的对接间隙即可。当焊件厚度 t 很小($t \leqslant 10$ mm)，可采用有斜坡口的带钝边单边 V 形缝，以便在斜坡口和焊缝根部形成一个焊条能够运转的施焊空间，使焊缝易于焊透。对于较厚的焊件($t > 20$ mm)，应采用带钝边 U 形缝或带钝边双单边 V 形缝，或双 Y 形缝。对于 Y 形缝和带钝边 U 形缝的根部，还需要清除焊根并进行补焊。对于没有条件清根或补焊的根部，要事先加垫板[图 11.26 中的(g)、(h)、(i)]，以保证焊透。

在钢板宽度或厚度有变化的连接中，为了减少应力集中，应从板的一侧或两侧做成坡度不大于 1∶2.5 的斜坡(图 11.27)，形成平缓过渡；对承受动荷载的构件可改为不大于 1∶4 的坡度过渡。如板厚度相差不大于 4 mm，可不做斜坡。焊缝的计算厚度取较薄板的厚度。

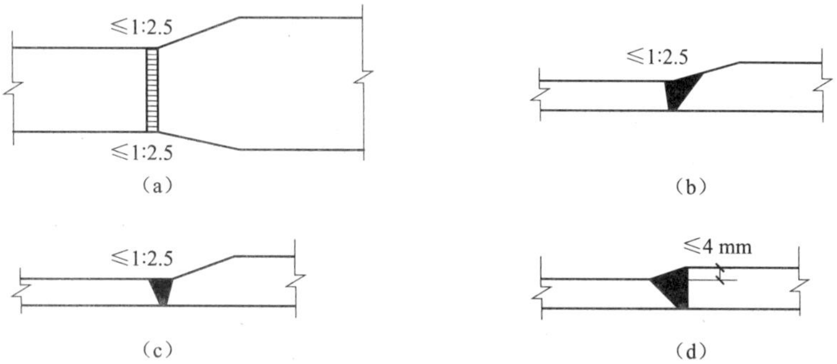

图 11.27　不同宽度和厚度的钢板拼接

(a)钢板宽度不同；(b)、(c)钢板厚度不同；(d)不做斜坡

一般情况下，每条焊缝的两端常因焊接时起弧、灭弧的影响而较易出现弧坑、未熔透等缺陷，常称为焊口，容易引起应力集中，对受力不利。因此，对接焊缝焊接时应在两端设置引弧板(图 11.28)。引弧板的钢材和坡口因与焊件相同，长度≥60 mm(手工焊)、150 mm(自动焊)。焊毕用气割将引弧板切除，并将板边沿受力方向修磨平整。只在受条件限制、无法放置引弧板时，才允许不用引弧板焊接。

在 T 形或角接接头中，以及对接接头一边板件不便开坡口时，可采用单边 V 形、单边 U 形或 K 形开口。受装配条件限制，当板缝较大时，可采用上述各种坡口，但焊接时需在下面加垫板。对于焊透的 T 形连接焊缝，其构造要求如图 11.29 所示。

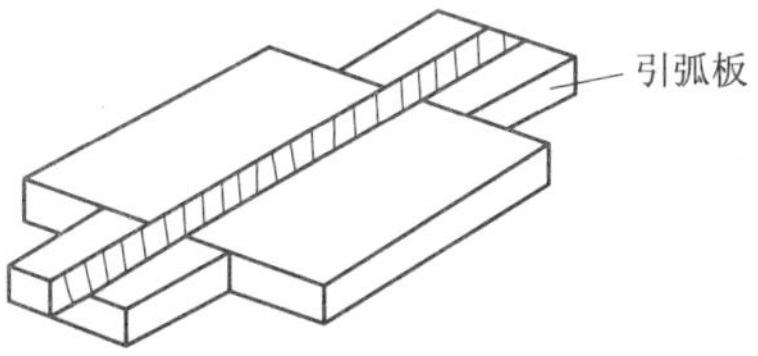

图 11.28　引弧板

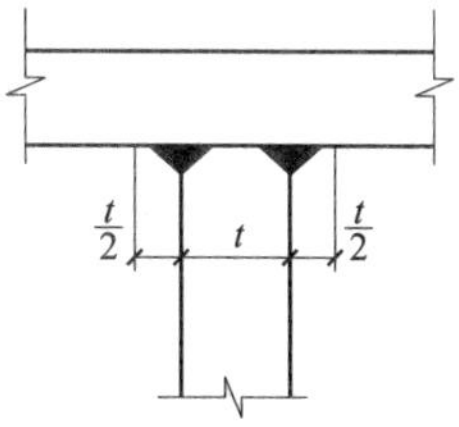

图 11.29　焊透的 T 形连接焊缝

(2)对接焊缝的计算。对接焊缝的应力分布情况，基本上与焊件原来的情况相同，可用计算焊件的方法进行计算。对于重要的构件，按一、二级标准检验焊缝质量，焊缝和构件强度相同，不必另行计算。

1)轴心受力的对接焊缝(图 11.30)。对接焊缝承受轴心拉力或压力 N(设计值)时，按下式计算其强度：

$$\sigma=N/l_{w}t\leqslant f_{t}^{w}\text{或 }f_{c}^{w} \tag{11-2}$$

式中　N——轴心拉力或压力设计值；

l_w——焊缝计算长度，当采用引弧板时，取焊缝实际长度；当未采用引弧板时，每条焊缝取实际长度减去 $2t$；

t——在对接接头中为被连接两钢板的较小厚度，在 T 形或角接接头中为对接焊缝所在面钢板的厚度；

f_t^w、f_c^w——对接焊缝的抗拉、抗压强度设计值，抗压焊缝和一、二级抗拉焊缝同母材，三级抗拉焊缝为母材的 85%。

当正缝连接的强度低于焊件的强度时，为了提高连接的承载能力，可改用斜缝；但用斜缝时，焊件较费材料。当斜缝和作用力间的夹角 θ 符合 $\tan\theta\leqslant1.5$ 时，可不计算焊缝强度。

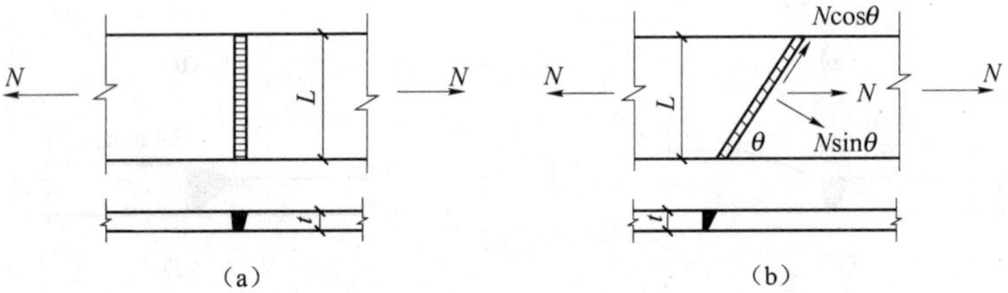

图 11.30　轴心力作用下对接焊缝连接

(a)正缝；(b)斜缝

2)受弯、受剪的对接焊缝计算。矩形截面的对接焊缝，其正应力与剪应力的分布情况分别为三角形与抛物线形(图 11.31)，应分别按式(11-3)、式(11-4)计算正应力和剪应力。

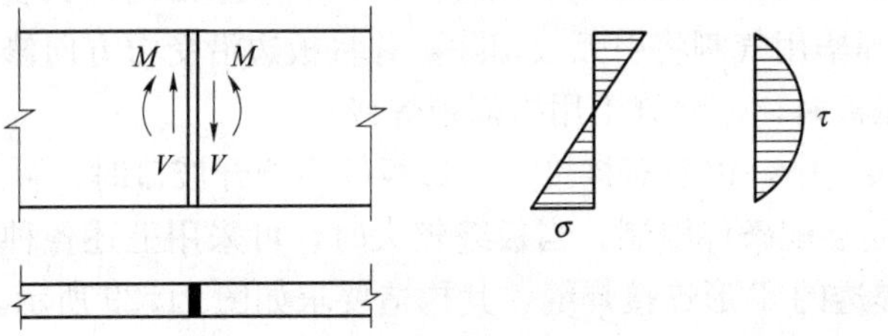

图 11.31　受弯受剪的对接连接

$$\sigma=\frac{M}{W_w}\leqslant f_t^w \tag{11-3}$$

$$\tau=\frac{VS_w}{I_w t}\leqslant f_v^w \tag{11-4}$$

式中　W_w——焊缝截面的截面模量；

I_w——焊缝截面对其中和轴的惯性矩；

S_w——焊缝截面在计算剪力处以上部分对中和轴的面积矩；

f_v^w——对接焊缝的抗剪强度，由附表 14-2 查询。

工字形、箱形、T 形等构件，在腹板与翼缘交接处(图 11.32)，焊缝截面同时受有较大

的正应力 σ_1 和较大的剪应力 τ_1。对此类截面构件，除应分别按照式(11-3)和式(11-4)验算焊缝截面最大正应力和剪应力外，还应按下式验算折算应力：

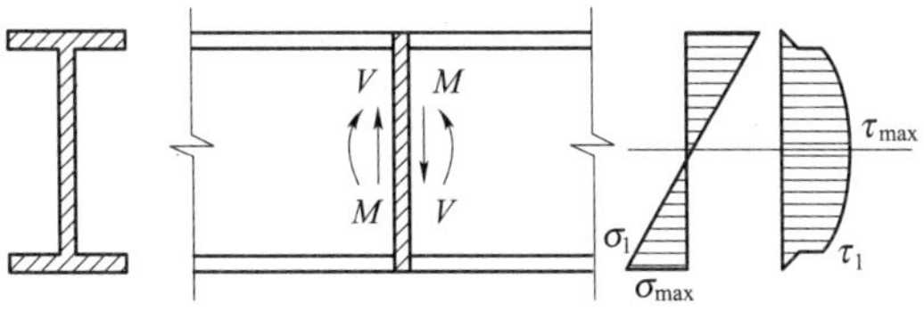

图 11.32　受弯剪的工字形截面的对接焊缝

$$\sqrt{\sigma_1^2+3\tau_1^2}\leqslant 1.1f_t^{w} \tag{11-5}$$

式中　σ_1、τ_1——验算点处(腹板、翼缘交接点)焊缝截面正应力和剪应力。

另外，当焊缝质量为一、二级时，可不必计算。

3)轴力、弯矩、剪力共同作用时，对接焊缝的最大正应力应为轴力和弯矩引起的应力之和，剪应力按式(11-4)验算，折算应力仍按式(11-5)验算。

4)部分焊透的对接焊缝。在钢结构设计中，当遇到板件较厚，而板件之间连接受力较小的情况时，可以采用不焊透的对接焊缝(图 11.33)。例如：当用四块较厚的钢板焊成的箱形截面轴心受压柱时，由于焊缝主要起联系作用，就可以用不焊透的坡口焊缝[图 11.33(f)]。在此情况下，采用焊透的坡口焊缝并非必要，而采用角焊缝则外形不能平整，都不如采用未焊透的坡口焊缝为好。

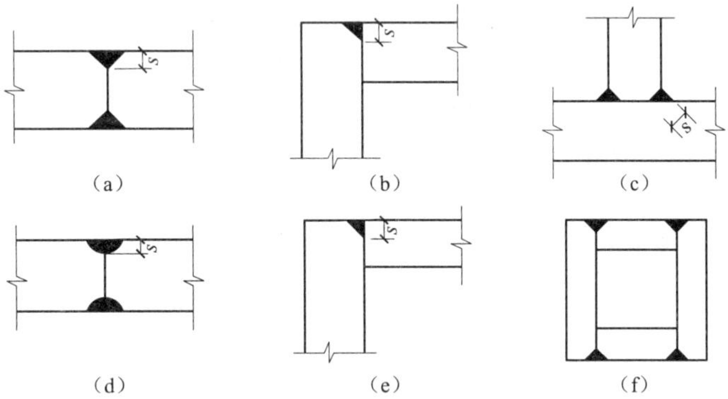

图 11.33　部分未焊透的对接焊缝

(a)、(b)、(c)V 形坡口；(d)U 形坡口；(e)J 形坡口；(f)焊缝只起联系作用的坡口焊缝

当垂直于焊缝长度方向受力时，因部分焊透处的应力集中带来的不利影响，对于直接承受动力荷载的连接不宜采用；但当平行于焊缝长度方向受力时，其影响较小，可以采用。

部分焊透的对接焊缝，由于它们未焊透，只起类似于角焊缝的作用，因此，设计中应按角焊缝的计算式(11-5)、式(11-6)和式(11-7)进行，可取 $\beta_f=1.0$，仅在垂直于焊缝长度的压力作用下，则取为 $\beta_f=1.22$。其有效厚度则取为：

V 形坡口，当 $\alpha\geqslant 60°$时，$h_e=s$；

当 $\alpha<60°$时，$h_e=0.75s$；

单边 V 形和 K 形坡口，$\alpha=45°\pm 5°$，$h_e=s-3$；

U 形、J 形坡口，$h_e=s$；

有效厚度 h_e 不得小于 $1.5\sqrt{t}$，t 为坡口所在焊件的较大厚度(单位 mm)。

其中，s 为坡口根部至焊缝表面的最短距离，α 为 V 形坡口的夹角。

当熔合线处截面边长等于或接近于最短距离 s 时，其抗剪强度设计值应按角焊缝的强度设计值乘以 0.9 采用。在垂直于焊缝长度的压力作用下，强度设计值可按焊缝的强度设计值乘以 $\beta_f=1.22$。

【例 11.1】 如图 11.34 所示，两块钢板用对接焊缝连接，承受轴向拉力的设计值为 2 400 kN，钢材为 Q235，焊条为 E55，手工焊，施焊时不设引弧板，试设计该对接焊缝。

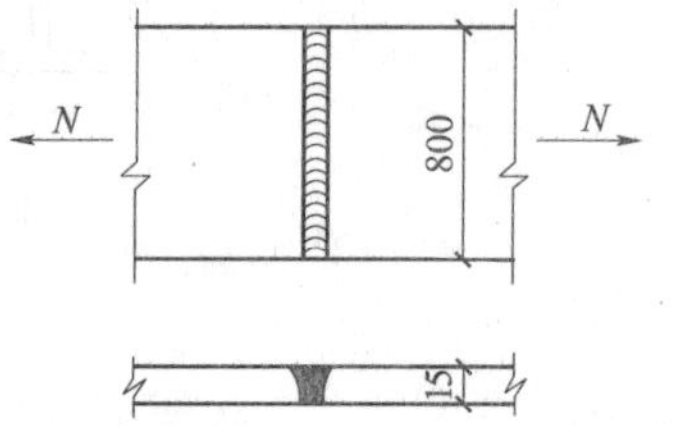

图 11.34 ［例 11.1］附图(单位：mm)

【解】 首先，验算钢板强度，由附表 14.1 查得 Q345 钢 $f=310\ \text{N/mm}^2$，钢板最大抗拉承载力为：

$N_{max}=800\times15\times310=3\ 720\ 000(\text{N})=3\ 720\ \text{kN}>2\ 400\ \text{kN}$，安全。

采用对接焊缝连接，质量等级为三级，由附表 14-2 查得 $f_t^w=265\ \text{N/mm}^2$，焊缝应力为：

$$\sigma=\frac{2\ 400\times10^3}{(800-2\times15)\times12}=259.7(\text{N/mm}^2)<265\ \text{N/mm}^2\text{，安全。}$$

7. 角焊缝的构造与计算

(1)角焊缝的形式。角焊缝按其与外力作用方向的不同可分为平行于力作用方向的侧面角焊缝、垂直于力作用方向的正面角焊缝和与力作用方向斜交的斜向角焊缝三种(图 11.35)。

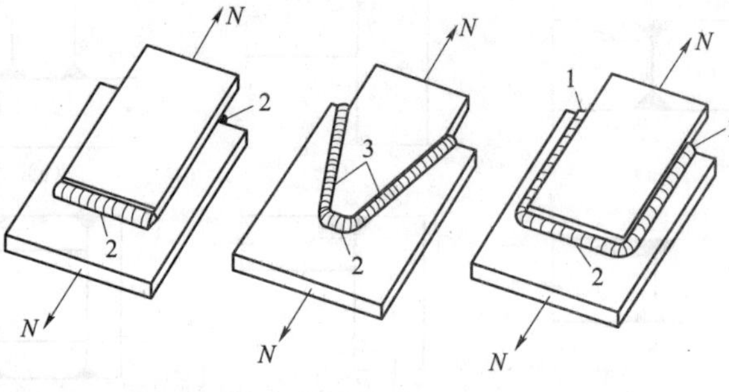

图 11.35 角焊缝的受力形式

1—侧面角焊缝；2—正面角焊缝；3—斜向角焊缝

侧面角焊缝主要承受剪力，应力状态比正面角焊缝简单。在弹性受力阶段，剪应力沿焊缝长度方向呈两端大而中间小的不均匀分布，焊缝越长，越不均匀。但侧面角焊缝的塑性较好，随着受力增大进入弹塑性状态时，剪应力分布将渐趋均匀，破坏时可按沿全长均匀受力考虑，具体如图 11.36(a)所示。

正面角焊缝的应力状态比侧面角焊缝复杂，其破坏强度比侧面角焊缝要高，但塑性变形要差一些。正面角焊缝沿焊缝长度的应力分布比较均匀，两端的应力比中间的应力略低，具体如图 11.36(b)所示。

如图 11.37 所示，角焊缝按其截面形式可分为普通型、平坦型和凹面型三种。一般情况下，可采用普通型角焊缝，但其力线弯折，应力集中程度严重；对于正面角焊缝，可采用平坦型或凹面型角焊缝；对承受直接动力荷载的结构，为使传力平缓，正面角焊缝宜采用平坦型角焊缝，侧缝宜采用凹面型角焊缝。

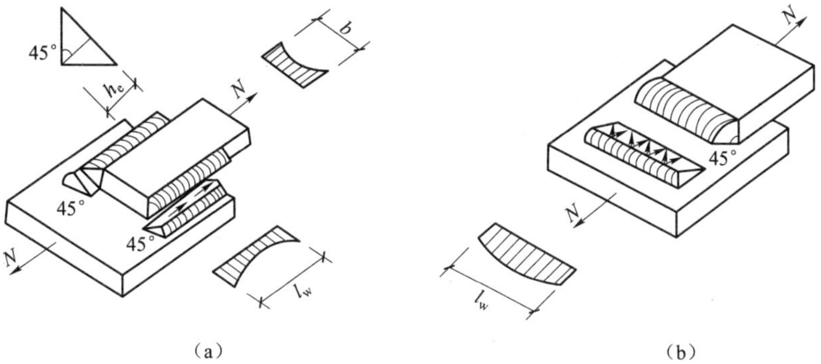

图 11.36　角焊缝应力分布

(a)侧面角焊缝应力分布；(b)正面角焊缝应力分布

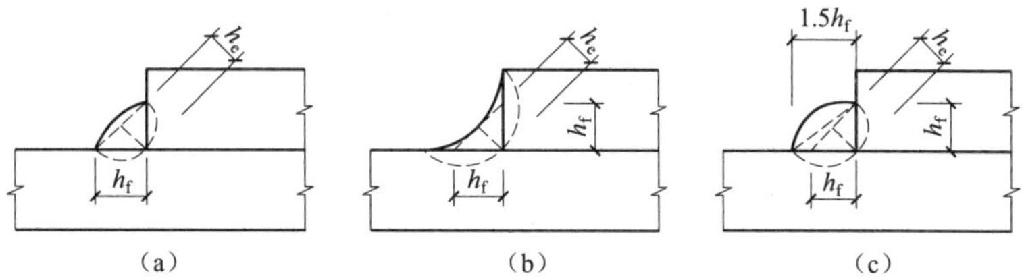

图 11.37　角焊缝的截面形式

(a)普通型；(b)凹面型(c)平坦型

普通型角焊缝截面的两个直角边长 h_f 称为焊脚尺寸。角焊缝两焊脚边的夹角 α 一般为 90°直角角焊缝，[图 11.38(a)、(b)、(c)]。夹角 $\alpha>120°$或 $\alpha<60°$的斜角角焊缝[图 11.38(d)、(e)、(f)]，除钢管结构外，不宜用作受力焊缝。各种角焊缝的焊脚尺寸 h_f 均示于图 11.38。图 11.38 的不等边角焊缝以较小焊脚尺寸为 h_f。

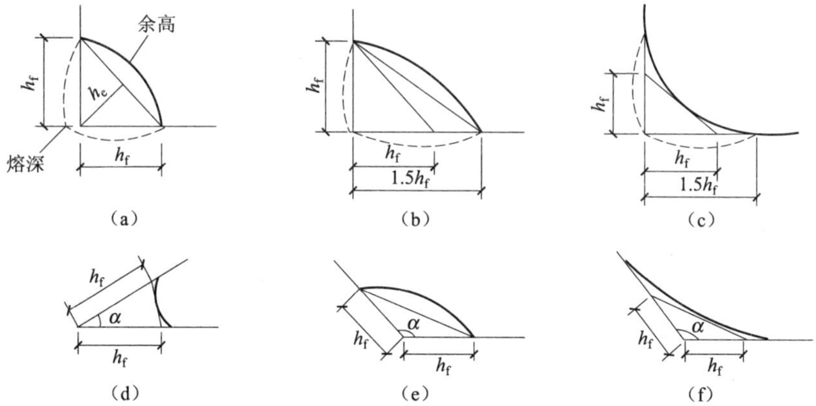

图 11.38　角焊缝的示意图

等边角焊缝的最小截面和两边焊脚成 $\alpha/2$ 角(直角角焊缝为 45°)，该截面称为有效截面(图 11.39 中的 AD 截面)或计算截面。不计余高和熔深，图 11.39 中，h_e 称为角焊缝的有效厚度，$h_e=\cos45°h_f=0.7h$。试验证明，多数角焊缝破坏都发生在这一截面。计算时，假定有效截面上应力均匀分布，且不分抗拉、抗压或抗剪，都采用同一强度设计值，用 f_f^w 表示，见附表 14.2。

(2)角焊缝尺寸的构造要求。在直接承受动力荷载的结构中，为了减缓应力集中，角焊缝表面应做成直线形或凹形[图 11.38(c)、(d)]。焊缝直角边的比例：对正面角焊缝可为 1∶1.5[图 11.38(b)]，侧面角焊缝可为 1∶1[图 11.38(a)]。

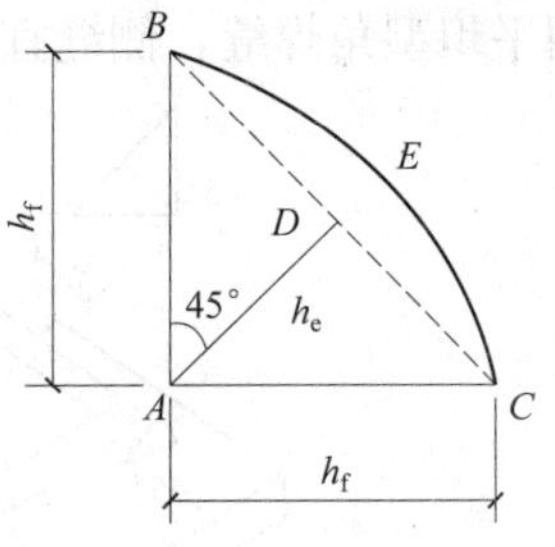

图 11.39　角焊缝截面

角焊缝的焊脚尺寸 h_f 不应过小，以保证焊缝的最小承载能力，并防止焊缝因冷却过快而产生裂纹。焊缝的冷却速度和焊件的厚度有关，焊件越厚则焊缝冷却越快。在焊件刚度较大的情况下，焊缝也容易产生裂纹。因此，《钢结构设计规范》(GB 50017—2003)规定：角焊缝的焊脚尺寸 h_f 不得小于$1.5\sqrt{t}$，t 为较厚焊件厚度；对自动焊，最小焊脚尺寸则减小 1 mm；对 T 形连接的单面角焊缝，应增加 1 mm；当焊件厚度小于 4 mm 时，则取与焊件厚度相同。

角焊缝的焊脚尺寸如果太大，则焊缝收缩时将产生较大的焊接变形，焊接热影响区扩大，容易产生脆裂，较薄焊件容易烧穿。因此，《钢结构设计规范》(GB 50017—2003)规定：角焊缝的焊脚尺寸不宜大于较薄焊件厚度的 1.2 倍[图 11.40(a)]。但板件(厚度为 t)的边缘焊缝的焊脚尺寸 h_f，还应符合下列要求：

当 $t \leqslant 6$ mm 时，$h_f \leqslant t$[图 11.40(b)]；

当 $t > 6$ mm 时，$h_f \leqslant t-(1\sim2)$mm[图 11.40(b)]。

当两焊件厚度相差悬殊，用等焊脚尺寸无法满足最大、最小焊缝厚度要求时，可用不等焊脚尺寸，按满足图 11.38(b)所示要求采用。

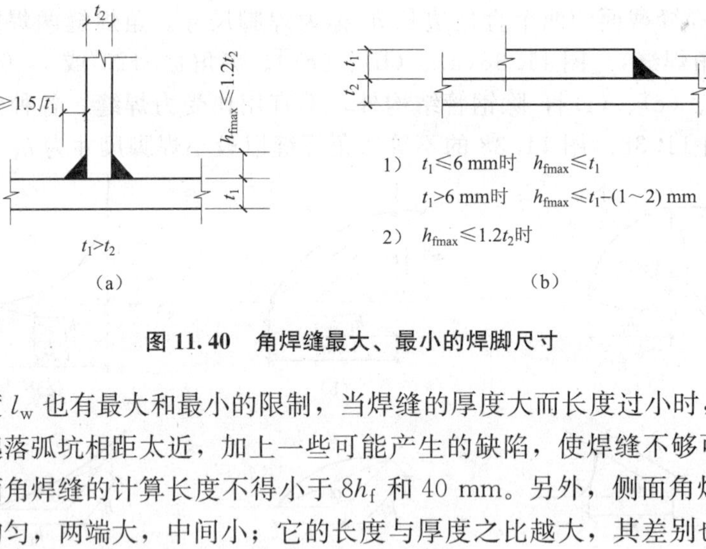

图 11.40　角焊缝最大、最小的焊脚尺寸

角焊缝长度 l_w 也有最大和最小的限制，当焊缝的厚度大而长度过小时，会使焊件局部加热严重，且起落弧坑相距太近，加上一些可能产生的缺陷，使焊缝不够可靠。因此，侧面角焊缝或正面角焊缝的计算长度不得小于 $8h_f$ 和 40 mm。另外，侧面角焊缝的应力沿其长度分布并不均匀，两端大，中间小；它的长度与厚度之比越大，其差别也就越大；当此比值过大时，焊缝端部应力就会先达到极值而开裂。此时，中部焊缝还未充分发挥其承载能力。因此，侧面角焊缝的计算长度，不宜大于 $60h_f$。如大于上述数值，其超过部分在计算中不予考虑。但内力若沿侧面角焊缝全长分布，其计算长度不受此限制。

当板件仅用两条侧焊缝连接时，为了避免应力传递的过分弯折而使板件应力过分不均，宜使 $l_w \geqslant b$(图 11.36)，同时为了避免因焊缝横向收缩时引起板件拱曲太大，宜使 $b \leqslant 16t$($t > 12$ mm)或 200 mm($t \leqslant 12$ mm)，t 为较薄焊件厚度。当 b 不满足此规定时，应加正面角焊缝，或加槽焊或塞焊。

搭接连接不能只用一条正面角焊缝传力，并且搭接长度不得小于焊件较小厚度的 5 倍，同时不得小于 25 mm。

杆件与节点板的连接焊接(图 11.43)，一般采用两面侧焊，也可采用三面围焊，对角钢杆件也可用 L 形围焊(图 11.43c)，所有围焊的转角处必须连续施焊。当焊缝的端部在构件转角处时，可连续的作长度为 $2h_f$ 的绕角焊，以免起落弧在焊口处的缺陷发生在应力集中较大的转角处，从而改善连接的工作。

(3)角焊缝的计算。

1)受轴心力焊件的拼接板连接。当焊件受轴心力作用时，且轴力通过连接焊缝群形心时，焊缝有效截面上的应力可认为是均匀分布的。用拼接板将两焊件连成整体，需要计算拼接板和连接一侧角焊缝的强度。

①图 11.41(a)所示的矩形拼接板，侧面角焊缝连接。此时，作用力与焊缝长度方向平行，可按式(11-6)计算：

$$\tau_f = \frac{N}{h_e \sum l_w} \leqslant f_f^w \tag{11-6}$$

式中 τ_f——按焊缝计算截面计算，平行于焊缝长度方向的剪应力；

f_f^w——角焊缝的强度设计值，见附录中附表 14.2；

h_e——角焊缝的有效厚度；

$\sum l_w$——连接一侧角焊缝的计算长度总和。

②图 11.41(b)所示为矩形拼接板，正面角焊缝连接。此时，外力作用的方向与焊缝长度方向垂直，可按(11-7)式计算：

$$\sigma_f = \frac{N}{h_e \sum l_w} \leqslant \beta_f f_f^w \tag{11-7a}$$

式中 σ_f——按焊缝计算截面计算，垂直于焊缝长度方向的应力；

β_f——正面角焊缝的强度设计值提高系数，对承受静力或间接动力荷载的结构取 $\beta_f=1.22$；对直接承受动力荷载的结构取 $\beta_f=1.0$。

③图 11.41(c)所示为矩形拼接板，三面围焊。可先按(11-7)计算正面角焊缝所承担的内力 N_1，再由 $N-N_1$ 按式(11-6)计算侧面角焊缝。

如三面围焊受直接动力荷载，由于 $\beta_f=1.0$，则按轴力由连接一侧角焊缝有效截面面积平均承担计算。

$$\frac{N}{h_e \sum l_w} \leqslant f_f^w \tag{11-7b}$$

④斜焊缝或作用力与长度方向斜交成 θ 的角焊缝

首先将外力分解到与焊缝平行和垂直的两个方向，分别算出各方向的应力，再按下式进行计算。

$$\sqrt{\left(\frac{N\sin\theta}{\beta_f h_f l_w}\right)^2 + \left(\frac{N\cos\theta}{h_f l_w}\right)^2} \leqslant f_f^w \tag{11-8}$$

对于承受静力和间接动力荷载的情况，若将 $\beta_f=1.22$ 和 $\cos^2\theta=1-\sin^2\theta$ 代入式(11-8)，整理后，可得：

$$\frac{N}{h_f \sum l_w}\sqrt{1-\frac{1}{3}\sin^2\theta} \leqslant f_f^w \tag{11-9}$$

取

$$\beta_{f,o}=\sqrt{1-\frac{1}{3}\sin^2\theta} \tag{11-10}$$

则为：

$$\frac{N}{h_f\sum l_w}\leqslant \beta_{f,o}f_f^w \tag{11-11}$$

式中 $\beta_{f,o}$——斜向角焊缝强度设计值提高系数，对承受静力或间接承受动力荷载的结构，按式(11-10)计算；对直接承受动力荷载的结构取 $\beta_{f,o}=1.0$；

θ——轴心力与焊缝长度方向的夹角。

⑤为使传力线平缓过渡，减小矩形拼接板转角处的应力集中，可改用菱形拼接板，此时焊缝由侧面、正面和斜向三种角焊缝组成的周围焊缝，如图 11.41(d)所示。假设破坏时各部分角焊缝都同时达到各自的极限强度，则可按下式计算：

$$\frac{N}{\sum \beta_{f,o}h_e l_w}\leqslant f_f^w \tag{11-12}$$

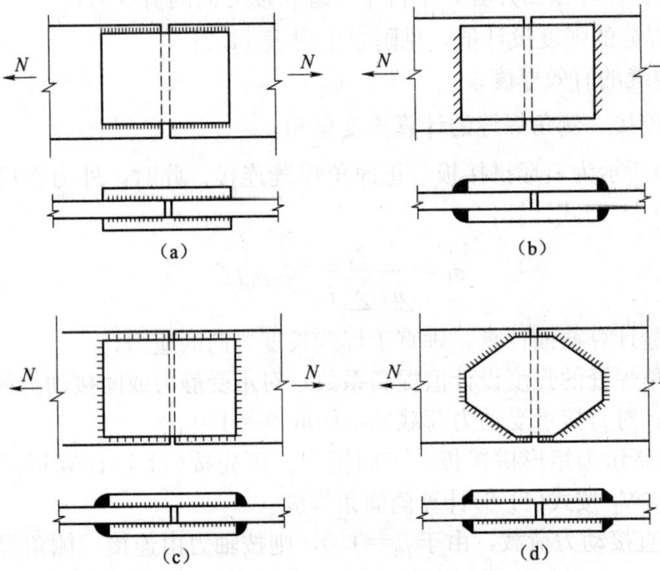

图 11.41　轴心力作用下角焊缝的连接

(a)矩形拼接板侧焊缝连接；(b)矩形拼接板正面角焊缝连接；

(c)矩形拼接板三面围焊连接；(d)菱形拼接板围焊连接

【例 11.2】 试设计图 11.42 所示一双盖板的对接接头。已知钢板截面为 250×15，盖板截面为 2－200×11，承受轴心力设计值 900 kN(静力荷载)，钢材为 Q235，焊条 E43 型，手工焊。

【解】 确定角焊缝的焊脚尺寸 h_f：

取　$h_f=10\text{ mm}\leqslant h_{f,max}=t-(1\sim2)=11-(1\sim2)=9\sim10\text{ mm}$

$\leqslant 1.2t_{min}=1.2\times11=13(\text{mm})$

$>h_{f,min}=1.5\sqrt{t_{max}}=1.5\times\sqrt{14}=5.8(\text{mm})$

由附录附表 14.2 查得角焊缝强度设计值 $f_f^w=160\text{ N/mm}^2$。

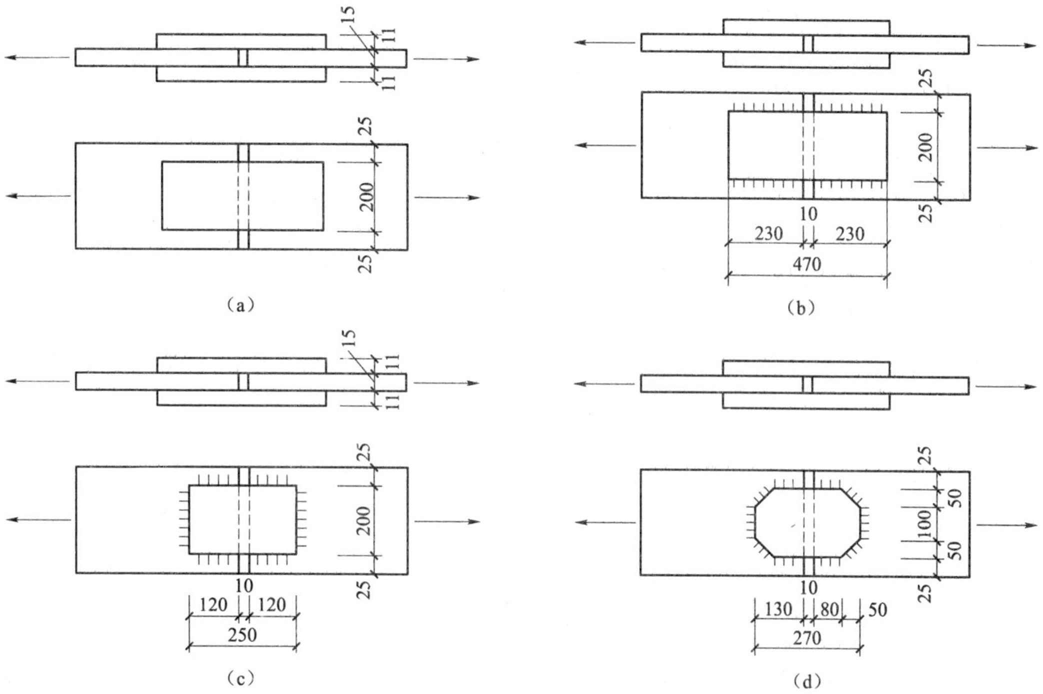

图 11.42 【例 11.2】附图

(1)采用侧面角焊缝[图 11.42(b)]。因用双盖板，接头一侧共有 4 条焊缝，每条焊缝所需的计算长度为：

$$l_w=\frac{N}{4h_e f_f^w}=\frac{900\times10^3}{4\times0.7\times10\times160}=200.9(\text{mm})\text{取 } l_w=210\ \text{mm}$$

盖板总长：$L=(210+2\times10)\times2+10=470(\text{mm})$

$$l_w=210\ \text{mm}<60h_f=60\times8=480(\text{mm})$$

$$>8h_f=8\times8=64(\text{mm})$$

$$>b=200\ \text{mm}$$

且 $b=200\ \text{mm}=200\ \text{mm}$ 满足构造要求。

(2)采用三面围焊[图 11.42(c)]。正面角焊缝所能承受的内力 N' 为：

$$N'=2\times0.7h_f l'_w \beta_f f_f^w=2\times0.7\times8\times200\times1.22\times160=437\ 284(\text{N})$$

接头一侧所需侧焊缝的计算长度为：

$$l'_w=\frac{N-N'}{4h_e f_f^w}=\frac{900\ 000-437\ 248}{4\times0.7\times10\times160}=103.3(\text{mm})\text{取 }110\ \text{mm。}$$

盖板总长：$L=(110+10)\times2+10=250(\text{mm})$取 250 mm。

(3)采用菱形盖板[图 11.42(d)]。为使传力较平顺或减小拼接盖板四角焊缝的应力集中，可将拼接盖板做成菱形。连接焊缝由三部分组成，取：①两条端缝 $l_{w1}=100$ mm；②四条侧缝 $l_{w2}=80-10=70(\text{mm})$；③四条斜缝 $l_{w3}=\sqrt{50^2+50^2}=71$ mm。其承载能力分别为：

$$N_1=\beta_f h_e\sum l_w f_f^w=1.22\times0.7\times10\times2\times100\times160=273\ 280(\text{N})$$

$$N_2=h_e\sum l_w f_f^w=0.7\times10\times70\times4\times160=313\ 600(\text{N})$$

斜焊缝因 $\theta=45°$，$\beta_{f,o}=\sqrt{1-\frac{1}{3}\sin^2 45°}=1.1$，则

$$N_3=h_e\sum l_w\beta_{f,o}f_f^w=0.7\times10\times4\times71\times1.1\times160=349\ 888(\text{N})$$

连接一侧功能承受的内力为：$N_1+N_2+N_3=936\ 768(\text{N})>900\ \text{kN}$

所需拼接盖板总长：$L=(50+80)\times2+10=270(\text{mm})$，比采用三面围焊的矩形盖板的长度有所增加。

2)受轴心力角钢的连接。

①当用侧面角焊缝连接角钢时，虽然轴心力通过角钢的形心，但肢背焊缝和肢尖焊缝到形心的距离 $e_1\neq e_2$，受力大小不相等。设肢背焊缝受力为 N_1，肢尖焊缝受力为 N_2，由平衡条件得：

$$N_1=\frac{e_2}{e_1+e_2}N=K_1N \tag{11-13}$$

$$N_2=\frac{e_1}{e_1+e_2}N=K_2N \tag{11-14}$$

式中　K_1、K_2——焊缝内力分配系数，可按表 11.3 查得。

表 11.3　角钢角焊缝的内力分配系数

连接情况	连接形式	分配系数	
		K_1	K_2
等肢角钢一肢连线	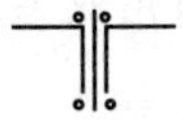	0.7	0.3
不等肢角钢短肢连接	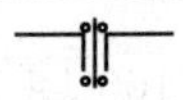	0.75	0.25
不等肢角钢长肢连接		0.65	0.35

②当采用三面围焊时，如图 11.43(b)所示，可选定正面角焊缝的焊脚尺寸 h_f，并算出它所能承担的内力 $N_3=0.7h_f\sum l_{w3}\beta_f f_f^w$，再通过平衡关系，可以解得 N_1、N_2，再按式(11-13)、式(11-14)计算出侧面角焊缝。

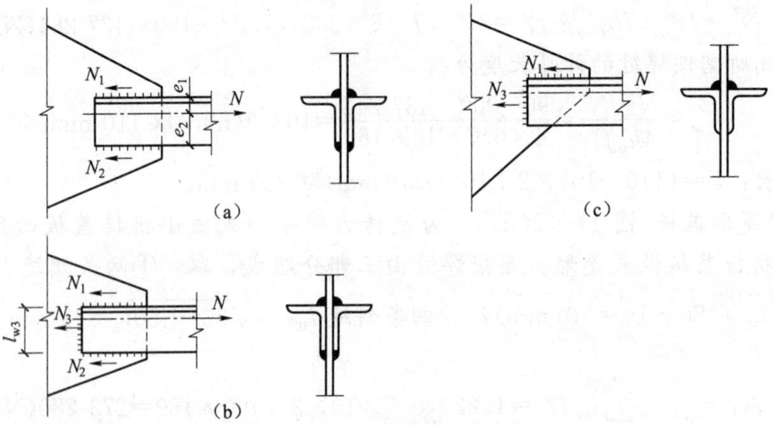

图 11.43　角钢角焊缝上受力分配

(a)两面侧焊；(b)三面围焊；(c)L形焊

对于如图 11.43(c)所示 L 形的角焊缝，同理求得 N_3 后，可得 $N_1=N-N_3$，求得 N_1 后，也可按式(11-6)计算侧面角焊缝。

【例 11.3】 在图 11.44 所示的角钢和节点板采用两边侧焊缝的连接中，$N=850$ kN(静力荷载，设计值)，角钢为 2L125×10，节点板厚度 $t_1=15$ mm，钢材为 Q235A·F，焊条为 E43 系列型，手工焊。试确定所需角焊缝的焊脚尺寸 h_f 和实际长度。

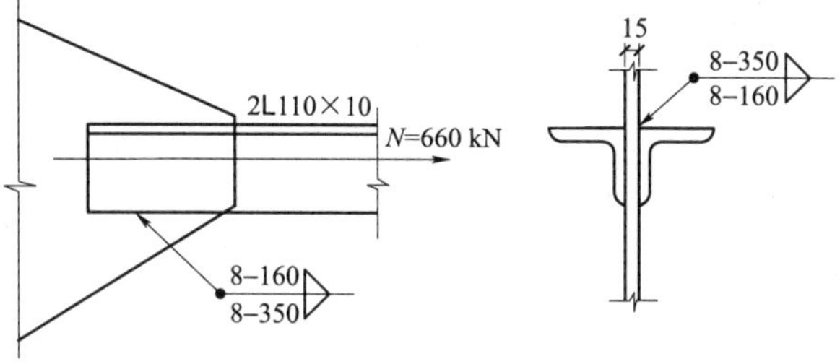

图 11.44 【例 12-3】附图

【解】 角焊缝的强度设计值 $f_f^w=160\ \text{N/mm}^2$

最小焊脚尺寸 h_f：$h_f>1.5\sqrt{t}=1.5\sqrt{15}=5.8$(mm)

角钢肢尖处最大 h_f：$h_f\leqslant t-(1\sim2)=10-(1\sim2)=8\sim9$ mm

角钢肢尖和肢背都取 $h_f=8$ mm。

焊缝受力：

$$N_1=K_1N=0.7\times850=595(\text{kN})$$

$$N_2=K_2N=0.3\times850=255(\text{kN})$$

所需焊缝长度：

$$l_{w1}=\frac{N_1}{2h_ef_f^w}=\frac{595\times10^3}{2\times0.7\times8\times160}=332(\text{mm})$$

$$l_{w2}=\frac{N_2}{2h_ef_f^w}=\frac{255\times10^3}{2\times0.7\times8\times160}=142.2(\text{mm})$$

因需增加 $2h_f=2\times8=16$(mm)的焊口长，故：

肢背侧面焊缝的实际长度＝332＋16＝348(mm)，取 350 mm。

肢尖侧面焊缝的实际长度＝142.2＋16＝158(mm)，取 160 mm，如图 11.44 所示。

③弯矩作用下角焊缝计算。当弯矩作用平面与焊缝群所在平面垂直时，焊缝受弯(图 11.45)。弯矩在焊缝有效截面上产生和焊缝长度方向垂直的应力 σ_f，此弯曲应力呈三角形分布，边缘应力最大，图 11.45(b)给出焊缝有效截面，计算公式为：

$$\sigma_f=\frac{M}{W_w}\leqslant\beta_f f_f^w \tag{11-15}$$

式中 W_w——角焊缝有效截面的截面模量。

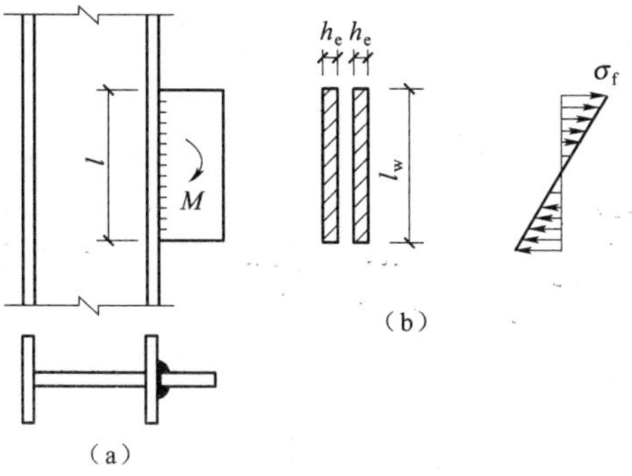

图 11.45 弯矩作用时的角焊缝

④在轴心力、剪力和弯矩共同作用时。如图 11.46 所示，当采用角焊缝连接的 T 形接头，角焊缝受 M、N、V 共同作用时，N 引起垂直焊缝长度方向的应力 σ_f^N，V 引起沿焊缝长度方向的应力 τ_f，M 引起垂直焊缝长度方向按三角形分布的应力 σ_f^M，即：

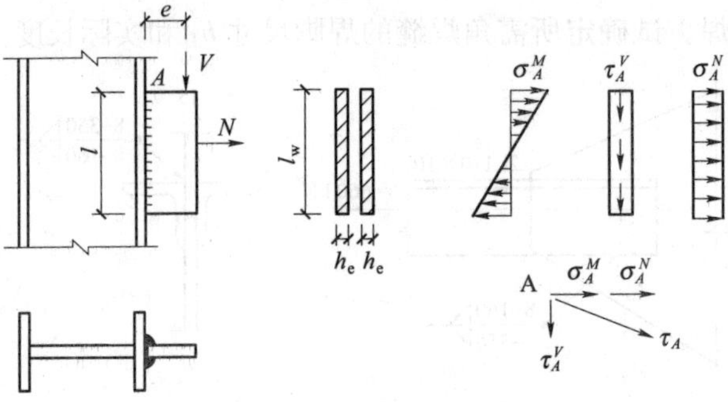

图 11.46 轴心力、剪力和弯矩作用下的角焊缝

$$\sigma_f^N=\frac{N}{h_e l_w} \tag{11-16}$$

$$\sigma_f^M=\frac{M}{W_e} \tag{11-17}$$

$$\tau_f=\frac{V}{h_e l_w} \tag{11-18}$$

且

$$\sigma_f=\sigma_f^N+\sigma_f^M \tag{11-19}$$

则最大应力在焊缝的上端，其验算公式为：

$$\sqrt{\left(\frac{\sigma_f}{\beta_f}\right)^2+\tau_f^2}\leqslant f_f^w \tag{11-20}$$

式中 W_e——角焊缝有效截面的抵抗矩，其余符号意义同前。

8. 焊接残余应力与残余变形

钢结构在焊接过程中，由于焊件局部受到剧烈的温度作用，加热熔化后又冷却凝固，经历了一个不均匀的升温、冷却过程，导致焊件各部分的热胀冷缩不均匀，从而使焊接件产生变形(图 11.47)和内应力，此变形和内应力称为焊接残余变形和焊接残余应力。焊接变形如果超出验收规范的规定，必须加以矫正后才能交付使用。

为减少焊接残余应力和焊接残余变形，既要在设计时做出合理的焊缝构造设计，又要在制造、施工时采取正确的方法和工艺措施。

(1)合理的焊缝设计。为了减少焊缝应力与焊接变形，设计时在构造上要采用一些合理的焊缝设计措施。例如：

1)焊缝的位置要合理，焊缝的布置应尽可能对称于构件的重心，以减小焊接变形。

2)焊缝尺寸要适当，在容许的范围内，可以采用较小的焊脚尺寸，并加大焊缝长度，使需要的焊缝总面积不变，以免因焊脚尺寸过大而引起过大的焊接残余应力。焊缝过厚还可能引起施焊时烧穿、过热等现象。

3)焊缝不宜过分集中。图 11.48(a)中的 a_2 比 a_1 好。

4)应尽量避免三向相交，为此可使次要焊缝中断，主要焊缝连续通过图 11.48(b)。

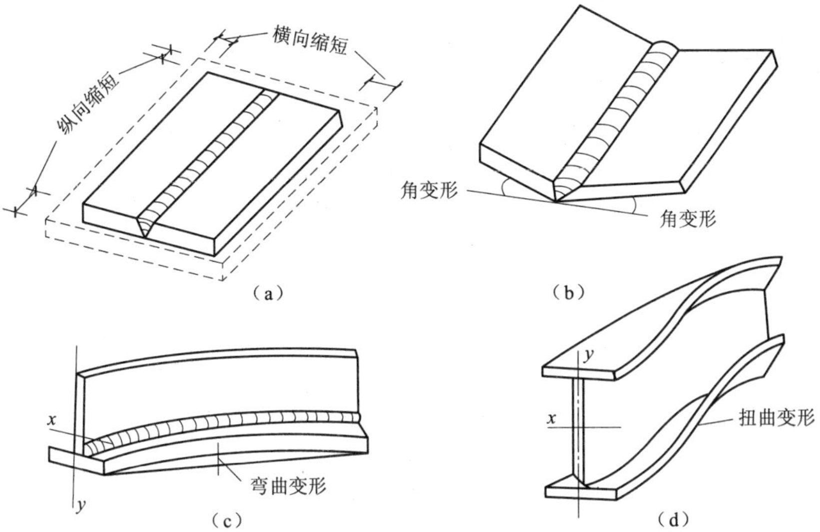

图 11.47　焊接变形的基本形式

(a)纵向缩短和横向缩短；(b)角变形；(c)弯曲变形；(d)扭曲变形

5)要考虑到钢板的分层问题，垂直于板面传递拉力是不合理的，图 11.48(c)中的 c_2 比 c_1 好。

6)要考虑施焊时，焊条是否容易到达。图 11.48(d)中的 d_1 的右侧焊缝很难焊好，而 d_2 则较易焊好。

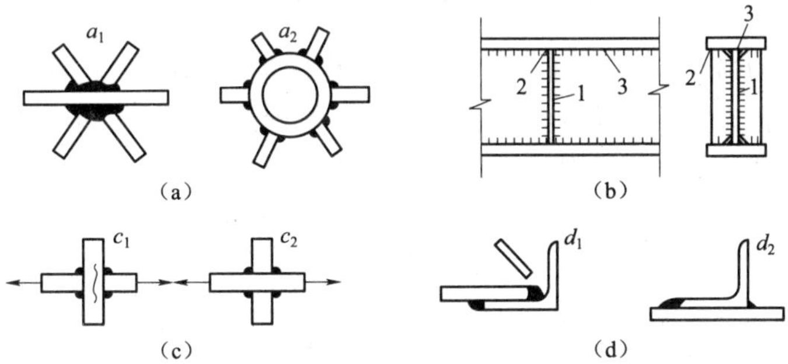

图 11.48　合理的焊缝设计

7)焊缝连接构造要尽可能避免仰焊。

(2)制造、施工时采取的正确方法和工艺措施。

1)采用合理的施焊次序。例如，钢板对接时采用分段退焊，厚焊缝采用分层焊，工字形截面按对角跳焊等(图 11.49)。

2)施焊前给构件以一个和焊接变形相反的预变形，使构件在焊接后产生的焊接变形与之正好抵消。

3)对于小尺寸焊件，在施焊前预热，或施焊后回火，可以消除焊接残余应力。

4)采用机械矫正法消除焊接变形。

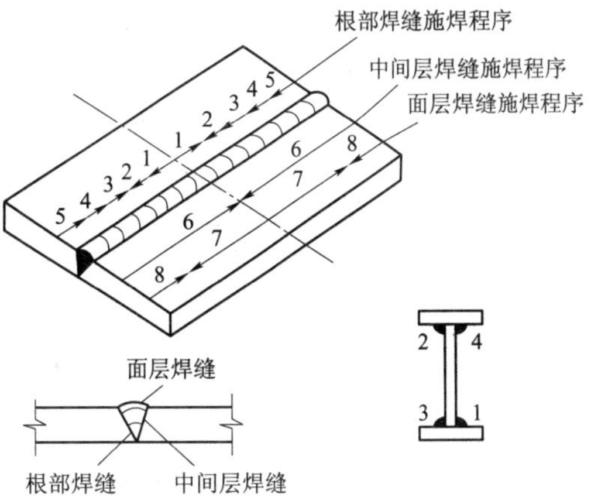

图 11.49　采用合理的焊接顺序减小焊接残余应力

11.3.3 螺栓连接

1. 普通螺栓连接的构造与计算

(1)螺栓的排列和构造要求。螺栓在构件上的排列可以是并列或错列(图 11.50)，排列时应考虑下列要求：

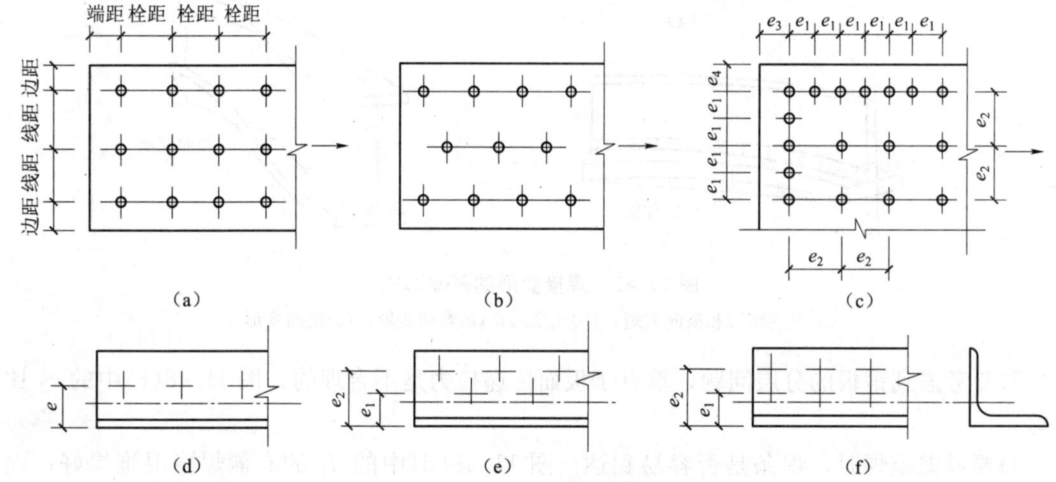

图 11.50 钢板和角钢上的螺栓排列

1)受力要求。为避免钢板端部不被剪断，螺栓的端距不应小于 $2d_0$。d_0 为螺栓孔径。对于受拉构件，各排螺栓的栓距不应过小；否则，螺栓周围应力集中互相影响较大，且对钢板的截面削弱过多，从而降低其承载能力。对于受压杆件，沿作用力方向的栓距不宜过大；否则，在被连接的板件间容易发生凸曲现象。螺栓的容许距离见表 11.4。

2)构造要求。若栓距及线距过大，则构件接触面不够紧密，潮气容易侵入缝隙而发生锈蚀。

3)施工要求。根据以上要求，规范规定螺栓最大和最小间距，如图 11.50 所示和见表 11.4。角钢、普通工字钢、槽钢上螺栓的线距应满足图 11.50、图 11.51 和表 11.4、表 11.5～表 11.7 的要求。

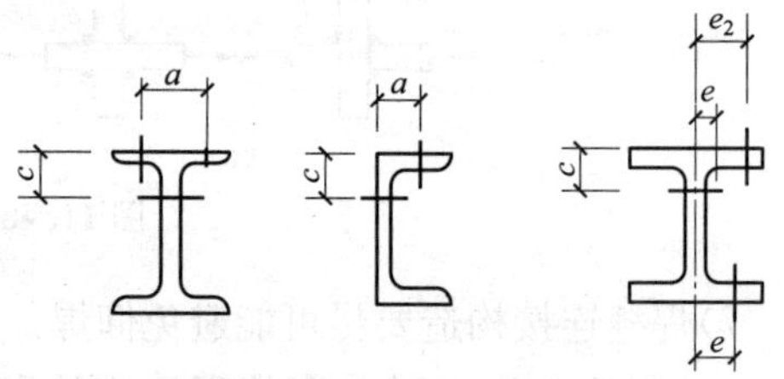

图 11.51 型钢的螺栓排列

表 11.4 螺栓和铆钉的最大、最小容许距离

名称	位置和方向			最大容许距离（取两者的较小值）	最小容许距离
中心间距	任意方向	外排		$8d_0$ 或 $12t$	$3d_0$
		中间排	构件受压力	$12d_0$ 或 $18t$	
			构件受拉力	$16d_0$ 或 $24t$	

续表

名称	位置和方向			最大容许距离（取两者的较小值）	最小容许距离
中心至构件边缘的距离	顺内力方向			$4d_0$ 或 $8t$	$2d_0$
	垂直内力方向	剪切边或手工艺割边			$1.5d_0$
		轧制边、自动气割或锯割边	高强度螺栓		$1.5d_0$
			其他螺栓或铆钉		$1.2d_0$

注：1. d_0 为螺栓孔或铆钉的直径，t 为外层较薄板件的厚度；

2. 钢板边缘与刚性构件（如角钢、槽钢等）相连的螺栓或铆钉的最大间距，可按中间排的数值采用。

表 11.5　角钢上螺栓或铆钉线距表　　mm

单行排列	角钢肢宽	40	45	50	56	63	70	75	80	90	100	110	125
	线距 e	25	25	30	30	35	40	40	45	50	55	60	70
	钉孔最大直径	11.5	13.5	13.5	15.5	17.5	20	22	22	24	24	26	26
双行错列	角钢肢宽	125	140	160	180	200		双行并列	角钢肢宽		160	180	200
	e_1	55	60	70	70	80			e_1		60	70	80
	e_2	90	100	120	140	160			e_2		130	140	160
	钉孔最大直径	24	24	26	26	26			钉孔最大直径		24	24	26

表 11.6　工字钢和槽钢腹板上的螺栓线距表　　mm

工字钢型号	12	14	16	18	20	22	25	28	32	36	40	45	50	56	63
线距 a_{min}	40	45	45	45	50	50	55	60	60	65	70	75	75	75	75
槽钢型号	12	14	16	18	20	22	25	28	32	36	40	—	—	—	—
线距 a_{min}	40	45	50	50	55	55	55	60	65	70	75	—	—	—	—

表 11.7　工字钢和槽钢翼缘上的螺栓线距表　　mm

工字钢型号	12	14	16	18	20	22	25	28	32	36	40	45	50	56	63
线距 a_{min}	40	40	50	55	60	65	65	70	75	80	80	85	90	95	95
槽钢型号	12	14	16	18	20	22	25	28	32	36	40	—	—	—	—
线距 a_{min}	30	35	35	40	40	45	45	45	50	56	60	—	—	—	—

（2）普通螺栓连接受剪、受拉时的工作性能。普通螺栓连接按螺栓受力情况和传力方式，可分为抗剪螺栓、抗拉螺栓和拉剪螺栓连接三种。抗剪螺栓连接是靠螺栓杆受剪和孔壁挤压传力。抗剪螺栓和抗拉螺栓如图 11.52 所示。抗拉螺栓连接是靠沿杆轴线方向受拉传力，拉剪螺栓连接则兼有上述两种传力方式。

1）抗剪螺栓连接。抗剪螺栓连接在受力以后，首先，由构件间的摩擦力抵抗外力。不过摩擦力很小，构件之间不久就出现滑移，螺栓杆和螺栓孔壁发生接触，使螺栓杆受剪，同时螺栓杆和孔壁之间互相接触而挤压。

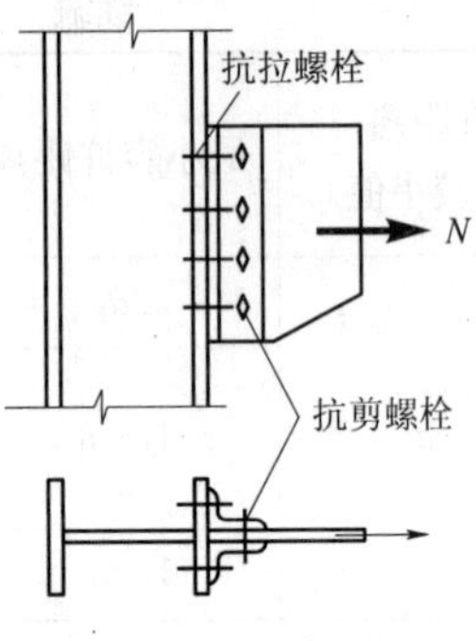

图 11.52 抗剪螺栓和抗拉螺栓连接

图 11.53 表示螺栓连接有五种可能破坏情况：

①当螺栓杆较细、板件较厚时，螺栓杆可能被剪断[图 11.53(a)]；

②当螺栓杆较粗、板件相对较薄，板件可能先被挤压而破坏[图 11.53(b)]；

③当螺栓孔对板的削弱过多，板件可能在削弱处被拉断[图 11.53(c)]；

④当端距太小，板端可能受冲剪而破坏[图 11.53(d)]；

⑤当栓杆细长，螺栓杆可能发生过大的弯曲变形而使连接破坏[图 11.53(e)]；其中，对螺栓杆被剪断、孔壁挤压以及板被拉断，要进行计算。而对于钢板剪断和螺栓杆弯曲破坏两种形式，可以通过以下措施防止：规定端距的最小容许距离(表 11.4)，以避免板端受冲剪而破坏；限制板叠厚度，即 $\sum t < 5d$，以避免螺杆弯曲过大而破坏。

当连接处于弹性阶段时，螺栓群中各螺栓受力不相等，两端大而中间小，超过弹性阶段出现塑性变形后，因内力重分布使螺栓受力趋于均匀。因此，在设计时，当外力通过螺栓群中心时，可认为所有螺栓受力相同。

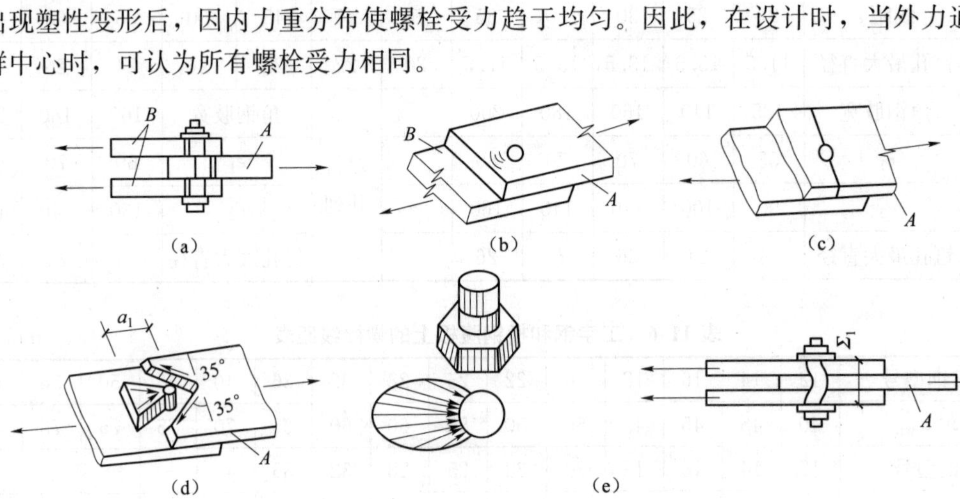

图 11.53 螺栓连接的破坏情况

一个抗剪螺栓的设计承载能力按下面两式计算：

抗剪承载力设计值：

$$N_v^b = n_v \frac{\pi d^2}{4} f_v^b \tag{11-21}$$

承压承载力设计值：

$$N_c^b = d \sum t f_c^b \tag{11-22}$$

式中 n_v——螺栓受剪面数(图 11.54)，如单剪 $n_v=1$，双剪 $n_v=2$，四剪面 $n_v=4$ 等；

d——螺栓杆直径；

$\sum t$——在同一方向承压的构件较小总厚度，对于四剪面 $\sum t$ 取 $(a+c+e)$ 或 $(b+d)$ 的较小值；

f_v^b、f_c^b——螺栓的抗剪、承压强度设计值。

一个抗剪螺栓的承载力设计值应该取 N_v^b 和 N_c^b 的较小者 N_{min}^b。

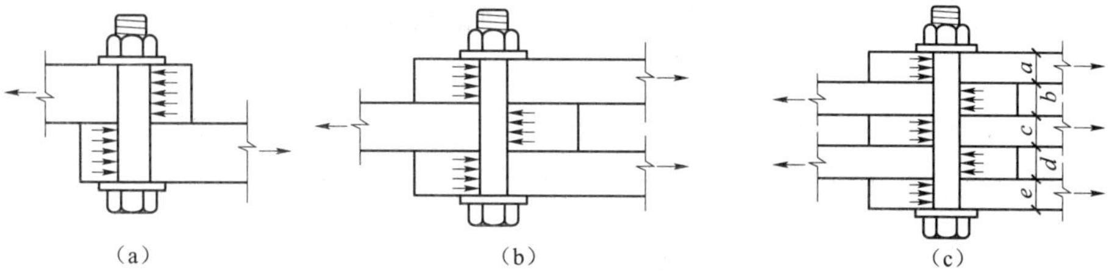

图 11.54　抗剪螺栓连接

(a)单面；(b)双面；(c)四面剪切

当外力通过螺栓群形心时，假定各螺栓平均分担剪力，图 11.55(a)接头一边所需螺栓数目为：

$$n=N/N_{\min}^{b} \tag{11-23}$$

式中　N——作用于螺栓的轴心力的设计值。

螺栓连接中，力的传递可由图 11.55 说明：左边板件所承担 N 力，通过左边螺栓传至两块拼接板，再由两块拼接板通过右边螺栓(在图中未画出)传至右边板件，这样左、右板件内力才会平衡。在力的传递过程中，各部分承力情况，如图 11.55(c)所示。板件在截面 1—1 处承受全部 N 力，在截面 1—1 和截面 2—2 之间则只承受$\frac{2}{3}N$，因为$\frac{1}{3}N$已经通过第 1 列螺栓传给拼接板。

由于螺栓孔削弱了板件的截面，为防止板件在净截面上被拉断，需要验算净截面的强度，即：

$$\sigma=N/A_{\mathrm{n}}\leqslant f \tag{11-24}$$

式中　A_{n}——净截面面积。其计算方法分析如下：

图 11.55(a)所示的并列螺栓排列，以左边部分来看：截面 1—1、2—2、3—3 的净截面面积均相同。但对于板件来说，根据传力情况，截面 1—1 受力为 N，截面 2—2 受力为 $N-\frac{n_1}{n}N$，截面 3—3 受力为 $N-\frac{n_1+n_2}{n}N$，以截面 1—1 受力最大。其净截面面积为：

$$A_{\mathrm{n}}=t(b-n_1 d_0) \tag{11-25}$$

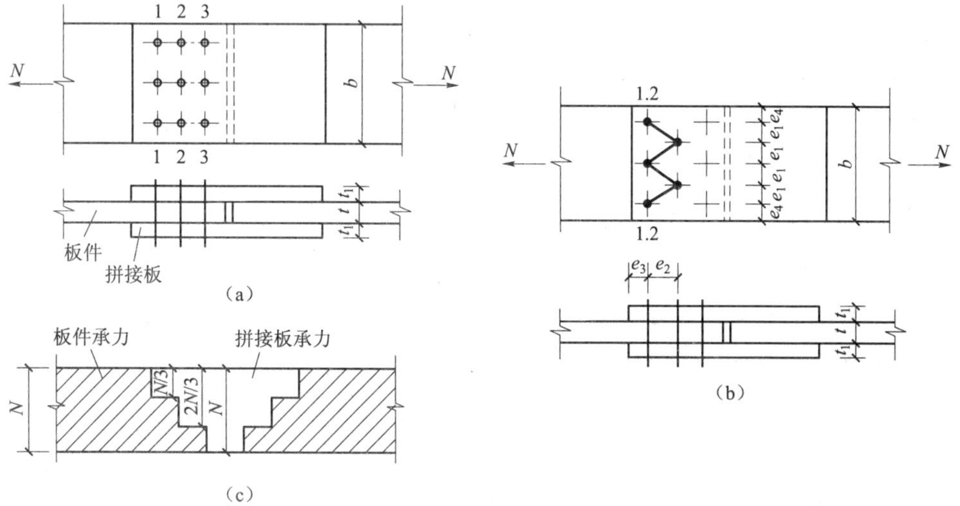

图 11.55　力的传递及净截面面积计算

对于拼接板来说，以截面 3—3 受力最大，其净截面面积为：

$$A_n = 2t(b - n_3 d_0) \tag{11-26}$$

式中 n——左半部分螺栓总数；

n_1、n_2、n_3——分别为截面 1—1、2—2、3—3 上螺栓数；

d_0——螺栓孔径。

图 11.55(b)所示的错列螺栓排列，对于板件不仅需要考虑沿截面 1—1(正交截面)破坏的可能。此时按式(11-25)计算净截面面积，还需要考虑沿截面 2—2 破坏的可能。此时：

$$A_n = t[2e_4 + (n_2 - 1)\sqrt{e_1^2 + e_2^2} - n_2 d_0] \tag{11-27}$$

式中 n_2——折线截面 2—2 上的螺栓数。

计算拼接板的净截面面积时，其方法相同。不过计算的部位应在拼接板受力最大处。

2)抗拉螺栓连接。在抗拉螺栓连接中，外力将把连接构件拉开而使螺栓受拉，最后螺栓会被拉断。

一个抗拉螺栓的承载力设计值 N_t^b 按下式计算：

$$N_t^b = \frac{\pi d_e^2}{4} f_t^b \tag{11-28}$$

式中 d_e——普通螺栓或锚栓螺纹处的有效直径；

f_t^b——普通螺栓或锚栓的抗拉强度设计值。

【例 11.4】 两块截面尺寸为 400 mm×12 mm 的钢板，采用双拼板进行拼接，拼接板厚 8 mm，钢材为 Q235 钢，承受轴心拉力设计值 N=800 kN(图 11.56)，试用螺栓直径 d=20 mm，孔径 d_0=21.5 mm 的 C 级普通螺栓连接。

【解】 1)计算螺栓数

由附表 14.3 可知 C 级普通螺栓 f_v^b=130 N/mm²，f_c^b=305 N/mm²

一个螺栓的承载力设计值为抗剪承载力设计值：

$$N_v^b = n_v \frac{\pi d^2}{4} f_v^b = 2 \times \frac{\pi \times 20^2}{4} \times 130 = 81\ 640(\text{N})$$

承压承载力设计值：

$$N_v^b = d \sum t f_c^b = 20 \times 12 \times 305 = 73\ 200(\text{N})$$

则 N_{min}^b=73 200 N

连接一边所需螺栓数为：

$$n = N/N_{min}^b = 800\ 000/73\ 200 = 10.9$$

为方便取 12 个，采用并列式排列，按表 11.4 的规定排列距离，如图 11.56 所示。

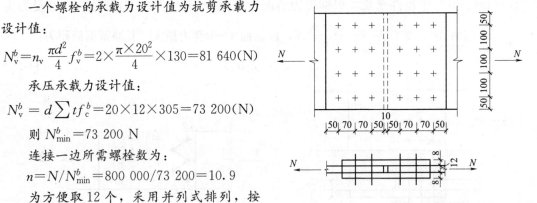

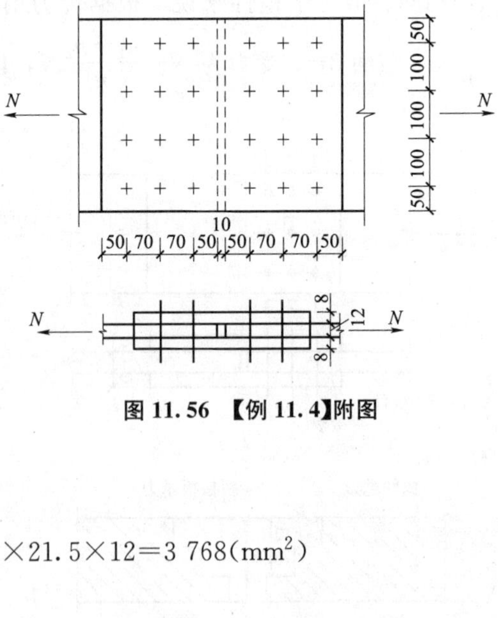

图 11.56 【例 11.4】附图

2)构件净截面面积强度计算。

构件净截面面积为：

$$A_n = A - n_1 d_0 t = 400 \times 12 - 4 \times 21.5 \times 12 = 3\ 768(\text{mm}^2)$$

式中 n_1=4 为第一列螺栓的数目。

构件的净截面强度验算为：

$\sigma = N/A_n = 800\ 000/3\ 768 = 212.3(\text{N/mm}^2) < f = 215\ \text{N/mm}^2$，满足要求。

2. 高强度螺栓连接的性能和计算

(1)高强度螺栓连接的性能。高强度螺栓连接和普通螺栓连接的主要区别是：普通螺栓连接在抗剪时依靠杆身承压和螺栓抗剪来传递剪力，在扭紧螺帽时螺栓产生的预拉力很小，其影响可以忽略。而高强度螺栓则除了其材料强度高之外，还给螺栓施加了很大的预拉力，使被连接构件的接触面之间产生挤压力，因而垂直螺栓杆的方向有很大摩擦力(图 11.57)。这种挤压力和摩擦力对外力的传递有很大的影响。预拉力、抗滑移系数和钢材种类，都直接影响到高强度螺栓连接的承载力。

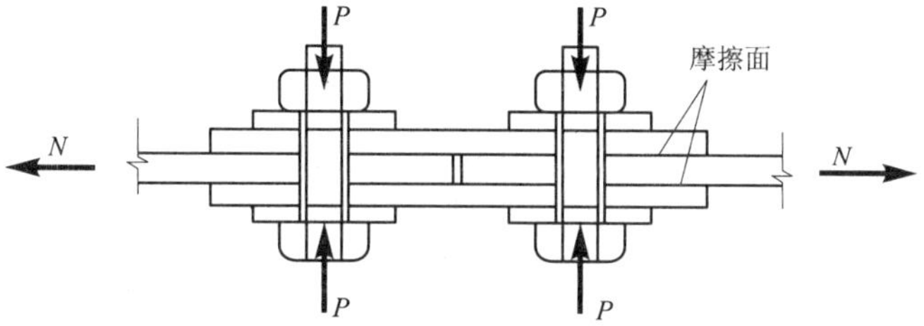

图 11.57　高强螺栓连接

高强度螺栓连接从受力特征分为摩擦型高强度螺栓和承压型高强度螺栓。摩擦型高强度螺栓连接单纯依靠被连接构件间的摩擦阻力传递剪力，设计时以摩擦阻力刚被克服、连接钢板间即将产生相对位移为承载能力的极限状态。承压型高强度螺栓连接的传力特征是当剪力超过摩擦力时，被连接构件间发生相互滑移，螺栓杆身与孔壁接触，螺杆受剪，孔壁承压。最终，随外力的增大，以螺栓受剪或钢板承压破坏为承载能力的极限状态，其破坏形式和普通螺栓连接相同。这种螺栓连接还应以不出现滑移，作为正常使用的极限状态。

高强度螺栓的构造和排列要求，除栓杆与孔径的差值较小外，均与普通螺栓相同。

(2)高强度螺栓的材料和性能等级。目前我国采用的高强度螺栓性能等级，按热处理后的强度分为 10.9 级和 8.8 级两种。其中，整数部分(10 和 8)表示螺栓成品的抗拉强度 f_u 不低于 1 000 N/mm^2 和 800 N/mm^2；小数部分(0.9 和 0.8)则表示其屈强比 f_y/f_u 为 0.9 和 0.8。

10.9 级的高强度螺栓材料可用 20MnTiB(20 锰钛硼)钢、40B(40 硼)钢和 35VB(35 钒硼)钢；8.8 级的高强度螺栓材料则常用 45 号钢和 35 号钢。螺母常用 45 号钢、35 号钢和 15MnVB(15 锰钒硼)钢。垫圈常用 45 号钢和 35 号钢。螺栓、螺母、垫圈制成品均应经过热处理，以达到规定的指标要求。

(3)高强度螺栓的预拉力。高强度螺栓的预拉力值应尽可能高些，但需要保证螺栓在拧紧过程中不会屈服或断裂，所以，控制预拉应力是保证连接质量的一个关键性因素。预拉力值与螺栓的材料强度和有效截面等因素有关。预拉力是通过扭紧螺母实现的，一般采用扭矩法、转角法或扭剪法来控制预应力。

1)扭矩法。扭矩法采用可直接显示扭矩的特制扳手，根据事先测定的扭矩和螺栓拉力之间的关系施加扭矩至规定的扭矩值时，即达到了设计时规定的螺栓预拉力。

2)转角法。转角法分初拧和终拧两步。初拧是先用普通扳手使被连接构件相互紧密贴合，终拧就是以初拧贴紧做出标记位置[图 12.57(a)]为起点，根据按螺栓直径和板叠厚度所确定的终拧角度，用长扳手旋转螺母，拧到预定角度值(120°～240°)时，螺栓的拉力即达到了所需要的预拉力数值。

3)扭剪法。扭剪型高强度螺栓的受力特征与一般高强度螺栓相同，只是施加预拉力的方法为用拧断螺栓尾部的梅花头切口处截面[图 11.58(b)]来控制预拉力数值。这种螺栓施加预拉力简单、准确。

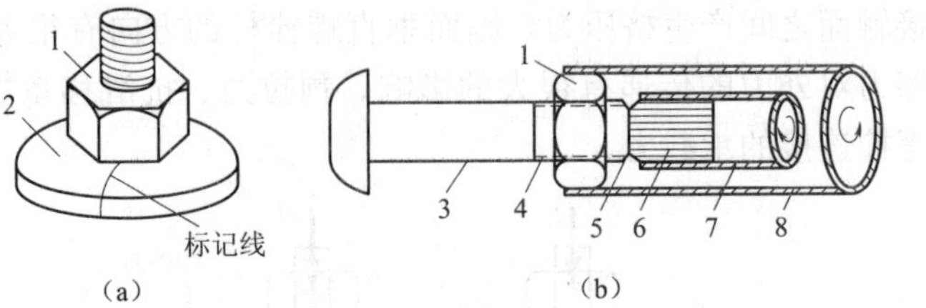

图 11.58　高强度螺栓的紧固方法

(a)转角法；(b)拧掉扭剪型高强度螺栓尾部梅花卡头

1—螺母；2—垫圈；3—栓杆；4—螺纹；5—槽口

高强度螺栓的设计预拉力值由材料强度和螺栓有效截面等因素有关，《钢结构设计规范》(GB 50017—2003)规定按下式确定：

$$P=\frac{0.9\times0.9\times0.9f_uA_e}{1.2}=0.607\ 5f_uA_e \qquad (11\text{-}29)$$

式中　A_e——螺栓的有效截面面积；

f_u——螺栓材料经热处理后的最低抗拉强度。对于 8.8 级螺栓，$f_u=830\ N/mm^2$；对于 10.9 级螺栓，$f_u=1\ 040\ N/mm^2$。

式(11-29)中，系数 1.2 是考虑拧紧时螺栓杆内将产生扭矩剪应力的不利影响。另外，式中 3 个 0.9 系数分别考虑：①螺栓材质的不定性；②补偿螺栓紧固后有一定松弛，引起预拉力损失；③式中，未按 f_y 计算预拉力，而是按 f_u 计算，取值应适当降低。

按式(11-29)计算并经适当调整，即得《钢结构设计规范》(GB 50017—2003)规定的预拉力设计值 P，具体见表 11.8。

表 11.8　一个高强度螺栓的预拉力 P(kN)

螺栓的性能等级	螺栓公称直径/mm					
	M16	M20	M22	M24	M27	M30
8.8 级	80	125	150	175	230	280
10.9 级	100	155	190	225	290	355

(4)高强度螺栓连接摩擦面抗滑移系数。摩擦型高强度螺栓连接完全依靠被连接构件之间的摩擦阻力传力，而摩擦阻力的大小与螺栓的预拉力和连接件间的摩擦面的抗滑移系数 μ 有关。提高连接摩擦面抗滑移系数 μ，是提高高强度螺栓连接承载力的有效措施。μ 值与钢材品种及钢材表面处理方法有关。一般干净的钢材轧制表面，若不经处理或只用钢丝刷除去浮锈，其 μ 值很低。若对轧制表面进行处理，以提高其表面的平整度、清洁度及粗糙度，则 μ 值可以提高。前面提到高强度螺栓连接必须用钻成孔，就是为了防止冲孔造成钢板下部表面不平整。为了增加摩擦面的清洁度及粗糙度，一般采用喷砂或喷丸、喷砂(丸)后涂无机富锌漆、喷砂(丸)后生赤锈。

规范对摩擦面抗滑移系数 μ 值的规定，见表 11.9。

表 11.9　摩擦面抗滑移系数

在连接处构件接触面处理方法	构件的钢号		
	Q235 钢	Q345 钢、Q390 钢	Q420 钢
喷砂(丸)	0.45	0.50	0.50
喷砂(丸)后涂无机富锌漆	0.35	0.40	0.40
喷砂(丸)后生赤锈	0.45	0.50	0.50
钢丝刷清除浮锈或未经处理的干净轧制表面	0.30	0.35	0.40

(5)高强度螺栓连接的受剪计算。摩擦型高强度螺栓承受剪力时的设计准则是剪力不得超过最大摩擦阻力。每个螺栓的承载力与其预拉力 P、连接中的摩擦面抗滑移系数 μ 以及摩擦面数 n_f 有关。每个螺栓的最大摩擦阻力应该 $n_f\mu P$，但是考虑到整个连接中各个螺栓受力未必均匀，乘以系数 0.9，故一个摩擦型高强度螺栓的抗剪承载力设计值为：

$$N_v^b = 0.9 n_f \mu P \tag{11-30}$$

式中　n_f——一个螺栓的传力摩擦面数目；

μ——摩擦面的抗滑移系数；

P——高强度螺栓预拉力。

一个摩擦型高强度螺栓的抗剪承载力设计值求得后，仍按式(11-23)计算高强度螺栓连接所需螺栓数目。其中，N_{min}^b 对摩擦型为按式(11-30)算得的 N_v^b 值。

对摩擦型高强度螺栓连接的构件净截面强度验算，要考虑由于摩擦阻力作用，一部分剪力由孔前接触面传递(图 11.59)。按照《钢结构设计规范》(GB 50017—2003)规定，孔前传力占螺栓传力的 50%。这样截面 I—I 处净截面传力为：

$$N' = N\left(1 - \frac{0.5n_1}{n}\right) \tag{11-31}$$

式中　n_1——计算截面上的螺栓数；

n——连接一侧的螺栓总数。

求出 N'后，构件净截面强度仍按式(11-24)进行验算。

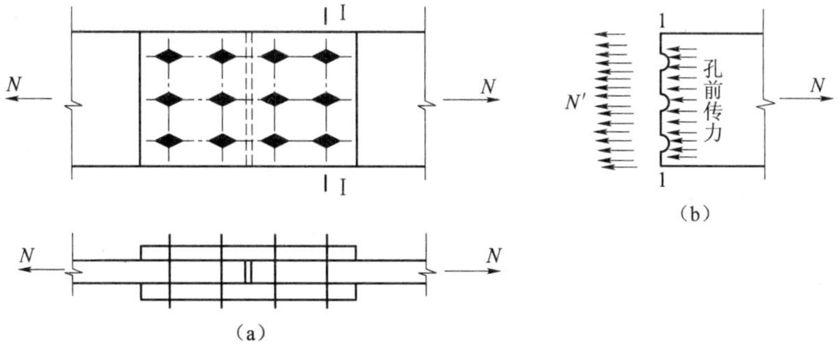

图 11.59　螺栓群受轴心力作用时的受剪摩擦型高强度螺栓

【例 11.5】　将【例 11.4】改用摩擦型高强度螺栓连接。采用螺栓为 10.9 级 M20 高强度螺栓，连接处构件接触面用喷砂后涂无机富锌漆。

【解】 (1)按螺栓连接强度确定 N。

由表 11.8 查得 $P=155$ kN，由表 11.9 查得 $\mu=0.4$。

所以，采用摩擦型高强度螺栓时，一个螺栓的抗剪承载力设计值：

$$N_v^b=0.9n_f\mu P=0.9\times2\times0.4\times155=111.6(\text{kN})$$

连接一侧所需螺栓数为：

$n=N/N_v^b=800/111.6=7.17$，用 8 个螺栓，排列如图 11.60 所示。

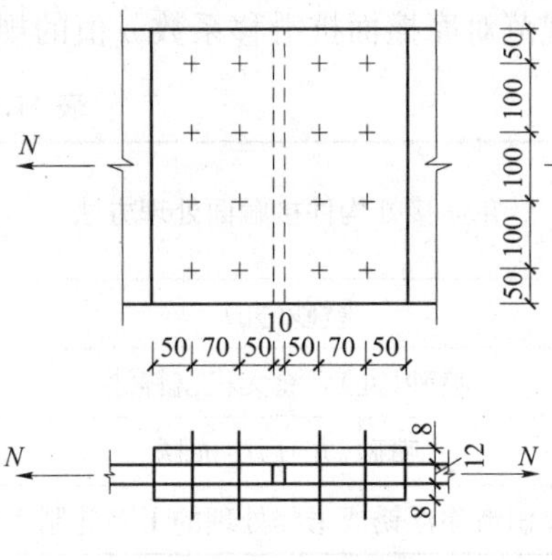

图 11.60 【例 11.5】附图(单位 mm)

(2)构件净截面强度验算：钢板第一列螺栓孔处的截面最危险。

$$N'=N\left(1-\frac{0.5n_1}{n}\right)=800\times\left(1-0.5\times\frac{4}{8}\right)=600(\text{kN})$$

$$A_n=A-n_1d_0t=400\times12-4\times21.5\times12=3\ 768(\text{mm}^2)$$

$$\sigma=\frac{N'}{A_n}=\frac{600\ 000}{3\ 768}=159.2(\text{kN/mm}^2)<215\ \text{kN/mm}^2$$

11.4 钢结构构件

11.4.1 轴心受力构件

1. 轴心受力构件的应用以及截面形式

轴心受力构件是指只受通过构件截面形心轴线的轴向力作用的构件，分为轴心受拉构件[图 11.61(a)]和轴心受压构件[图 11.61(b)]。轴心受力构件广泛地用于主要承重钢结构，如桁架、网架、塔架和支撑等结构中。轴心受力构件还常常用于操作平台和其他结构的支柱。一些非主要承重构件如支撑，也常常由许多轴心受力构件组成。在钢结构中拉弯杆应用较少，而压弯杆则应用较多，如有节间荷载作用的屋架上弦杆、厂房柱以及多、高层建筑的框架柱。

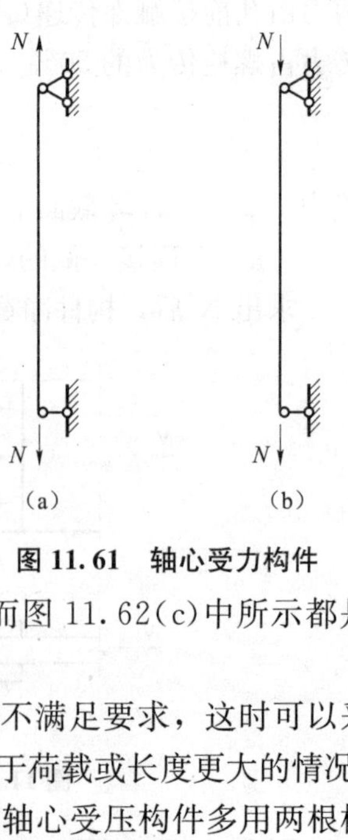

图 11.61 轴心受力构件

轴心受力构件的截面形式很多，一般可分为型钢截面和组合截面两类。型钢截面适用于受力较小的构件，常用的型钢截面有图 11.62(a)所示的圆钢、圆管、方管、角钢、工字钢、T 形钢和槽钢等，图 11.62(b)所示都是实腹式组合截面；而图 11.62(c)中所示都是格构式组合截面。

当轴心受力构件的荷载或长度较大时，现有的型钢规格可能不满足要求，这时可以采用由钢板或型钢组成的实腹式组合截面，如图 11.62(b)所示。对于荷载或长度更大的情况，还可以采用格构式组合截面，如图 11.62(c)所示。常用的格构式轴心受压构件多用两根槽钢或两根工字钢作为两个分肢，然后用缀材将两个分肢连成一体，形成柱体。缀材分为缀条和缀板两种。图 11.62(b)为缀板柱，它用钢板将两处分肢连成框架形式。这种由两个分肢组成的格构式柱，称为双肢格构柱。它的截面上，与肢件垂直的主重心轴称为实轴，与缀材平行的主重心轴称为虚轴。

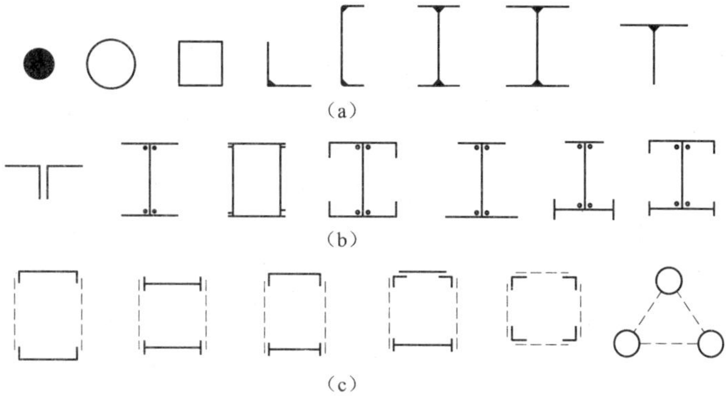

图 11.62　轴心受力构件和拉弯、压弯构件的截面形式

(a)型钢截面；(b)实腹式组合截面；(c)格构式组合截面

2. 轴心受力构件的受力性能和计算

(1)轴心受拉构件的强度计算。轴心受力构件无论截面是否有孔洞等削弱，其净截面的平均应力均不应超过钢材的屈服强度，其计算公式为：

$$\sigma=\frac{N}{A_n}\leqslant f \tag{11-32}$$

式中　N——轴心拉力；

A_n——净截面面积；

f——钢材抗拉强度设计值，具体见附表 14.1。

(2)拉杆的容许长细比。按正常使用极限状态的要求，轴心受力构件应该具有必要的刚度。当构件的刚度不足时，在制造、安装或运输过程中容易产生弯曲。在自重作用下，构件本身会产生过大的挠度。在承受动力荷载的结构中，还会引起较大的晃动。因此，为了防止构件产生过度变形，构件应具有足够的刚度。轴心受力构件的刚度是以构件的长细比来衡量的：

$$\lambda=\frac{l_0}{i}\leqslant[\lambda] \tag{11-33}$$

式中　λ——构件最不利方向的长细比，一般为两主轴方向长细比的较大值；

l_0——相应方向的计算长度；

i——相应方向的截面回转半径；

$[\lambda]$——构件容许长细比，按规范确定。

《钢结构设计规范》(GB 50017—2003)对不同类型的轴心受压构件和轴心受拉构件中的$[\lambda]$分别做出规定，其中轴心受拉构件的$[\lambda]$还与荷载情况有关。如对只承受静力荷载的桁架，只需在因自重产生弯曲的竖向平面内限制拉杆的长细比，固定它的容许值$[\lambda]$是 350。对于直接承受动力荷载的桁架，不论在哪个平面内，拉杆的容许长细比都是 250。间接承受动力荷载的桁架拉杆的$[\lambda]$则视动力荷载的重要性取 350 或 250；对于张紧的圆钢拉杆，因变形极其微小，所以不再限制长细比。

【例 11.6】 试确定如图 11.63 所示截面的轴心受拉杆的最大承载能力设计值和最大容许计算长度，钢材为 Q235，容许长细比为 350，$i_x=3.80$ cm，$i_y=5.59$ cm。

【解】 由附表 14.1 查得：$f=215\ \mathrm{N/mm^2}$

查附表 16.3 得：$A_n=33.37\times2=66.7(\mathrm{cm}^2)$

故按式(11-32)可得，该轴心拉杆最大承载力设计值为：

$$N=A_n\cdot f=66.7\times215\times10^2=1\ 434\ 050(\mathrm{N})=1\ 434.05\ \mathrm{kN}$$

按式(11-33)可得该轴心拉杆的长度为：

$$l_{0x}=[\lambda]\cdot i_x=350\times3.80=1\ 330(\mathrm{cm})$$

$$l_{0y}=[\lambda]\cdot i_y=350\times5.59=1\ 956.5(\mathrm{cm})$$

则该杆的最大容许计算长度为 1 956.5 cm。

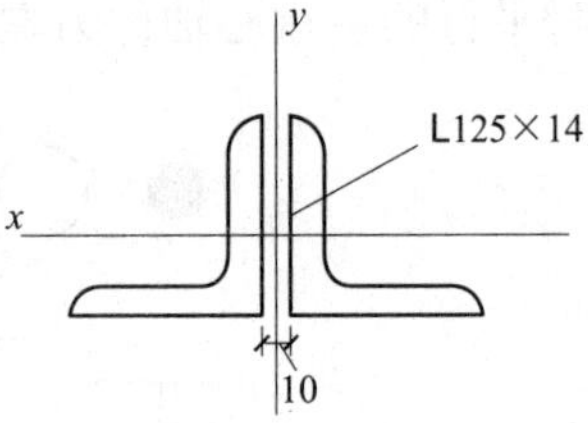

图 11.63 【例 11.6】附图

(3)轴心受压构件的受力性能和整体稳定性计算。轴心受压构件的受力性能与受拉构件不同。除有些较短的构件因局部有孔洞削弱，净截面的平均应力有可能达到屈服而需要按式(11-33)计算它的强度外，一般来说，轴心受压构件的承载力是由稳定条件决定的，它应该满足整体稳定和局部稳定的要求。

轴心受压柱的受力性能和许多因素有关。理想的挺直的轴心受压柱发生弹性弯曲时，所受的力为欧拉临界力 $N_{cr}(N_{cr}=\pi^2EI/l_0^2)$。但是，实际的轴心受压柱不可避免地都存在缺陷，承受荷载前就存在的残余应力，同时柱的材料还可能不均匀。所以，实际的轴心受压柱一经压力作用就产生挠度。其按极限强度理论计算的稳定承载力，称为柱的极限承载力，用符号 N_u 表示，N_u 取决于柱的长度、初弯曲、柱的截面形状和尺寸以及残余应力的分布等因素。

考虑初弯曲和残余应力两个最主要的不利因素。初弯曲的矢高取柱长度的千分之一，而残余应力则根据柱的加工条件确定。图 11.64 所示为轴心受压柱按极限强度理论确定的承载力曲线，纵坐标是柱的截面平均应力 σ_u 与屈服强度 f_y 的比值，$\sigma_u/f_y=N_u/(Af_y)$，可以用符号 φ 表示，称为轴心受压构件稳定系数，横坐标为柱的相对长细比 $\bar{\lambda}=\dfrac{\lambda}{\pi}\sqrt{\dfrac{f_y}{E}}$。

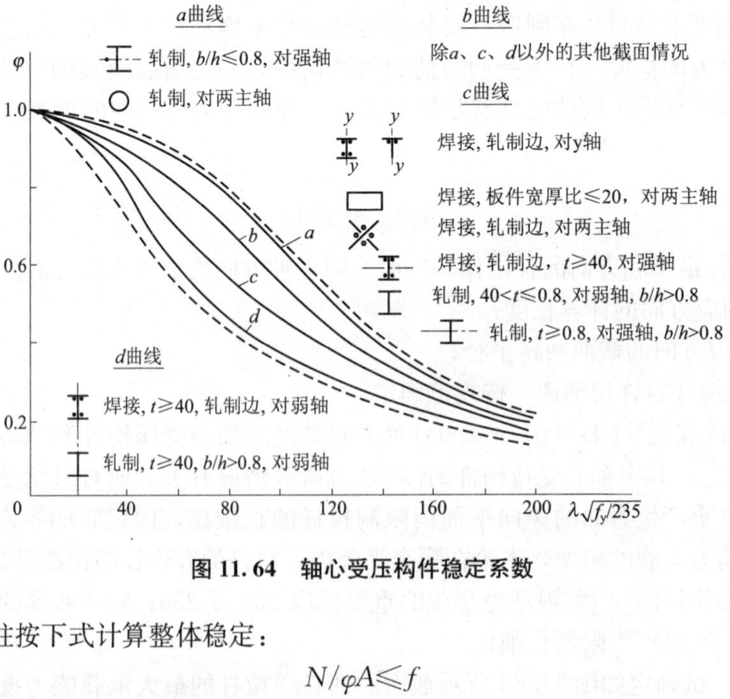

图 11.64 轴心受压构件稳定系数

轴心受压柱按下式计算整体稳定：

$$N/\varphi A\leqslant f \tag{11-34}$$

式中 N——轴心受压构件的压力设计值；

A——构件的毛截面面积；

f——钢材的抗压强度设计值；

φ——轴心受压构件的稳定系数。

在钢结构中轴心受压构件的类型很多，当构件的长细比相同时，其承载力往往有很大差别。可以根据设计中经常采用柱的不同截面形式和不同的加工条件，按极限强度理论得到考虑初弯曲和残余应力影响的一系列柱的曲线，在图 11.64 中以两条虚线表示这一系列柱曲线变动范围的上限和下限。实际轴心受压构件的稳定系数，基本上都在这两条虚线之间。经过数理统计分析认为，把诸多柱曲线划分为四类比较经济、合理，具体见附表 18。图 11.64 中，a、b、c、d 四条柱曲线各代表一组截面柱的 φ 值的平均值。

(4)轴心受压构件的局部稳定。为节约钢材，轴压受压构件的板件宽厚比一般都比较大，由于压应力的存在，板件可能会发生局部屈曲，设计时应予以注意。图 11.65 为一工字形截面轴心受压构件发生局部失稳的现象，图 11.65(a)为腹板失稳现象，图 11.65(b)为翼缘失稳现象。构件丧失局部稳定后还可能继续承载，但板件的局部屈曲对构件的承载力有所影响，会加速构件的整体失稳。

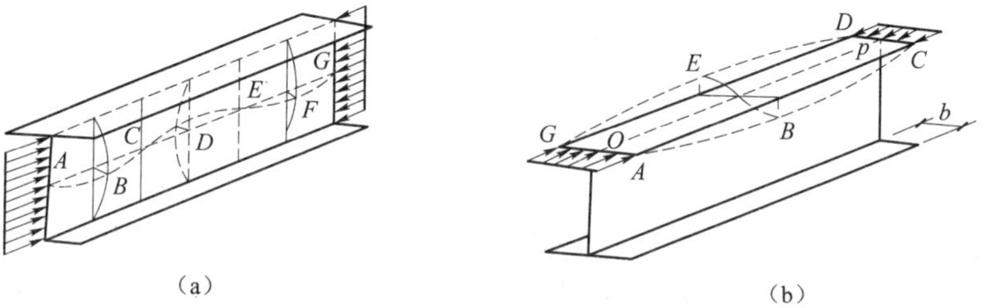

图 11.65　轴心受压构件的局部失稳

(a)腹板失稳现象；(b)翼缘失稳现象

为防止轴心受压板件发生局部失稳而影响构件的承载力，《钢结构设计规范》(GB 50017—2003)通过限制板件的宽厚比或高厚比的方法来保证，限制的原则是：板件的局部失稳不先于构件的整体失稳。对于工字形和 H 形截面，其翼缘的宽厚比 b_1/t 和腹板的高厚比的限值 h_w/t_w 分别按下列公式计算：

$$b_1/t \leqslant (10+0.1\lambda)\sqrt{235/f_y} \tag{11-35}$$

$$h_w/t_w = (25+0.5\lambda)\sqrt{235/f_y} \tag{11-36}$$

式中　b_1、t——翼缘的自由外伸宽度和厚度；

h_0、t_w——腹板的高度和厚度；

λ——构件两方向的较大值。当 $\lambda<30$ 时，取 $\lambda=30$；当 $\lambda>100$ 时，取 $\lambda=100$。

如果受压构件的腹板高厚比不能满足式(11-36)的要求时，可用纵向加劲肋加强，或在计算构件的强度和稳定性时，将腹板的截面仅考虑高度边缘范围内两侧宽度各为 $20t_w \times \sqrt{235/f_y}$ 的部分(计算构件的稳定系数时，仍用全截面)。

11.4.2　受弯构件

1. 梁的类型和应用

受弯构件常称为梁式构件，主要用于承受横向荷载。在工业和民用建筑中，常用的有工作平台梁、楼盖梁、墙架梁、吊车梁以及檩条等。

钢梁按制作方法的不同，可以分为型钢梁和组合梁两大类。由于型钢梁具有加工简单、制造方便、成本较低的特点，因而广泛用作小型钢梁。型钢梁又可分为热轧型钢梁和冷弯薄壁型钢梁两类，如图 11.66 所示。

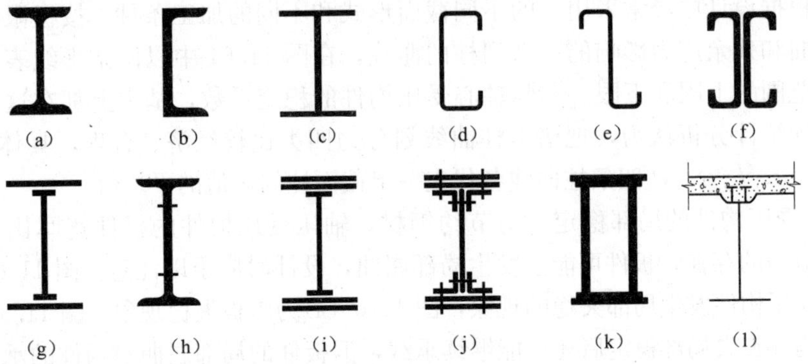

图 11.66　钢梁的类型

热轧型钢梁常用普通工字钢[图 11.66(a)、(b)、(c)]、槽钢或 H 型钢做成，应用最为广泛，成本也较为低廉。对受荷载较小、跨度不大的梁，常用带有卷边的冷弯薄壁槽钢[图 11.66(d)、(f)]或 Z 形钢[图 11.66(e)]制作，可以更有效地节省钢材。由于型钢梁具有加工方便和成本较为低廉的优点，故应优先采用。

当跨度和荷载较大时，由于工厂轧制条件的限制，型钢梁的尺寸有限，不能满足构件承载能力和刚度的要求，因此，必须采用组合钢架。组合梁按其连接方法和使用材料的不同，可以分为焊接组合梁、铆接组合梁、异种钢组合梁、钢与混凝土组合梁等几种。组合梁截面的组成比较灵活，可使材料在截面上的分布更加合理。

最常用的组合梁是由两块翼缘板加一块腹板做成的焊接 H 形截面组合梁[图 11.66(g)]，它的构造比较简单，制作也比较方便，必要时也可考虑采用双层翼缘板组成的截面[图 11.66(i)]。图 11.66(h)所示为由两个 T 型钢和钢板组成的焊接梁。铆接梁[图 11.66(j)]是过去常用的一种形式，近二、三十年，由于焊接和高强度螺栓连接方法的迅速发展，在新建结构中，铆接梁已经基本上不再应用。混凝土宜于受压，而钢材宜于受拉，为了充分发挥两种材料的优势，国内外广泛研究应用了钢与混凝土组合梁[图 11.66(l)]，可以收到较好的经济效果。

根据支承情况的不同，梁可以分为简支梁、悬臂梁和连续梁三类。钢梁一般采用简支梁，不仅制造简单、安装方便，而且可以避免支座沉陷所产生的不利影响。

按受力情况的不同，可以分为单向受弯梁和双向受弯梁。图 11.67 所示的屋面檩条以及吊车梁都是双向受弯梁，不过吊车梁的水平荷载主要使上翼缘受弯。

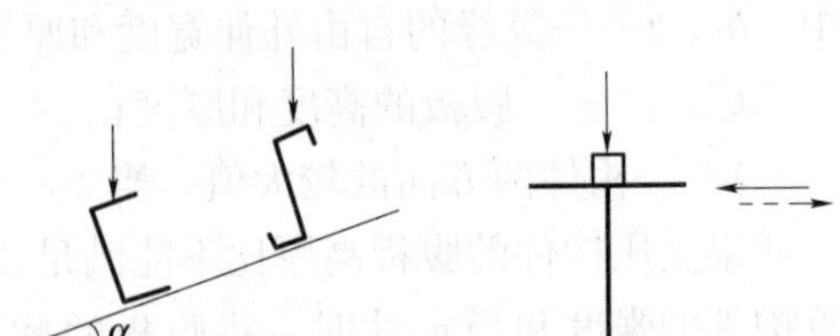

图 11.67　双向受弯梁

2. 梁的强度、刚度与稳定性要求

为了保证安全适用、经济合理，同其他构件一样，梁的设计必须同时考虑两种极限状态。第一极限状态即承载能力极限状态，在钢梁的设计中包括强度、整体稳定和局部稳定三个方面；第二种极限状态即正常使用极限状态，在钢梁的设计中主要考虑梁的刚度。因此，梁的设计应满足强度、刚度、整体稳定和局部稳定四个方面的要求，现分述如下：

(1)梁的强度计算。梁在横向荷载作用下，承受弯矩和剪力作用，故应进行抗弯强度和抗剪强度计算。当梁的上翼缘受有沿腹板平面作用的集中荷载，且在荷载作用处又未设置支承加劲肋时，还应进行计算高度边缘的局部承压强度计算。对组合梁腹板计算高度边缘处，同时受有较大的弯矩应力、剪应力和局部压应力，还应验算折算应力。

1)抗弯强度计算。梁在弯矩作用下，横截面上正应力的分布如图 11.68 所示。以双轴对称工字形截面梁为例，横截面上的正应力经由弹性阶段[图 11.68(b)]：此时，正应力为直线分布，梁最外边的正应力没有达到屈服强度；弹塑性阶段[图 11.68(c)]：随着荷载继续增加，梁边缘部分出现塑性，应力达到屈服强度，而中性轴附件材料仍处于弹性；塑性阶段[图 11.68(d)]：当荷载继续增加，梁全截面进入塑性，应力均等于屈服强度，形成塑性铰，此时梁的承载能力达到最大值。一般结构设计按弹性阶段计算。

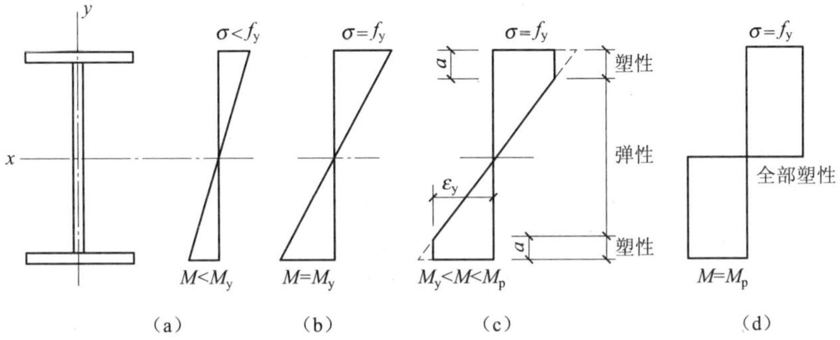

图 11.68　梁受荷时各阶段正应力分布图

把边缘纤维达到屈服强度作为设计的极限状态，叫作弹性设计；在一定条件下，考虑塑性变形的发展，称为塑性设计。显然，梁按塑性设计，比按弹性设计更能充分地发挥材料的作用，因此，为节约钢材，对于承受动力荷载的梁，不考虑截面塑性发展，仍按弹性设计。对承受静力荷载或间接承受动力荷载受弯构件，可按塑性设计；但为了避免截面的塑性区发展深度过大而导致太大的变形，应适当考虑截面的塑性发展，在强度计算公式中增加一个塑性发展系数 γ。《钢结构设计规范》(GB 50017—2003)对两个主轴分别用定值的截面塑性发展系数 γ_x 和 γ_y 进行控制。因此，在主平面内受弯的实腹梁，其抗弯强度应按下列规定进行计算：

①承受静力荷载或间接承受动力荷载时，

单向受弯时

$$\sigma_{\max}=\frac{M_x}{\gamma_x W_{nx}}\leqslant f \tag{11-37}$$

双向受弯时

$$\sigma_{\max}=\frac{M_x}{\gamma_x W_{nx}}+\frac{M_y}{\gamma_y W_{ny}}\leqslant f \tag{11-38}$$

式中　M_x、M_y——同一截面处绕 x 轴和 y 轴的弯矩(对工字形和 H 形截面：x 轴为强轴，y 轴为弱轴)；

W_{nx}、W_{ny}——对 x 轴和 y 轴的净截面模量；

γ_x、γ_y——截面塑性发展系数；对不同形状截面可参照《钢结构设计规范》(GB 50017—2003)有关表格取用；

f——钢材的抗弯强度设计值。

当梁受压翼缘的自由外伸宽度与其厚度之比大于 $13\sqrt{f_y/235}$，但不超过 $15\sqrt{235/f_y}$ 时，应取 $\gamma_x=1.0$。这是根据翼缘的局部屈曲性能要求确定的。

②直接承受动力荷载时，仍按式(11-37)、式(11-38)计算，但不考虑塑性变形的发展，即取 $\gamma_x=\gamma_y=10$。

2)抗剪强度的计算。在横向荷载作用下的梁，一般都伴随着弯曲变形产生弯曲剪应力。对于工字形、H 形和槽形等薄壁构件，在竖直方向剪力 V 作用下，梁的最大剪应力在腹板上，其抗剪强度应按下式计算：

$$\tau=\frac{VS}{It_w}\leqslant f_v \tag{11-39}$$

式中 V——计算截面沿腹板平面作用的剪力；

I——梁的毛截面惯性矩；

S——计算剪应力处以上毛截面对中和轴的面积矩；

t_w——梁腹板的厚度；

f_v——钢材的抗剪强度设计值，见附录表 14。

3)局部承压强度的计算。当梁的上翼缘有沿腹板平面作用的固定集中荷载而未设支承加劲肋[图 11.69(a)]，或受有移动集中荷载时[图 11.69(b)]，可认为集中荷载从作用处以 45°角扩散，均匀分布于腹板边缘，按下式计算腹板计算高度上边缘的局部承压强度：

$$\sigma_c=\frac{\psi F}{t_w l_z}\leqslant f \tag{11-40}$$

式中 F——集中荷载，对动力荷载应考虑动力系数；

ψ——集中荷载增大系数，对吊车工作级别 A6～A8 的吊车梁，$\psi=1.35$，对其他梁，$\psi=1.0$；

l_z——集中荷载在腹板计算高度上边缘的假定分布长度，按下式计算：

$$l_z=a+5h_y 2h_R \tag{11-41}$$

a——集中荷载沿梁跨方向的支承长度，对吊车梁可取 50 mm；

h_y——自吊车梁轨顶或其他梁顶面至腹板计算高度上边缘的距离。

h_R——轨道的高度，对梁顶无轨道的梁 $h_R=0$。

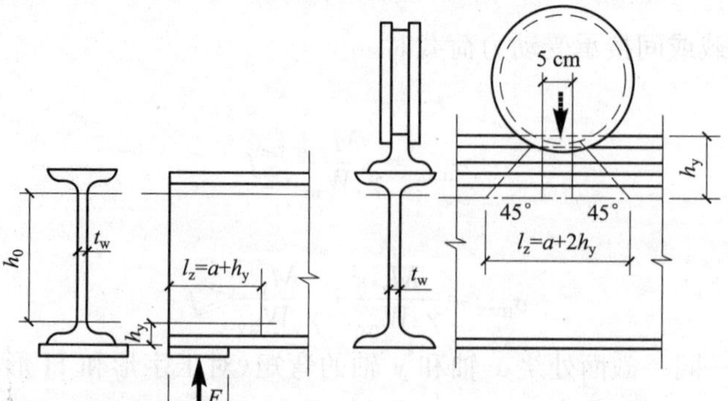

图 11.69　梁在集中荷载作用下分布长度计算示意

在梁的支座处，当不设置加劲肋时，也应按式(11-40)计算腹板高度下边缘的局部压应力，但 ψ 取 1.0。支座反力的假定分布长度，应根据支座具体尺寸按式(11-41)计算。

腹板的计算高度 h_0 规定如下：对轧制型钢梁，为腹板与上、下翼缘相接处两内弧起点间的距离；对焊接组合梁即为腹板高度；对高强度螺栓连接或铆接组合梁，为上、下翼缘与腹板连接的高强度螺栓(或铆钉)线间最近距离。

4)折算应力的计算。在组合梁的腹板计算高度边缘处，梁截面同时受有较大的弯曲应力、剪应力和局部压应力，在连续梁的支座处或梁的翼缘截面改变处，可能同时受有较大的正应力和剪应力。在这种情况下，应在腹板计算高度边缘处验算折算应力，验算公式为：

$$\sqrt{\sigma^2+\sigma_c^2-\sigma\sigma_c+3\tau^2}\leqslant\beta_1 f \tag{11-42}$$

式中 σ、σ_c、τ——腹板计算高度边缘同一点同时产生的弯曲应力、局部压应力、剪应力，σ 和 σ_c 以拉应力为正值，压应力为负值；τ 和 σ_c 按式(11-39)和式(11-40)计算，σ 按下式计算：

$$\sigma=\frac{M}{I_n}y_1 \tag{11-43}$$

I_n——梁净截面惯性矩；

y_1——所计算点至梁中和轴的距离；

β_1——考虑计算折算应力的部位处仅是梁的局部，对梁的危险性不大，而采用的钢材强度设计值增大系数。当 σ 与 σ_c 异号时，取 $\beta_1=1.2$；当 σ 与 σ_c 同号时或 $\sigma_c=0$ 时，取 $\beta_1=1.1$。

(2)梁的刚度计算。梁的刚度用变形(挠度)来衡量，变形过大不但会影响正常使用，也会造成不利的工作条件。

梁的最大挠度 v_{max} 或相对最大挠度 v_{max}/l 应满足下式：

$$v_{max}\leqslant[v]\text{或}\ \frac{v_{max}}{l}=\frac{[v]}{l}$$

式中 $[v]$——梁的容许挠度，一般为 $l/250$。

梁的刚度属正常使用极限状态，故计算时应采用荷载标准值(不计荷载分项系数)，且不考虑螺栓孔引起的截面削弱。对动力荷载标准值，不乘动力系数。

(3)梁的整体稳定。

1)丧失整体稳定的现象。在一个主平面内弯曲的梁，其截面常设计得窄而高，这样可以更有效地发挥材料的作用。如图 11.70 所示的 H 形截面钢梁，在梁的最大刚度平面内，当受有垂直荷载作用时，如果梁的侧面没有支承点或者支承点很少时，当荷载增加到某一数值时，梁将突然发生侧向弯曲和扭转，并丧失继续承载的能力，这种现象称为梁的弯曲扭转屈曲或梁丧失整体稳定，如图 11.70 所示。使梁丧失整体稳定的弯矩或荷载，称为临界弯矩或临界荷载。

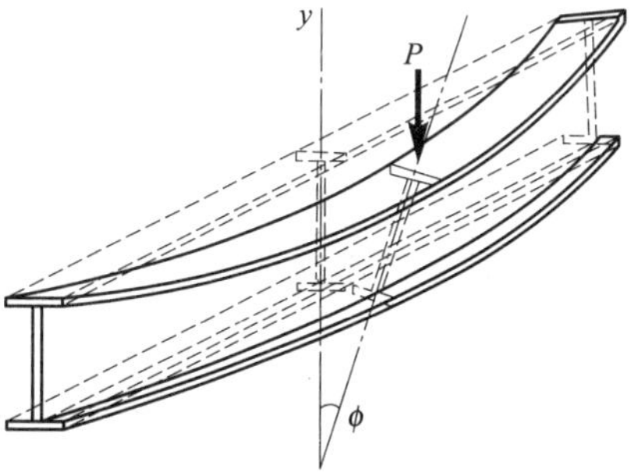

图 11.70 梁丧失整体稳定

垂直横向荷载 P 的临界值和它沿梁高的作用位置有关。荷载作用在上翼缘时，如图 11.71(a)所示，荷载将产生附加扭矩 $P\cdot e$，对梁侧向弯曲和扭转起促进作用，使梁加速丧失整体稳定。但当荷载作用在下翼缘时，如图 11.71(b)所示，它将产生反方向的附加扭矩 $P \cdot e$，有利于阻止梁的侧向弯曲扭转，延缓梁丧失整体稳定。显然，后者的临界荷载将高于前者。

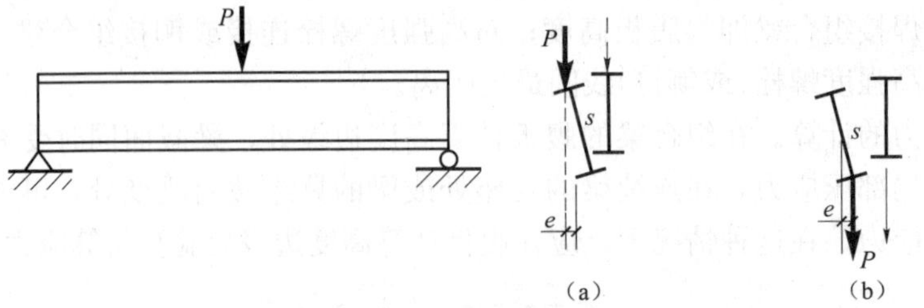

图 11.71　荷载位置对整体稳定的影响

2)整体稳定性的保证。由于梁丧失整体稳定是突然发生的，事先并无明显预兆，因此，比强度破坏更为危险，设计、施工中要特别注意。在实际工程中，梁的整体稳定常由铺板或支承来保证。梁常与其他构件相互连接，有利于阻止梁丧失整体稳定。《钢结构设计规范》(GB 50017—2003)规定，当符合下列情况之一时，都不必计算梁的整体稳定性。

①有铺板密铺在梁的受压翼缘上并与其牢固相连，能阻止梁受压翼缘的侧向位移时；

②H 形截面简支梁受压翼缘自由长度 l_1 与其宽度 b 之比不超过表 11.10 所规定的数值时，如图 11.72(a)所示，梁受压翼缘的跨中侧向连有支承，可以作为其侧向不动支承点，l_1 则为梁的半跨长度。

表 11.10　H 型钢或等截面工字钢简支梁不需计算整体稳定性的最大 l_1/b

钢号	跨度中点无侧向支承点的梁		跨度中点有侧向支承点的梁不论荷载作用于何处
	荷载作用在上翼缘	荷载作用在下翼缘	
Q235 钢	13.0	20.0	16.0
Q345 钢	10.5	16.5	13.0
Q390 钢	10.0	15.5	12.5
Q420 钢	9.5	15.0	12.0

注：其他钢号的梁不需计算整体稳定性的最大 l_1/b，应取 Q235 钢的数值乘以 $\sqrt{235/f_y}$。

为提高梁的稳定承载能力，任何钢梁在其端部支承处都应采取构造措施，以防止其端部截面的扭转；在梁的上翼缘设置可靠的侧向支撑，如图 11.72(b)所示的梁，其下翼缘连于支座，上翼缘也用钢板连于支承构件上，以防止侧向移动和梁截面扭转。在厂房结构中，钢吊车梁就常采用这种做法。高度不大的梁也可以靠在支座截面处设置的支承加劲肋来防止梁端的扭转。

(4)梁的局部稳定和加劲肋设置。在钢梁的设计中，除了强度和整体稳定问题外，为了保证梁的安全承载，还必须考虑局部稳定问题。轧制型钢梁的规格和尺寸，都满足局部稳定要求，不需进行验算。组合梁为了获得经济的截面尺寸，常采用宽而薄的翼缘板和高而薄的腹板。梁的受压翼缘和轴心压杆的翼缘类似，在荷载作用下有可能出现图 11.73(a)所示局部屈曲。梁中段的腹板承受较大的正压应力，梁端部的腹板承受剪力引起的斜向压应力，也都有可能出现局部屈曲，如图 11.73(b)所示。如果板件丧失局部稳定，整个构件一般还不致立即丧失承载能力，但由于对称截面转化为非对称截面而产生扭转、部分截面退出工作等原因，使梁的承载能力大为降低。

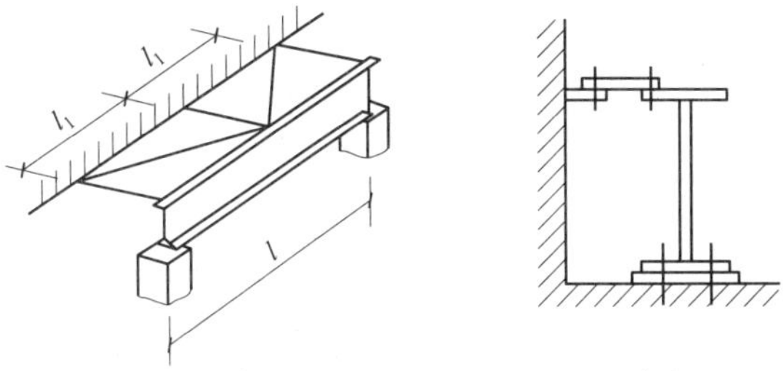

（a）　　　　（b）

图 11.72　侧向有支承点的梁

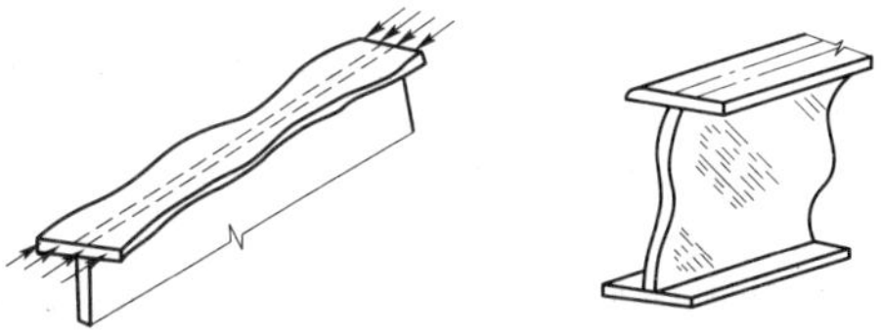

（a）　　　　（b）

图 11.73　梁翼缘和腹板失稳变形情况

1)翼缘板的局部稳定。梁的翼缘板远离截面的形心，强度一般能够得到比较充分的利用。同时，翼缘板发生局部屈曲，会很快导致梁丧失继续承载的能力。因此，常采用限制翼缘宽厚比的办法，亦即保证必要的厚度的办法，来防止其局部失稳。

由于梁的受压翼缘与轴心压杆的翼缘相似，因此，《钢结构设计规范》(GB 50017—2003)规定：梁的受压翼缘自由外伸宽度 b_1 与其厚度 t 之比，即宽厚比应满足(图 11.74)：

$$\frac{b_1}{t}\leqslant 13\sqrt{\frac{235}{f_y}} \tag{11-44}$$

2)腹板的局部稳定和加劲肋设置。梁的腹板一般被设计得高而薄，为了提高它的局部屈曲荷载，常采用构造措施，即如图 11.75 所示设置加劲肋来予以加强。加劲肋主要分为横向、纵向、短加劲肋和支承加劲肋等几种，设计中按照不同情况采用。如果不设置加劲肋，腹板厚度必须用得较大，而大部分应力很低，不够经济。

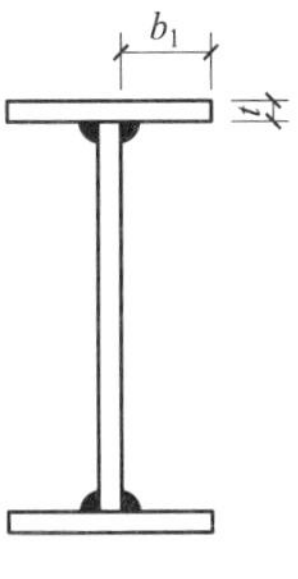

图 11.74　翼缘宽厚比

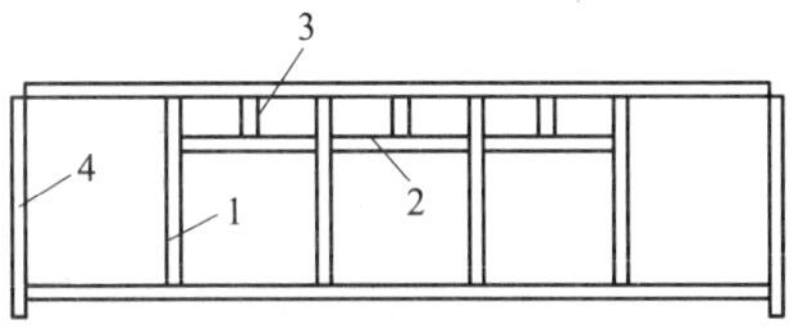

图 11.75　梁的加劲肋示例

1—横向加劲肋；2—纵向加劲肋；3—短加劲肋；4—支承加劲肋

腹板在放置加劲肋以后，被划分为不同的区段。对于简支梁的腹板，根据弯矩、剪力的分布情况，靠近梁端部的区段主要受有剪应力的作用，而在跨中附近的区段则主要受到正应力的作用，其他区段则常受到正应力和剪应力的联合作用。对于受有几种荷载作用的区段，则还承受局部压应力的作用。为了保证组合梁腹板的局部稳定性，应按下列规定在腹板上配置加劲肋(图 11.76)。

①对于无局部压应力($\sigma_c=0$)的梁，当$\frac{h_0}{t_w}\leqslant 80\sqrt{\frac{235}{f_y}}$时，可不配置加劲肋。因为在这种情况下，无论是剪应力还是正应力都可以达到屈服而不致引起腹板屈曲。

②对于有局部压应力 $\sigma_c \neq 0$ 的梁，腹板的受力状态比较复杂，当 $\frac{h_0}{t_w} \leqslant 80\sqrt{\frac{235}{f_y}}$ 时，宜按构造要求在腹板上配置横向加劲肋，横向加劲肋的间距 a 应满足 $0.5h_0 \leqslant a \leqslant 2h_0$[图 11.76(a)]。

③当 $80\sqrt{\frac{235}{f_y}} \leqslant \frac{h_0}{t_w} \leqslant 170\sqrt{\frac{235}{f_y}}$ 时，即剪应力对腹板屈曲起决定作用时，应配置横向加劲肋，其间距大小应满足计算要求，计算要求可参见有关资料。对于无局部压应力的梁，当 $\frac{h_0}{t_w} \leqslant 100\sqrt{\frac{235}{f_y}}$ 时肋间距可不必计算。

④当 $\frac{h_0}{t_w} > 170\sqrt{\frac{235}{f_y}}$ 时，腹板可能在弯曲正应力作用下丧失局部稳定。此时，应在配置横向加劲肋的同时，在腹板受压区配置纵向加劲肋[图 11.76(b)]。必要时，还应在受压区配置短加劲肋[图 11.76(c)]，并均应按规定计算。

⑤在梁的支座处和上翼缘受有较大固定集中荷载处，宜设置支承加劲肋。

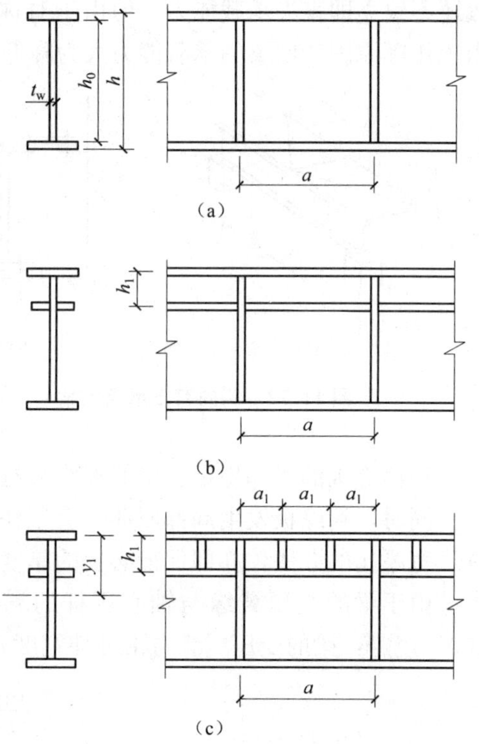

图 11.76　腹板加劲肋的布置

加劲肋常在腹板两侧成对配置[图 11.77(a)]，对于仅受静荷载作用或受动荷载作用较小的梁腹板，为了节省钢材和减轻制造工作量，其横向和纵向加劲肋也可考虑单侧配置[图 11.77(b)]。

加劲肋可以用钢板或型钢做成，焊接梁一般常用钢板。

横向加劲肋的最小间距为 $0.5h_0$，最大间距为 $2h_0$（对 $\sigma_c = 0$ 的梁，当 $h_0/t_w \leqslant 100$，可用 $a = 2.5h_0$）。

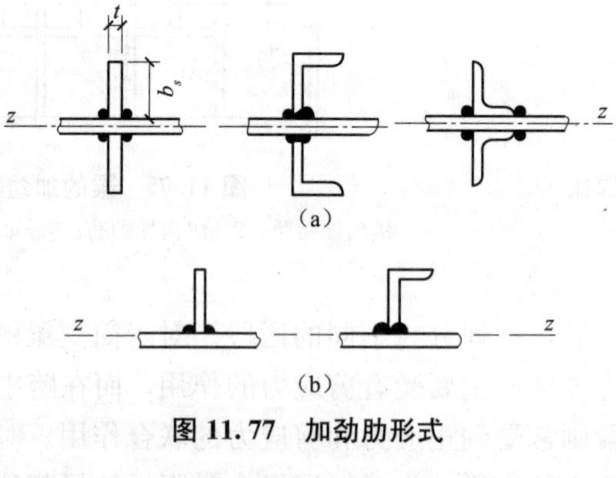

图 11.77　加劲肋形式

为了保证梁腹板的局部稳定，加劲肋应具有一定的刚度，为此要求：

①在腹板两侧成对配置的钢板横向加劲肋，其截面尺寸应按下列经验公式确定：

外伸宽度：

$$b_s \geqslant \frac{h_0}{30} + 40(\text{mm}) \tag{11-45}$$

厚度

$$t_s \geqslant \frac{b_s}{15} \tag{11-46}$$

②仅在腹板一侧配置的钢板横向加劲肋，其外伸宽度应大于按式(11-45)算得的 1.2 倍，厚度不小于其外伸宽度的 1/15。

③在同时用横向加劲肋和纵向加劲肋加强的腹板中，应在其相交处将纵向加劲肋断开，横向加劲肋保持连续(图 11.78)。此时，横向加劲肋的截面尺寸除应满足上述要求外，其绕 z 轴(图 11.77)的惯性矩还应满足：

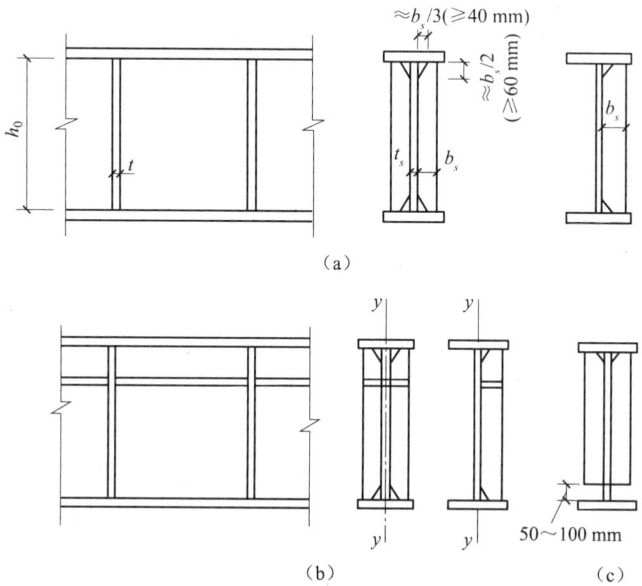

图 11.78　加劲肋的构造

当 $\frac{a}{h_0} \leqslant 0.85$ 时，

$$I_y \geqslant 1.5 h_0 t_w^3 \tag{11-47}$$

当 $\frac{a}{h_0} > 0.85$ 时

$$I_y \geqslant \left(2.5 - 0.45 \frac{a}{h_0}\right)\left(\frac{a}{h_0}\right)^2 h_0 t_w^3 \tag{11-48}$$

④当配置有短加劲肋时，其短加劲肋的外伸宽度应取为横向加劲肋外伸宽度的 0.7～1.0 倍，厚度不应小于短加劲肋外伸宽度的 1/15。

⑤用型钢做成的加劲肋，其截面相应的惯性矩不得小于上述对于钢板加劲肋惯性矩的要求。

为了减少焊接应力，避免焊缝的过分集中，横向加劲肋的端部应切去宽约 $b_s/3$(但不大于 40 mm)，高约 $b_s/2$(但不大于 60 mm)的斜角[图 11.78(a)]，以使梁的翼缘焊缝连续通过。在纵向加劲肋与横向加劲肋相交处，应将纵向加劲肋两端切去相应的斜角，使横向加劲肋与腹板连接的焊缝连续通过。

吊车梁横向加劲肋的上端应与上翼缘刨平顶紧。当为焊接吊车梁，尚宜焊接。中间横向加劲肋的下端一般在距受拉翼缘 50～100 mm 处断开[图 11.78(c)]，不应与受拉翼缘焊接，以改善梁的抗疲劳性能。

3)支承加劲肋的设置。支承加劲肋是指承受固定集中荷载或梁支座反力的横向加劲肋，这种加劲肋应在腹板两侧成对配置(图 11.79)，其截面常比中间横向加劲肋的截面大，并需要计算，其计算要求可参见有关资料。

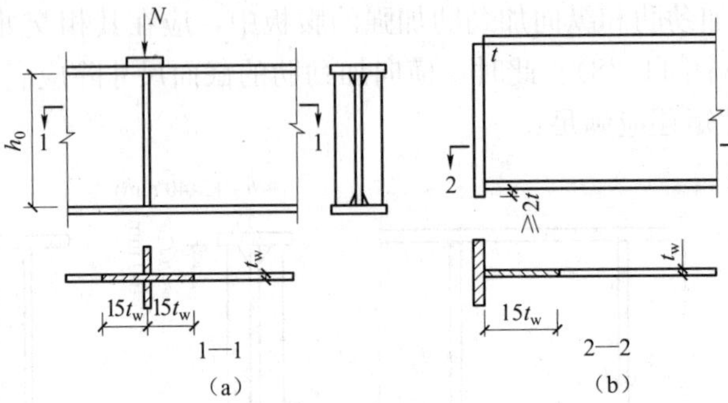

图 11.79　支承加劲肋

3. 梁的拼接

梁的拼接依施工条件的不同，分为工厂拼接和工地拼接两种，工厂拼接是受钢材规格或现有钢材尺寸限制，需将钢材拼大或拼长而在工厂进行的拼接；工地拼接是受到运输或安装条件限制，将梁在工厂做成几段(运输单元或安装单元)运置工地后进行的拼接。

梁的工厂拼接中，翼缘和腹板的拼接位置最好错开，并避免与加劲肋和连接次梁的位置重合，以防止焊缝集中，如图 11.80 所示，腹板的拼接焊缝与横向加劲肋之间至少相距 $10t_w$。在工厂制造时，常先将梁的翼缘板和腹板分别接长，然后再拼装成整体，可以减少梁的焊接应力。

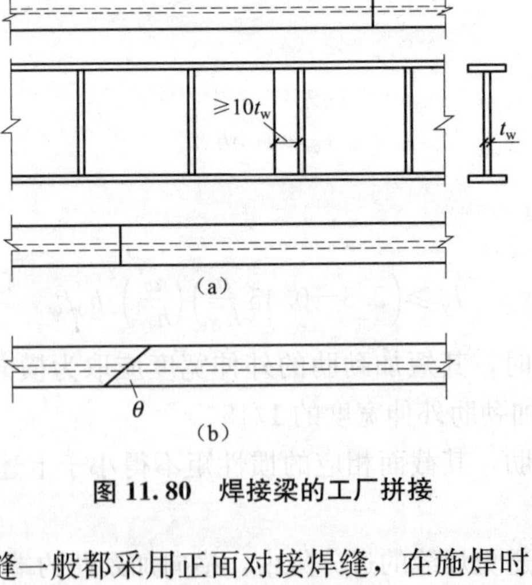

图 11.80　焊接梁的工厂拼接

翼缘和腹板的拼接焊缝一般都采用正面对接焊缝，在施焊时用引弧板，因此，对于满足《钢结构工程施工质量验收规范》(GB 50205—2001)中 1、2 级焊缝质量检验级别的焊缝都不需要进行验算。只有对仅进行外观检查的 3 级焊缝，因其焊缝的抗拉强度设计值小于钢材的抗拉强度设计值，此时需要分别验算受拉翼缘和腹板上的最大拉应力是否小于焊缝抗拉强度设计值。当焊缝的强度不足时，可以采用斜焊缝[图 11.80(b)]。当斜焊缝与受力方

向的夹角 θ 满足 $\tan\theta \leqslant 1.5$ 时，可以不必验算。但斜焊缝连接比较费料、费工，特别是对于宽的腹板最好不用。必要时，可以考虑将拼接板的截面位置调整到弯曲正应力较小处来解决。

工地拼接的位置由运输和安装条件确定。此时，需将梁在工厂分成几段制作，然后再运往工地。对于仅受到运输条件限制的梁段，可以在工地地面上拼装，焊接成整体，然后吊装；而对于受到吊装能力限制而分成的梁段，则必须分段吊装，在高空进行拼接和焊接。

工地拼接一般应使翼缘和腹板在同一截面或接近于同一截面处断开，以便于分段运输。图 11.81(a)所示为断在同一截面的方式，梁段比较整齐，运输方便。为了便于焊接，将上、下翼缘板均切割成向上的 V 形坡口。为了使翼缘板在焊接过程中有一定范围的伸缩余地，以减少焊接残余应力，可将翼缘板在靠近拼接截面处的焊缝预先留出约 500 mm 的长度在工厂不焊，按照图 11.81(a)中所示的序号最后焊接。

图 11.81(b)所示为将梁的上、下翼缘板和腹板的拼接位置适当错开的方式，可以避免焊缝集中在同一截面。这段梁有悬出的翼缘板，运输过程中必须注意防止碰撞破坏。

对于铆接梁和较重要的或受动力荷载作用的焊接大型梁，其工地拼接常采用高强度螺栓连接。

图 11.82 所示为采用高强度螺栓连接的焊接梁的工地拼接。在拼接处同时有弯矩和剪力作用。设计时，必须使拼接板和高强度螺栓都具有足够的强度，满足承载力的要求，并保证梁的整体性。

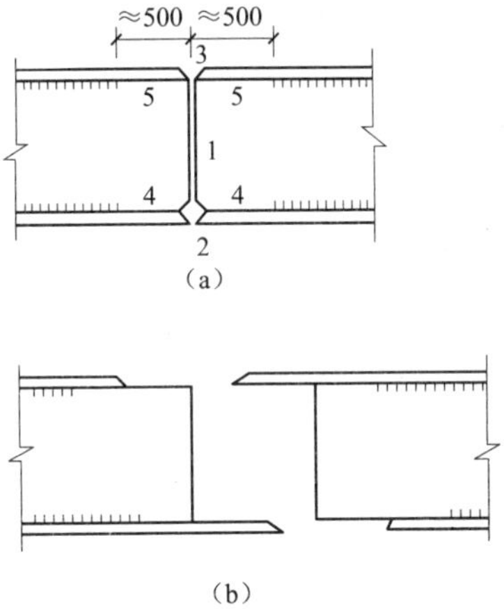

图 11.81　工地焊接拼接

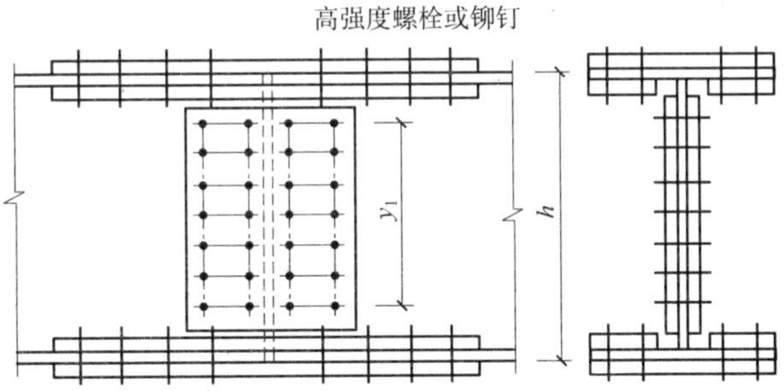

图 11.82　梁的工地拼接

梁翼缘板的拼接，通常应按照等强度原则进行设计，即应使拼接板的净截面面积不小于翼缘板的截面面积。高强度螺栓的数量应按翼缘板净截面面积 A_n 所能承受的轴向力 $N = A_n f$ 计算，f 为钢材的强度设计值。

腹板的拼接应首先进行螺栓布置，然后验算。布置螺栓时，应注意满足螺栓排列的容许距离要求。

4. 梁的支座和主、次梁连接

(1)梁的支座。梁的荷载通过支座传给下部支承结构，如墩支座、钢筋混凝土柱或钢柱等。梁与钢柱的铰接连接在轴压构件的柱头中已叙述，此处仅介绍墩支座或钢筋混凝土支座。

常用的墩支座或钢筋混凝土支座有平板支座、弧形支座和滚轴支座三种形式(图 11.83)。

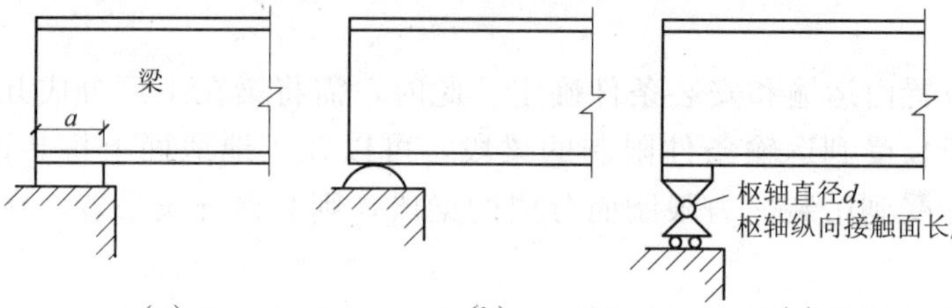

图 11.83　梁的支座形式

平板支座不能自由转动，一般用于跨度小于 20 m 的梁中。弧形支座构造与平板支座相仿，但其支承面为弧形，使梁能自由转动，因而底板受力比较均匀，常用在跨度为 20～40 m 的梁中。滚轴支座由上、下支座板和中间枢轴及下部滚轴组成。梁上荷载经上支座板通过枢轴传给下支座板，枢轴可以自由转动，形成理想铰接。下支座板支承于滚轴上，以滚动摩擦代替滑动摩擦，能自由移动。滚轴支座可消除梁由于挠度或温度变化而引起的附加应力，适用于跨度大于 40 m 的梁中。能移动的滚轴支座只能安装在梁的一端，另一端须采用铰支座。

2)主、次梁的连接。次梁与主梁的连接分为铰接和刚接两种。铰接应用较多，刚接则在次梁设计成连续梁时采用。铰接连接按构造，可分为叠接[图 11.84(a)]和平接[图 11.84(b)]两种。

叠接是将次梁直接搁在主梁上，用焊缝或螺栓相连。这种连接构造简单，但结构所占空间较大，故应用常受到限制。平接可降低建筑高度，次梁顶面一般与主梁顶面同高，也可略高于或低于主梁顶面。次梁可侧向连接在主梁的横肋上；而当次梁的支反力较大时，通常应设置承托[图 11.84(c)]。

连续次梁的连接形式，主要是在次梁上翼缘设置连接盖板，在次梁下面的肋板上也设有承托板，以便传递弯矩。为避免仰焊，盖板的宽度应比次梁上翼缘稍窄，承托板的宽度应比下翼缘稍宽。

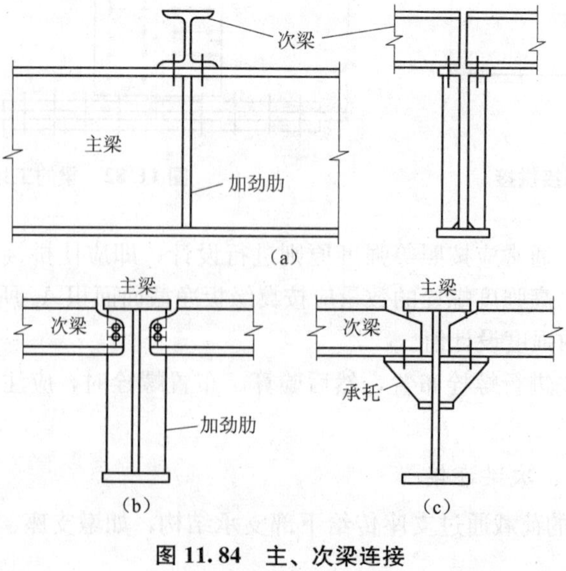

图 11.84　主、次梁连接

11.5 钢 屋 盖

11.5.1 钢屋盖结构的组成

1. 钢屋盖的分类

在采用钢屋架的屋盖结构中，通常是平行等间距放置钢屋架，其上再放置檩条、屋面板等屋面体系。

根据屋面结构布置情况的不同，可分为无檩体系屋盖和有檩体系屋盖。钢屋架上直接铺放屋面板时，称为无檩体系屋盖[图 11.85(a)]；钢屋架上每隔一定间距放置檩条，再在檩条上放置屋面板时，称为有檩体系屋盖[图 11.85(b)]。钢屋盖结构主要由屋面、屋架、天窗架、檩条、支撑等构件组成。现分述如下：

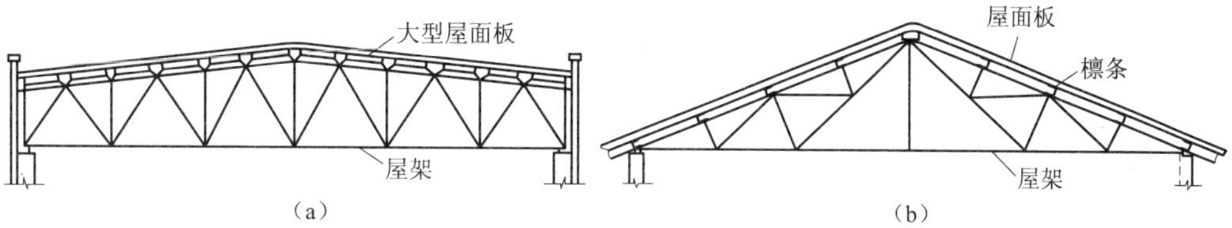

图 11.85 钢屋盖的结构组成

(a)无檩楼盖；(b)有檩楼盖

(1)无檩体系屋盖。无檩体系屋盖[图 11.85(a)]的屋面板常采用钢筋混凝土大型屋面板、加气钢筋混凝土板等。屋架间距应与大型屋面板的长度相配合，一般为 6 m 或 6 m 的倍数；当柱距较大时，可在柱间设置托架或中间屋架。屋面一般采用卷材防水。通常适用于较小屋面坡度，常用的坡度为 1∶8～1∶12。当屋面有保温需要时，可在屋面板上先设置保温层，通常采用泡沫混凝土、加气混凝土、珍珠岩砂浆或沥青珍珠岩等。

无檩体系屋盖屋面构件的种类和数量少，构造简单，安装方便，易于铺设保温层和防水层、施工速度快，同时屋盖刚度大，整体性能好且较为耐久；但屋面自重大，常需要增大屋架杆件和下部结构的截面，使钢材用料相应增加，对抗震不利，且吊装构件时比较笨重。因此，无檩体系常用在刚度要求较高的中型以上厂房和民用、公共建筑中。

(2)有檩体系屋盖。有檩体系屋盖[图 11.85(b)]中，通常是在檩条上放置轻型屋面板，较多的情况下为保温屋面，例如：波形石棉瓦、瓦楞铁、预应力钢筋混凝土槽瓦、钢丝网水泥折板瓦等。随着生产技术的发展，有檩体系的屋面材料，也常用压型钢板、压型铝合金板、瓦楞铁皮等压型材料。屋架的经济间距为 4～6 m。以上屋面一般要求较陡的屋面坡度，以便排水，常用坡度为 1∶2～1∶3，并常采用三角形屋架。

檩条间距根据屋面板的强度要求确定，一般可尽量做成屋架上弦每个节点处放一根檩条；但一些较弱屋面板要求较密檩条，而屋架上弦间距又不便做得过小时，则一部分檩条放在上弦节间内，使上弦局部受弯。檩条长度等于屋架间距，可根据设计时省钢要求确定，比较灵活，常用的长度为 4～6 m。

有檩体系屋盖的优点是可供选用的屋面材料种类较多，屋架间距和屋面布置比较灵活，构件重量轻、用料省，运输安装方便；其缺点是构件种类和数量多、构造复杂、吊装次数多、檩条用钢量较多，且屋盖整体刚度较差。因此，有檩体系常用在刚度要求不高的中、小型厂房和民用建筑中。但是，在采用新型和轻型屋面材料(如压型钢板、夹芯保温板等)与采取适当构造措施后，也已经用到较大型的工业厂房和民用、公共建筑中。

在选择屋盖结构体系时，应全面考虑房屋的使用要求、受力特点、材料供应情况以及施工和运输条件等，以确定最佳方案。

2. 钢屋架的形式和主要尺寸

(1)钢屋架的形式。普通钢屋架按其外形可分为三角形[图 11.86(a)、(b)、(c)]、梯形[图 11.86(d)、(e)]和平行弦[图 11.86(f)、(g)]三种。屋架的腹杆形式常有人字形、芬克式、豪式、再分式及交叉式。

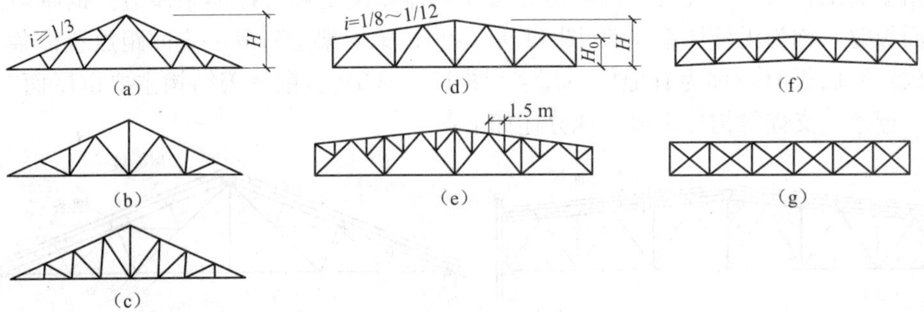

图 11.86　钢屋架的外形

确定屋架外形应符合适用、受力合理、经济和施工方便等原则。从使用要求来看，屋架上弦坡度应适应屋面材料的排水需求。当采用短尺压型钢板、波形石棉瓦和瓦楞铁等时，其排水坡度要求较陡，应采用三角形屋架。当采用大型混凝土屋面板或发泡水泥复合板等铺油毡防水材料时，其排水坡度可较为平缓，应采用梯形或人字形屋架。另外，还应考虑建筑上净空的需要，以及有无天窗、顶棚和悬挂吊车等方面的要求。从受力角度出发，屋架外形应尽量与弯矩图相近，以使弦杆受力均匀。受力较合理的腹杆布置应使内力分布合理，短杆受压，长杆受拉，且杆件和节点数量应尽可能地少，总长度短，且尽可能使荷载作用于节点，避免弦杆因受节间荷载引起局部弯矩而增大截面。从施工角度出发，屋架杆件的数量和品种规格应尽可能少，在用钢量增加不多的原则下，力求尺寸统一，构造简单，以便制造。腹杆与弦杆轴线间的夹角一般为 30°～60°，最好在45°左右，以使节点紧凑。屋架上弦的坡度须符合屋面的排水要求。

1)三角形屋架。三角形屋架的上弦坡度一般为 $i=1/2\sim1/3$，坡度一般为 18～24 m，适用于屋面坡度较大的有檩体系屋盖。三角形屋架端部与柱只能做成铰接，故房屋的横向刚度较低，且其外形与弯矩的差别较大，因而弦杆的内力很不均匀，在支座处最大、跨中较小，故弦杆用同一规格截面时，其承载力不能得到充分利用。三角形屋架的上、下弦杆交角一般都较小，尤其在屋面坡度不大时更小，使支座节点构造复杂。综合以上所述原因，三角形屋架一般仅适用于中、小跨度的轻屋面结构。

2)梯形屋架。梯形屋架上弦坡度一般为 $i=1/8\sim1/16$，跨度可达 36 m，适用于屋面坡度较小的屋盖体系、采用长尺压型钢板和夹芯保温板的有檩体系屋盖。由于梯形屋架的外形接近于均布荷载的弯矩图，各节间弦杆受力较弱，且腹杆较短。梯形屋架与柱的连接可做成刚接，也可做成铰接。当做成刚接时，可提高房屋的横向刚度，因此，其是目前工业厂房无檩体系屋盖中应用最广的屋盖形式。

3)平行弦屋架。平行弦屋架上、下弦相互平行，且可做成不同坡度。其与柱连接也可做成刚接或铰接。平行弦屋架多用于单坡屋盖或用作托架，支撑桁架也属于此类。用两个平行弦屋架做成人字形屋架[图 11.86(f)]的双坡屋盖，可以增加建筑净空，减少压顶感觉。另外，为改善屋架受力，屋架的上、下弦也可做成不同坡度或下弦中部做一水平段。平行弦屋架具有杆件规格统一、节点构造统一、便于制造等优点。

(2)钢屋架的主要尺寸。钢屋架的主要尺寸包括屋架的跨度、跨中高度及梯形屋架的端部高度。

1)跨度。屋架的跨度应满足房屋的工艺和使用要求，同时应考虑结构布置的合理性。屋架的标志跨度，是指柱网轴线的横向间距；屋架的计算跨度 l_0，则是指屋架两端支座反力之间的距离。当屋架简支于钢筋混凝土柱或砖上，且柱网采用封闭结合时，一般取 $l_0=l-(300\sim400)$ mm，l 表示屋架的标志跨度；当屋架支撑于钢筋混凝土柱上，而柱网采用非封闭结合时，计算跨度 $l_0=l$；当屋架与钢柱刚接时，其计算跨度取钢柱内侧面之间的距离。

2)高度。与组合梁一样，屋架的高度也取决于建筑高度、刚度要求和经济高度等条件，同时还需结合屋面坡度和满足运输界限的要求。屋架的最大高度不能超过运输界限，最小高度应满足屋架容许挠度的需要，经济高度则应根据屋架弦杆和腹杆的总重为最小的条件确定。

常用屋架高度为：三角形屋架主要取决于屋面坡度，当 $i=(1/3\sim1/2)$ 时，取 $h=(1/6\sim1/4)l$；梯形屋架的中部高度主要是由跨度决定，一般跨中高度取 $h=(1/10\sim1/6)l$，跨度 l 大(或屋面荷载小)时取最小值，跨度 l 小(或屋面荷载大)时取最大值。梯形屋架的端部高度：当屋架与柱刚接时，为了有效传递端部负弯矩，应具有一定高度，一般取 $h_0=(1/16\sim1/10)l$，常取 1.8～2.4 m；当屋架与柱铰接时，根据跨中经济高度和屋面坡度决定即可，但为多跨度房屋时，h_0 应力求统一，以便于屋面构造处理。

对于跨度较大的屋架，在横向荷载作用下将产生较大的挠度，有损外观并可能影响屋架的正常使用。为此，对跨度 $l\geqslant15$ m 的三角形屋架和跨度 $l\geqslant24$ m 的梯形、平行弦屋架，当向上曲折时，宜采用起拱来抵消屋架受荷后产生的部分挠度。起拱高度一般为其跨度的 1/500 左右。

3. 支撑的种类、作用和布置原则

钢屋盖和柱组成的结构体系是平面排架结构，纵向刚度很差，在荷载作用下，存在着所有屋架同向倾覆的危险。此外，在这样的体系中，由于檩条和屋面板均不能作为上弦杆的侧向支承点，故上弦杆在受压时，极易发生侧向失稳现象，如图 11.87 所示的虚线，其承载力极低。

在屋盖两端或中部适当位置的相邻两榀屋架之间，设置一定数量的支撑，沿屋盖纵向全长设置一定数量的纵向杆件，将屋架连成一空间结构体系，形成屋架与支撑桁架组成的空间稳定体系。目的是保证整个屋盖的空间几何不变性，从而阻止屋架上、下弦侧移，大大减小其自由长度，提高屋架弦杆的承载力；同时，可保证屋盖结构安装时的稳定和方便。

钢屋盖支撑的作用、设置位置、设置要求均与钢筋混凝土单层厂房的支撑系统布置相同，区别在于支撑杆件所用材料不同，个别情况对支撑布置的要求不同。

支撑(包括屋架支撑和天窗架支撑)是屋盖结构的必要组成部分。图 11.88 和图 11.89 分别为有檩屋盖和无檩屋盖的支撑布置示例。

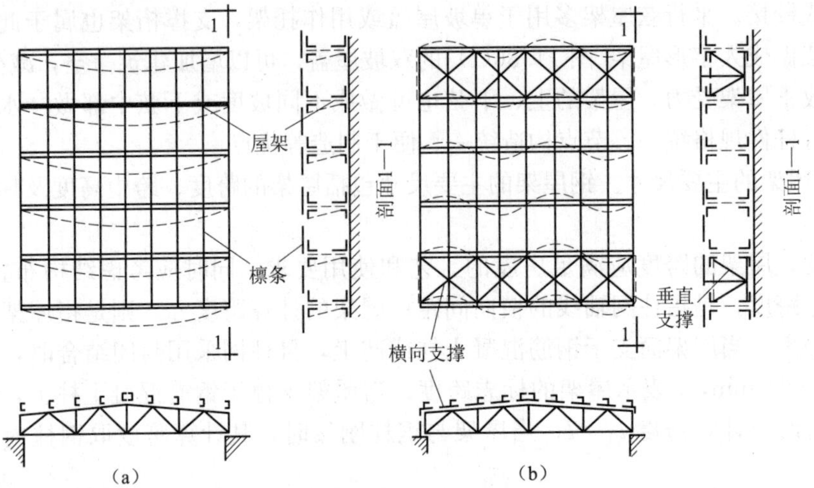

图 11.87　屋盖结构示意

(a)屋架没有支撑时整体丧失稳定的情况；(b)布置支撑后屋盖稳定、屋架上弦自由长度减小

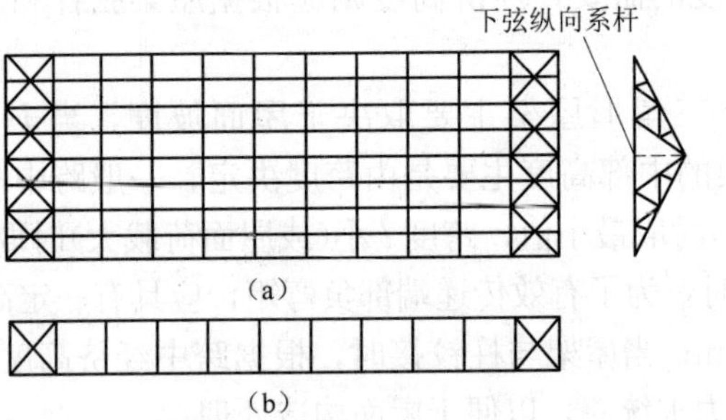

图 11.88　支撑布置示例(有檩屋盖)

(a)上弦横向支撑；(b)垂直支撑

根据支撑布置的位置，可分为上弦横向支撑、下弦支撑、垂直支撑和系杆四种。

(1)上弦横向支撑。上弦横向支撑是以斜杆或檩条为腹杆，两榀屋架的上弦作为弦杆组成的水平桁架将两榀屋架在水平方向连系起来，以保证屋架上弦杆在屋架平面外的稳定，减少该方向上弦杆的计算长度，提高它的临界力。在没有上弦支撑的柱间，则通过系杆、屋面板或檩条的约束作用来达到上述目的。

上弦横向支撑一般布置在房间两端(或温度区域两端)的第一柱间(图 11.88)或第二柱间(图 11.89)。当房屋较长时，需沿长度方向每隔 50～60 m 再布置一道上弦横向支撑，以保证上弦支撑的有效作用，提高房屋的纵向刚度。

(2)下弦支撑。下弦支撑包括下弦横向支撑和纵向支撑。

上、下弦横向支撑一般布置在同一柱间内，和相邻的两榀屋架组成一个空间桁架体系。但当支撑布置在第二柱间内时，必须用刚性系杆将端屋架与横向支撑的节点连接，以保证端屋架的稳定和风荷载的传递，如图 11.89 所示。

下弦横向支撑的主要作用是作为山墙抗风柱的上支点，以承受并传递由山墙传来的纵向风荷载、悬挂吊车的水平力和地震引起的水平力，减少下弦在平面外的计算长度，从而减少下弦的振动。

下弦纵向支撑的主要作用是加强房屋的整体刚度，保证平面排架结构的空间工作，并可承受和传递吊车横向水平制动力。

下弦横向支撑一般布置在屋架左、右两端节间，而且必须和屋架下弦横向支撑相连，以形成封闭体系，如图 11.89(b)所示。

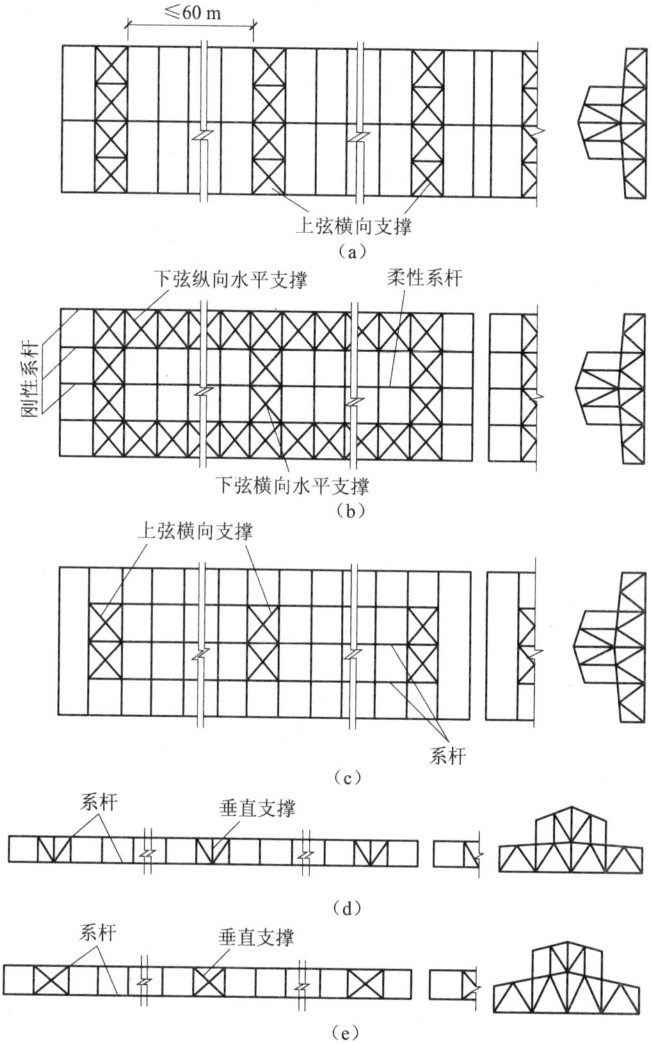

图 11.89　设有天窗的梯形屋架支撑布置示例(无檩屋盖体系)

(a)屋架上弦横向支撑；(b)屋架下弦水平支撑；(c)天窗上弦横向支撑；
(d)屋架跨中及支座处的垂直支撑；(e)天窗架侧柱垂直支撑

(3)垂直支撑。垂直支撑的主要作用是使相邻屋架形成空间几何不变体系，以保证屋架在使用和安装的正确位置，如图 11.90 所示。

当梯形屋架跨度小于 30 m 时，应在屋架跨中及两端竖杆平面内分别设置一道垂直支撑[图 11.91(b)]；当梯形屋架跨度大于或等于 30 m 时，应在屋架两端和跨度三分之一左右的竖杆平面内各设置一道竖向支撑[图 11.91(d)]。除在上、下弦横向支撑所在柱间设置外，每隔五、六个屋架还宜增设。

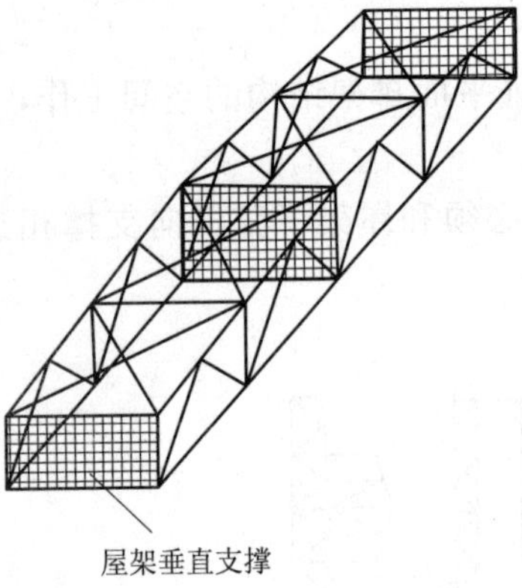

图 11.90　屋架垂直支撑作用

当三角形屋架跨度小于或等于 18 m 时，应在屋架中间设置一道垂直支撑[图 11.91(a)]；当屋架跨度大于 18 m 时，应在屋架中布置两道垂直支撑[图 11.91(c)]。

(4)系杆。系杆分为刚性系杆和柔性系杆两种。能承受压力的系杆称为刚性系杆，只能承受拉力的系杆称为柔性系杆。系杆的主要作用是保证无横向支撑的所有屋架的侧向稳定，减少弦杆在屋架平面外的计算长度以及传递纵向荷载。

在屋架支座节点处和上弦屋脊节点处，应设置通长的刚性系杆；一般情况下，垂直支撑平面内的屋架上、下弦节点处设置通长的柔性系杆；当屋架横向支撑设在厂房两端或温度缝区段的第二柱间内时，则在支撑点与第一榀屋架中间设置刚性系杆。

4. 支撑的形式和连接构造

横向支撑和纵向支撑常采用交叉斜杆和直杆形式，垂直支撑一般采用平行弦桁架形式，其腹杆体系应根据高和长的尺寸比例确定。当高和长的尺寸相差不大时，采用交叉式[图 11.91(g)]；当高和长的尺寸相差较大时，则采用 W 式或 V 式[图 11.91(e)、(f)]。

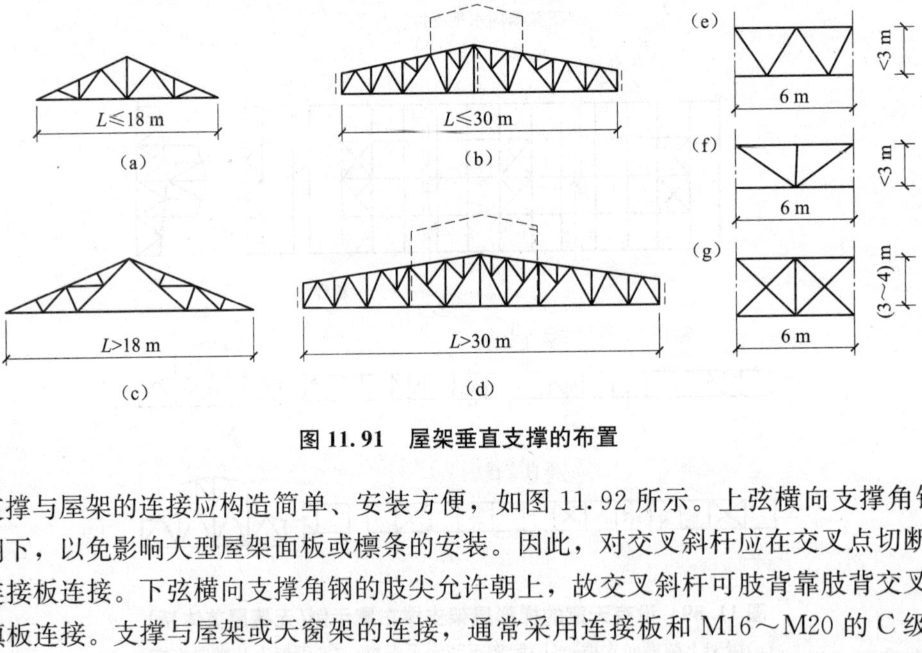

图 11.91　屋架垂直支撑的布置

支撑与屋架的连接应构造简单、安装方便，如图 11.92 所示。上弦横向支撑角钢的肢尖应朝下，以免影响大型屋架面板或檩条的安装。因此，对交叉斜杆应在交叉点切断一根，另用连接板连接。下弦横向支撑角钢的肢尖允许朝上，故交叉斜杆可肢背靠肢背交叉放置，采用填板连接。支撑与屋架或天窗架的连接，通常采用连接板和 M16～M20 的 C 级螺栓，且每端不少于两个。在 A6～A8 工作级别的吊车或有其他较大设备的房屋中，屋架下弦支撑和系杆宜采用高强度螺栓连接，或用 C 级螺栓再加焊接将节点板固定[图 11.92(b)]；若不加焊缝，则应采用双螺母或将栓杆螺纹打毛，或与螺母焊死，以防止松动。

11.5.2　普通屋架的杆件设计

普通钢屋架由角钢(不小于 45×4 或 56×36×4)和节点板焊接而成，它的受力性能好，构造简单，施工方便。在确定屋架外形和主要尺寸后，各杆件的轴线几何长度可根据几何长度求得。

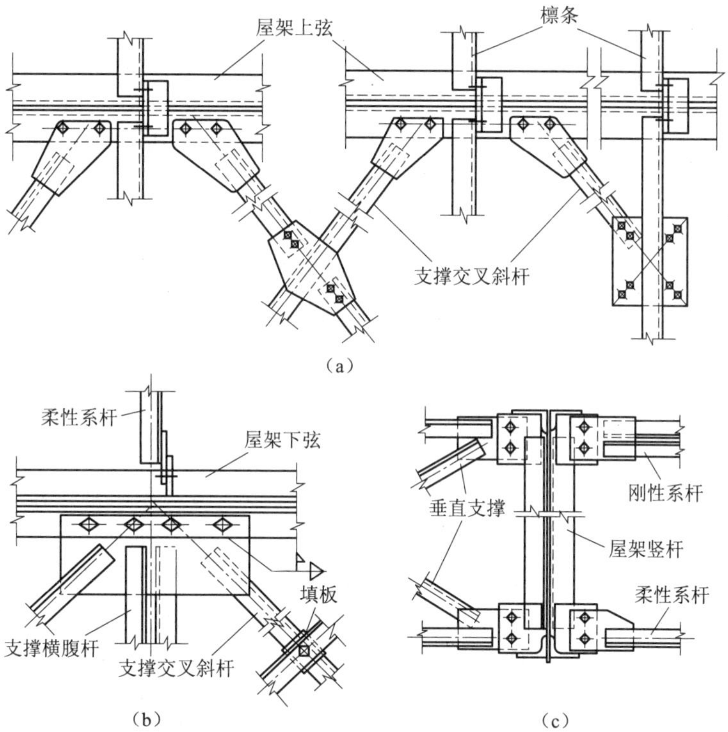

图 11.92 支撑与屋架的连接构造

(a)上弦支撑的连接；(b)下弦支撑的连接；(c)垂直支撑的连接

1. 屋架杆件的受力特点

计算屋架杆件内力时，假定屋架的节点为铰接；屋架所有杆件轴线为直线且都在同一平面内，并相交于节点的中心；荷载都作用在节点上，且都在屋架平面内，故屋架各杆都为轴心受力杆件。

2. 屋架杆件截面形式

各杆件的内力求出后，确定屋架各杆(上弦杆、下弦杆和腹杆)在平面内和平面外的计算长度，根据截面选择的基本公式和等稳定性的要求，进行杆件截面设计。

(1)杆件的计算长度。

1)杆件在屋架平面内的计算长度 l_{0x}。在理想铰接的屋架中，杆件在屋架平面内的计算长度 l_{0x} 应等于节点中心间的距离，即杆件的几何长度 l，如图 11.93(b)所示。但实际屋架是用焊缝将杆件端部和节点板相连，故节点板本身具有一定的刚度，杆件两端为弹性嵌固。当某一压杆因失稳杆端绕节点转动时，节点上汇集的杆件数目越多、线刚度越大，则产生的约束作用也就越大。压杆在节点处的嵌固程度越大，其计算长度就越小。

如图 11.93(a)所示，弦杆、支座弦杆和支座竖杆的自身刚度较大，而两端节点上的拉杆却很少，故嵌固程度很小，与两端铰接的情况比较接近，故其 $l_{0x}=l$。

其他中间腹杆，与其上端相连拉杆少，嵌固程度小，可视为铰接；但与其下端相连的拉杆较多，且下弦的线刚度大，嵌固程度较大，故其计算长度可取 $l_{0x}=0.8l$。

2)杆件在屋架平面外的计算长度 l_{0y}。弦杆在屋架平面外的计算长度等于侧向固定节点间的距离。对于上弦杆，在有檩设计中当檀条与支撑交叉点不连接时，$l_{0y}=l_1$，l_1 是支撑节

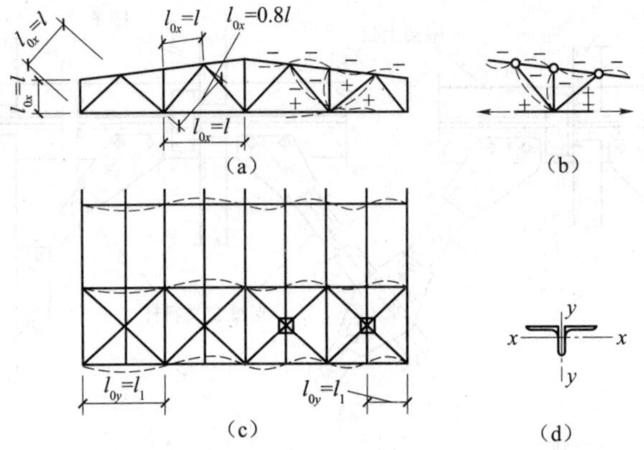

图 11.93　屋架杆件的计算长度

点的距离；当檩条与支撑交叉点相连接时，则 $l_{0y}=l_1/2$。在无檩设计中把屋面板视作刚性系杆时，$l_{0y}=l_1$；当屋面板起支撑作用时，$l_{0y}=2b$，且不大于 3 m，b 为大型屋面板的宽度。对于下弦杆，$l_{0y}=l_1$，l_1 为侧向支撑点之间的距离，有横向水平支撑时，为横向水平支撑节点的距离；无横向水平支撑，有系杆时，则为系杆之间的距离。

腹杆在屋架平面外的计算长度等于两端节点之间的距离。

(2)杆件截面形式。钢结构的杆件一般采用两个等肢或不等肢角钢组成 T 形截面或十字形截面。轴心受拉杆件按强度计算所需净截面面积 A_{nreq}，根据所求得的 A_{nreq}，从角钢规格中选出重量轻、回转半径大、面积和 A_{nreq} 相近的角钢。轴心受压杆件则按稳定计算要求选择截面进行验算。选择的一般原则是：尽量做到两个方向等稳定(即 $\lambda_x=\lambda_y$)、节点材料与节点板连接方便、具有必要的刚度、便于施工安装。常用杆件截面形式见表 11.11。

表 11.11　屋架杆件的截面形式

组合方式		截面形式	回转半径的比值	用　途
不等边角钢	短肢相并	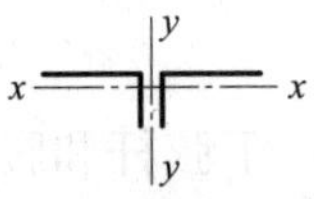	$\frac{i_y}{i_x}\approx 2.6\sim 2.9$	l_{0y} 较大的上、下弦杆
	长肢相并	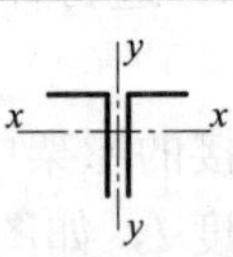	$\frac{i_y}{i_x}\approx 0.75\sim 1.0$	端斜杆、端竖杆、受局部弯矩作用的上、下弦杆
等边角钢相并		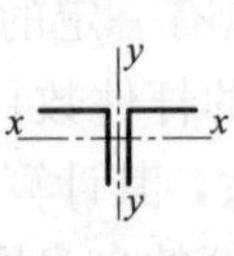	$\frac{i_y}{i_x}\approx 1.3\sim 1.5$	其他腹杆或一般上、下弦杆
等边角钢十字相连		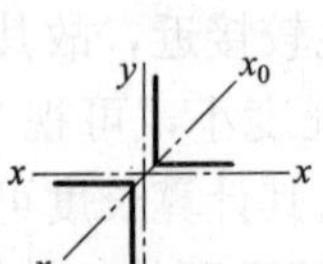	$\frac{i_y}{i_x}\approx 10$	连接垂直支撑的竖杆

续表

组合方式	截面形式	回转半径的比值	用　途
单角钢	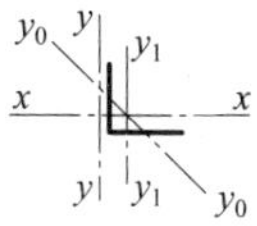		用于内力较小杆件

屋架的腹杆、竖杆和支撑杆件，有时受力很小，常按容许长细比选择截面。

屋架上弦，在一般支撑的情况下，屋架平面外的计算长度等于平面内计算长度的两倍，为满足 $\lambda_x \approx \lambda_y$，必须使 $i_y \approx 2i_x$，这时宜采用由两个不等边角钢短肢相并的 T 形截面。如果上弦杆有节间荷载作用，为了增加屋架平面内的抗弯钢架，宜采用由两等肢角钢组成的 T 形截面或两个不等肢角钢长肢相并的 T 形截面。屋架的端斜杆，由于它在屋架平面内和平面外的计算长度相等，从等稳条件出发，要求所选截面的 $\lambda_x \approx \lambda_y$，故应采用两个不等肢角钢长肢相并的 T 形截面。

对于其他腹杆，由于 $l_{0y} = 1.25l_{0x}$，要求应采用 $i_y = 1.25i_x$，所以，应采用两个等边角钢组成的 T 形截面。连接垂直支撑的竖腹杆，为使传力时不产生偏心受力，便于与支撑连接以及吊装时屋架两端可以互换，宜采用两个不等肢角钢组成的十字形截面。对于受力很小的腹杆，也可采用单角钢截面。

屋架下弦受拉，所选截面除满足强度和容许长细比外，应尽可能地增大屋架平面外的刚度，以利于运输和吊装。因此，下弦杆常用两个不等肢角钢短肢相并的 T 形截面。

为使两个角钢组成的构件形成一个整体，应在角钢相并肢之间焊上垫板，垫板厚度应与节点板厚度相同(一般 6～10 mm)，垫板宽度一般取 60 mm 左右，长度比角钢肢宽长 20～30 mm。垫板间距 l_z 在受压杆件中不大于 $40i$，在受拉杆件中不大于 $80i$。对于 T 形截面，i 为一个角钢平行于垫板的形心轴的回转半径；对于十字形截面，则取一个角钢的最小回转半径[图 11.94(b)]。在受力杆件的两个侧向支撑点之间的垫板数，不宜少于两个。

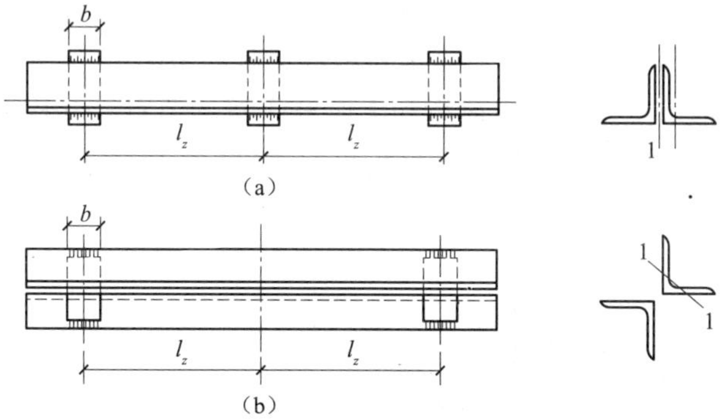

图 11.94　桁架杆件中的垫板

(a)T 形截面时；(b)十字形截面时

11.5.3　普通屋架的节点设计

屋架上各个杆件通过节点上的节点板相互连接。各杆件的内力通过各杆件与节点板上的角焊缝传力，并在节点上取得平衡。节点设计的任务是确定节点的构造、计算焊缝以及确定节点板的形状和尺寸。焊缝的计算在11.2节中已有详述。在此将重点介绍各种节点的构造要求，以便能正确确定节点板的形状和尺寸。

(1)节点的构造要求。

1)各杆件的形心线应尽量与屋架的几何轴线重合，并交于节点中心，以避免杆件偏心受力。但为了制造方便，通常将角钢肢背至形心线的距离取为5 mm的倍数，以作为角钢的定位尺寸(图11.98中$z_1 \sim z_2$)。当弦杆截面有改变时，为方便拼接和安装屋面构件，应使角钢的肢背齐平。此时，应取两形心线的中线作为弦杆的共同轴线(图11.95)，以减少因两角钢形心线错开而产生的偏心影响。

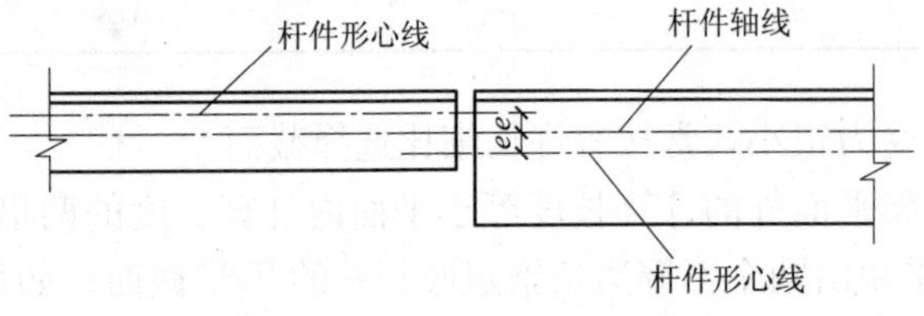

图11.95　弦杆截面改变时的轴线

2)节点板上各杆件之间的焊缝净距，不宜小于10 mm。

3)角钢的截面宜采用垂直于杆件轴线直切，有时为了减小节点板的尺寸，也可斜切，但要适宜[图11.96(b)、(c)]。图11.96(d)所示形式不宜采用，因其不能采用机械切割。

4)节点板的形状应力求简单而规整，没有凹角，一般至少有两边平行，如矩形、平行四边形和直角梯形等(图11.97)。

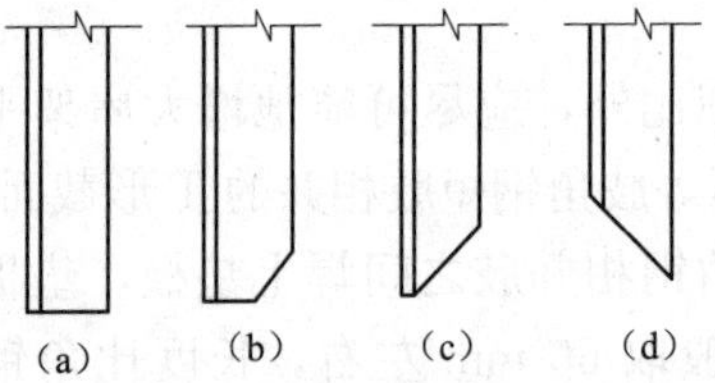

图11.96　角钢端部切割形式

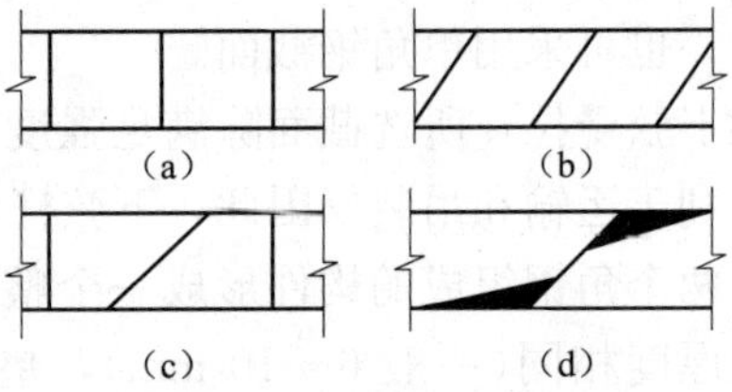

图11.97　节点板形状

(a)、(b)、(c)正确；(d)不正确

(2)节点设计和构造。节点设计时，应根据各杆件截面的形式确定节点连接的构造形式，并根据杆件的内力确定连接焊接的长度和焊脚尺寸h_f，然后按节点上各杆件的焊缝长度。并考虑各杆件间应预留的空隙，确定节点板的形状和平面尺寸。

1)一般节点。一般节点是无集中荷载和无弦杆拼接的节点，其构造形式如图11.98所示，所有杆件与节点板的连接焊缝计算长度均可按式(11-13)、式(11-14)计算，从而可定出1～6点。

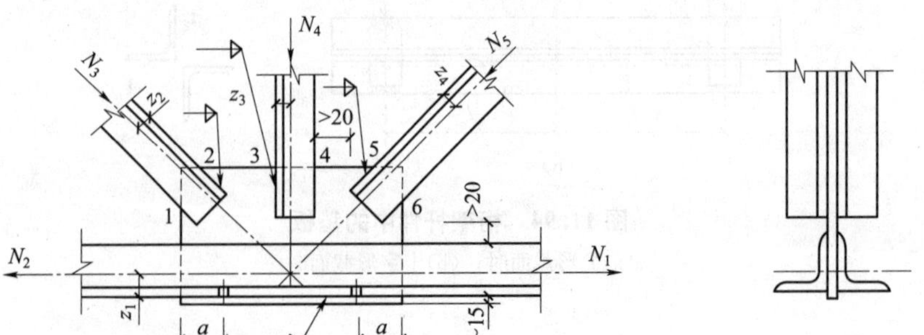

图11.98　一般节点

2)有集中荷载节点。屋架上弦节点(图 11.99)一般受有檩条或大型屋面板传来的集中荷载 Q 的作用。为了放置上部构件，节点板需缩入上弦角钢肢背约 $2/3t$(t 为节点板厚度)深度，用塞焊缝连接。

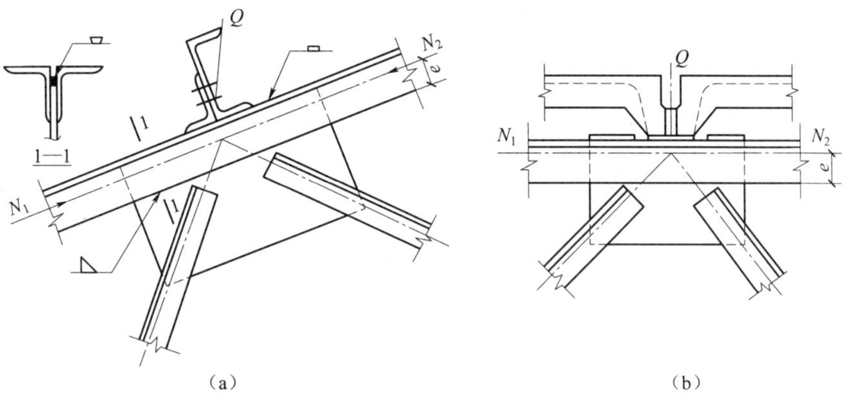

图 11.99 有集中荷载作用的(上弦)节点

3)弦杆拼接节点。弦杆的拼接分工厂拼接和工地拼接两种。工厂拼接是角钢供应长度不足时的制造接头，通常设在内力较小的节点内；工地拼接是在屋架分段制造和运输时的安装接头，上弦多设在屋脊节点[图 11.100(a)、(b)，分别属芬克式三角形屋架和梯形屋架]，下弦多设在跨中央[图 11.100(c)]。

为传递断开弦杆的内力，在拼接处弦杆上应加一对和被连接弦杆截面相同的拼接角钢。为使拼接角钢能紧贴被连弦杆角钢且便于施焊，就将拼接角钢的棱角削去并把竖向肢边切去 $\Delta=t+h_f+5$ mm，其中，t 为角钢厚度[图 11.100(d)]，h_f 为角焊缝焊脚尺寸，5 mm 为所留余量。为了尽量缩短拼接角钢长度 l_1，h_f 应尽量采用构造容许的最大值。

拼接角钢的长度 L 应根据连接焊接的长度确定，通常按被连接弦杆的最大杆力计算，且平均分配给连接角钢的四条焊缝，因此，每条焊缝的计算长度为：

$$l_w=N_{max}/(4\times0.7h_f\times f_f^w) \tag{11.10}$$

拼接角钢由于截面的削弱(不超过角钢面积的 15%)而影响传递的拉力由节点板补偿。所以，下弦杆和节点板的连接焊接应按该受力弦杆最大内力的 15%来计算。当肢背、肢尖的焊缝长度相同时，由肢背的焊缝强度控制。为便于安装，工地拼接宜采用图 11.100 所示的连接方式。节点板(和中间竖杆)用工厂焊缝焊于左半榀屋架，拼接角钢则作为单独零件出厂，待工地将半榀屋架拼装后再将其装配上，然后一起用安装焊缝连接。另外，为了拼接节点能正确定位和施焊，宜设置安装螺栓。

4)支座节点。图 11.101 所示为三脚架屋架和梯形屋架的铰接支座节点。支座节点由节点板、加劲肋、支座底板和锚栓等组成。它的设计类似于轴心受压柱的柱脚。

为了方便下弦角钢肢背施焊，下弦角钢水平肢的底面与支座底板间的净距 h 值[图 11.101(b)]应不小于下弦角钢的水平肢的宽度，且不小于 130 mm。锚栓直径 d 一般取 20～25 mm。安装时，为便于调整，底板上锚栓孔的直径一般取(2～2.5)d，并开成开口的椭圆孔。

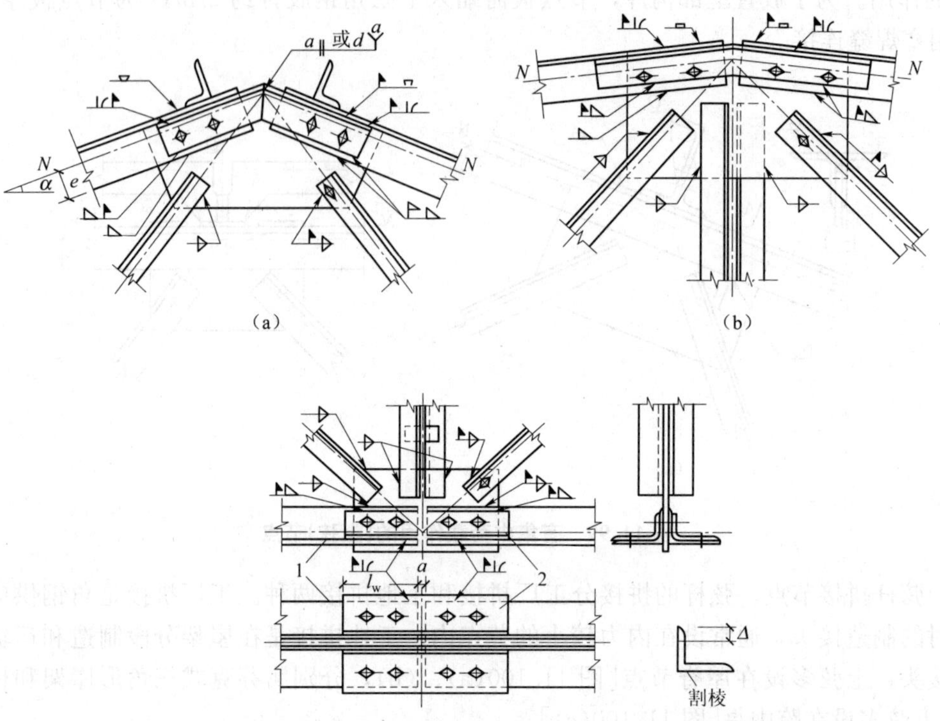

图 11.100　弦杆工地拼接节点

(a)、(b)上弦拼接节点；(c)下弦拼接节点；(d)拼接角钢割棱、切肢

1—屋架下弦；2—拼接角钢

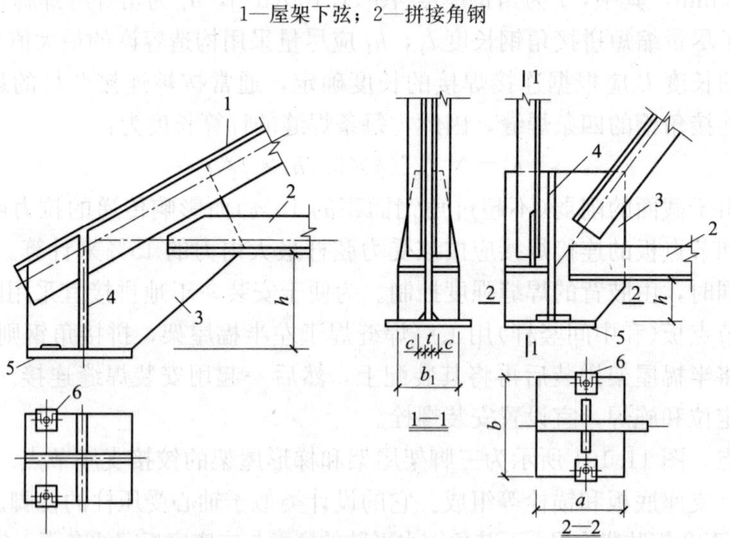

图 11.101　支座节点

(a)三角形屋架支座节点；(b)梯形屋架支座节点

1—上弦；2—下弦；3—节点板；4—加劲肋；5—底板；6—垫板

11.5.4 钢结构施工图

施工图是在钢结构制造厂进行加工制造的主要依据，必须清楚、详尽。图中焊缝按《焊缝符号表示法》(GB 324—2008)的规定标注。

(1)通常在图纸左上角绘一桁架简图。对于对称桁架，图中一半注明杆件几何长度(mm)，另一半注明杆件内力(N 或 kN)。桁架跨度较大时(梯形屋架 $L \geqslant 24$ m，三角形屋架 $L \geqslant 15$ m)，产生挠度较大，影响使用和外观，制造时应在下弦拼接处起拱，拱度一般采用 $f=L/500$，在简图中画出。

(2)施工详图中，主要图面用以绘制屋架的正面图、必要的侧面图，以及某些安装节点或特殊零件的大样图、施工图还有材料表。屋架施工图通常采用两种比例尺：杆件轴线一般为 1∶20～1∶30，以免图幅太大；节点(包括杆件截面，节点板和小零件)一般为 1∶10～1∶15(重要节点大样比例尺还可大些)，可清楚地表达节点的细部制造要求。

(3)在施工图中，要全部注明各零件的型号和尺寸，包括其加工尺寸、零件(杆件和板件)的定位尺寸、孔洞的距离，节点中心至腹杆等杆件近端的距离，节点中心至节点板上、下和左、右边缘的距离等。螺孔位置要符合型钢线距表和螺栓排列规定距离的要求。对加工及工地施工的其他要求，包括零件切斜角、孔洞直径和焊缝尺寸，都应注明。拼接焊缝要注意区分工厂焊缝和安装焊缝，以适应运输单元的划分和拼装。

(4)在施工图中，各零件要进行详细编号，零件编号要按主次、上下、左右一定的顺序逐一进行。完全相同的零件用同一编号。当组成杆件的两脚钢的型号尺寸完全相同，但因其开孔位置或切斜角等原因，而成镜面对称时，宜采用同一编号，但在材料表中应注明正、反二字以示区别。此外，连接支撑和不连接支撑的屋架虽有少数地方不同(如螺孔有不同)，但也可画成一张施工图而加以注明，材料表包括各零件的截面、长度、数量(正、反)和自重。材料表的用途主要是配料和计算用钢指标，其次是为吊装时配置起重运输设备。

(5)施工图中的文字说明应包括不易用图表示以及为了简化图面而易于用文字集中说明的内容，例如：钢材品种、焊条型号、焊接方法和质量要求，图中未注明的焊缝的螺孔尺寸以及油漆，运输和加工要求等，以便将图纸全部要求表达完备。

本章小结

(1)由于钢结构具有强度高、自重轻、材质均匀、塑性和韧性好、适合于机械化生产、工业化程度高、施工速度快、密闭性能好等优点，钢结构适用于大跨度结构、重型厂房结构、受动力荷载影响的结构、可拆卸的结构、高耸结构和高层建筑、容器和其他构筑物、轻型钢结构等。

(2)建筑钢材的主要力学性能有强度、塑性、抗弯、冲击韧性、硬度和耐疲劳性等。钢材的强度试验是在常温下按规定的加荷速度逐渐施加拉力荷载，使试件逐渐伸长，直至拉断破坏。塑性是指钢材在应力超过屈服点后，能产生显著的残余变形而不立即断裂的性质。其可由静力拉伸试验得到的伸长率 δ 来衡量。冷弯性能可衡量钢材在常温下冷加工弯曲产生塑性变形对裂缝的抵抗能力。冲击韧性是衡量钢材承受动力荷载抵抗脆性断裂破坏的能力。韧性是钢材断裂时吸收机械能能力的量度。

(3)影响钢材机械和加工等性能的因素很多。其中，钢材的化学成分及其微观组织结构是最主要的。而在冶炼、浇铸和轧制的过程中，残余应力、温度、钢材硬化和热处理的影响等，也是非常重要的因素。

(4)钢结构常有的钢材主要有碳素结构钢、低合金结构钢、高强度钢丝和钢索材料。我国生产的碳素钢分为Q195、Q215、Q235和Q275四个牌号。在普通碳素钢中添加一种或几种少量合金元素，合金元素总量低于5%的钢称为低合金钢，合金元素总量高于5%的钢称为高合金钢。建筑结构仅用低合金钢，其屈服点和抗拉强度比相应的碳素钢高，并具有良好的塑性和冲击韧性，也较耐腐蚀；可在平炉和氧气转炉中冶炼而成本增加不多，且多为镇静钢。高强度钢丝是由优质碳素钢经过多次冷拔而成，分为光面钢丝和镀锌钢丝两种类型。钢丝强度的主要指标是抗拉强度，其值为1 570～1 700 N/mm^2，而屈服强度通常不作要求。

(5)钢结构常用的连接方法为焊接连接、螺栓连接和铆钉连接。目前，大多数钢结构采用焊接或高强螺栓连接成基本构件，工地安装多采用螺栓连接。铆钉连接费工、费料，房屋结构中已经很少使用。此外，在薄钢结构中还经常采用抽芯铆钉、自攻螺钉、射钉和焊钉等连接方式。不论是钢结构的制造或安装，焊接连接均是主要的连接方法。螺栓连接分为普通螺栓和高强度螺栓连接两种，一般在安装连接中应用较多。普通螺栓宜用于沿其杆轴方向受拉的连接和次要的受剪连接。高强度螺栓适于钢结构重要部位的安装连接。其摩擦型连接宜用于高层建筑和厂房钢结构主要部位以及直接承受动力荷载的连接，承压型连接则宜用于承受静力荷载或间接动力荷载的连接。

(6)钢结构中常用的焊接方法有电弧焊、埋弧焊(自动和半自动)和气体保护焊等。焊缝连接形式按被连接构件间的相对位置，分为平接、搭接、T形连接和角接四种类型。这些连接所用的焊缝有对接焊缝和角焊缝两种基本形式。在具体应用时，应根据连接的受力情况，结合制造、安装和焊接条件进行合理选择。

(7)焊接应满足构造要求，还应做必要的强度计算。对接焊缝除三级受拉焊缝外，均与母材等强，故一般不需要计算。角焊缝应根据作用力与焊缝长度方向间的关系式计算。不论焊缝是受轴心力还是兼受弯矩和剪力，均可按危险点计算该点有效截面的正应力和剪应力，然后带入式(11-8)。

(8)螺栓连接都应满足中距、边距、端距和线距等构造要求，且应做必要的强度计算。对普通螺栓和高强度承压型连接的受剪和受拉螺栓连接，均是计算其最不利螺栓所受的力不大于单个螺栓的承载力设计值(N_v^b、N_c^b、N_t^b)，但受剪螺栓连接还需验算构件因螺孔削弱的净截面强度。

(9)高强度螺栓摩擦型连接的受剪和受拉的计算与普通螺栓类似，只需用其N_v^b或N_t^b代之即可，但受剪高强度螺栓连接的构件净截面强度计算时，净截面上所受的力改用式(11-31)计算，以考虑孔前传力，同时还需要验算毛截面强度。

(10)轴心受力构件包括轴心受拉和轴心受压构件。轴心受拉构件和一般拉弯构件只需计算强度和刚度，而轴心受压构件、压弯构件和某些拉弯构件则同时还需计算整体稳定和局部稳定。轴心受压构件的承载力由稳定条件决定，它应该满足整体稳定和局部稳定的要求。整体稳定是其中最重要的一项，因压杆整体失稳往往在其强度有足够保证的情况下突然发生。

(11)轴心受力构件的强度计算式，是根据构件净截面的平均应力σ不超过钢材的屈服

点 f_y 制定的简化计算公式。

(12)轴心受压构件的整体稳定承载力涉及构件的几何形状和尺寸(长度和截面几何特性)、杆端的约束程度和与之相关的屈曲形式。

(13)梁的计算包括强度、刚度、整体稳定和局部稳定。

(14)梁的强度包括抗弯强度 σ、抗剪强度 τ、局部承压强度 σ_c 和折算应力四项。其中，σ 必须计算，后三项视情况而定。如型钢梁若截面无太大削弱可不计算 τ，且可不计算 σ_c 和折算应力。组合梁在固定集中荷载处设有支撑加劲肋时，也无须计算 σ_c。

(15)梁的抗弯强度在单向弯曲时按式(11-37)计算，双向弯曲时按式(11-38)计算，γ_x 和 γ_y 是用来考虑部分截面发展塑性，且其受压翼缘外伸宽度与其厚度之比应符合 $b_1/t \leqslant 13\sqrt{235/f_y}$。但对需要计算疲劳的梁，则不考虑，即 $\gamma_x = \gamma_y = 1$。

(16)梁的整体稳定性能应受到特别重视，因失稳是在强度破坏前突然发生，往往事先无明显征兆。应尽量采取构造措施，以提高其整体稳定性能，如将密铺板与受压翼缘焊牢、增设受压翼缘的侧向支撑等。对 H 形截面简支梁，当其受压翼缘的侧向自由长度 l_1 与其宽度 b 之比不超过表 11.10 中的规定，可不计算整体稳定，否则需计算。

(17)根据屋面结构布置情况的不同，可分为无檩体系屋盖和有檩体系屋盖。钢屋架上直接铺放屋面板时，称为无檩体系屋盖；钢屋架上每隔一定间距放置檩条，再在檩条上放置屋面板时，称为有檩体系屋盖。钢屋盖结构主要由屋面、屋架、天窗架、檩条、支撑等构件组成。

(18)钢屋盖支撑分上弦横向支撑，下弦支撑，垂直支撑和系杆四种，应根据屋盖结构的形式，房屋的跨度、高度和长度，荷载情况以及柱网布置条件设置。但在一般情况下，必须设置上弦横向支撑、垂直支撑和系杆。

思考题与习题

一、思考题

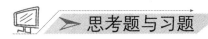

11.1　钢结构对钢材性能有哪些要求？

11.2　钢结构产生脆性破坏的因素有哪些？在化学成分中，以哪几种元素的影响最大？

11.3　钢材有哪几项主要机械性能指标？各项指标可用来衡量钢材哪些方面的性能？

11.4　引起钢材脆性破坏的主要因素有哪些？应如何防止脆性破坏的产生？

11.5　角焊缝的尺寸有哪些要求？

11.6　对接接头采用对接焊缝和采用加盖板的角焊缝各有何特点？

11.7　焊缝的质量分为几个等级？与钢材等强的受拉对接焊缝须采用几级？

11.8　角焊缝计算公式中，为什么有强度设计值增大系数 β_f？在什么情况下不考虑 β_f？

11.9　螺栓在钢板和型钢上的容许距离都有哪些规定？它们是根据哪些要求制定的？

11.10　普通螺栓的受剪螺栓连接有哪几种破坏形式？用什么方法可以防止？

11.11　高强度螺栓预拉力 P 的设计值根据什么确定？

11.12　高强度螺栓连接摩擦面的抗滑移系数 μ 与哪些因素有关？

11.13　高强度螺栓摩擦型连接和承压型连接的受力特点有何不同？它们在传递剪力和拉力时的单个螺栓承载力设计值的计算公式有何区别？

11.14　在受剪连接中使用普通螺栓或摩擦型高强度螺栓，对构件开孔净截面强度的影响哪一种较大？为什么？

11.15　简支梁须满足哪些条件才能按部分截面发展塑性计算抗弯强度？

11.16　组合梁在什么情况下需进行折算应力？计算公式中的符号分别代表什么意义？

11.17　梁的整体稳定和局部稳定在概念上有何不同？如何判别它们是否有可靠性保证？如不能保证，需采取哪些有效措施防止失稳？

11.18　主、次梁的铰接连接和刚接连接有何不同？设计时应考虑哪些问题？

11.19　轴心受力构件强度的计算公式是按它的承载能力极限状态确定的吗？为什么？

11.20　提高轴心压杆钢材的抗压强度能否提高其稳定承载能力？为什么？

11.21　轴心受压柱的整体稳定不满足时，若不增大截面面积，是否还可以采取其他措施提高其承载力？

11.22　屋盖支撑有哪些作用？它分为哪几种类型？布置在哪些位置？

11.23　三角形、梯形、平行弦和人字形屋架各适用于何种情况？它们各有哪些腹杆体系？优、缺点如何？

11.24　屋架杆件的计算长度在屋架平面内和屋架平面外及斜平面有何区别？如何取值？

11.25　屋架节点设计有哪些基本要求？节点板的尺寸应怎样确定？

11.26　屋架施工图应标注哪些主要内容？

二、选择题

11.27　钢结构采用的钢材应具有的性能为(　　)。

A. 较好的抗拉强度　　B. 良好的加工性能

C. 低廉的价格　　D. 塑性和韧性没有要求

11.28　结构工程中使用钢材的塑性指标，目前主要用(　　)表示。

A. 冲击韧性　　B. 可焊性　　C. 伸长率　　D. 屈服点

11.29　规范对钢材的分组是根据钢材的(　　)确定。

A. 钢种　　B. 钢号　　C. 横截面积的大小　　D. 厚度与直径

11.30　钢材是理想的(　　)体。

A. 弹塑性　　B. 弹性　　C. 韧性　　D. 塑性

11.31　(　　)是现代钢结构中最主要的连接方法。

A. 铆钉连接　　B. 焊接连接　　C. 普通螺栓连接　　D. 高强度螺栓连接

11.32　当温度从常温开始升高时，钢的(　　)。

A. 强度随着降低，但弹性模量和塑性却提高

B. 强度、弹性模量和塑性均随着降低

C. 强度、弹性模量和塑性均随着提高

D. 强度和弹性模量随着降低，而塑性增加

11.33　钢材的硬化，使(　　)。

A. 强度提高、塑性和韧性均提高　　B. 强度、塑性和韧性均降低

C. 强度、塑性和韧性均提高　　D. 塑性降低，强度和韧性提高

11.34　钢材的设计强度根据(　　)确定

A. 比例极限　　B. 弹性极限　　C. 屈服点　　D. 极限强度

11.35 梁的最小建筑高度由(　　)控制。

A. 强度　　B. 建筑要求　　C. 刚度　　D. 整体稳定

11.36 一根截面面积为 A，净截面面积为 A_n 的构件，在拉力 N 作用下的强度计算公式为(　　)。

A. $\sigma=\frac{N}{A_n}\leqslant f_y$　　B. $\sigma=\frac{N}{A}\leqslant f_y$　　C. $\sigma=\frac{N}{A_n}\leqslant f$　　D. $\sigma=\frac{N}{A}\leqslant f$。

11.37 单个普通螺栓传递剪力时的设计承载能力由(　　)确定。

A. 单个螺栓抗剪设计承载力

B. 单个螺栓承压设计承载力

C. 单个螺栓抗剪和承压设计承载力中的较小者

D. 单个螺栓抗剪和承压设计承载力中的较小者

11.38 工字形截面简支梁仅在跨中受集中荷载，由验算得知，各项强度都满足要求(σ_c 除外)。为使腹板局部压应力 σ_c 满足要求的合理方案是(　　)。

A. 在跨中位置设支撑加劲肋　　B. 增加梁翼缘板宽度

C. 增加梁翼缘板厚度　　D. 增加梁腹板厚度

11.39 角钢和钢板间用侧焊缝搭接连接，当角钢背与肢尖焊缝的焊脚尺寸和焊缝的长度都等同时，(　　)。

A. 角钢背的侧焊缝与角钢肢尖的侧焊缝受力相等

B. 角钢肢尖侧焊缝受力大于角钢背的侧焊缝

C. 角钢背的侧焊缝受力大于角钢肢尖的侧焊缝

D. 由于角钢背和肢尖的侧焊缝受力不相等，因而连接受力有弯矩的作用

11.40 沸腾钢与镇静钢冶炼浇筑方法主要不同之处是(　　)。

A. 冶炼温度不同　　B. 冶炼时间不同

C. 沸腾钢不加脱氧剂　　D. 两者都加脱氧剂，但镇静钢再加强脱氧剂

11.41 梯形钢屋架节点板的厚度，根据(　　)来选定。

A. 支座竖杆中的内力　　B. 下弦杆中的最大内力

C. 上弦杆中的最大内力　　D. 腹杆中的最大内力

11.42 焊接工字形截面梁腹板配置横向加劲肋的目的是(　　)。

A. 提高梁的抗弯强度　　B. 提高梁的抗剪强度

C. 提高梁的整体稳定性　　D. 提高梁的局部稳定性

11.43 钢材的强度设计值是以(　　)除以材料的分项系数。

A. 比例极限 f_p　　B. 屈服点 f_y　　C. 极限强度 f_u　　D. 弹性极限 f_e

11.44 摩擦型高强度螺栓与承压型高强度螺栓的主要区别是(　　)。

A. 施加预拉力的大小和方法不同　　B. 所采用的材料不同

C. 破坏时的极限状态不同　　D. 板件接触面的处理方式不同

11.45 摩擦型高强度螺栓连接的轴心拉杆的验算净截面强度公式为 $\sigma=\frac{N'}{A_n}\leqslant f$，其中的 N' 与杆件所受拉力 N 相比，(　　)。

A. $N'<N$　　B. $N'=N$

C. $N'>N$　　D. 视具体情况而定

11.46　角钢采用两侧面焊缝连接，并承受轴心力作用时，其内力分配系数对等肢角钢而言，取(　　)(其中，肢背 K_1；肢尖 K_2)。

A. $K_1=0.7$，$K_2=0.7$　　B. $K_1=0.7$，$K_2=0.3$

C. $K_1=0.75$，$K_2=0.25$　　D. $K_1=0.35$，$K_2=0.65$

11.47　轴心压杆计算时，要满足(　　)要求。

A. 强度、刚度　　B. 强度、整体稳定、刚度

C. 强度、整体稳定、局部稳定　　D. 强度、整体稳定、局部稳定、刚度

11.48　屋盖中设置的刚性系杆(　　)。

A. 可以受压　　B. 只能受拉

C. 可以受弯　　D. 可以受压和受弯

11.49　桁架弦杆在桁架平面外的计算长度应取(　　)。

A. 杆件的几何长度　　B. 弦杆节间长度

C. 弦杆侧向支承点之间的距离　　D. 檩条之间的距离

11.50　屋架下弦纵向水平支撑一般布置在屋架的(　　)。

A. 端竖杆处　　B. 下弦中间

C. 下弦端节间　　D. 斜腹杆处

三、填空题

11.51　钢材的两种破坏形式为__________和__________。

11.52　当组合梁腹板的高厚比 $h/t_w \leqslant$__________时，对一般梁可不配置加劲肋。

11.53　保证拉弯、压弯构件的刚度是验算其__________。

11.54　钢中的含硫量太多，会引起钢材__________；刚中的含磷量太多，会引起钢材的__________。

11.55　钢材的硬化，提高了钢材的__________，降低了钢材的__________。

11.56　轴心受压构件腹板的宽厚比的限制值是根据板件临界应力与杆件__________应力__________的条件推导出的。

11.57　组合梁的截面最小高度，是根据__________条件导出的，即梁的最大__________应不超过规定的限制。

11.58　当荷载作用位置在梁的__________翼缘时，梁的整体稳定性较高。

11.59　当 h_0/t_w 大于 $80\sqrt{235/f_y}$ 但小于 $170\sqrt{235/f_y}$ 时，应在梁的腹板上配置__________向加劲肋。

11.60　在静载作用下侧焊缝的计算长度不宜大于 $60h_f$，而在动载作用下不宜大于 $40h_f$，这是因为侧焊缝中。

11.61　碳对钢材性能的影响很大，一般来说随着含碳量的提高，钢材的塑性和韧性逐渐__________。

11.62　梯形钢屋架，除端腹杆以外的一般腹杆，在屋架平面内的计算长度 $L_{0x}=$__________l；在屋架平面外的计算长度 $L_{0y}=$__________l。其中，l 为杆件几何长度。

11.63　三角形屋架由于外形与均布荷载的弯矩图不相适应，因而__________杆的内力沿屋架跨度分布很不均匀。

11.64　屋架上弦为压杆，其承载能力________________控制；下弦杆为拉杆，其截面尺寸由____________确定。

11.65　屋架的外形应与________________相适应。同时，屋架的外形应考虑在制造简单的条件下尽量与其接近，使弦杆的内力差别较小。

11.66　当对接焊缝长度方向与作用力间的夹角 θ 符合 $\tan\theta \leqslant$________________时，连接的强度即可认为不低于焊件钢材的强度，不必再计算焊缝强度。

11.67　屋架的几何轴线一般采用杆件的________________。

11.68　按照构造要求，组合梁腹板横向加劲肋间距不得小于________________。

11.69　在静力或间接动力荷载作用下，正面角焊缝的强度设计增大系数 $\beta_f=$______；但对直接承受动力荷载的结构，应取 $\beta_f=$________________。

11.70　弦杆在屋架平面外的计算长度等于弦杆________________之间的距离。

四、计算题

11.71　设计 500×14 钢板的对接焊缝拼接。钢板承受轴心拉力，其中所受的荷载设计值为 1 400 kN，已知钢材为 Q235，采用 E43 型焊条，手工电弧焊，三级质量标准，施焊时未用引弧板。

11.72　设计一双盖板的钢板对接接头(图 11.102)，已知钢板截面为 300×14，承受轴心拉力设计值 N=750 kN。钢材为 Q235，焊条用 E43 型，手工焊。

11.73　如图 11.103 所示一围焊连接，已知 $l_1=200$ mm，$l_2=300$ mm，$e=80$ mm，$h=8$ mm，$f_f^w=160$ N/mm²，静载 $F=370$ kN，$x=60$ mm，试验算该连接是否安全。

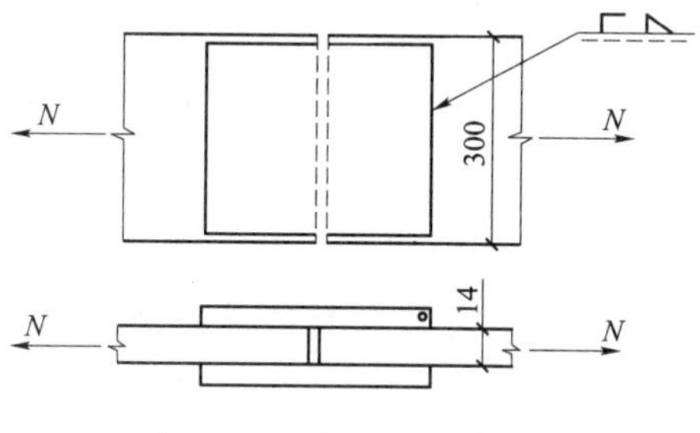

图 11.102　[题 11.72]附图

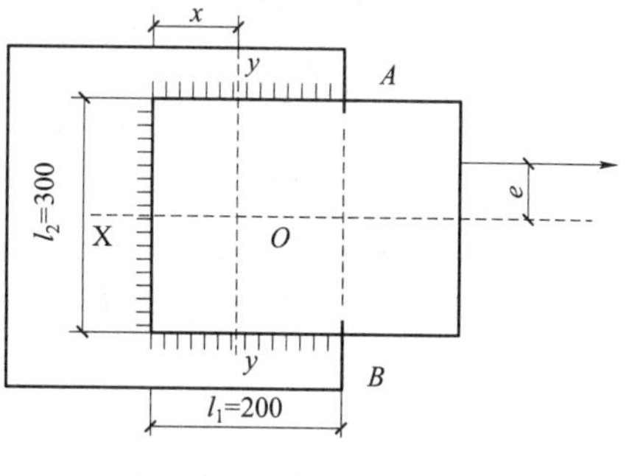

图 11.103　[题 11.73]附图

11.74　在图 11.104 所示角钢和节点板采用两边侧焊缝的连接中，$N=380$ kN，角钢为 2L140×90×10，节点板厚度 $t_1=10$ mm，钢材为 Q235A·F，焊条为 E43 系列型，手工焊。试设计所需角焊缝。

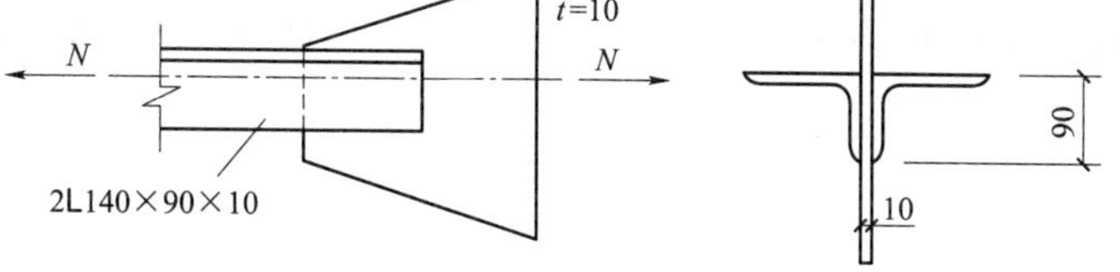

图 11.104　[题 11.74]附图

11.75　验算图所示牛腿与柱的角焊缝连接，偏心力 $N=200$ kN(静力荷载，设计值)，

$e=150$ mm，厚度 $t_1=12$ mm，腹板高度 $h=240$ mm，钢板为 Q235A·F，手工焊，焊条为 E43 系列型。

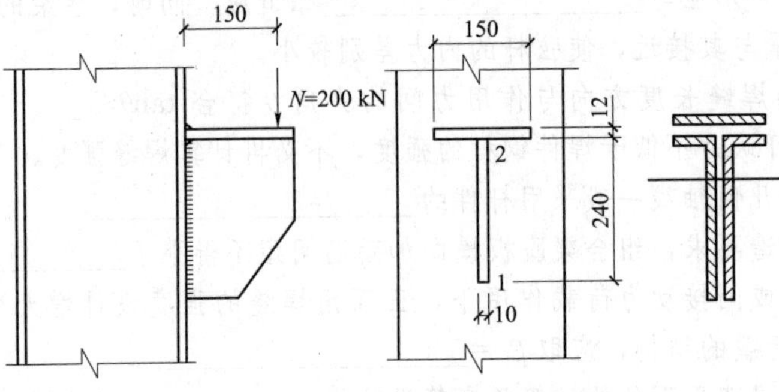

图 11.105 ［题 11.75］附图

11.76 截面为 340×12 的钢板构件的拼接板，采用双盖板普通螺栓连接，盖板厚度为 8 mm，钢材为 Q235。螺栓为 C 级，M20，构件承受轴心拉力设计值 $N=600$ kN。试设计该拼接接头的普通螺栓连接。

11.77 将习题 11.72 改用普通螺栓连接，螺栓直径 $d=20$ mm，孔径 $d_0=21.5$ mm。试进行设计。

11.78 将习题 11.72 改为高强度螺栓连接，高强度螺栓采用 10.9 级，直径 M20，孔径 $d_0=21.5$ mm，连接接触面采用喷砂处理，试进行设计。

11.79 试设计用高强度螺栓摩擦型连接的钢板拼接连接。采用双盖板，钢板截面为 340×20，盖板采用两块 300×10 的钢板。钢材为 Q345，螺栓 8.8 级，M22，接触面采用喷砂处理，承受轴心拉力设计值 $N=1\,600$ kN。

11.80 试验算图所示焊接 H 形截面柱（翼缘为焰切边）。轴心压力设计值 $N=4\,500$ kN，柱的长度 $l_{0x}=l_{0y}=6$ mm。钢材为 Q235，截面无削弱。

11.81 如图 11.107 所示的两个轴心受压柱，截面面积相等，两端铰接，柱高为 45 m，材料用 Q235 钢，翼缘火焰切割后又经过刨边。判断这两个柱的承载能力的大小，并验算截面的局部稳定。

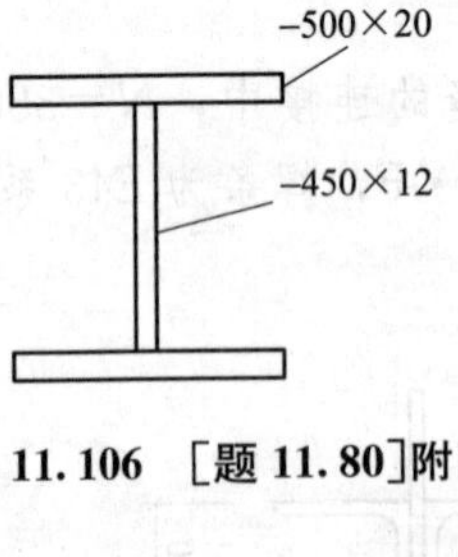

图 11.106 ［题 11.80］附图

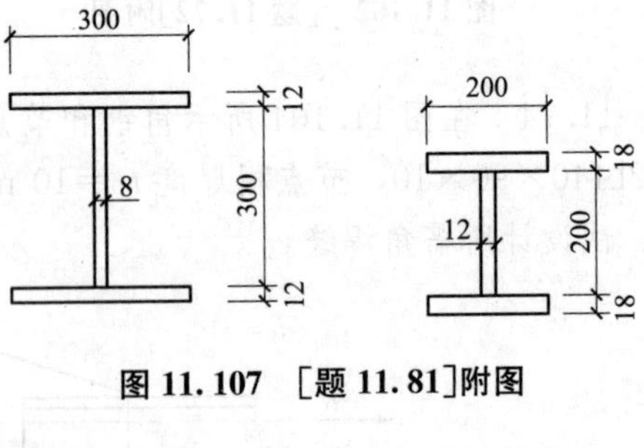

图 11.107 ［题 11.81］附图

附　　表

附表 1　普通钢筋强度标准值、设计值和弹性模量

钢　筋　种　类		符号	d/mm	强度标准值/(N·mm^{-2})	强度设计值/(N·mm^{-2})		E_s (×10^5)
				f_{yk}	f_y	f'_y	
热轧钢筋	HPB300	Φ	6～14	300	270	270	2.10
	HRB335	Φ	6～14	335	300	300	2.00
	HRB400 HRBF400 RRB400	Φ Φ^F Φ^R	6～50	400	360	360	2.00
	HRB500 HRBF500	Φ Φ^F	6～50	500	435	410	2.00

附表 2　预应力钢筋强度标准值、设计值和弹性模量

钢　筋　种　类		符号	d/mm	f_{ptk}/(N·mm^{-2})	f_{py}/(N·mm^{-2})	f'_{py}/(N·mm^{-2})	E_s(10^5)
钢绞线	1×3 (三股)	Φ^s	8.6、10.8、12.9	1 570	1 110	390	1.95
				1 860	1 320		
				1 960	1 390		
	1×7 (七股)		9.5、12.7、15.2、17.8	1 720	1 220		
				1 860	1 320		
				1 960	1 390		
			21.6	1 860	1 320		
消除应力钢丝	光面 螺旋肋	Φ^P Φ^H	5	1 570	1 110	410	2.05
				1 860	1 320		
			7	1 570	1 110		
			9	1 470	1 040		
				1 570	1 110		
预应力螺纹钢筋	螺纹	Φ^T	18、25、32、40、50	980	650	400	2.00
				1 080	770		
				1 230	900		

续表

钢筋种类		符号	d/mm	f_{ptk} /(N·mm^{-2})	f_{py} /(N·mm^{-2})	f'_{py} /(N·mm^{-2})	E_s(10^5)
中强度预应力钢丝	光面 螺旋肋	ϕ^{PM} ϕ^{HM}	5、7、9	800	510	410	2.05
				970	650		
				1 270	810		

注：1. 钢绞线直径是指外接圆直径，即现行国家标准《预应力混凝土用钢绞线》(GB/T 5224—2014)中的公称直径 D_g。

2. 极限强度标准值为 1 960 N/mm^2 的钢绞线作后张预应力配筋时，应有可靠的工程经验。

3. 当预应力筋的强度标准值不符合附表 2 的规定时，其强度设计值应进行相应的比例换算。

附表 3　混凝土强度标准值、设计值和弹性模量　N/mm^2

强度	混凝土强度等级												
	C15	C20	C25	C30	C35	C40	C45	C50	C55	C60	C65	C70	C75	C80
f_{ck}	10	13.4	16.7	20.1	23.4	26.8	29.6	32.4	35.5	38.5	41.5	44.5	47.4	50.2
f_{tk}	1.27	1.54	1.78	2.01	2.20	2.39	2.51	2.64	2.74	2.85	2.93	2.99	3.05	3.11
f_c	7.2	9.6	11.9	14.3	16.7	19.1	21.2	23.1	25.3	27.5	29.7	31.8	33.8	35.9
f_t	0.91	1.10	1.27	1.43	1.57	1.71	1.80	1.89	1.96	2.04	2.09	2.14	2.18	2.22
E_c(10^4)	2.20	2.55	2.80	3.00	3.15	3.25	3.35	3.45	3.55	3.60	3.65	3.70	3.75	3.80

注：计算现浇钢筋混凝土轴心受压及偏心受压构件时，如截面长边或直径小于 300 mm，则表中混凝土的强度设计值应乘以系数 0.8；当构件质量确有保证时，可不受此限制。

附表 4　结构构件的裂缝控制等级和最大裂缝宽度限值

环境类别	钢筋混凝土结构		预应力混凝土结构	
	裂缝控制等级	w_{lim}	裂缝控制等级	w_{lim}
一	三级	0.30(0.40)	三级	0.020
二(a)		0.20		0.10
二(b)			二级	——
三(a)、三(b)			一级	——

注：1. 对处于年平均相对湿度小于 60%地区一类环境下的受弯构件，其最大裂缝宽度限值可采用括号内的数值。

2. 在一类环境下，对钢筋混凝土屋架、托架及需作疲劳验算的吊车梁，其最大裂缝宽度限值应取为 0.20 mm；对钢筋混凝土屋面梁和托梁，其最大裂缝宽度限值应取为 0.30 mm。

3. 在一类环境下，对预应力混凝土屋架、托架及双向板体系，应按二级裂缝控制等级进行验算；对一类环境下的预应力混凝土屋面梁、托梁、单向板，应按表中 2a 级环境的要求进行验算；在一类和二(a)类环境下需作疲劳验算的预应力混凝土吊车梁，应按裂缝控制等级不低于二级的构件进行验算。

4. 表中规定的预应力混凝土构件的裂缝控制等级和最大裂缝宽度限值仅适用于正截面的验算；预应力混凝土构件的斜截面裂缝控制验算应符合《结构规范》第 7 章的有关规定。

5. 对于烟囱、筒仓和处于液体压力下的结构，其裂缝控制要求应符合专门标准的有关规定。

6. 对于处于四、五类环境下的结构构件，其裂缝控制要求应符合专门标准的有关规定。

7. 表中的最大裂缝宽度限值为用于验算荷载作用引起的最大裂缝宽度。

附表 5　受弯构件的允许挠度限值

构件种类		挠度限制
吊车梁	手动吊车	$l_0/500$
	电动吊车	$l_0/600$
屋盖、楼盖及楼梯构件	当 $l_0<7$ m	$l_0/200(l_0/250)$
	当 7 m$\leqslant l_0<9$ m 时	$l_0/250(l_0/300)$
	当 $l_0>9$ m 时	$l_0/300(l_0/400)$

注：1. 表中 l_0 为构件的计算跨度；计算悬臂构件的挠度限制时，其计算跨度 l_0 按实际悬臂长度的 2 倍取用。

2. 表中括号内的数值适用于使用上对挠度有较高要求的构件。

3. 如果构件在制作时预先起拱，且使用上也允许，则在验算挠度时，可将计算所得的挠度值减去起拱值；对预应力混凝土构件，尚可减去预加力所产生的反拱值。

4. 构件制作时的起拱值和预加力所产生的反拱值，不宜超过构件在相应荷载组合作用下的计算挠度值。

附表 6　钢筋混凝土矩形和 T 形截面受弯构件正截面承载力计算系数

ξ	γ_s	α_s	ξ	γ_s	α_s
0.01	0.995	0.010	0.19	0.905	0.172
0.02	0.990	0.020	0.20	0.900	0.180
0.03	0.985	0.030	0.21	0.895	0.188
0.04	0.980	0.039	0.22	0.890	0.196
0.05	0.975	0.048	0.23	0.885	0.203
0.06	0.970	0.058	0.24	0.880	0.211
0.07	0.965	0.067	0.25	0.875	0.219
0.08	0.960	0.077	0.26	0.870	0.226
0.09	0.955	0.085	0.27	0.865	0.234
0.10	0.950	0.950	0.28	0.860	0.241
0.11	0.945	0.104	0.29	0.855	0.248
0.12	0.940	0.113	0.30	0.850	0.255
0.13	0.935	0.121	0.31	0.845	0.262
0.14	0.930	0.130	0.32	0.840	0.269
0.15	0.925	0.139	0.33	0.835	0.275
0.16	0.920	0.147	0.34	0.830	0.282
0.17	0.915	0.155	0.35	0.825	0.289
0.18	0.910	0.164	0.36	0.820	0.295

续表

ξ	γ_s	α_s	ξ	γ_s	α_s
0.37	0.815	0.301	0.50	0.750	0.375
0.38	0.810	0.309	0.51	0.745	0.380
0.39	0.805	0.314	0.52	0.740	0.385
0.40	0.800	0.320	0.53	0.735	0.390
0.41	0.795	0.326	0.54	0.730	0.394
0.42	0.790	0.332	0.55	0.725	0.400
0.43	0.785	0.337	0.56	0.720	0.403
0.44	0.780	0.343	0.57	0.715	0.408
0.45	0.775	0.349	0.58	0.710	0.412
0.46	0.770	0.354	0.59	0.705	0.416
0.47	0.765	0.359	0.60	0.700	0.420
0.48	0.760	0.365	0.61	0.695	0.424
0.49	0.755	0.370	0.62	0.690	0.428

附表 7　钢筋的计算截面面积及公称质量表

公称直径/mm	不同根数钢筋的计算截面面积/mm^2									单根钢筋理论重量/$(kg\cdot m^{-1})$
	1	2	3	4	5	6	7	8	9	
6	28.3	57	85	113	142	170	198	226	255	0.222
8	50.3	101	151	201	252	302	352	402	453	0.395
10	78.5	157	236	314	393	471	550	628	707	0.617
12	113.1	226	339	452	565	678	791	904	1 017	0.888
14	153.9	308	461	615	769	923	1 077	1 231	1 385	1.21
16	201.1	402	603	804	1 005	1 206	1 407	1 608	1 809	1.58
18	254.5	509	763	1 017	1 272	1 527	1 781	2 036	2 290	2.00(2.11)
20	314.2	628	942	1 256	1 570	1 884	2 199	2 513	2 827	2.47
22	380.1	760	1 140	1 520	1 900	2 281	2 661	3 041	3 421	2.98
25	490.9	982	1 473	1 964	2 454	2 945	3 436	3 927	4 418	3.85(4.10)
28	615.8	1 232	1 847	2 463	3 079	3 695	4 310	4 926	5 542	4.83
32	804.2	1 609	2 413	3 217	4 021	4 826	5 630	6 434	7 238	6.31(6.65)
36	1 017.9	2 036	3 054	4 072	5 089	6 107	7 125	8 143	9 161	7.99
40	1 256.6	2 513	3 770	5 027	6 283	7 540	8 796	10 053	11 310	9.87(10.34)
50	1 963.5	3 928	5 892	7 856	9 820	11 784	13 748	15 712	17 676	15.42(16.28)

注：表中，直径 d=8.2 mm 的计算截面面积及理论重量仅适用于有纵肋的热处理钢筋。

附表 8　每米板宽内的钢筋截面面积

钢筋间距/mm	当钢筋直径(mm)为下列数值时的钢筋截面面积/mm^2										
	6	6/8	8	8/10	10	10/12	12	12/14	14	14/16	16
70	404	561	718	920	1 122	1 369	1 616	1 907	2 199	2 536	2 872
75	377	524	670	859	1 047	1 278	1 508	1 780	2 053	2 367	2 681
80	353	491	628	805	982	1 198	1 414	1 669	1 924	2 218	2 513
85	333	462	591	758	924	1 127	1 331	1 571	1 811	2 088	2 365
90	313	436	559	716	873	1 065	1 257	1 484	1 710	1 972	2 234
95	298	413	529	678	827	1 009	1 190	1 405	1 620	1 886	2 116
100	283	393	503	644	785	958	1 131	1 335	1 539	1 775	2 011
110	257	357	457	585	714	871	1 028	1 214	1 399	1 614	1 828
120	236	327	419	538	654	798	942	1 113	1 283	1 480	1 676
125	226	314	402	515	628	767	905	1 068	1 232	1 420	1 608
130	217	302	387	495	604	737	870	1 027	1 184	1 336	1 547
140	202	280	359	460	561	684	808	945	1 100	1 268	1 436
150	188	262	335	429	524	639	754	890	1 026	1 183	1 340
160	177	245	314	403	491	599	707	834	962	1 110	1 257
170	166	231	296	379	462	564	665	785	906	1 044	1 183
180	157	218	279	358	436	532	628	742	855	985	1 117
190	149	207	265	339	413	504	595	703	810	934	1 058
200	141	196	251	322	393	479	565	668	770	888	1 005
220	129	178	228	293	357	436	514	607	700	807	914
240	118	164	209	268	327	399	471	556	641	740	838
250	113	157	201	258	314	383	452	534	616	710	804
260	109	151	193	248	302	369	435	514	592	682	773
280	101	140	180	230	280	342	404	477	550	634	718
300	94	131	168	215	262	319	377	445	513	592	670
320	88	123	157	201	245	299	353	417	481	554	630
330	86	119	152	195	238	290	343	405	466	538	609

注：表中钢筋直径有写成分式者，如 6/8 指 Φ6，Φ8 钢筋间隔配置。

附表 9　钢丝的公称直径、截面面积及理论重量

公称直径/mm	公称截面面积/mm^2	理论重量/$(kg\cdot m^{-1})$
5.0	19.63	0.154
7.0	38.48	0.302
9.0	63.62	0.499

附表 10 钢绞线的公称直径、截面面积及理论重量

种类	公称直径/mm	公称截面面积/mm^2	理论质量/$(kg\cdot m^{-1})$	种类	公称直径/mm	公称截面面积/mm^2	理论重量/$(kg\cdot m^{-1})$
1×3	8.6	37.7	0.296	1×7 标准型	9.5	54.8	0.430
	10.8	58.9	0.462		12.7	98.7	0.775
	12.9	84.8	0.666		15.2	140	1.101
	—	—	—		17.8	191	1.500
	—	—	—		21.6	285	2.237

附表 11 等截面等跨连续梁在常用荷载作用下的内力系数表

1. 在均布及三角形荷载作用下

$$M=\text{表中系数}\times ql_0^2,\ V=\text{表中系数}\times ql_0$$

2. 在集中荷载作用下

$$M=\text{表中系数}\times Fl_0,\ V=\text{表中系数}\times F$$

3. 内力正负号规定

M——使截面上部受压、下部受拉为正；

V——对邻近截面所产生的力矩沿顺时针方向者为正。

附表 11.1 两跨梁

荷载图	跨内最大弯矩		支座弯矩	剪力		
	M_1	M_2	M_B	V_A	$V_{B左}$ $V_{B右}$	V_C
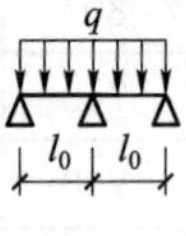	0.070	0.070	−0.125	0.375	−0.625 0.625	−0.375
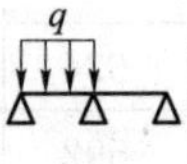	0.096	—	−0.063	0.437	−0.536 0.063	0.063
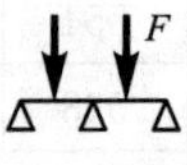	0.156	0.156	−0.188	0.312	−0.688 0.688	−0.312
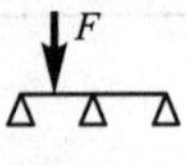	0.203	—	−0.094	0.406	−0.594 0.094	0.094
	0.222	0.222	−0.333	0.667	−1.333 1.333	−0.667
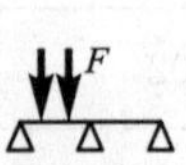	0.278	—	−0.167	0.833	−1.167 0.167	0.167

附表 11.2　三跨梁

荷载图	跨内最大弯矩		支座弯矩		剪力			
	M_1	M_2	M_B	M_C	V_A	$V_{B左}$ $V_{B右}$	$V_{C左}$ $V_{C右}$	V_D
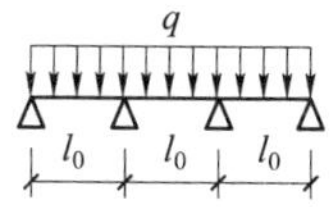	0.080	0.025	−0.100	−0.100	0.400	−0.600 0.500	−0.500 0.600	−0.400
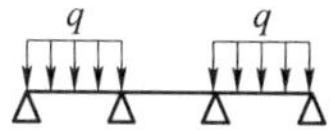	0.101	—	−0.050	−0.050	0.450	−0.550 0	0 0.550	−0.450
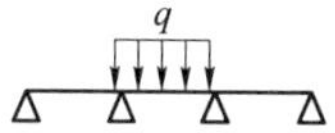	—	0.075	−0.050	−0.050	0.050	−0.050 0.500	−0.500 0.050	0.050
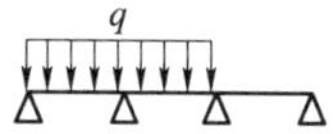	0.073	0.054	−0.117	−0.033	0.383	−0.617 0.583	−0.417 0.033	0.033
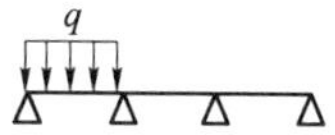	0.094	—	−0.067	0.017	0.433	−0.567 0.083	−0.083 −0.017	−0.017
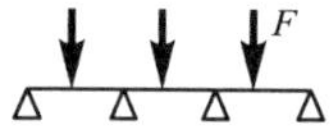	0.175	0.100	−0.150	−0.150	0.350	−0.650 0.500	−0.500 0.650	−0.350
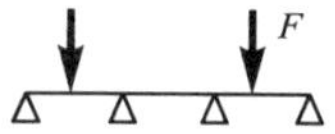	0.213	—	−0.075	−0.075	0.425	−0.575 0	0 0.575	−0.425
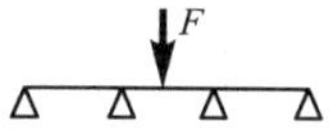	—	0.175	−0.075	−0.075	−0.075	−0.075 0.500	−0.500 0.075	0.075
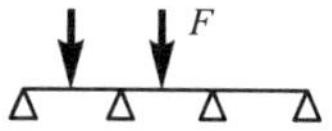	0.162	0.137	−0.175	−0.050	0.325	−0.675 0.625	−0.375 0.050	0.050
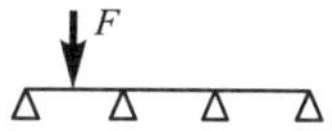	0.200	—	−0.100	0.025	0.400	−0.600 0.125	0.125 −0.125	−0.025
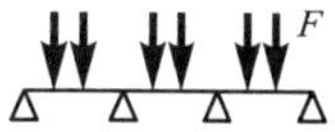	0.244	0.067	−0.267	−0.267	0.733	−1.267 1.000	−1.000 1.267	−0.733
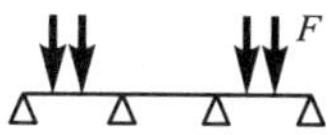	0.289	—	−0.133	−0.133	0.866	−1.134 0	0 1.134	−0.866
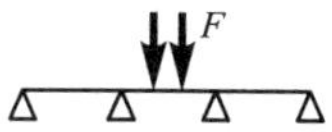	—	0.200	−0.133	−0.133	−0.133	−0.133 1.000	−1.000 0.133	0.133
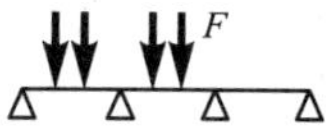	0.229	0.170	−0.311	−0.089	0.689	−1.311 1.222	−0.778 0.089	0.089
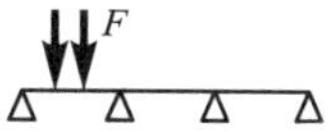	0.274	—	−0.178	0.044	0.822	−1.178 0.222	0.222 −0.044	−0.044

附表 11.3　四跨梁

荷载图	跨内最大弯矩				支座弯矩			剪力				
	M_1	M_2	M_3	M_A	M_B	M_C	M_D	V_A	$V_{B左}$ $V_{B右}$	$V_{C左}$ $V_{C右}$	$V_{D左}$ $V_{D右}$	V_K
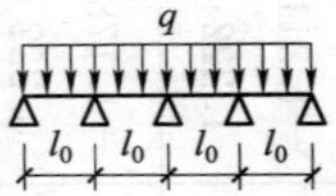	0.077	0.036	0.036	0.077	−0.107	−0.071	−0.107	−0.393	−0.607 0.536	−0.464 0.464	−0.536 0.607	−0.393
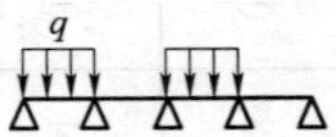	0.100	—	0.081	—	−0.054	−0.036	−0.054	0.446	−0.554 0.018	0.018 0.482	−0.518 0.054	0.054
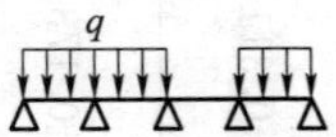	0.072	0.061	—	0.098	−0.121	−0.018	−0.058	0.380	−0.620 0.603	−0.397 0.040	−0.040 0.558	−0.442
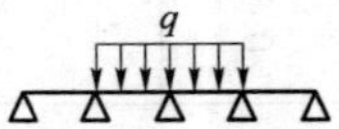	—	0.056	0.056	—	−0.036	0.107	−0.036	−0.036	−0.036 0.429	−0.571 0.571	−0.429 0.036	0.036
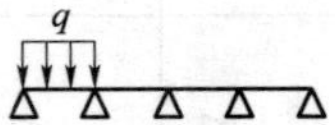	0.094	—	—	—	−0.067	0.018	−0.004	0.433	−0.567 0.085	0.085 −0.022	−0.022 0.004	0.004
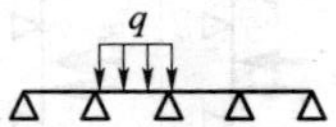	—	0.074	—	—	−0.049	−0.054	0.013	−0.049	−0.049 0.496	−0.504 0.067	0.067 −0.013	−0.013

荷载图	跨内最大弯矩				支座弯矩			剪力				
	M_1	M_2	M_3	M_A	M_B	M_C	M_D	V_A	$V_{B左}$ $V_{B右}$	$V_{C左}$ $V_{C右}$	$V_{D左}$ $V_{D右}$	V_K
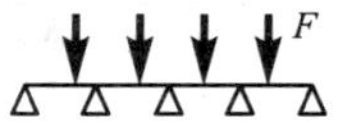	0.169	0.116	0.116	0.169	−0.161	−0.107	−0.161	0.339	−0.661 0.554	−0.446 0.446	−0.554 0.661	−0.339
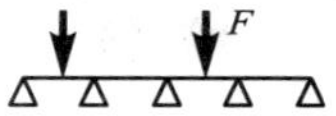	0.210	—	0.180	—	−0.089	−0.054	−0.080	0.420	−0.580 0.027	0.027 0.473	−0.527 0.080	0.080
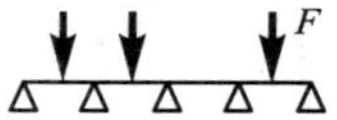	0.159	0.146	—	0.206	−0.181	−0.027	−0.087	0.319	−0.681 0.654	−0.346 −0.060	−0.060 0.587	−0.413
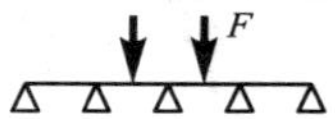	—	0.142	0.142	—	−0.054	−0.161	−0.054	0.054	−0.054 0.393	−0.607 −0.607	−0.393 0.054	0.054
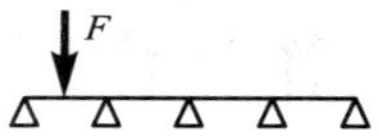	0.200	—	—	—	−0.100	0.027	−0.007	0.400	−0.600 0.127	0.127 −0.033	−0.033 0.007	0.007
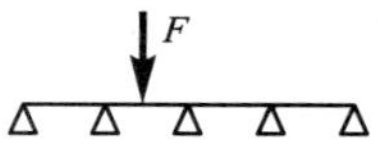	—	0.173	—	—	−0.074	−0.080	0.020	−0.074	−0.074 0.493	−0.507 0.100	0.100 −0.020	−0.020

续表

荷载图	跨内最大弯矩				支座弯矩			剪力				
	M_1	M_2	M_3	M_A	M_B	M_C	M_D	V_A	$V_{B左}$ $V_{B右}$	$V_{C左}$ $V_{C右}$	$V_{D左}$ $V_{D右}$	V_K
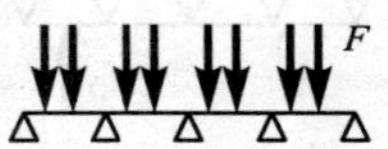	0.238	0.111	0.111	0.238	−0.286	−0.191	−0.286	0.714	−1.286 1.095	−0.905 0.905	−1.095 1.286	−0.714
	0.286	—	0.222	—	−0.143	−0.095	−0.143	0.857	−1.143 0.048	0.048 0.952	−1.048 0.143	0.143
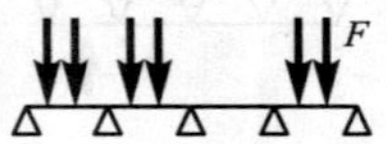	0.226	0.194	—	0.282	−0.321	−0.048	−0.155	0.679	−1.321 1.274	−0.726 −0.107	−0.107 1.155	−0.845
	—	0.175	0.175	—	−0.095	−0.286	−0.095	−0.095	−0.095 0.810	−1.190 1.190	−0.810 0.095	0.095
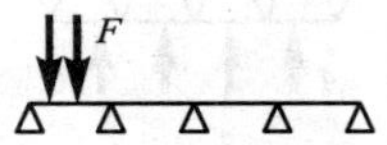	0.274	—	—	—	−0.178	0.048	−0.012	0.822	−1.178 0.226	0.226 −0.060	−0.060 0.012	0.012
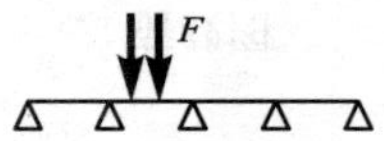	—	0.198	—	—	−0.131	−0.143	0.036	−0.131	−0.131 0.988	−1.012 0.178	0.178 −0.036	−0.036

附表 11.4 五跨梁

荷载图	跨内最大弯矩			支座弯矩				剪力					
	M_1	M_2	M_3	M_B	M_C	M_D	M_E	V_A	$V_{B左}$ $V_{B右}$	$V_{C左}$ $V_{C右}$	$V_{D左}$ $V_{D右}$	$V_{E左}$ $V_{E右}$	V_E
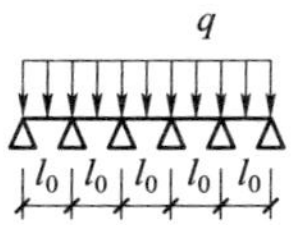	0.078	0.033	0.046	−0.105	−0.079	−0.079	−0.105	0.394	−0.606 0.526	−0.474 0.500	−0.500 0.474	−0.526 −0.606	−0.394
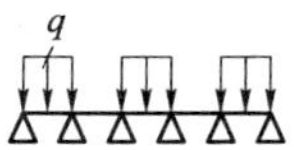	0.100	—	0.085	−0.056	−0.040	−0.040	−0.053	0.447	−0.553 0.013	0.013 0.500	−0.500 −0.013	−0.013 0.553	−0.447
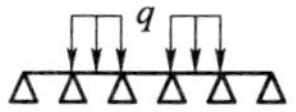	—	0.079	—	−0.053	−0.040	−0.040	−0.053	−0.053	−0.053 0.513	−0.487 0	0 0.487	−0.513 0.053	0.053
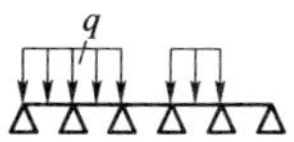	0.073	②0.059 0.078	—	−0.119	−0.022	−0.044	−0.051	0.380	−0.620 0.598	−0.402 −0.023	−0.023 0.493	−0.507 0.052	0.052
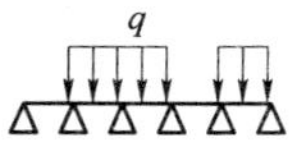	①— 0.098	0.055	0.064	−0.035	−0.111	−0.020	−0.057	−0.035	−0.035 0.424	−0.576 0.591	−0.409 −0.037	−0.037 0.557	−0.443
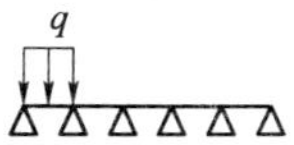	0.094	—	—	−0.067	0.018	−0.005	0.001	0.443	−0.567 0.085	0.085 −0.023	−0.023 0.006	0.006 −0.001	−0.001

续表

荷载图	跨内最大弯矩			支座弯矩				剪力					
	M_1	M_2	M_3	M_B	M_C	M_D	M_E	V_A	$V_{B左}$ $V_{B右}$	$V_{C左}$ $V_{C右}$	$V_{D左}$ $V_{D右}$	$V_{E左}$ $V_{E右}$	V_E
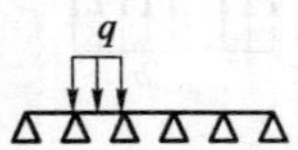	—	0.074	—	−0.049	−0.054	0.014	−0.004	−0.049	−0.049 0.495	−0.505 0.068	0.068 −0.018	−0.018 0.004	0.004
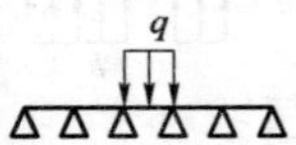	—	—	0.072	0.013	−0.053	−0.053	0.013	0.013	0.013 −0.066	−0.066 0.500	−0.500 0.066	0.066 −0.013	−0.013
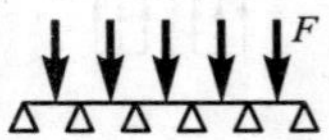	0.171	0.112	0.132	−0.158	−0.118	−0.118	−0.158	0.342	−0.658 0.540	−0.460 0.500	−0.500 0.460	−0.540 0.658	−0.342
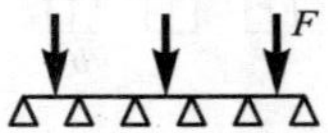	0.211	—	0.191	−0.079	−0.059	−0.059	−0.079	0.421	−0.579 0.200	0.200 0.500	−0.500 −0.020	−0.020 0.579	−0.421
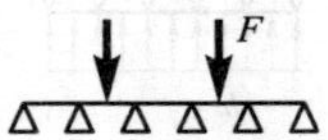	—	0.181	—	0.079	−0.059	−0.059	−0.079	−0.079	−0.079 0.520	−0.480 0	0 0.480	−0.520 −0.79	0.079
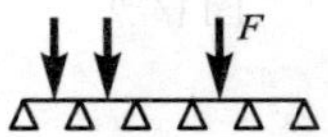	0.160	②0.144 0.178	—	−0.179	−0.032	−0.066	−0.077	0.321	−0.679 0.647	−0.353 −0.034	−0.034 0.489	−0.511 0.077	0.077

续表

荷载图	跨内最大弯矩			支座弯矩				剪力					
	M_1	M_2	M_3	M_B	M_C	M_D	M_E	V_A	$V_{B左}$ $V_{B右}$	$V_{C左}$ $V_{C右}$	$V_{D左}$ $V_{D右}$	$V_{E左}$ $V_{E右}$	V_E
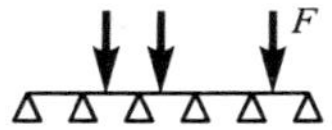	①— 0.207	0.140	0.151	−0.052	−0.167	−0.031	−0.086	−0.052	−0.052 0.385	−0.615 0.637	−0.363 −0.056	−0.056 0.586	−0.414
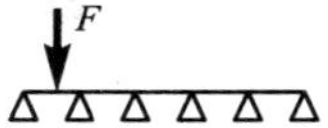	0.200	—	—	−0.100	0.027	−0.007	0.002	0.400	−0.600 0.127	0.127 0.031	−0.031 0.009	0.009 −0.002	−0.002
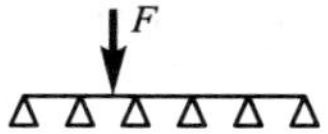	—	0.173	—	−0.073	−0.081	0.022	−0.005	−0.073	−0.073 0.493	−0.507 0.102	0.102 0.027	−0.027 0.005	0.005
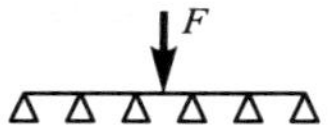	—	—	0.171	0.020	−0.079	−0.079	0.020	0.020	0.020 −0.099	−0.099 0.500	−0.500 0.099	0.099 −0.020	−0.020
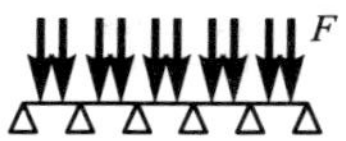	0.240	0.100	0.122	−0.281	−0.211	−0.211	−0.281	0.719	−1.281 1.070	−0.930 1.000	−1.000 0.930	−1.070 1.281	−0.719
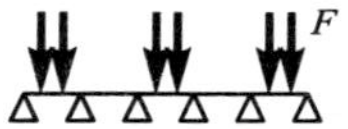	0.287	—	0.228	−0.140	−0.105	−0.105	−0.140	0.860	−1.140 0.035	0.035 1.000	−1.000 −0.035	−0.035 1.140	−0.860

续表

荷载图	跨内最大弯矩			支座弯矩				剪力					
	M_1	M_2	M_3	M_B	M_C	M_D	M_E	V_A	$V_{B左}$ $V_{B右}$	$V_{C左}$ $V_{C右}$	$V_{D左}$ $V_{D右}$	$V_{E左}$ $V_{E右}$	V_E
	—	0.216	—	−0.140	−0.105	−0.105	−0.140	−0.140	−0.140 1.035	−0.965 0	0.000 0.965	−1.035 0.140	0.140
	0.227	②0.189 0.209	—	−0.319	−0.057	−0.118	−0.137	0.681	−1.319 1.262	−0.738 −0.061	−0.061 0.981	−1.019 0.137	0.137
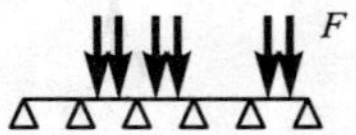	①— 0.282	0.172	0.198	−0.093	−0.297	−0.054	−0.153	−0.093	−0.093 0.796	−1.204 1.243	−0.757 −0.099	−0.099 1.153	−0.847
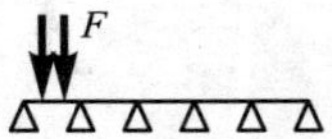	0.274	—	—	−0.179	0.048	−0.013	0.003	0.821	−1.79 0.227	0.227 −0.061	−0.061 0.016	0.016 −0.003	−0.003
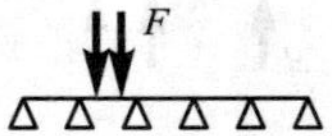	—	0.198	—	−0.131	−0.144	0.038	−0.010	−0.131	−0.131 0.987	−1.013 0.182	0.182 −0.048	−0.048 0.010	0.10
	—	—	0.193	0.035	−0.140	−0.140	0.035	0.035	0.035 −0.175	−0.175 1.000	1.000 0.175	0.175 −0.035	−0.035

附表 12　双向板计算系数

符号说明：

B_e——板的抗弯的刚度，$B_e=\frac{Eh^3}{12(1-\mu^2)}$；

E——混凝土弹性模量；

h——板厚；

μ——混凝土泊松比；

f，f_{max}——分别为板中心点的挠度和最大挠度；

m_x，$m_{x,max}$——分别为平行于 l_{0x} 方向板中心点单位板宽内的弯矩和板跨内最大弯矩；

m_y，$m_{y,max}$——分别为平行于 l_{0y} 方向板中心点单位板宽内的弯矩和板跨内最大弯矩；

m'_x——固定边中点沿 l_{0x} 方向单位板宽内的弯矩；

m'_y——固定边中点沿 l_{0y} 方向单位板宽内的弯矩；

----代表简支边；⊔⊔⊔⊔⊔代表固定边。

正负号的规定：

弯矩——使板的受荷面受压者为正；

挠度——变形与荷载方向相同者为正。

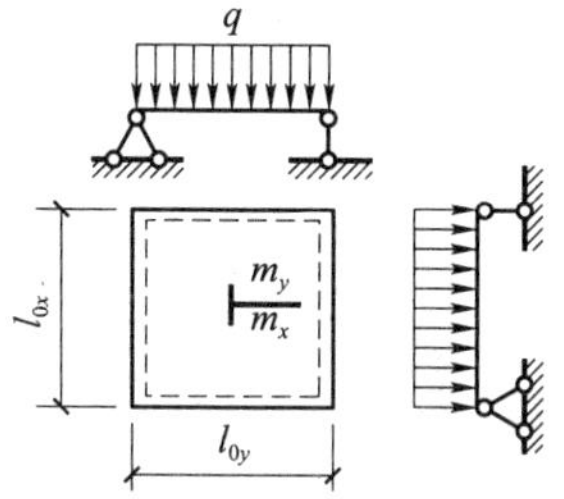

$$挠度=表中系数\times\frac{ql_0^4}{B_e}$$

$\mu=0$，弯矩＝表中系数$\times ql_0^2$

式中，l_0 取用 l_{0x} 和 l_{0y} 中的较小者。

附表 12.1

l_{0x}/l_{0y}	f	m_x	m_y	l_{0x}/l_{0y}	f	m_x	m_y
0.50	0.010 13	0.096 5	0.017 4	0.80	0.006 03	0.056 1	0.033 4
0.55	0.009 40	0.089 2	0.021 0	0.85	0.005 47	0.050 6	0.034 8
0.60	0.008 67	0.082 0	0.024 2	0.090	0.004 96	0.045 6	0.035 3
0.65	0.007 96	0.075 0	0.027 1	0.95	0.004 49	0.041 0	0.036 4
0.70	0.007 27	0.068 3	0.029 6	1.00	0.004 06	0.036 8	0.036 8
0.75	0.006 63	0.062 0	0.031 7				

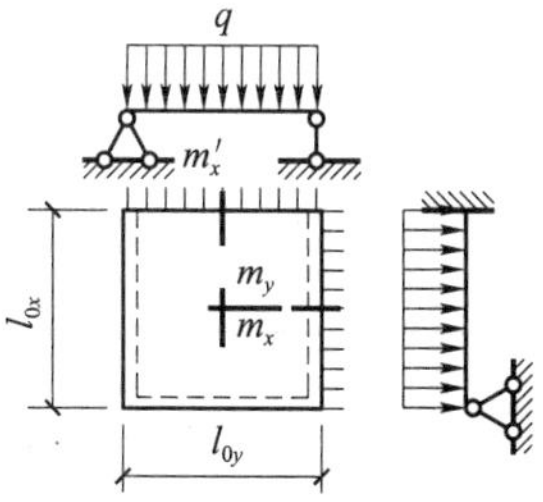

$$挠度=表中系数\times\frac{ql_0^4}{B_c}$$

$\mu=0$，弯矩＝表中系数$\times ql_0^2$

式中，l_0 取用 l_{0x} 和 l_{0y} 中的较小者。

附表 12.2

l_{0x}/l_{0y}	l_{0y}/l_{0x}	f	f_{max}	m_x	$m_{x,max}$	m_y	$m_{y,max}$	m'_x
0.50		0.004 88	0.005 04	0.058 8	0.064 6	0.006 0	0.006 3	−0.121 2
0.55		0.004 71	0.004 92	0.056 3	0.061 8	0.008 1	0.008 7	−0.118 7
0.60		0.004 53	0.004 72	0.053 9	0.058 9	0.010 4	0.011 1	−0.115 8

续表

l_{0x}/l_{0y}	l_{0y}/l_{0x}	f	$f_{\max}$	m_x	$m_{x,\max}$	m_y	$m_{y,\max}$	m'_x
0.65		0.004 32	0.004 48	0.051 3	0.005 9	0.012 6	0.013 3	−0.112 4
0.70		0.004 10	0.004 22	0.048 5	0.052 9	0.014 8	0.015 4	−0.108 7
0.75		0.003 88	0.003 99	0.045 7	0.049 6	0.016 8	0.017 4	−0.104 8
0.80		0.003 65	0.003 76	0.042 8	0.046 3	0.018 7	0.019 3	−0.100 7
0.85		0.003 43	0.003 52	0.040 0	0.043 1	0.020 4	0.021 1	−0.096 5
0.90		0.003 21	0.003 29	0.037 2	0.040 0	0.021 9	0.022 6	−0.092 2
0.95		0.002 99	0.003 06	0.034 5	0.036 9	0.023 2	0.023 9	−0.088 0
1.00	1.00	0.002 79	0.002 85	0.031 9	0.034 0	0.024 3	0.024 9	−0.083 9
	0.95	0.003 160	0.003 24	0.032 4	0.034 5	0.028 0	0.028 7	−0.088 2
	0.90	0.003 60	0.003 68	0.032 8	0.034 7	0.032 2	0.033 0	−0.092 6
	0.85	0.004 09	0.004 17	0.032 9	0.034 7	0.037 0	0.037 8	−0.097 0
	0.80	0.004 64	0.004 73	0.032 6	0.034 3	0.042 4	0.043 3	−0.101 4
	0.75	0.005 76	0.005 36	0.031 9	0.033 5	0.048 5	0.049 4	−0.105 6
	0.70	0.005 95	0.006 05	0.030 8	0.032 3	0.055 3	0.056 2	−0.109 6
	0.65	0.006 70	0.006 80	0.029 1	0.030 6	0.062 7	0.063 7	−0.113 3
	0.60	0.007 52	0.007 62	0.026 8	0.028 9	0.070 7	0.071 7	−0.116 6
	0.55	0.008 38	0.008 48	0.023 9	0.027 1	0.079 2	0.080 1	−0.119 3
	0.50	0.009 27	0.009 35	0.020 5	0.024 9	0.088 0	0.888 0	−0.121 5

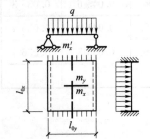

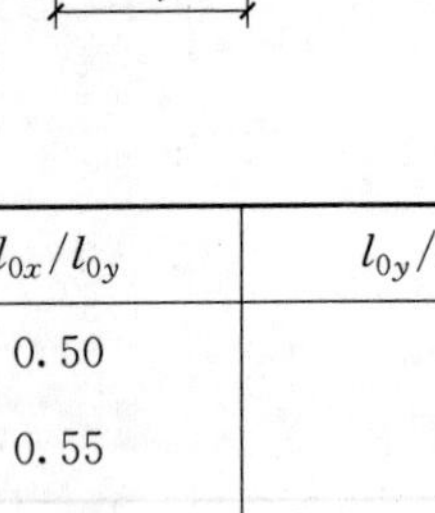

挠度＝表中系数×$\frac{ql_0^4}{B_c}$

μ＝0，弯矩＝表中系数×ql_0^2

式中，l_0 取用 l_{0x} 和 l_{0y} 中的较小者。

附表 12.3

l_{0x}/l_{0y}	l_{0y}/l_{0x}	f	m_x	m_y	m'_x
0.50		0.002 61	0.041 6	0.001 7	−0.084 3
0.55		0.002 59	0.041 0	0.002 8	−0.084 0
0.60		0.002 55	0.040 2	0.004 2	−0.084 3
0.65		0.002 50	0.039 2	0.005 7	−0.082 6
0.70		0.002 43	0.037 9	0.007 2	−0.081 4
0.75		0.002 36	0.036 6	0.008 8	−0.079 9

续表

l_{0x}/l_{0y}	l_{0y}/l_{0x}	f	m_x	m_y	m'_x
0.80		0.002 28	0.035 1	0.010 3	−0.078 2
0.85		0.002 20	0.033 5	0.011 8	−0.076 3
0.90		0.002 11	0.031 9	0.013 3	−0.074 3
0.95		0.002 01	0.030 2	0.014 6	−0.072 1
1.00	1.00	0.001 92	0.028 5	0.015 8	−0.069 8
	0.95	0.002 23	0.029 6	0.018 9	−0.074 6
	0.90	0.002 60	0.030 6	0.022 4	−0.079 7
	0.85	0.003 03	0.031 4	0.026 6	−0.085 0
	0.80	0.003 54	0.031 9	0.031 6	−0.090 4
	0.75	0.004 13	0.032 1	0.037 4	−0.095 9
	0.70	0.004 82	0.031 8	0.044 1	−0.101 3
	0.65	0.005 60	0.030 8	0.051 8	−0.106 6
	0.60	0.006 47	0.029 2	0.060 4	−0.111 4
	0.55	0.007 43	0.026 7	0.069 8	−0.115 6
	0.50	0.008 44	0.023 4	0.079 8	−0.119 1

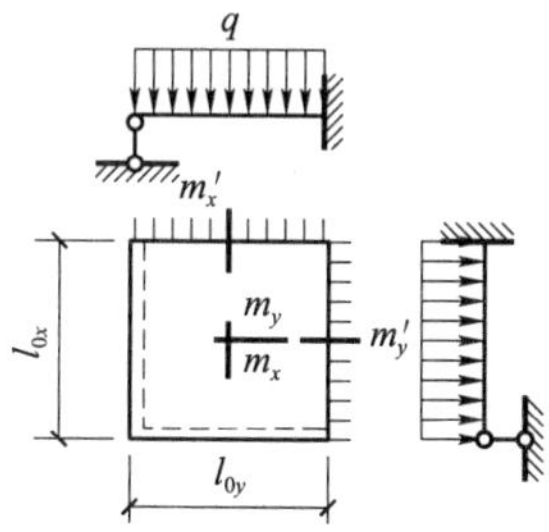

挠度＝表中系数×$\frac{ql_0^4}{B_c}$

μ=0，弯矩＝表中系数×ql_0^2

式中，l_0 取用 l_{0x} 和 l_{0y} 中的较小者。

附表 12.4

l_{0x}/l_{0y}	f	f_{max}	m_x	$m_{x,max}$	m_y	$m_{y,max}$	m'_x	m'_y
0.50	0.004 68	0.004 71	0.055 9	0.056 2	0.007 9	0.013 5	−0.117 9	−0.078 6
0.55	0.004 45	0.004 54	0.052 9	0.053 0	0.010 4	0.015 3	−0.114 0	−0.078 5
0.60	0.004 19	0.004 29	0.049 6	0.049 8	0.012 9	0.016 9	−0.109 5	−0.078 2
0.65	0.003 91	0.003 99	0.046 1	0.046 5	0.015 1	0.018 3	−0.104 5	−0.007 7
0.70	0.003 63	0.003 68	0.042 6	0.043 2	0.017 2	0.019 5	−0.099 2	−0.077 0
0.75	0.003 35	0.003 40	0.039 0	0.039 6	0.018 9	0.020 6	−0.093 8	−0.076 0
0.80	0.003 08	0.003 13	0.035 6	0.036 1	0.020 4	0.021 8	−0.088 3	−0.074 8
0.85	0.002 81	0.002 86	0.032 2	0.032 8	0.021 5	0.022 9	−0.082 9	−0.073 3
0.90	0.002 56	0.002 61	0.029 1	0.029 7	0.022 4	0.023 8	−0.077 6	−0.071 6
0.95	0.002 32	0.002 37	0.026 1	0.026 7	0.023 0	0.024 4	−0.072 6	−0.069 8
1.00	0.002 10	0.002 15	0.023 4	0.024 0	0.023 4	0.024 9	−0.066 7	−0.067 7

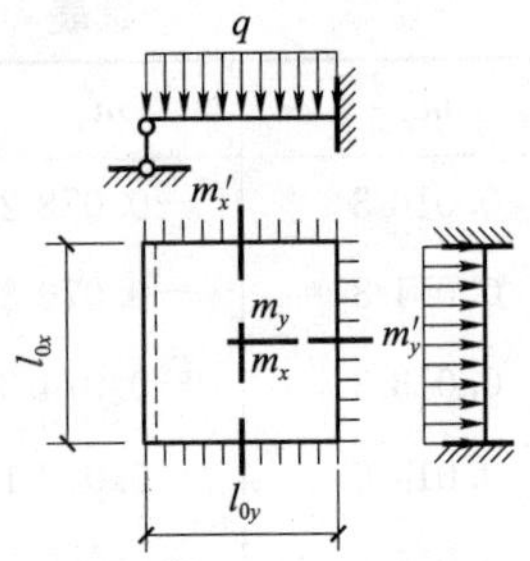

挠度＝表中系数$\times\frac{ql_0^4}{B_c}$

$\mu=0$，弯矩＝表中系数$\times ql_0^2$

式中，l_0 取用 l_{0x} 和 l_{0y} 中的较小者。

附表 12.5

l_{0x}/l_{0y}	l_{0y}/l_{0x}	f	$f_{\max}$	m_x	$m_{x,\max}$	m_y	$m_{y,\max}$	m_x'	m_y'
0.50		0.002 57	0.002 58	0.040 8	0.040 9	0.002 8	0.008 9	−0.083 6	−0.056 9
0.55		0.002 52	0.002 55	0.039 8	0.039 9	0.004 2	0.009 3	−0.082 7	−0.057 0
0.60		0.002 45	0.002 49	0.038 4	0.038 6	0.005 9	0.010 5	−0.081 4	−0.057 1
0.65		0.002 37	0.002 40	0.036 8	0.037 1	0.007 6	0.011 6	−0.079 6	−0.057 2
0.70		0.002 27	0.002 29	0.035 0	0.035 4	0.009 3	0.012 7	−0.007 4	−0.057 2
0.75		0.002 16	0.002 19	0.033 1	0.033 5	0.010 9	0.013 7	−0.075 0	−0.057 2
0.80		0.002 05	0.002 08	0.031 0	0.031 4	0.012 4	0.014 7	0.072 2	−0.057 0
0.85		0.001 93	0.001 96	0.028 9	0.029 3	0.013 8	0.015 5	−0.069 3	−0.056 7
0.90		0.001 81	0.001 84	0.026 8	0.027 3	0.015 9	0.016 3	−0.066 3	−0.056 3
0.95		0.001 69	0.001 72	0.024 7	0.025 2	0.016 0	0.017 2	−0.063 1	−0.055 8
1.00	1.00	0.001 57	0.001 60	0.022 7	0.023 1	0.016 8	0.018 0	−0.060 0	−0.055 0
	0.95	0.001 78	0.001 82	0.022 9	0.023 4	0.019 4	0.020 7	−0.062 9	−0.059 9
	0.90	0.002 01	0.002 06	0.022 8	0.023 4	0.022 3	0.023 8	−0.065 6	−0.065 3
	0.85	0.002 27	0.002 33	0.022 5	0.023 1	0.025 5	0.027 3	−0.068 3	−0.071 1
	0.80	0.002 56	0.002 62	0.021 9	0.022 4	0.029 0	0.031 1	−0.070 7	−0.007 2
	0.75	0.002 86	0.002 94	0.020 8	0.021 4	0.032 9	0.035 4	−0.072 9	−0.083 7
	0.70	0.003 19	0.003 27	0.019 4	0.020 0	0.037 0	0.040 0	−0.074 8	−0.090 3
	0.65	0.003 52	0.003 65	0.017 5	0.018 2	0.041 2	0.044 6	−0.076 2	−0.097 0
	0.60	0.003 86	0.004 03	0.015 3	0.016 0	0.045 4	0.049 3	−0.077 3	−0.103 3
	0.55	0.004 19	0.004 37	0.012 7	0.013 3	0.049 6	0.054 1	−0.078 0	−0.109 3
	0.50	0.004 49	0.004 63	0.009 9	0.010 3	0.053 4	0.058 8	−0.078 4	−0.114 6

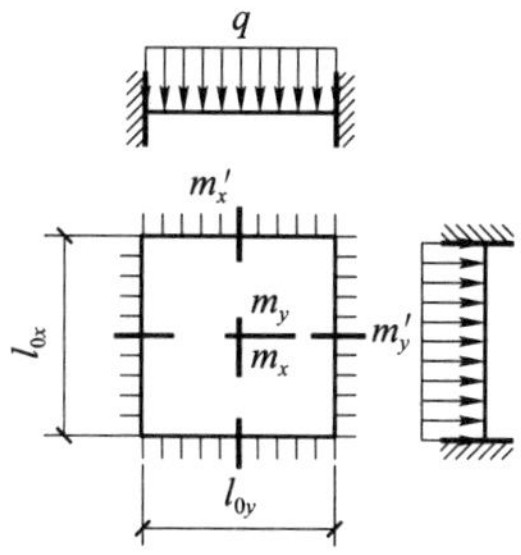

挠度=表中系数×$\frac{ql_0^4}{B_c}$

$\mu=0$，弯矩=表中系数×ql_0^2

式中，l_0 取用 l_{0x} 和 l_{0y} 中的较小者。

附表 12.6

l_{0y}/l_{0x}	f	m_x	m_y	m_x'	m_y'
0.50	0.002 53	0.040 0	0.003 8	−0.082 9	−0.057 0
0.55	0.002 46	0.038 5	0.005 6	−0.081 4	−0.057 1
0.60	0.002 36	0.036 7	0.007 6	−0.079 3	−0.057 1
0.65	0.002 24	0.034 5	0.009 5	−0.076 6	−0.057 1
0.70	0.002 11	0.032 1	0.011 3	−0.073 5	−0.056 9
0.75	0.001 97	0.029 6	0.013 0	−0.070 1	−0.056 5
0.80	0.001 82	0.027 1	0.014 4	−0.066 4	−0.055 9
0.85	0.001 68	0.024 6	0.015 6	−0.062 6	−0.055 1
0.90	0.001 53	0.022 1	0.016 5	−0.058 8	−0.054 1
0.95	0.001 40	0.019 8	0.017 2	0.055 0	−0.052 8
1.00	0.001 27	0.017 6	0.017 6	−0.051 3	0.051 3

附表 13　受压砌体承载力影响系数 φ、φ_n

附表 13.1　影响系数 φ(砂浆强度等级 M2.5)

β	e/h 或 e/h_T						
	0	0.025	0.05	0.075	0.1	0.125	0.15
≤3	1	0.99	0.97	0.94	0.89	0.84	0.79
4	0.97	0.94	0.89	0.84	0.78	0.73	0.67
6	0.93	0.89	0.84	0.78	0.73	0.67	0.62
8	0.89	0.84	0.78	0.72	0.67	0.62	0.57
10	0.83	0.78	0.72	0.67	0.61	0.56	0.52
12	0.78	0.72	0.67	0.61	0.56	0.52	0.47
14	0.72	0.66	0.61	0.56	0.51	0.47	0.43
16	0.66	0.61	0.56	0.51	0.47	0.43	0.40
18	0.61	0.56	0.51	0.47	0.43	0.40	0.36
20	0.56	0.51	0.47	0.43	0.39	0.36	0.33

续表

β	e/h 或 e/h_T						
	0	0.025	0.05	0.075	0.1	0.125	0.15
22	0.51	0.47	0.43	0.39	0.36	0.33	0.31
24	0.46	0.43	0.39	0.36	0.33	0.31	0.28
26	0.42	0.39	0.36	0.33	0.31	0.28	0.26
28	0.39	0.36	0.33	0.30	0.28	0.26	0.24
30	0.36	0.33	0.30	0.28	0.26	0.24	0.22

β	e/h 或 e/h_T					
	0.175	0.2	0.225	0.25	0.275	0.3
≤3	0.73	0.68	0.62	0.57	0.52	0.48
4	0.62	0.57	0.52	0.48	0.44	0.40
6	0.57	0.52	0.48	0.44	0.40	0.37
8	0.52	0.48	0.44	0.40	0.37	0.34
10	0.47	0.43	0.40	0.37	0.34	0.31
12	0.43	0.40	0.37	0.34	0.31	0.29
14	0.40	0.36	0.34	0.31	0.29	0.27
16	0.36	0.34	0.31	0.29	0.26	0.25
18	0.33	0.31	0.29	0.26	0.24	0.23
20	0.31	0.28	0.26	0.24	0.23	0.21
22	0.28	0.26	0.24	0.23	0.21	0.20
24	0.26	0.24	0.23	0.21	0.20	0.18
26	0.24	0.22	0.21	0.20	0.18	0.17
28	0.22	0.21	0.20	0.18	0.17	0.16
30	0.21	0.20	0.18	0.17	0.16	0.15

附表 13.2 影响系数 φ(砂浆强度 0)

β	e/h 或 e/h_T						
	0	0.025	0.05	0.075	0.1	0.125	0.15
≤3	1	0.99	0.97	0.94	0.89	0.84	0.79
4	0.87	0.82	0.77	0.71	0.66	0.60	0.55
6	0.76	0.70	0.65	0.59	0.54	0.50	0.46
8	0.63	0.58	0.54	0.49	0.45	0.41	0.38
10	0.53	0.48	0.44	0.41	0.37	0.34	0.32

续表

β	e/h 或 e/h_T						
	0	0.025	0.05	0.075	0.1	0.125	0.15
12	0.44	0.40	0.37	0.34	0.31	0.29	0.27
14	0.36	0.33	0.31	0.28	0.26	0.24	0.23
16	0.30	0.28	0.26	0.24	0.22	0.21	0.19
18	0.26	0.24	0.22	0.21	0.19	0.18	0.17
20	0.22	0.20	0.19	0.18	0.17	0.16	0.15
22	0.19	0.18	0.16	0.15	0.14	0.14	0.13
24	0.16	0.15	0.14	0.13	0.13	0.12	0.11
26	0.14	0.13	0.13	0.12	0.11	0.11	0.10
28	0.12	0.12	0.11	0.11	0.10	0.10	0.09
30	0.11	0.10	0.10	0.09	0.09	0.09	0.08

β	e/h 或 e/h_T					
	0.175	0.2	0.225	0.25	0.275	0.3
≤3	0.73	0.68	0.62	0.57	0.52	0.48
4	0.51	0.46	0.43	0.39	0.36	0.33
6	0.42	0.39	0.36	0.33	0.30	0.28
8	0.35	0.32	0.30	0.28	0.25	0.24
10	0.29	0.27	0.25	0.23	0.22	0.20
12	0.25	0.23	0.21	0.20	0.19	0.17
14	0.21	0.20	0.18	0.17	0.16	0.15
16	0.18	0.17	0.16	0.15	0.14	0.13
18	0.16	0.15	0.14	0.13	0.12	0.12
20	0.14	0.13	0.12	0.12	0.11	0.10
22	0.12	0.12	0.11	0.10	0.10	0.09
24	0.11	0.10	0.10	0.09	0.09	0.08
26	0.10	0.09	0.09	0.08	0.08	0.07
28	0.09	0.08	0.08	0.08	0.07	0.07
30	0.08	0.07	0.07	0.07	0.07	0.06

附表 13.3　影响系数 φ_n（网状配筋砌体）

100ρ	β \ e/h	0	0.05	0.10	0.15	0.17
0.1	4	0.97	0.89	0.78	0.67	0.63
	6	0.93	0.84	0.73	0.62	0.58
	8	0.89	0.78	0.67	0.57	0.53
	10	0.84	0.72	0.62	0.52	0.48
	12	0.78	0.67	0.56	0.48	0.44
	14	0.72	0.61	0.52	0.44	0.41
	16	0.67	0.56	0.47	0.40	0.37
0.3	4	0.96	0.87	0.76	0.65	0.61
	6	0.91	0.80	0.69	0.59	0.55
	8	0.84	0.74	0.62	0.53	0.49
	10	0.78	0.67	0.56	0.47	0.44
	12	0.71	0.60	0.51	0.43	0.40
	14	0.64	0.54	0.46	0.38	0.36
	16	0.58	0.49	0.41	0.35	0.32
0.5	4	0.94	0.85	0.74	0.63	0.59
	6	0.88	0.77	0.66	0.56	0.52
	8	0.80	0.69	0.59	0.50	0.46
	10	0.73	0.62	0.52	0.44	0.41
	12	0.65	0.55	0.46	0.39	0.36
	14	0.58	0.49	0.41	0.35	0.32
	16	0.51	0.43	0.36	0.31	0.29
0.7	4	0.93	0.83	0.72	0.61	0.57
	6	0.86	0.75	0.63	0.53	0.50
	8	0.77	0.66	0.56	0.47	0.43
	10	0.68	0.58	0.49	0.41	0.38
	12	0.60	0.50	0.42	0.36	0.33
	14	0.52	0.44	0.37	0.31	0.30
	16	0.46	0.38	0.33	0.28	0.26

续表

100ρ	e/h β	0	0.05	0.10	0.15	0.17
0.9	4	0.92	0.82	0.71	0.60	0.56
	6	0.83	0.72	0.61	0.52	0.48
	8	0.73	0.63	0.53	0.45	0.42
	10	0.64	0.54	0.46	0.38	0.36
	12	0.55	0.47	0.39	0.33	0.31
	14	0.48	0.40	0.34	0.29	0.27
	16	0.41	0.35	0.30	0.25	0.24
1.0	4	0.91	0.81	0.70	0.59	0.55
	6	0.82	0.71	0.60	0.51	0.47
	8	0.72	0.61	0.52	0.43	0.41
	10	0.62	0.53	0.44	0.37	0.35
	12	0.54	0.45	0.38	0.32	0.30
	14	0.46	0.39	0.33	0.28	0.26
	16	0.39	0.34	0.28	0.24	0.23

附表 14　钢材、焊缝和螺栓连接的强度设计值

附表 14.1　钢材的强度设计值

钢材		抗拉、抗压或拉弯 $f/(\mathrm{N\cdot mm^{-2}})$	抗剪 $f_v/(\mathrm{N\cdot mm^{-2}})$	端面承压(刨顶紧) $f_{ce}/(\mathrm{N\cdot mm^{-2}})$
牌号	厚度或直径/mm			
Q235 钢	≤16	215	125	325
	>16～40	205	120	
	>40～60	200	115	
	>60～100	190	110	
Q345 钢	≤16	310	180	400
	>16～35	295	170	
	>35～50	265	155	
	>50～100	250	145	

续表

钢材		抗拉、抗压或拉弯 $f/(N\cdot mm^{-2})$	抗剪 $f_v/(N\cdot mm^{-2})$	端面承压(刨顶紧) $f_{ce}/(N\cdot mm^{-2})$
牌号	厚度或直径/mm			
Q390 钢	≤16	350	205	415
	>16～35	335	190	
	>35～50	315	180	
	>50～100	295	170	
Q420 钢	≤16	380	220	440
	>16～35	360	210	
	>35～50	340	195	
	>50～100	325	185	
注：表中的厚度是指计算点的厚度，对轴心受力构件系指截面中较厚板件的厚度。				

附表 14.2　焊缝的强度设计值

焊接方法和焊条型号	构件钢材牌号		对接焊缝				角焊缝
	牌号	厚度或直径/mm	抗压 f_c^w /$(N\cdot mm^{-2})$	焊缝质量为下列等级时，抗拉 f_t^w /$(N\cdot mm^{-2})$		抗剪 f_v^w /$(N\cdot mm^{-2})$	抗拉、抗压和抗剪 f_f^w /$(N\cdot mm^{-2})$
				一、二级	三级		
自动焊、半自动焊和 E43 型焊条的手工焊	Q235 钢	≤16	215	215	185	125	160
		>16～40	205	205	175	120	
		>40～60	200	200	170	115	
		>60～100	190	190	160	110	
自动焊、半自动焊和 E50 型焊条的手工焊	Q345 钢	≤16	310	310	265	180	200
		>16～35	295	295	250	170	
		>35～50	265	265	225	155	
		>50～100	250	250	210	145	
自动焊、半自动焊和 E55 型焊条的手工焊	Q390 钢	≤16	350	350	300	205	220
		>16～35	335	335	285	190	
		>35～50	315	315	270	180	
		>50～100	295	295	250	170	

续表

焊接方法和焊条型号	构件钢材牌号		对接焊缝				角焊缝
	牌号	厚度或直径/mm	抗压 f_c^w /(N•mm^{-2})	焊缝质量为下列等级时，抗拉 f_t^w /(N•mm^{-2})		抗剪 f_v^w /(N•mm^{-2})	抗拉、抗压和抗剪 f_f^w /(N•mm^{-2})
				一、二级	三级		
自动焊、半自动焊和 E55 型焊条的手工焊	Q420 钢	≤16	380	380	320	220	220
		>16～35	360	360	305	210	
		>35～50	340	340	290	195	
		>50～100	325	325	275	185	

注：1. 自动焊和半自动焊所采用的焊丝和焊剂，应保证其熔敷金属的力学性能不低于埋弧焊用焊剂国家标准中的有关规定。

2. 焊缝质量等级应符合现行国家标准《钢结构工程施工质量验收规范》(GB 50205—2001)的要求。

3. 对接焊缝抗弯受压区强度设计值取 f_c^w，对抗弯受拉区强度设计值取 f_t^w。

4. 表中的厚度指计算点钢材厚度，对轴心受拉和轴心受压构件杆件是指截面中较厚板件的厚度。

附表 14.3　螺栓连接的强度设计值　N/mm^2

螺栓的性能等级和构件的钢材牌号		普通螺栓						锚栓	承压型连接高强度螺栓		
		C 级螺栓			A 级、B 级螺栓						
		抗拉 f_t^b	抗剪 f_v^b	承压 f_c^b	抗拉 f_t^b	抗剪 f_v^b	承压 f_c^b	抗拉 f_t^b	抗拉 f_t^b	抗剪 f_v^b	承压 f_c^b
普通螺栓	4.6 级、4.8 级	170	140	—	—	—	—	—	—	—	—
	5.6 级	—	—	—	210	190	—	—	—	—	—
	8.8 级	—	—	—	400	320	—	—	—	—	—
锚栓	Q235	—	—	—	—	—	—	140	—	—	—
	Q345	—	—	—	—	—	—	180	—	—	—
承压型连接高强度螺栓	8.8 级	—	—	—	—	—	—	—	400	250	—
	10.9 级	—	—	—	—	—	—	—	500	310	—
构件	Q235 钢	—	—	305	—	—	405	—	—	—	470
	Q345 钢	—	—	385	—	—	510	—	—	—	590
	Q390 钢	—	—	400	—	—	530	—	—	—	615
	Q420 钢	—	—	425	—	—	560	—	—	—	655

注：1. A 级螺栓用于 d≤24 mm 和 l≤10d 或 l≤150 mm(按较小值)的螺栓；B 级螺栓用于 d>24 mm 或 l>10d 或 l>150 mm(按较小值)的螺栓。d 为公称直径，l 为螺栓公称长度。

2. A、B 级螺栓孔的精度和孔壁表面粗糙度，C 级螺栓孔的允许偏差和孔壁表面粗糙度，均应符合现行国家标准《钢结构工程施工质量验收规范》(GB 50205—2001)的要求。

附表 15　螺栓和锚栓规格

附表 15.1　普通螺栓规格

螺栓直径 d/mm	螺栓 p/mm	螺栓有效直径 d_e/mm	螺栓有效面积 A_c/mm²	注
16	2	14.12	156.7	
18	2.5	15.65	192.5	
20	2.5	17.65	244.8	
22	2.5	19.65	303.4	
24	3	21.19	352.5	
24	3	24.19	459.4	
30	3.5	26.72	560.6	螺栓有效面积 A_c 按下式算得：$A_c=\frac{\pi}{4}\left(d-\frac{13}{24}\sqrt{3p}\right)^2$
33	3.5	29.72	693.6	
36	4	32.25	816.7	
39	4	35.25	975.8	
42	4.5	37.78	1 121.0	
45	4.5	40.78	1 306.0	
48	5	43.31	1 473.0	
52	5	47.31	1 758.0	
56	5.5	50.84	2 030.0	
60	5.5	54.84	2 362.0	

附表 15.2　锚栓规格

形式	Ⅰ				Ⅱ			Ⅲ			
	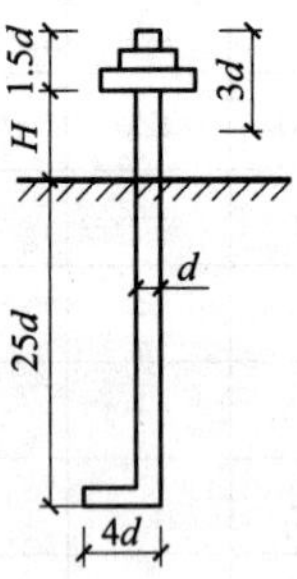				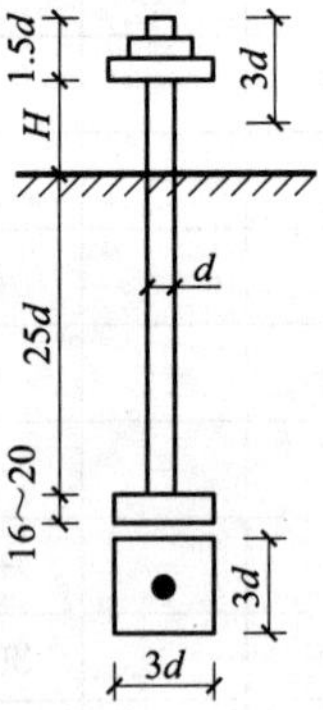			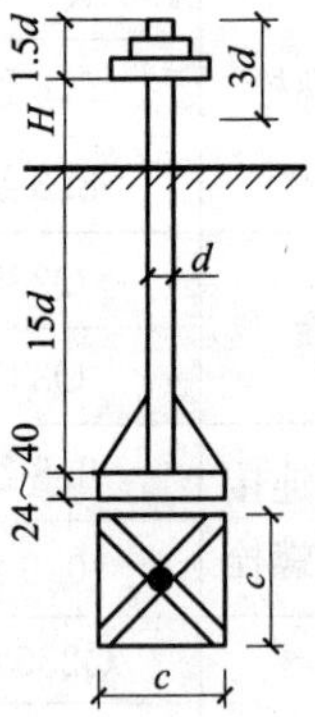			
锚栓直径 d/mm	20	24	30	36	42	48	56	64	72	80	90
计算净截面面积/cm²	2.45	3.53	5.61	8.17	11.20	14.70	20.30	26.80	34.60	44.44	55.91
Ⅲ型锚栓 锚板宽度 c/mm					140	200	200	240	280	350	400
Ⅲ型锚栓 锚板厚度 δ/mm					20	20	20	25	30	40	40

附表 16　常用型钢截面特性

附表 16.1　工字钢截面尺寸、截面面积、理论质量及截面特性(GB/T 706—2016)

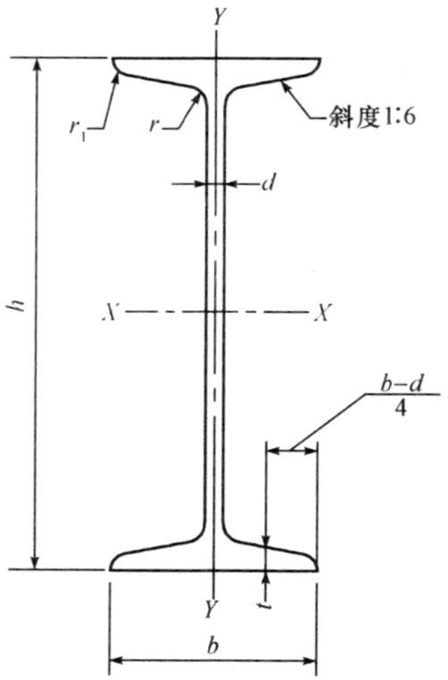

工字钢截面图

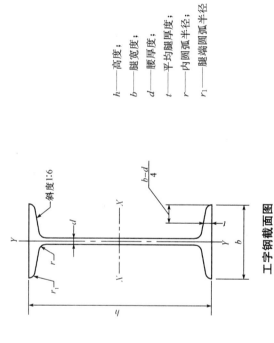

h——高度；
b——腿宽度；
d——腰厚度；
t——平均腿厚度；
r——内圆弧半径；
r_1——腿端圆弧半径

型号	截面尺寸/mm						截面面积/	理论重量/	外表面积/	惯性矩/cm^4		惯性半径/cm		截面模数/cm^3	
	h	b	d	t	r	r_1	cm^2	$(kg \cdot m^{-1})$	$(m^2 \cdot m^{-1})$	I_x	I_y	i_x	i_y	W_x	W_y
10	100	68	4.5	7.6	6.5	3.3	14.33	11.3	0.432	245	33.0	4.14	1.52	49.0	9.72
12	120	74	5.0	8.4	7.0	3.5	17.80	14.0	0.493	436	46.9	4.95	1.62	72.7	12.7
12.6	126	74	5.0	8.4	7.0	3.5	18.10	14.2	0.505	488	46.9	5.20	1.61	77.5	12.7
14	140	80	5.5	9.1	7.5	3.8	21.50	16.9	0.553	712	64.4	5.76	1.73	102	16.1
16	160	88	6.0	9.9	8.0	4.0	26.11	20.5	0.621	1 130	93.1	6.58	1.89	141	21.2
18	180	94	6.5	10.7	8.5	4.3	30.74	24.1	0.681	1 660	122	7.36	2.00	185	26.0

续表

型号	截面尺寸/mm						截面面积/cm²	理论重量/(kg·m⁻¹)	外表面积/(m²·m⁻¹)	惯性矩/cm⁴		惯性半径/cm		截面模数/cm³	
	h	b	d	t	r	r_1				I_x	I_y	i_x	i_y	W_x	W_y
20a	200	100	7.0	11.4	9.0	4.5	35.55	27.9	0.742	2 370	158	8.15	2.12	237	31.5
20b		102	9.0				39.55	31.1	0.746	2 500	169	7.96	2.06	250	33.1
22a	220	110	7.5	12.3	9.5	4.8	42.10	33.1	0.817	3 400	225	8.99	2.31	309	40.9
22b		112	9.5				46.50	36.5	0.821	3 570	239	8.78	2.27	325	42.7
24a	240	116	8.0	13.0	10.0	5.0	47.71	37.5	0.878	4 570	280	9.77	2.42	381	48.4
24b		118	10.0				52.51	41.2	0.882	4 800	297	9.57	2.38	400	50.4
25a	250	116	8.0				48.51	38.1	0.898	5 020	280	10.2	2.40	402	48.3
25b		118	10.0				53.51	42.0	0.902	5 280	309	9.94	2.40	423	52.4
27a	270	116	8.0	13.7	10.5	5.3	54.52	42.8	0.958	6 550	345	10.9	2.51	485	56.6
27b		118	10.0				59.92	47.0	0.962	6 870	366	10.7	2.47	509	58.9
28a	280	122	8.5				55.37	43.5	0.978	7 110	345	11.3	2.50	508	56.6
28b		124	10.5				60.97	47.9	0.982	7 480	379	11.1	2.49	534	61.2
30a	300	126	9.0	14.4	11.0	5.5	61.22	48.1	1.031	8 950	400	12.1	2.55	597	63.5
30b		128	11.0				67.22	52.8	1.035	9 400	422	11.8	2.50	627	65.9
30c		130	13.0				73.22	57.5	1.039	9 850	445	11.6	2.46	657	68.5
32a	320	130	9.5	15.0	11.5	5.8	67.12	52.7	1.084	11 100	460	12.8	2.62	692	70.8
32b		132	11.5				73.52	57.7	1.088	11 600	502	12.6	2.61	726	76.0
32c		134	13.5				79.92	62.7	1.092	12 200	544	12.3	2.61	760	81.2
36a	360	136	10.0	15.8	12.0	6.0	76.44	60.0	1.185	15 800	552	14.4	2.69	875	81.2
36b		138	12.0				83.64	65.7	1.189	16 500	582	14.1	2.64	919	84.3
36c		140	14.0				90.84	71.3	1.193	17 300	612	13.8	2.60	962	87.4

续表

型号	截面尺寸/mm						截面面积/ cm^2	理论重量/ $(kg \cdot m^{-1})$	外表面积/ $(m^2 \cdot m^{-1})$	惯性矩/cm^4		惯性半径/cm		截面模数/cm^3	
	h	b	d	t	r	r_1				I_x	I_y	i_x	i_y	W_x	W_y
40a	400	142	10.5	16.5	12.5	6.3	86.07	67.6	1.285	21 700	660	15.9	2.77	1 090	93.2
40b		144	12.5				94.07	73.8	1.289	22 800	692	15.6	2.71	1 140	96.2
40c		146	14.5				102.1	80.1	1.293	23 900	727	15.2	2.65	1 190	99.6
45a	450	150	11.5	18.0	13.5	6.8	102.4	80.4	1.411	32 200	855	17.7	2.89	1 430	114
45b		152	13.5				111.4	87.4	1.415	33 800	894	17.4	2.84	1 500	118
45c		154	15.5				120.4	94.5	1.419	35 300	938	17.1	2.79	1 570	122
50a	500	158	12.0	20.0	14.0	7.0	119.2	93.6	1.539	46 500	1 120	19.7	3.07	1 860	142
50b		160	14.0				129.2	101	1.543	48 600	1 170	19.4	3.01	1 940	146
50c		162	16.0				139.2	109	1.547	50 600	1 220	19.0	2.96	2 080	151
55a	550	166	12.5	21.0	14.5	7.3	134.1	105	1.667	62 900	1 370	21.6	3.19	2 290	164
55b		168	14.5				145.1	114	1.671	65 600	1 420	21.2	3.14	2 390	170
55c		170	16.5				156.1	123	1.675	68 400	1 480	20.9	3.08	2 490	175
56a	560	166	12.5				135.4	106	1.687	65 600	1 370	22.0	3.18	2 340	165
56b		168	14.5				146.6	115	1.691	68 500	1 490	21.6	3.16	2 450	174
56c		170	16.5				157.8	124	1.695	71 400	1 560	21.3	3.16	2 550	183
63a	630	176	13.0	22.0	15.0	7.5	154.6	121	1.862	93 900	1 700	24.5	3.31	2 980	193
63b		178	15.0				167.2	131	1.866	98 100	1 810	24.2	3.29	3 160	204
63c		180	17.0				179.8	141	1.870	102 000	1 920	23.8	3.27	3 300	214

注：表中 r、r_1 的数据用于孔型设计，不作为交货条件。

附表 16.2 槽钢截面尺寸、截面面积、理论质量及截面特性

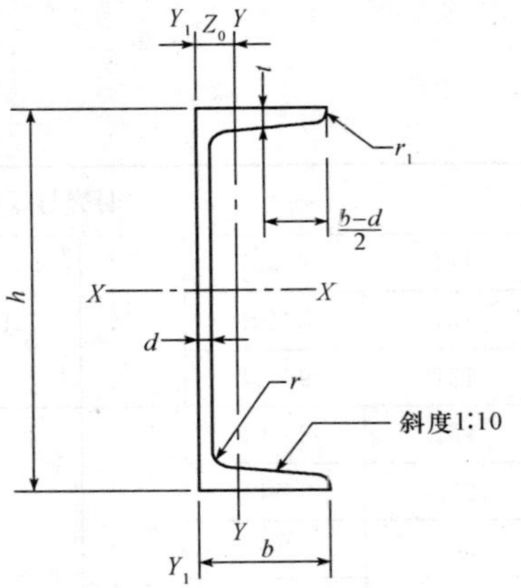

槽钢截面图

h——高度；
b——腿宽度；
d——腰厚度；
t——平均腿厚度；
r——内圆弧半径；
r_1——腿端圆弧半径；
Z_0——YY 轴与 Y_1Y_1 轴间距

型号	截面尺寸/mm						截面面积/	理论重量/	外表面积/	惯性矩/cm^4			惯性半径/cm		截面模数/cm^3		重心距离/cm
	h	b	d	t	r	r_1	cm^2	$(kg \cdot m^{-1})$	$(m^2 \cdot m^{-1})$	I_x	I_y	I_{y1}	i_x	i_y	W_x	W_y	Z_0
5	50	37	4.5	7.0	7.0	3.5	6.925	5.44	0.226	26.0	8.30	20.9	1.94	1.10	10.4	3.55	1.35
6.3	63	40	4.8	7.5	7.5	3.8	8.446	6.63	0.262	50.8	11.9	28.4	2.45	1.19	16.1	4.50	1.36
6.5	65	40	4.3	7.5	7.5	3.8	8.292	6.51	0.267	55.2	12.0	28.3	2.54	1.19	17.0	4.59	1.38
8	80	43	5.0	8.0	8.0	4.0	10.24	8.04	0.307	101	16.6	37.4	3.15	1.27	25.3	5.79	1.43
10	100	48	5.3	8.5	8.5	4.2	12.74	10.0	0.365	198	25.6	54.9	3.95	1.41	39.7	7.80	1.52
12	120	53	5.5	9.0	9.0	4.5	15.36	12.1	0.423	346	37.4	77.7	4.75	1.56	57.7	10.2	1.62
12.6	126	53	5.5	9.0	9.0	4.5	15.69	12.3	0.135	391	38.0	77.1	4.95	1.57	62.1	10.2	1.59
14a	140	58	6.0	9.5	9.5	4.8	18.51	14.5	0.480	564	53.2	107	5.52	1.70	80.5	13.0	1.71
14b		60	8.0				21.31	16.7	0.484	609	61.1	121	5.35	1.69	87.1	14.1	1.67
16a	160	63	6.5	10.0	10.0	5.0	21.95	17.2	0.538	866	73.3	144	6.28	1.83	108	16.3	1.80
16b		65	8.5				25.15	19.8	0.542	935	83.4	161	6.10	1.82	117	17.6	1.75
18a	180	68	7.0	10.5	10.5	5.2	25.69	20.2	0.596	1 270	98.6	190	7.04	1.96	141	20.0	1.88
18b		70	9.0				29.29	23.0	0.600	1 370	111	210	6.84	1.95	152	21.5	1.84

续表

型号	截面尺寸/mm						截面面积/	理论重量/	外表面积/	惯性矩/cm^4			惯性半径/cm		截面模数/cm^3		重心距离/cm
	h	b	d	t	r	r_1	cm^2	($kg \cdot m^{-1}$)	($m^2 \cdot m^{-1}$)	I_x	I_y	I_{y1}	i_x	i_y	W_x	W_y	Z_0
20a	200	73	7.0	11.0	11.0	5.5	28.83	22.6	0.654	1 780	128	244	7.86	2.11	178	24.2	2.01
20b		75	9.0				32.83	25.8	0.658	1 910	144	268	7.64	2.09	191	25.9	1.95
22a	220	77	7.0	11.5	11.5	5.8	31.83	25.0	0.709	2 390	158	298	8.67	2.23	218	28.2	2.10
22b		79	9.0				36.23	28.5	0.713	2 570	176	326	8.42	2.21	234	30.1	2.03
24a	240	78	7.0	12.0	12.0	6.0	34.21	26.9	0.752	3 050	174	325	9.45	2.25	254	30.5	2.10
24b		80	9.0				39.01	30.6	0.756	3 280	194	355	9.17	2.23	274	32.5	2.03
24c		82	11.0				43.81	34.4	0.760	3 510	213	388	8.96	2.21	293	34.4	2.00
25a	250	78	7.0				34.91	27.4	0.722	3 370	176	322	9.82	2.24	270	30.6	2.07
25b		80	9.0				39.91	31.3	0.776	3 530	196	353	9.41	2.22	282	32.7	1.98
25c		82	11.0				44.91	35.3	0.780	3 690	218	384	9.07	2.21	295	35.9	1.92
27a	270	82	7.5	12.5	12.5	6.2	39.27	30.8	0.826	4 360	216	393	10.5	2.34	323	35.5	2.13
27b		84	9.5				44.67	35.1	0.830	4 690	239	428	10.3	2.31	347	37.7	2.06
27c		86	11.5				50.07	39.3	0.834	5 020	261	467	10.1	2.28	372	39.8	2.03
28a	280	82	7.5				40.02	31.4	0.846	4 760	218	388	10.9	2.33	340	35.7	2.10
28b		84	9.5				45.62	35.8	0.850	5 130	242	428	10.6	2.30	366	37.9	2.02
28c		86	11.5				51.22	40.2	0.854	5 500	268	463	10.4	2.29	393	40.3	1.95
30a	300	85	7.5	13.5	13.5	6.8	43.89	34.5	0.897	6 050	260	467	11.7	2.43	403	41.1	2.17
30b		87	9.5				49.89	39.2	0.901	6 500	289	515	11.4	2.41	433	44.0	2.13
30c		89	11.5				55.89	43.9	0.905	6 950	316	560	11.2	2.38	463	46.4	2.09
32a	320	88	8.0	14.0	14.0	7.0	48.50	38.1	0.947	7 600	305	552	12.5	2.50	475	46.5	2.24
32b		90	10.0				54.90	43.1	0.951	8 140	336	593	12.2	2.47	509	49.2	2.16
32c		92	12.0				61.30	48.1	0.955	8 690	374	643	11.9	2.47	543	52.6	2.09
36a	360	96	9.0	16.0	16.0	8.0	60.89	47.8	1.053	11 900	455	818	14.0	2.73	660	63.5	2.44
36b		98	11.0				68.09	53.5	1.057	12 700	497	880	13.6	2.70	703	66.9	2.37
36c		100	13.0				75.29	59.1	1.061	13 400	536	948	13.4	2.67	746	70.0	2.34
40a	400	100	10.5	18.0	18.0	9.0	75.04	58.9	1.144	17 600	592	1 070	15.3	2.81	879	78.8	2.49
40b		102	12.5				83.04	65.2	1.148	18 600	640	1 140	15.0	2.78	932	82.5	2.44
40c		104	14.5				91.04	71.5	1.152	19 700	688	1 220	14.7	2.75	986	86.2	2.42

注：表中 r、r_1 的数据用于孔型设计，不作为交货条件。

附表 16.3　等边角钢截面尺寸、截面面积、理论质量及截面特性(GB/T 706—2016)

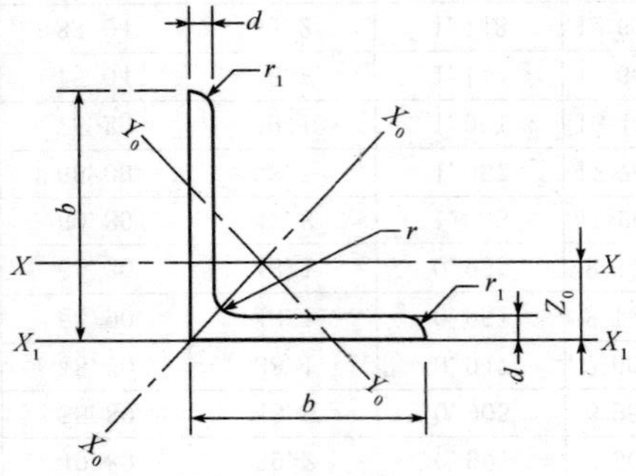

等边角钢截面图

b——边宽度；
d——边厚度；
r——内圆弧半径；
r_1——边端圆弧半径；
Z_0——重心距离

型号	截面尺寸/mm			截面面积/cm²	理论重量/(kg·m⁻¹)	外表面积/(m²·m⁻¹)	惯性矩/cm⁴				惯性半径/cm			截面模数/cm³			重心距离/cm
	b	d	r				I_x	I_{x1}	I_{x0}	I_{y0}	i_x	i_{x0}	i_{y0}	W_x	W_{x0}	W_{y0}	Z_0
2	20	3	3.5	1.132	0.89	0.078	0.40	0.81	0.63	0.17	0.59	0.75	0.39	0.29	0.45	0.20	0.60
		4		1.459	1.15	0.077	0.50	1.09	0.78	0.22	0.58	0.73	0.38	0.36	0.55	0.24	0.64
2.5	25	3		1.432	1.12	0.098	0.82	1.57	1.29	0.34	0.76	0.95	0.49	0.46	0.73	0.33	0.73
		4		1.859	1.46	0.097	1.03	2.11	1.62	0. 43	0.74	0, 93	0.48	0.59	0.92	0.40	0.76
3.0	30	3	4.5	1.749	1.37	0.117	1.46	2.71	2.31	0.61	0.91	1.15	0.59	0.68	1.09	0.51	0.85
		4		2.276	1.79	0.117	1.84	3.63	2.92	0.77	0.90	1.13	0.58	0.87	1.37	0.62	0.89
3.6	36	3		2.109	1.66	0.141	2.58	4.68	4.09	1.07	1.11	1.39	0.71	0.99	1.61	0.76	1.00
		4		2.756	2.16	0.141	3.29	6.25	5.22	1.37	1.09	1.38	0.70	1.28	2.05	0.93	1.04
		5		3.382	2.65	0.141	3.95	7.84	6.24	1.65	1.08	1.36	0.7	1.56	2.45	1.00	1.07

续表

型号	截面尺寸/mm			截面面积/cm²	理论重量/(kg·m⁻¹)	外表面积/(m²·m⁻¹)	惯性矩/cm⁴				惯性半径/cm			截面模数/cm³			重心距离/cm
	b	d	r				I_x	I_{x1}	I_{x0}	I_{y0}	i_x	i_{x0}	i_{y0}	W_x	W_{x0}	W_{y0}	Z_0
4	40	3	5	2.359	1.85	0.157	3.59	6.41	5.69	1.49	1.23	1.55	0.79	1.23	2.01	0.96	1.09
		4		3.086	2.42	0.157	4.60	8.56	7.29	1.91	1.22	1.54	0.79	1.60	2.58	1.19	1.13
		5		3.792	2.98	0.156	5.53	10.7	8.76	2.30	1.21	1.52	0.78	1.96	3.10	1.39	1.17
4.5	45	3		2.659	2.09	0.177	5.17	9.12	8.20	2.14	1.40	1.76	0.89	1.58	2.58	1.24	1.22
		4		3.486	2.74	0.177	6.65	12.2	10.6	2.75	1.38	1.74	0.89	2.05	3，32	1.54	1.26
		5		4.292	3.37	0.176	8.04	15.2	12.7	3.33	1.37	1.72	0.88	2.51	4.00	1.81	1.30
		6		5.077	3.99	0.176	9.33	18.4	14.8	3.89	1.36	1.70	0.80	2.95	4.64	2.06	1.33
5	50	3	5.5	2.971	2.33	0.197	7.18	12.5	11.4	2.98	1.55	1.96	1.00	1.96	3.22	1.57	1.34
		4		3.897	3.06	0.197	9.26	16.7	14.7	3.82	1.54	1.94	0.99	2.56	4.16	1.96	1.38
		5		4.803	3.77	0.196	11.2	20.9	17.8	4.64	1.53	1.92	0.98	3.13	5.03	2.31	1.42
		6		5.688	4.46	0.196	13.1	25.1	20.7	5.42	1.52	1.91	0.98	3.68	5.85	2.63	1.46
5.6	56	3	6	3.343	2.62	0.221	10.2	17.6	16.1	4.24	1.75	2.20	1.13	2.48	4.08	2.02	1.48
		4		4.39	3.45	0.220	13.2	23.4	20.9	5.46	1.73	2.18	1.11	3.24	5.28	2.52	1.53
		5		5.415	4.25	0.220	16.0	29.3	25.4	6.61	1.72	2.17	1.10	3.97	6.42	2.98	1.57
		6		6.42	5.04	0.220	18.7	35.3	29.7	7.73	1.71	2.15	1.10	4.68	7.49	3.40	1.61
		7		7.404	5.81	0.219	21.2	41.2	33.6	8.82	1.69	2.13	1.09	5.36	8.49	3.80	1.64
		8		8.367	6.57	0.219	23.6	47.2	37.4	9.89	1.68	2.11	1.09	6.03	9.44	4.16	1.68
6	60	5	6.5	5.829	4.58	0.236	19.9	36.1	31.6	8.21	1.85	2.33	1.19	4.59	7.44	3.48	1.67
		6		6.914	5.43	0.235	23.4	43.3	36.9	9.60	1.83	2.31	1.18	5.41	8.70	3.98	1.70
		7		7.977	6.26	0.235	26.4	50.1	41.9	11.0	1.82	2.29	1.17	6.21	9.88	4.45	1.74
		8		9.0Z	7.08	0.235	29.5	58.0	46.7	12.3	1.81	2.27	1.17	6.98	11.0	4.88	1.78

续表

型号	截面尺寸/mm			截面面积/cm²	理论重量/(kg·m⁻¹)	外表面积/(m²·m⁻¹)	惯性矩/cm⁴				惯性半径/cm			截面模数/cm³			重心距离/cm
	b	d	r				I_x	I_{x1}	I_{x0}	I_{y0}	i_x	i_{x0}	i_{y0}	W_x	W_{x0}	W_{y0}	Z_0
6.3	63	4	7	4.978	3.91	0.248	19.0	33.4	30.2	7.89	1.96	2.46	1.26	4.13	6.78	3.29	1.70
		5		6.143	4.82	0.248	23.2	41.7	36.8	9.57	1.94	2.45	1.25	5.08	8.25	3.90	1.74
		6		7.288	5.72	0.247	27.1	50.1	43.0	11.2	1.93	2.43	1.24	6.00	9.66	4.46	1.78
		7		8.412	6.60	0.247	30.9	58.6	49.0	12.8	1.92	2.41	1.23	6.88	11.0	4.98	1.82
		8		9.515	7.47	0.247	34.5	67.1	54.6	14.3	1.90	2.40	1.23	7.75	12.3	5.47	1.85
		10		11.66	9.15	0.246	41.1	84.3	64.9	17.3	1.88	2.36	1.22	9.39	14.6	6.36	1.93
7	70	4	8	5.570	4.37	0.275	26.4	45.7	41.8	11.0	2.18	2.74	1.40	5.14	8.44	4.17	1.86
		5		6.876	5.40	0.275	32.2	57.2	51.1	13.3	2.16	2.73	1.39	6.32	10.3	4.95	1.91
		6		8.160	6.41	0.275	37.8	68.7	59.9	15.6	2.15	2.71	1.38	7.48	12.1	5.67	1.95
		7		9.424	7.40	0.275	43.1	80.3	68.4	17.8	2.14	2.69	1.38	8.59	13.8	6.34	1.99
		8		10.67	8.37	0.274	48.2	91.9	76.4	20.0	2.12	2.68	1.37	9.68	15.4	6.98	2.03
7.5	75	5	9	7.412	5.82	0.295	40.0	70.6	63.3	16.6	2.33	2.92	1.50	7.32	11.9	5.77	2.04
		6		8.797	6.91	0.294	47.0	84.6	74.4	19.5	2.31	2.90	1.49	8.64	14.0	6.67	2.07
		7		10.16	7.98	0.294	53.6	98.7	85.0	22.2	2.30	2.89	1.48	9.93	16.0	7.44	2.11
		8		11.50	9.03	0.294	60.0	113	95.1	24.9	2.28	2.88	1.47	11.2	17.9	8.19	2.15
		9		12.83	10.1	0.294	66.1	127	105	27.5	2.27	2.86	1.46	12.4	19.8	8.89	2.18
		10		14.13	11.1	0.293	72.0	142	114	30.1	2.26	2.84	1.46	13.6	21.5	9.56	2.22
8	80	5		7.912	6.21	0.315	48.8	85.4	77.3	20.3	2.48	3.13	1.60	8.34	13.7	6.66	2.15
		6		9.397	7.38	0.314	57.4	103	91.0	23.7	2.47	3.11	1.59	9.87	16.1	7.65	2.19
		7		10.86	8.53	0.314	65.6	120	104	27.1	2.46	3.10	1.58	11.4	18.4	8.58	2.23
		8		12.30	9.66	0.314	73.5	137	117	30.4	2.44	3.08	1.57	12.8	20.6	9.46	2.27
		9		13.73	10.8	0.314	81.1	154	129	33.6	2.43	3.06	1.56	14.3	22.7	10.3	2.31
		10		15.13	11.9	0.313	88.4	172	140	36.8	2.42	3.04	1.56	15.6	24.8	11.1	2.35

续表

型号	截面尺寸/mm			截面面积/cm^2	理论重量/($kg \cdot m^{-1}$)	外表面积/($m^2 \cdot m^{-1}$)	惯性矩/cm^4				惯性半径/cm			截面模数/cm^3			重心距离/cm
	b	d	r				I_x	I_{x1}	I_{x0}	I_{y0}	i_x	i_{x0}	i_{y0}	W_x	W_{x0}	W_{y0}	Z_0
9	90	6	10	10.64	8.35	0.354	82.8	146	131	34.3	2.79	3.51	1.80	12.6	20.6	9.95	2.44
		7		12.30	9.66	0.354	94.8	170	150	39.2	2.78	3.50	1.78	14.5	23.6	11.2	2.48
		8		13.94	10.9	0.353	106	195	169	44.0	2.76	3.48	1.78	16.4	26.6	12.4	2.52
		9		15.57	12.2	0.353	118	219	187	48.7	2.75	3.46	1.77	18.3	29.4	13.5	2.56
		10		17.17	13.5	0.353	129	244	204	53.3	2.74	3.45	1.76	20.1	32.0	14.5	2.59
		12		20.31	15.9	0.352	149	294	236	62.2	2.71	3.41	1.75	23.6	37.1	16.5	2.67
10	100	6	12	11.93	9.37	0.393	115	200	182	47.9	3.10	3.90	2.00	15.7	25.7	12.7	2.67
		7		13.80	10.8	0.393	132	234	209	54.7	3.09	3.89	1.99	18.1	29.6	14.3	2.71
		8		15.64	12.3	0.393	148	267	235	61.4	3.08	3.88	1.98	20.5	33.2	15.8	2.76
		9		17.46	13.7	0.392	164	300	260	68.0	3.07	3.86	1.97	22.8	36.8	17.2	2.80
		10		19.26	15.1	0.392	180	334	285	74.4	3.05	3.84	1.96	25.1	40.3	18.5	2.84
		12		22.80	17.9	0.391	209	402	331	86.8	3.03	3.81	1.95	29.5	46.8	21.1	2.91
		14		26.26	20.6	0.391	237	471	374	99.0	3.00	3.77	1.94	33.7	52.9	23.4	2.99
		16		29.63	23.3	0.390	263	540	414	111	2.98	3.74	1.94	37.8	58.6	25.6	3.06
11	110	7	12	15.20	11.9	0.433	177	311	281	73.4	3.41	4.30	2.20	22.1	36.1	17.5	2.96
		8		17.24	13.5	0.433	199	355	316	82.4	3.40	4.28	2.19	25.0	40.7	19.4	3.01
		10		21.26	16.7	0.432	242	445	384	100	3.38	4.25	2.17	30.6	49.4	22.9	3.09
		12		25.20	19.8	0.431	283	535	448	117	3.35	4.22	2.15	36.1	57.6	26.2	3.16
		14		29.06	22.8	0.431	321	625	508	133	3.32	4.18	2.14	41.3	65.3	29.1	3.24

续表

型号	截面尺寸/mm			截面面积/ cm²	理论重量/ (kg·m⁻¹)	外表面积/ (m²·m⁻¹)	惯性矩/cm⁴				惯性半径/cm			截面模数/cm³			重心距离/cm
	b	d	r				I_x	I_{x1}	I_{x0}	I_{y0}	i_x	i_{x0}	i_{y0}	W_x	W_{x0}	W_{y0}	Z_0
12.5	125	8	14	19.75	15.5	0.492	297	521	471	123	3.88	4.88	2.50	32.5	53.3	25.9	3.37
		10		24.37	19.1	0.491	362	652	574	149	3.85	4.85	2.48	40.0	64.9	30.6	3.45
		12		28.91	22.7	0.491	423	783	671	175	3.83	4.82	2.46	41.2	76.0	35.0	3.53
		14		33.37	26.2	0.490	482	916	764	200	3.80	4.78	2.45	54.2	86.4	39.1	3.61
		16		37.74	29.6	0.489	537	1 050	851	224	3.77	4.75	2.43	60.9	96.3	43.0	3.68
14	140	10		27.37	21.5	0.551	515	915	817	212	4.34	5.46	2.78	50.6	82.6	39.2	3.82
		12		32.51	25.5	0.551	604	1 100	959	249	4.31	5.43	2.76	59.8	96.9	45.0	3.90
		14		37.57	29.5	0.550	689	1 280	1 090	284	4.28	5.40	2.75	68.8	110	50.5	3.98
		16		42.54	33.4	0.549	770	1 470	1 220	319	4.26	5.36	2.74	77.5	123	55.6	4.06
15	150	8		23.75	18.6	0.592	521	900	827	215	4.69	5.90	3.01	47.4	78.0	38.1	3.99
		10		29.37	23.1	0.591	638	1 130	1 010	262	4.66	5.87	2.99	58.4	95.5	45.5	4.08
		12		34.91	27.4	0.591	749	1 350	1 190	308	4.63	5.84	2.97	69.0	112	52.4	4.15
		14		40.37	31.7	0.590	856	1 580	1 360	352	4.60	5.80	2.95	79.5	128	58.8	4.23
		15		43.06	33.8	0.590	907	1 690	1 440	374	4.59	5.78	2.95	84.6	136	61.9	4.27
		16		45.74	35.9	0.589	958	1 810	1 520	395	4.58	5.77	2.94	89.6	143	64.9	4.31
16	160	10	16	31.50	24.7	0.630	780	1 370	1 240	322	4.98	6.27	3.20	66.7	109	52.8	4.31
		12		37.44	29.4	0.630	917	1 640	1 460	377	4.95	6.24	3.18	79.0	129	60.7	4.39
		14		43.30	34.0	0.629	1 050	1 910	1 670	432	4.92	6.20	3.16	91.0	147	68.2	4.47
		16		49.07	38.5	0.629	1 180	2 190	1 870	485	4.89	6.17	3.14	103	165	75.3	4.55
18	180	12		42.24	33.2	0.710	1 320	2 330	2 100	543	5.59	7.05	3.58	101	165	78.4	4.89
		14		48.90	38.4	0.709	1 510	2 720	2 410	622	5.56	7.02	3.56	116	189	88.4	4.97
		16		55.47	43.5	0.709	1 700	3 120	2 700	699	5.54	6.98	3.55	131	212	97.8	5.05
		18		61.96	48.6	0.708	1 880	3 500	2 990	762	5.50	6.94	3.51	146	235	105	5.13

续表

型号	截面尺寸/mm			截面面积/cm²	理论重量/(kg·m⁻¹)	外表面积/(m²·m⁻¹)	惯性矩/cm⁴				惯性半径/cm			截面模数/cm³			重心距离/cm
	b	d	r				I_x	I_{x1}	I_{x0}	I_{y0}	i_x	i_{x0}	i_{y0}	W_x	W_{x0}	W_{y0}	Z_0
20	200	14	18	54.64	48.9	0.788	2 100	3 730	3 340	864	6.20	7.82	3.98	145	236	112	5.46
		16		62.01	48.7	0.788	2 370	4 270	3 760	971	6.18	7.79	3.96	164	266	124	5.54
		18		69.30	54.4	0.787	2 620	4 810	4 160	1 080	6.15	7.75	3.94	182	294	136	5.62
		20		76.51	60.1	0.787	2 870	5 350	4 550	1 180	6.12	7.72	3.93	200	322	147	5.69
		24		90.66	71.2	0.785	3 340	6 460	5 290	1 380	6.07	7.64	3.90	236	374	167	5.87
22	220	16	21	68.67	53.9	0.866	3 190	5 680	5 060	1 310	6.81	8.59	4.37	200	326	154	6.03
		18		76.75	60.3	0.866	3 540	6 400	5 620	1 450	6.79	8.55	4.35	223	361	168	6.11
		20		84.76	66.5	0.865	3 870	7 110	6 150	1 590	6.76	8.52	4.34	245	395	182	6.18
		22		92.68	72.8	0.865	4 200	7 830	6 670	1 730	6.73	8.48	4.32	267	429	195	6.26
		24		100.5	78.9	0.864	4 520	8 550	7 170	1 870	6.71	8.45	4.31	289	461	208	6.33
		26		108.3	85.0	0.864	4 830	9 280	7 690	2 000	6.68	8.41	4.30	310	492	221	6.41
25	250	18	24	87.84	69.0	0.985	5 270	9 380	8 370	2 170	7.75	9.76	4.97	290	473	224	6.84
		20		97.05	76.2	0.984	5 780	10 400	9 180	2 380	7.72	9.73	4.95	320	519	243	6.92
		22		106.2	83.3	0.983	6 280	11 500	9 970	2 580	7.69	9.69	4.93	349	564	261	7.00
		24		115.2	90.4	0.983	6 770	12 500	10 700	2 790	7.67	9.66	4.92	378	608	278	7.07
		26		124.2	97.5	0.982	7 240	13 600	11 500	2 980	7.64	9.62	4.90	406	650	295	7.15
		28		133.0	104	0.982	7 700	14 600	12 200	3 180	7.61	9.58	4.89	433	691	311	7.22
		30		141.8	111	0.981	8 160	15 700	12 900	3 380	7.58	9.55	4.88	461	731	327	7.30
		32		150.5	118	0.981	8 600	16 800	13 600	3 570	7.56	9.51	4.87	488	770	342	7.37
		35		163.4	128	0.980	9 240	18 400	14 600	3 850	7.52	9.46	4.86	527	827	364	7.48

注：截面图中的 $r_1=1/3d$ 及表中 r 的数据用于孔型设计，不作为交货条件。

附表 16.4　不等边角钢截面尺寸、截面面积、理论重量及截面特性(GB/T 706—2016)

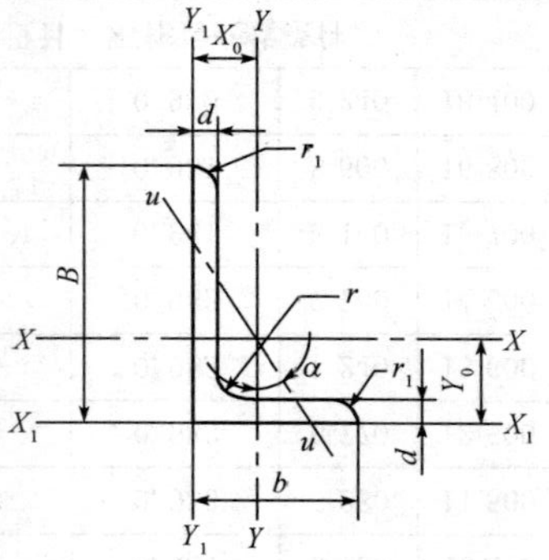

B——长边宽度；
b——短边宽度；
d——边厚度；
r——内圆弧半径；
r_1——边端圆弧半径；
X_0——重心距离；
Y_0——重心距离

不等边角钢截面图

型号	截面尺寸/mm				截面面积/	理论重量/	外表面积/	惯性矩/cm^4					惯性半径/cm			截面模数/cm^3			tanα	重心距离/cm	
	B	b	d	r	cm^2	$(kg\cdot m^{-1})$	$(m^2\cdot m^{-1})$	I_x	I_{x1}	I_y	I_{y1}	I_u	i_x	i_y	i_u	W_x	W_y	W_u		X_0	Y_0
2.5/1.6	25	16	3	3.5	1.162	0.91	0.080	0.70	1.56	0.22	0.43	0.14	0.78	0.44	0.34	0.43	0.19	0.16	0.392	0.42	0.85
			4		1.499	1.18	0.079	0.88	2.09	0.27	0.59	0.17	0.77	0.43	0.34	0.55	0.24	0.20	0.381	0.46	0.90
3.2/2	32	20	3		1.492	1.17	0.102	1.53	3.27	0.46	0.82	0.28	1.01	0.55	0.43	0.72	0.30	0.25	0.382	0.43	1.08
			4		1.939	1.52	0.101	1.93	4.37	0.57	1.12	0.35	1.00	0.54	0.42	0.93	0.39	0.32	0.374	0.53	1.12
4/2.5	40	25	3	4	1.890	1.48	0.127	3.08	5.39	0.93	1.59	0.56	1.28	0.70	0.54	1.15	0.49	0.40	0.385	0.59	1.32
			4		2.467	1.94	0.127	3.93	8.53	1.18	2.14	0.71	1.36	0.69	0.54	1.49	0.63	0.52	0.381	0.63	1.37
4.5/2.8	45	28	3	5	2.149	1.69	0.143	4.45	9.10	1.34	2.23	0.80	1.44	0.79	0.61	1.47	0.62	0.51	0.383	0.64	1.47
			4		2.806	2.20	0.143	5.69	12.1	1.70	3.00	1.02	1.42	0.78	0.60	1.91	0.80	0.66	0.380	0.68	1.51
5/3.2	50	32	3	5.5	2.431	1.91	0.161	6.24	12.5	2.02	3.31	1.20	1.60	0.91	0.70	1.84	0.82	0.68	0.404	0.73	1.60
			4		3.177	2.49	0.160	8.02	16.7	2.58	4.45	1.53	1.59	0.90	0.69	2.39	1.06	0.87	0.402	0.77	1.65

续表

型号	截面尺寸/mm				截面面积/cm²	理论重量/(kg·m⁻¹)	外表面积/(m²·m⁻¹)	惯性矩/cm⁴					惯性半径/cm			截面模数/cm³			tanα	重心距离/cm	
	B	b	d	r				I_x	I_{x1}	I_y	I_{y1}	I_u	i_x	i_y	i_u	W_x	W_y	W_u		X_0	Y_0
5.6/3.6	56	36	3	6	2.743	2.15	0.181	8.88	17.5	2.92	4.7	1.73	1.80	1.03	0.79	2.32	1.05	0.87	0.408	0.80	1.78
			4		3.590	2.82	0.180	11.5	23.4	3.76	6.33	2.23	1.79	1.02	0.79	3.03	1.37	1.13	0.408	0.85	1.82
			5		4.415	3.47	0.180	13.9	29.3	4.49	7.94	2.67	1.77	1.01	0.78	3.71	1.65	1.36	0.404	0.88	1.87
6.3/4	63	40	4	7	4.058	3.19	0.202	16.5	33.3	5.23	8.63	3.12	2.02	1.14	0.88	3.87	1.70	1.40	0.398	0.92	2.04
			5		4.993	3.92	0.202	20.0	41.6	6.31	10.9	3.76	2.00	1.12	0.87	4.74	2.07	1.71	0.396	0.95	2.08
			6		5.908	4.64	0.201	23.4	50.0	7.29	13.1	4.34	1.96	1.11	0.86	5.59	2.43	1.99	0.393	0.99	2.12
			7		6.802	5.34	0.201	26.5	58.1	8.24	15.5	4.97	1.98	1.10	0.86	6.40	2.78	2.29	0.389	1.03	2.15
7/4.5	70	45	4	7.5	4.553	3.57	0.226	23.2	45.9	7.55	12.3	4.40	2.26	1.29	0.98	4.86	2.17	1.77	0.410	1.02	2.24
			5		5.609	4.40	0.225	28.0	57.1	9.13	15.4	5.40	2.23	1.28	0.98	5.92	2.65	2.19	0.407	1.06	2.28
			6		6.644	5.22	0.225	32.5	68.4	10.6	18.6	6.35	2.21	1.26	0.98	6.95	3.12	2.59	0.404	1.09	2.32
			7		7.658	6.01	0.225	37.2	80.0	12.0	21.8	7.16	2.20	1.25	0.97	8.03	3.57	2.94	0.402	1.13	2.36
7.5/5	75	50	5	8	6.126	4.81	0.245	34.9	70.0	12.6	21.0	7.41	2.39	1.44	1.10	6.83	3.3	2.74	0.435	1.17	2.40
			6		7.260	5.70	0.245	41.1	84.3	14.7	25.4	8.54	2.38	1.42	1.08	8.12	3.88	3.19	0.435	1.21	2.44
			8		9.467	7.43	0.244	52.4	113	18.5	34.2	10.9	2.35	1.40	1.07	10.5	4.99	4.10	0.429	1.29	2.52
			10		11.59	9.10	0.244	62.7	141	22.0	43.4	13.1	2.33	1.38	1.06	12.8	6.04	4.99	0.423	1.36	2.60
8/5	80	50	5		6.376	5.00	0.255	42.0	85.2	12.8	21.1	7.66	2.56	1.42	1.10	7.78	3.32	2.74	0.388	1.14	2.60
			6		7.560	5.93	0.255	49.5	103	15.0	25.4	8.85	2.56	1.41	1.08	9.25	3.91	3.20	0.387	1.18	2.65
			7		8.724	6.85	0.255	56.2	119	17.0	29.8	10.2	2.54	1.39	1.08	10.6	4.48	3.70	0.384	1.21	2.69
			8		9.867	7.75	0.254	62.8	136	18.9	34.3	11.4	2.52	1.38	1.07	11.9	5.03	4.16	0.381	1.25	2.73
9/5.6	90	56	5	9	7.212	5.66	0.287	60.5	121	18.3	29.5	11.0	2.90	1.59	1.23	9.92	4.21	3.49	0.385	1.25	2.91
			6		8.557	6.72	0.286	71.0	146	21.4	35.6	12.9	2.88	1.58	1.23	11.7	4.96	4.13	0.384	1.29	2.95
			7		9.881	7.76	0.286	81.0	170	24.4	41.7	14.7	2.86	1.57	1.22	13.5	5.70	4.72	0.382	1.33	3.00
			8		11.18	8.78	0.286	91.0	194	27.2	47.9	16.3	2.85	1.56	1.21	15.3	6.41	5.29	0.380	1.36	3.04

续表

型号	截面尺寸/mm				截面面积/cm²	理论重量/(kg·m⁻¹)	外表面积/(m²·m⁻¹)	惯性矩/cm⁴					惯性半径/cm			截面模数/cm³			tanα	重心距离/cm	
	B	b	d	r				I_x	I_{x1}	I_y	I_{y1}	I_u	i_x	i_y	i_u	W_x	W_y	W_u		X_0	Y_0
10/6.3	100	63	6	10	9.618	7.55	0.320	99.1	200	30.9	50.5	18.4	3.21	1.79	1.38	14.6	6.35	5.25	0.394	1.43	3.24
			7		11.11	8.72	0.320	113	233	35.3	59.1	21.0	3.20	1.78	1.38	16.9	7.29	6.02	0.394	1.47	3.28
			8		12.58	9.88	0.319	127	266	39.4	67.9	23.5	3.18	1.77	1.37	19.1	8.21	6.78	0.391	1.50	3.32
			10		15.47	12.1	0.319	154	333	47.1	85.7	28.3	3.15	1.74	1.35	23.3	9.98	8.24	0.387	1.58	3.40
10/8	100	80	6	10	10.64	8.35	0.354	107	200	61.2	103	31.7	3.17	2.40	1.72	15.2	10.2	8.37	0.627	1.97	2.95
			7		12.30	9.66	0.354	123	233	70.1	120	36.2	3.16	2.39	1.72	17.5	11.7	9.60	0.626	2.01	3.00
			8		13.94	10.9	0.353	138	267	78.6	137	40.6	3.14	2.37	1.71	19.8	13.2	10.8	0.625	2.05	3.04
			10		17.17	13.5	0.353	167	334	94.7	172	49.1	3.12	2.35	1.69	24.2	16.1	13.1	0.622	2.13	3.12
11/7	110	70	6	10	10.64	8.35	0.354	133	266	42.9	69.1	25.4	3.54	2.01	1.54	17.9	7.90	6.53	0.403	1.57	3.53
			7		12.30	9.66	0.354	153	310	49.0	80.8	29.0	3.53	2.00	1.53	20.6	9.09	7.50	0.402	1.61	3.57
			8		13.94	10.9	0.353	172	354	54.9	92.7	32.5	3.51	1.98	1.53	23.3	10.3	8.45	0.401	1.65	3.62
			10		17.17	13.5	0.353	208	443	65.9	117	39.2	3.48	1.96	1.51	28.5	12.5	10.3	0.397	1.72	3.70
12.5/8	125	80	7	11	14.10	11.1	0.403	228	455	74.4	120	43.8	4.02	2.30	1.76	26.9	12.0	9.92	0.408	1.80	4.01
			8		15.99	12.6	0.403	257	520	83.5	138	49.2	4.01	2.28	1.75	30.4	13.6	11.2	0.407	1.84	4.06
			10		19.71	15.5	0.402	312	650	101	173	59.5	3.98	2.26	1.74	37.3	16.6	13.6	0.404	1.92	4.14
			12		23.35	18.3	0.402	364	780	117	210	69.4	3.95	2.24	1.72	44.0	19.4	16.0	0.400	2.00	4.22
14/9	140	90	8	12	18.04	14.2	0.453	366	731	121	196	70.8	4.50	2.59	1.98	38.5	17.3	14.3	0.411	2.04	4.50
			10		22.26	17.5	0.452	446	913	140	246	85.8	4.47	2.56	1.96	47.3	21.2	17.5	0.409	2.12	4.58
			12		26.40	20.7	0.451	522	1 100	170	297	100	4.44	2.54	1.95	55.9	25.0	20.5	0.406	2.19	4.66
			14		30.46	23.9	0.451	594	1 280	192	349	114	4.42	2.51	1.94	64.2	28.5	23.5	0.403	2.27	4.74

续表

型号	截面尺寸/mm				截面面积/cm²	理论重量/(kg·m⁻¹)	外表面积/(m²·m⁻¹)	惯性矩/cm⁴					惯性半径/cm			截面模数/cm³			tanα	重心距离/cm	
	B	b	d	r				I_x	I_{x1}	I_y	I_{y1}	I_u	i_x	i_y	i_u	W_x	W_y	W_u		X_0	Y_0
15/9	140	90	8	12	18.84	14.8	0.473	442	898	123	196	74.1	4.84	2.55	1.98	43.9	17.5	14.5	0.364	1.97	4.92
			10		23.26	18.3	0.472	539	1 120	149	246	89.9	4.81	2.53	1.97	54.0	21.4	17.7	0.362	2.05	5.01
			12		27.60	21.7	0.471	632	1 350	173	297	105	4.79	2.50	1.95	63.8	25.1	20.8	0.359	2.12	5.09
			14		31.86	25.0	0.471	721	1 570	196	350	120	4.76	2.48	1.94	73.3	28.8	23.8	0.356	2.20	5.17
			15		33.95	26.7	0.471	764	1 680	207	376	127	4.74	2.47	1.93	78.0	30.5	25.3	0.354	2.24	5.21
			16		36.03	28.3	0.470	806	1 800	217	403	134	4.73	2.45	1.93	82.6	32.3	26.8	0.352	2.27	5.25
16/10	160	100	10	13	25.32	19.9	0.512	669	1 360	205	337	122	5.14	2.85	2.19	62.1	26.6	21.9	0.390	2.28	5.24
			12		30.05	23.6	0.511	785	1 640	239	406	142	5.11	2.82	2.17	73.5	31.3	25.8	0.388	2.36	5.32
			14		34.71	27.2	0.510	896	1 910	271	476	162	5.08	2.80	2.16	84.6	35.8	29.6	0.385	2.43	5.40
			16		39.28	30.8	0.510	1 000	2 180	302	548	183	5.05	2.77	2.16	95.3	40.2	33.4	0.382	2.51	5.48
18/11	180	110	10	14	28.37	22.3	0.571	956	1 940	278	447	167	5.80	3.13	2.42	79.0	32.5	26.9	0.376	2.44	5.89
			12		33.71	26.5	0.571	1 120	2 330	325	539	195	5.78	3.10	2.40	93.5	38.3	31.7	0.374	2.52	5.98
			14		38.97	30.6	0.570	1 290	2 720	370	632	222	5.75	3.08	2.39	108	44.0	36.3	0.372	2.59	6.06
			16		44.14	34.6	0.569	1 440	3 110	412	726	249	5.72	3.06	2.38	122	49.4	40.9	0.369	2.67	6.14
20/12.5	200	125	12		37.91	29.8	0.641	1 570	3 190	483	788	286	6.44	3.57	2.74	117	50.0	41.2	0.392	2.83	6.54
			14		43.87	34.4	0.640	1 800	3 730	551	922	327	6.41	3.54	2.73	135	57.4	47.3	0.390	2.91	6.62
			16		49.74	39.0	0.639	2 020	4 260	615	1 060	366	6.38	3.52	2.71	152	64.9	53.3	0.388	2.99	6.70
			18		55.53	43.6	0.639	2 240	4 790	677	1 200	405	6.35	3.49	2.70	169	71.7	59.2	0.385	3.06	6.78

注：截面图中的 $r_1=1/3d$ 及表中 r 的数据用于孔型设计，不作为交货条件。

附表 17　普通钢结构轴心受压构件的截面分类

附表 17.1　轴心受压构件的截面分类(板厚 $t<40$ mm)

截面形式	对 x 轴	对 y 轴
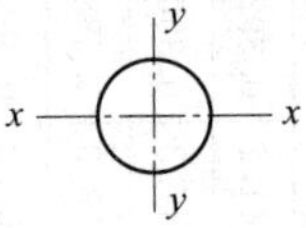 轧制	a 类	a 类
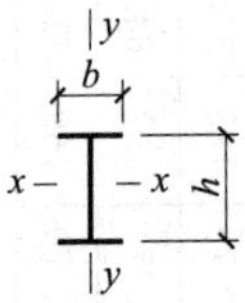 轧制，$b/h\leqslant0.8$	a 类	b 类
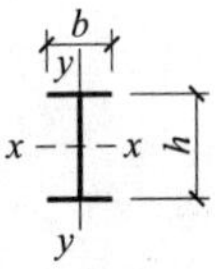 轧制，$b/h>0.8$	b 类	b 类
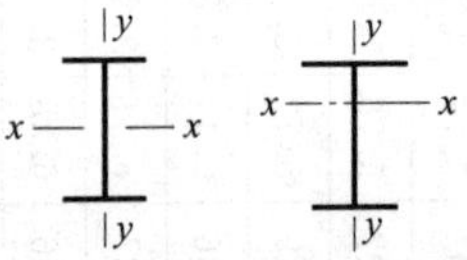 焊接，翼缘为焰切边		
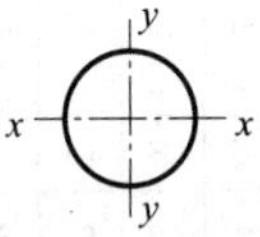 焊接		
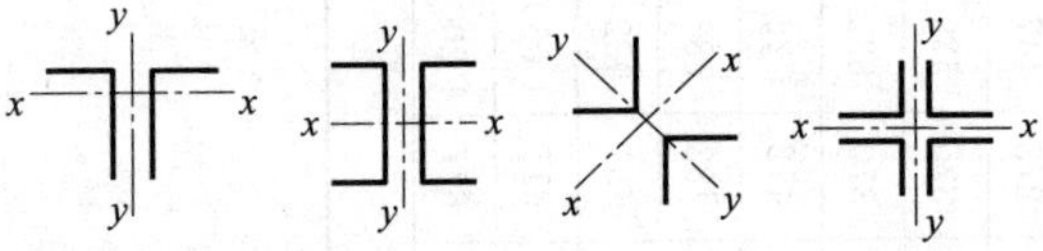 轧制		
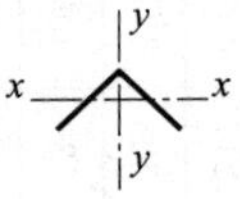 轧制等边角钢		
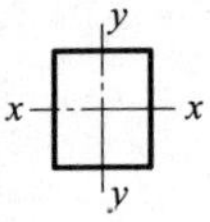 轧制，焊接（板件宽厚比>20）		
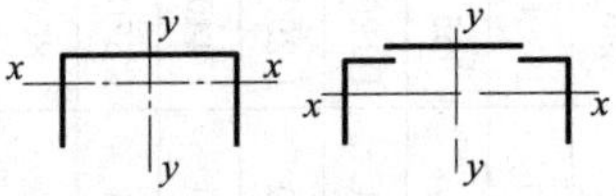 轧制或焊接		
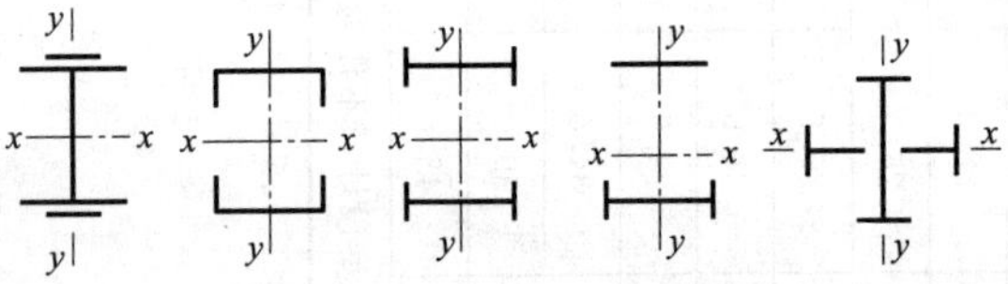 焊接	b 类	b 类
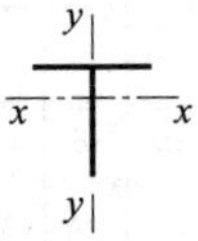 轧制截面和翼缘为焰切边的焊接截面		
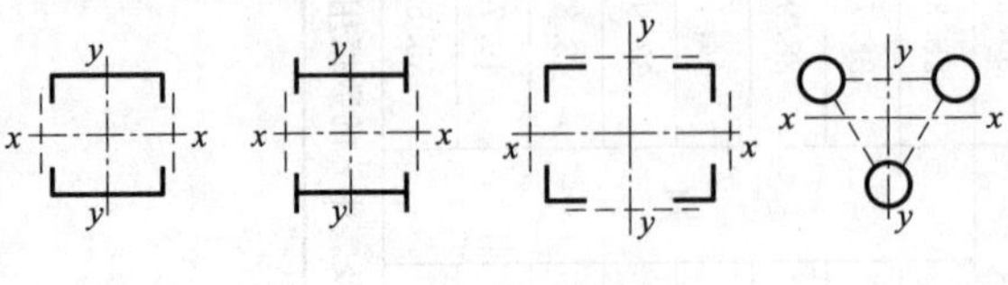 格构式		
 焊接，板件边缘焰切		
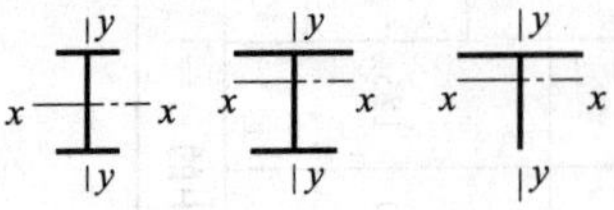 焊接，翼缘为轧制或剪切边	b 类	c 类
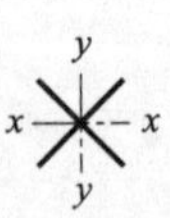 焊接，板件边缘轧制或剪切	c 类	c 类
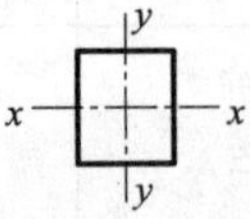 焊接，板件宽厚比≤20		

附表 17.2　轴心受压构件的截面分类(板厚 $t \geqslant 40$ mm)

截面情况		对 x 轴	对 y 轴
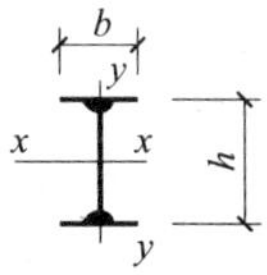 轧制工字形或H形截面	$t<80$ mm	b类	c类
	$t \geqslant 80$ mm	c类	d类
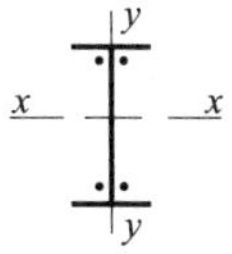 焊接工字形截面	翼缘为焰切边	b类	b类
	翼缘为轧制或剪切边	c类	d类
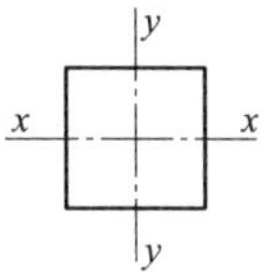 焊接箱形截面	板件宽厚比>20	b类	b类
	板件宽厚比≤20	c类	c类

附表 18　轴心受压构件的稳定系数

附表 18.1　a 类截面轴心受压构件的稳定系数 φ

$\lambda\sqrt{f_y/235}$	0	1	2	3	4	5	6	7	8	9
0	1.000	1.000	1.000	1.000	0.999	0.999	0.998	0.998	0.997	0.996
10	0.995	0.994	0.993	0.992	0.991	0.989	0.988	0.986	0.985	0.983
20	0.981	0.979	0.977	0.976	0.974	0.972	0.907	0.968	0.966	0.946
30	0.963	0.961	0.959	0.957	0.955	0.952	0.950	0.948	0.946	0.944
40	0.941	0.939	0.937	0.934	0.932	0.929	0.927	0.924	0.921	0.919
50	0.916	0.913	0.910	0.907	0.904	0.900	0.897	0.894	0.890	0.886
60	0.883	0.879	0.875	0.871	0.867	0.863	0.858	0.854	0.849	0.844
70	0.839	0.834	0.829	0.824	0.818	0.813	0.807	0.801	0.795	0.789
80	0.783	0.776	0.770	0.763	0.757	0.750	0.743	0.736	0.728	0.721
90	0.714	0.706	0.699	0.691	0.684	0.676	0.668	0.661	0.653	0.645
100	0.638	0.630	0.622	0.615	0.607	0.600	0.592	0.585	0.577	0.507
110	0.563	0.555	0.548	0.541	0.534	0.527	0.520	0.514	0.507	0.500
120	0.494	0.488	0.481	0.475	0.469	0.463	0.457	0.451	0.445	0.440
130	0.434	0.429	0.423	0.418	0.412	0.407	0.402	0.397	0.392	0.387
140	0.383	0.378	0.373	0.369	0.364	0.360	0.356	0.351	0.347	0.343
150	0.339	0.335	0.331	0.327	0.323	0.320	0.316	0.312	0.309	0.305
160	0.302	0.298	0.295	0.292	0.289	0.285	0.282	0.279	0.276	0.273
170	0.270	0.267	0.264	0.262	0.259	0.256	0.253	0.251	0.248	0.246
180	0.243	0.241	0.238	0.236	0.233	0.231	0.229	0.226	0.224	0.222
190	0.220	0.218	0.215	0.213	0.211	0.209	0.207	0.205	0.203	0.201
200	0.199	0.198	0.196	0.194	0.192	0.190	0.189	0.187	0.185	0.183
210	0.182	0.180	0.179	0.177	0.175	0.174	0.172	0.171	0.169	0.168
220	0.166	0.165	0.164	0.162	0.161	0.159	0.158	0.157	0.155	0.154
230	0.153	0.152	0.150	0.149	0.148	0.147	0.146	0.144	0.143	0.142
240	0.141	0.140	0.139	0.138	0.136	0.135	0.134	0.133	0.132	0.131
250	0.130	—	—	—	—	—	—	—	—	—

附表 18.2　b 类截面轴心受压构件的稳定系数 φ

$\lambda\sqrt{f_y/235}$	0	1	2	3	4	5	6	7	8	9
0	1.000	1.000	1.000	0.999	0.999	0.998	0.997	0.996	0.995	0.994
10	0.992	0.991	0.989	0.987	0.985	0.983	0.981	0.978	0.976	0.973
20	0.970	0.967	0.963	0.960	0.957	0.953	0.950	0.946	0.943	0.939
30	0.936	0.932	0.929	0.925	0.922	0.918	0.914	0.910	0.906	0.903
40	0.899	0.895	0.891	0.887	0.882	0.878	0.874	0.870	0.865	0.861
50	0.856	0.852	0.847	0.842	0.838	0.833	0.828	0.823	0.818	0.813
60	0.807	0.802	0.797	0.791	0.786	0.780	0.774	0.769	0.763	0.757
70	0.751	0.745	0.739	0.732	0.726	0.720	0.714	0.707	0.701	0.694
80	0.688	0.681	0.675	0.668	0.661	0.655	0.648	0.641	0.635	0.628
90	0.621	0.614	0.608	0.601	0.594	0.588	0.581	0.575	0.568	0.561
100	0.555	0.549	0.542	0.536	0.529	0.523	0.517	0.511	0.505	0.499
110	0.493	0.487	0.481	0.475	0.470	0.464	0.458	0.453	0.447	0.442
120	0.437	0.432	0.462	0.421	0.416	0.411	0.406	0.402	0.397	0.392
130	0.387	0.383	0.378	0.374	0.370	0.365	0.361	0.357	0.353	0.349
140	0.345	0.341	0.337	0.333	0.329	0.326	0.322	0.318	0.315	0.311
150	0.308	0.304	0.301	0.298	0.295	0.291	0.288	0.285	0.282	0.279
160	0.276	0.273	0.270	0.267	0.265	0.262	0.259	0.256	0.254	0.251
170	0.249	0.246	0.244	0.241	0.239	0.236	0.234	0.232	0.229	0.227
180	0.225	0.223	0.220	0.218	0.216	0.214	0.212	0.210	0.208	0.206
190	0.204	0.202	0.200	0.198	0.197	0.195	0.193	0.191	0.190	0.188
200	0.186	0.184	0.183	0.181	0.180	0.178	0.176	0.175	0.173	0.172
210	0.170	0.169	0.167	0.166	0.165	0.163	0.162	0.160	0.159	0.158
220	0.156	0.155	0.154	0.153	0.151	0.150	0.149	0.148	0.146	0.145
230	0.144	0.143	0.142	0.141	0.140	0.138	0.137	0.136	0.135	0.134
240	0.133	0.132	0.131	0.430	0.129	0.128	0.127	0.126	0.125	0.124
250	0.123	—	—	—	—	—	—	—	—	—

附表 18.3　c 类截面轴心受压构件的稳定系数 φ

$\lambda\sqrt{f_y/235}$	0	1	2	3	4	5	6	7	8	9
0	1.00	1.00	1.00	0.999	0.999	0.998	0.997	0.996	0.995	0.993
10	0.992	0.990	0.988	0.986	0.983	0.981	0.978	0.976	0.973	0.970
20	0.966	0.959	0.953	0.947	0.940	0.934	0.928	0.921	0.915	0.909
30	0.902	0.896	0.890	0.884	0.887	0.871	0.865	0.858	0.852	0.846
40	0.839	0.833	0.826	0.820	0.814	0.807	0.801	0.794	0.788	0.781
50	0.775	0.768	0.762	0.755	0.748	0.742	0.735	0.729	0.722	0.715
60	0.709	0.702	0.695	0.689	0.682	0.676	0.669	0.662	0.656	0.649
70	0.643	0.636	0.629	0.623	0.616	0.610	0.604	0.597	0.591	0.584
80	0.578	0.572	0.566	0.559	0.553	0.547	0.541	0.535	0.529	0.523
90	0.517	0.511	0.505	0.500	0.494	0.488	0.483	0.477	0.472	0.467
100	0.463	0.458	0.454	0.449	0.445	0.441	0.436	0.432	0.428	0.423
110	0.419	0.415	0.411	0.407	0.403	0.399	0.395	0.391	0.387	0.383
120	0.379	0.375	0.371	0.367	0.364	0.360	0.356	0.353	0.349	0.346
130	0.342	0.339	0.335	0.332	0.328	0.325	0.322	0.319	0.315	0.312
140	0.309	0.306	0.303	0.300	0.297	0.294	0.291	0.288	0.285	0.282
150	0.280	0.277	0.274	0.271	0.269	0.266	0.264	0.261	0.258	0.256

续表

$\lambda\sqrt{f_y/235}$	0	1	2	3	4	5	6	7	8	9
160	0.254	0.251	0.249	0.246	0.244	0.242	0.239	0.237	0.235	0.233
170	0.230	0.228	0.226	0.224	0.222	0.220	0.218	0.216	0.214	0.212
180	0.210	0.208	0.206	0.205	0.203	0.201	0.199	0.197	0.196	0.194
190	0.192	0.190	0.189	0.187	0.186	0.184	0.182	0.181	0.179	0.178
200	0.176	0.175	0.173	0.172	0.170	0.169	0.168	0.166	0.165	0.163
210	0.162	0.161	0.159	0.158	0.157	0.156	0.154	0.153	0.152	0.151
220	0.150	0.148	0.147	0.146	0.145	0.144	0.143	0.142	0.140	0.139
230	0.138	0.137	0.136	0.135	0.134	0.133	0.132	0.131	0.130	0.129
240	0.128	0.127	0.126	0.125	0.124	0.124	0.123	0.122	0.121	0.120
250	0.119	—	—	—	—	—	—	—	—	—

附表 18.4　d 类截面轴心受压构件的稳定系数 φ

$\lambda\sqrt{f_y/235}$	0	1	2	3	4	5	6	7	8	9
0	1.000	1.000	0.999	0.999	0.998	0.996	0.994	0.992	0.990	0.987
10	0.984	0.981	0.978	0.974	0.969	0.965	0.960	0.955	0.949	0.944
20	0.937	0.927	0.918	0.909	0.900	0.891	0.883	0.874	0.865	0.857
30	0.848	0.840	0.831	0.823	0.815	0.807	0.799	0.790	0.782	0.774
40	0.766	0.759	0.751	0.743	0.735	0.728	0.720	0.712	0.705	0.697
50	0.690	0.683	0.675	0.668	0.661	0.654	0.646	0.639	0.632	0.625
60	0.618	0.612	0.605	0.598	0.591	0.585	0.578	0.572	0.565	0.559
70	0.552	0.546	0.540	0.534	0.528	0.522	0.516	0.510	0.504	0.498
80	0.493	0.487	0.481	0.476	0.470	0.465	0.460	0.454	0.449	0.444
90	0.439	0.434	0.429	0.424	0.419	0.414	0.410	0.405	0.401	0.397
100	0.394	0.390	0.387	0.383	0.380	0.376	0.373	0.370	0.366	0.363
110	0.359	0.356	0.353	0.350	0.346	0.343	0.340	0.337	0.334	0.331
120	0.328	0.325	0.322	0.319	0.316	0.313	0.310	0.307	0.304	0.301
130	0.299	0.296	0.293	0.290	0.288	0.285	0.282	0.280	0.277	0.275
140	0.272	0.270	0.267	0.265	0.262	0.260	0.258	0.255	0.253	0.251
150	0.248	0.246	0.244	0.242	0.240	0.237	0.235	0.233	0.231	0.229
160	0.227	0.225	0.223	0.221	0.219	0.217	0.215	0.213	0.212	0.210
170	0.208	0.206	0.204	0.203	0.201	0.199	0.197	0.196	0.194	0.192
180	0.191	0.189	0.188	0.186	0.184	0.183	0.181	0.180	0.178	0.177
190	0.176	0.174	0.173	0.171	0.170	0.168	0.167	0.166	0.164	0.163
200	0.162	—	—	—	—	—	—	—	—	—

参考文献

[1] 中华人民共和国住房和城乡建设部．GB 50068—2001 建筑结构可靠度设计统一标准[S]. 北京：中国建筑工业出版社，2001.

[2] 中华人民共和国住房和城乡建设部．GB 50003—2011 砌体结构设计规范[S]. 北京：中国建筑工业出版社，2011.

[3] 中华人民共和国住房和城乡建设部．GB 50009—2012 建筑结构荷载规范 [S]. 北京：中国建筑工业出版社，2012.

[4] 中华人民共和国住房和城乡建设部．GB 50011—2010 建筑抗震设计规范(2016 年版)[S]. 北京：中国建筑工业出版社，2016.

[5] 中华人民共和国住房和城乡建设部．GB 50017—2003 钢结构设计规范[S]. 北京：中国建筑工业出版社，2003.

[6] 中华人民共和国住房和城乡建设部．GB 50010—2010 混凝土结构设计规范(2015 年版)[S]. 北京：中国建筑工业出版社，2016.

[7]中华人民共和国住房和城乡建设部．JGJ/T 14—2011 混凝土小型空心砌块建筑技术规程[S]. 北京：中国建筑工业出版社，2011.

[8] 中华人民共和国住房和城乡建设部．JGJ/T 17—2008 蒸压加气混凝土建筑应用技术规程[S]. 北京：中国建筑工业出版社，2008.

[9]中华人民共和国住房和城乡建设部．JGJ 137—2001 多孔砖砌体结构技术规范(2002 版)[S]. 北京：中国建筑工业出版社，2002.

[10] 中华人民共和国住房和城乡建设部．JGJ 99—2015 高层民用建筑钢结构技术规程[S]. 北京：中国建筑工业出版社，2015.

[11] 杨茂森，郭清燕，梁利生．混凝土结构与砌体结构[M]. 北京：北京理工大学出版社，2009.

[12] 蓝宗建，朱万福，梁书亭，等．混凝土结构与砌体结构[M]. 南京：东南大学出版社，2016.

[13] 张惠英，邢秋顺，许锦燕，等．砌体结构设计及工程应用[M]. 北京：中国建筑工业出版社，2008.

[14] 徐占发，许大江．砌体结构[M]. 北京：中国建材工业出版社，2010.

[15] 侯力更，景淋，袁红梅，等．砌体结构设计原理[M]. 北京：中国计划出版社，2008.

[16] 董明海，宋丽．砌体结构设计原理[M]. 西安：西安交通大学出版社，2010.

[17] 王毅红．混凝土结构与砌体结构[M]. 北京：中国建筑工业出版社，2012.

[18] 王祖华，季静．混凝土与砌体结构[M]. 广州：华南理工出版社，2005.

[19] 施楚贤．砌体结构设计与计算[M]. 北京：中国建筑工业出版社，2003.